U0237094

木材高效节材
圆锯锯切加工技术

张占宽　李　博　李伟光　著

科学出版社

北　京

内 容 简 介

对木材高效节材圆锯锯切加工过程的研究是国内外木材加工技术与装备领域业界人士广泛关注的热点。针对这一研究热点，作者结合自己所在团队十几年的研究成果编写本书。本书共八章，围绕木材高效节材圆锯锯切加工技术进行阐述，包括木材切削加工的基本理论、木材圆锯锯切加工技术的基本原理与装备，重点包括圆锯片多点加压适张技术、微量零锯料角锯齿木材锯切特性与机理、圆锯片锯切温度在线检测与控制技术、硬质合金锯齿磨损变钝及切削力变化规律等内容，涵盖了与木材高效节材圆锯锯切加工技术相关的主要内容，对木材圆锯切削加工领域相关人员具有重要的理论与实践指导意义。

本书可供从事木材加工行业的学者、企业技术人员及农林院校和综合性院校相关专业的在读学生参考。

图书在版编目（CIP）数据

木材高效节材圆锯锯切加工技术/张占宽，李博，李伟光著. —北京：科学出版社，2018.6

ISBN 978-7-03-058033-7

Ⅰ. ①木… Ⅱ. ①张… ②李… ③李… Ⅲ. ①木材切削 Ⅳ. ①TS652

中国版本图书馆 CIP 数据核字（2018）第 131763 号

责任编辑：张会格 赵小林/责任校对：郑金红
责任印制：张 伟/封面设计：铭轩堂

科学出版社出版
北京东黄城根北街 16 号
邮政编码：100717
http://www.sciencep.com

北京虎彩文化传播有限公司印刷

科学出版社发行 各地新华书店经销

*

2018 年 6 月第 一 版 开本：720×1000 B5
2018 年 6 月第一次印刷 印张：26 3/8
字数：532 000

定价：198.00 元
（如有印装质量问题，我社负责调换）

前　言

我国森林资源现状仍然是森林面积小，资源数量少，地区分布不均。来自国家林业和草原局官方网站（http://www.forestry.gov.cn/main/65/content-659670.html）的数据显示，我国的森林覆盖率远低于全球31%的平均水平，人均森林面积仅为世界人均水平的1/4，人均森林蓄积只有世界人均水平的1/7，森林资源总量相对不足的状况仍未得到根本改变。随着我国经济的快速发展、人民生活水平的不断提高和人口的持续增长，对木材及木材制品的需求量也会越来越大。同时，我国还是木制家具、木门窗与木地板的生产大国，其产值和产量均居世界第一，仅木制家具的年产量就超过1亿件，约占世界家具总产量的10%。因此，提高木材利用率和加工质量，减少木材资源浪费，合理高效地利用木材资源已成为我国的基本国策，也是解决木材供需矛盾的主要途径。

木材圆锯锯切因其加工效率高、操作简单、维护方便、成本低而成为木材加工处理的主要方式，在木材切削加工设备中占比达30%～40%。高效节材圆锯锯切加工技术通过降低圆锯片厚度、增加其稳定性，进而降低木材锯切损耗、减少锯切加工能耗。该技术越来越受到木材加工企业的青睐，是国内外公认的提高木材利用率最直接有效的方法。

在降低圆锯片厚度方面，主要采用木工超薄圆锯片。而如何提高超薄圆锯片的动态稳定性一直是木材高效节材锯切加工技术的核心问题。降低超薄圆锯片锯切过程中的温度梯度、合理设计锯齿齿形、优化圆锯片基体的适张应力场，是提高超薄圆锯片动态稳定性的重要途径，也是本书关于木材高效节材圆锯锯切加工技术的核心内容。

本书作者所在项目组依托于中国林业科学研究院木材工业研究所、林业新技术研究所，长期致力于木材节材降耗锯切加工技术的研究，在国家自然科学基金面上项目"微量零锯料角锯齿木材锯切特性与机理研究（31270605）"、中央级公益性科研院所基本科研业务费专项资金项目"超薄木工圆锯片激光冲击适张技术研究（CAFYBB2017SY039)、国家林业局国际先进林业科学技术引进项目"超薄木工圆锯片关键制造技术的引进（2006-4-97）"、国家林业公益性行业科研重大专项"木材产业升级关键技术研究——木材低切削量锯切冷却技术（201004006）"、农业科技成果转化资金项目"木材低切削量锯切加工技术（2013GB24320607）"、国家自然科学基金青年科学基金项目"木工超薄圆锯片激光冲击适张预应力场的生成与调控机理（31600458）"、中央级公益性科研院所基本科研业务费专项资金项目"基于木材切削的刀具表面微织构减摩机理研究（CAFYBB2018SZ015）"等项目的资助和支持下，针对圆锯片多点加压适张工艺、圆锯片微量零锯料角齿形设计理论、圆锯片制冷雾化冷却技术等展开了深入的研究。项目组经过十几年的努力，取得了一批具有较高学术水平和实用价值的成果，为使这些成果更好地得到推广应用，在国民经济建设中发挥更大的作用，我们将这些研究成果编纂成书，供广大科技工作者和产业界人士参考。

本书旨在向读者展示我国在木材高效节材圆锯锯切加工研究领域的最新研究进展和成果，为提高我国超薄圆锯片制造与应用水平提供理论基础。全书在编写过程中，注重基础理论与应用技术相结合、系统性和新颖性相结合、内容的广度与深度相结合，以翔实的科学实验数据为依据，语言朴实，结构严谨，力求为从事木材加工和利用的企事业单位人员与科研工作者及高等院校师生等相关人员提供理论与实践方面的指导。

本书引用了大量的国内外相关文献和资料，在此向其作者表示感谢！

由于作者水平有限，不妥和遗漏之处在所难免，敬请读者批评指正。

著　者

2017 年 8 月

目　　录

第一章 导　　论

　　木材作为一种绿色、可再生、可循环的重要材料，在人们的日常生产生活中起着非常重要的作用，具有许多不可替代的优势。我国是人口大国，对木材的需求量巨大并呈现日益增长的趋势；而我国又是木材资源稀少的国家，每年都要从东南亚、非洲、北美洲及俄罗斯等地区或国家进口大量的板材。随着全球木材资源的不断紧缺及我国天然林保护工程的实施，经过对林区进行禁伐、限伐后，优质的木材原料供应持续下降。统计资料显示，2016 年木材与木制品行业总产值约为 2 万亿元，增速为 3.00％左右。2016 年全国木制家具总产量 79 464.15 万件，强化木地板约 2.105亿 m^2，实木复合地板 1.045 亿 m^2，实木地板 4390 万 m^2，竹地板 3400 万 m^2。2016年，我国共进口木材（原木和锯材）折合原木材积为 9347.18 万 m^3，同比增加 13.56％（谢满华和刘能文，2017）。预计在今后相当长的时期内，木材都将成为我国经济领域的一大稀缺资源。当前我国进入全面建成小康社会决胜阶段，国民经济的快速发展和人民生活水平的不断提高及我国城镇化进程的不断加快，促进了我国家具和地板行业特别是多层实木复合地板和重组竹地板的快速发展，增大了对珍贵木材和竹材的需求量，使我国对优质木材的需求量逐年增加；我国实行的"天然林保护工程"是一项跨世纪的伟大生态工程，对于遏制生态环境恶化，保护生物多样性，促进社会、经济的可持续发展具有非常积极的意义，同时也导致一些地区木材原料，特别是珍贵木材的供需矛盾日益突出。我国人工林种植面积和蓄积量的不断增大，对缓解这一矛盾具有积极作用，同时人工林木材的高效加工与综合利用技术受到业内专家学者的普遍重视，国家对相关领域研究项目的支持力度也在逐年增加。长期以来，提高木材加工利用率，减少木材资源浪费，已成为我国的基本国策，对促进国家"六大林业重点工程"项目建设具有非常重要和深远的历史意义（吕建雄，2002），而充分合理地利用现有资源、节能降耗、提高木材加工质量是落实这一基本国策的主要途径。

　　木材加工最常见的 3 种加工方式是锯切、刨切和旋切，通常 80％以上的木材都要进行锯切加工。在锯切加工木材中，特别是对于人工林木材，绝大部分要利用圆锯加工；在木材制品的加工生产中，圆锯也占据非常重要的地位。圆锯片（文中的"圆锯片"，也称"锯片"）具有加工木材效率高，设备简单可靠，使用、移动和维修方便等优点，是木材加工处理的主要工具，在所有木材生产设备中占 30％～40％的比例（王小屏，2013；母德强和崔高健，2002）。因此，降低圆锯片厚度、增加其稳定性、减少木材加工中的锯切损失是国内外公认的提高木材利用率最直接有效的方法，超薄木工锯片在木材高效利用中扮演了重要角色。据统计，国内木材企业每年可以生产三层实木复合地板 5000 万 m³，由于其表板是较好的或珍贵的木材，因此加工方式主要是采用多锯片圆锯机中的超薄圆锯片组进行锯切加工。根据锯切时的锯路宽度划分，木材锯切圆锯片分为薄圆锯片和超薄圆锯片，其中超薄圆锯片直径一般为 180～250mm、锯路宽 1.0～2.0mm。超薄硬质合金圆锯片在木材加工中常用于多层复合实木地板的表板剖分、木质百叶窗的薄板剖分、滑雪板、乒乓球板等体育运动器材的基板、铅笔基板等主要领域（曹平祥，2003）。

工业生产中一般将 6～8 片超薄圆锯片叠加安装在同一主轴上，靠垫片控制锯片与锯片之间的间隙，被称为超薄圆锯片组。超薄圆锯片组具有锯片间距小、不易散热、受热变形、失稳等缺点，严重时会导致超薄圆锯片组在短时间内失效。此外，在重组竹锯切加工过程中，由于重组竹密度较大，其中的胶黏剂含量较多，锯切时的锯切力大，锯片更易受热变形，影响锯切质量，严重时甚至引起火灾。目前，国内一些生产厂家可以生产少量的薄锯片，但在一些关键的制造技术方面如锯片材料热处理、锯片整平和适张技术、锯片内应力检测技术，以及相应的计算机控制系统等还存在一些问题有待解决。

在这些问题当中最常见也是发生最多的就是锯片本身的质量问题，表现在锯片在锯切时稳定性变差，而稳定性变差的结果是锯路损失增大，进而导致木材使用率的下降和木材资源的浪费。统计数据表明，如果把锯切损耗减小 0.8mm，能提高出材率 1%～3%（蔡力平，1987）。锯片锯切稳定性差的主要原因可以概括为以下几种情况：①锯身太薄，靠金属自身的张紧力无法使锯片保持张紧；②锯齿在锯切时得不到及时冷却导致热应力增大使锯片失稳；③锯齿及齿室太小或者锯片上消音槽形状位置不合理；④对圆锯片的加压适张度不合理，造成圆锯片的动态稳定性较差；⑤锯齿长时间锯切后刃口发生磨损变钝。在这些原因当中，锯片热应力改变是导致锯片失稳的重要因素。在木材切削能耗方面，除了消耗在加工表面用于使工件发生剪切应变的能量外，其他大部分能量转化为热能，即切削热。切削热和刀具与工件摩擦产生的热量同时使刀具温度上升，造成锯片温度梯度热应力发生改变进而使锯片出现失稳。目前，用于提高圆锯片锯切稳定性的主要方法有：①在锯切过程中对高速旋转的圆锯片进行振动主动控制；②在线冷却锯片高温区（锯齿与锯身边缘）或者加热低温区；③适当改变锯片的局部结构；④选择适当切削参数的圆锯片；⑤采用适张处理对锯片施加预应力。

当前，我国正在推行节能减排、发展低碳经济的政策，已经将其纳入了国家的中长期发展规划。对于木材加工行业来说，降低木材加工能耗、改善锯切加工质量、提高木材利用率也是木材企业发展的战略需求。中国木材加工机械制造行业市场状况分析报告指出，2012 年中国木材加工机械行业有规模以上企业 148 家，同比增长 −1.33%，其中盈利企业 133 家，亏损企业 15 家。在现有条件下，如何节能降耗、提高木材的加工和利用效率是木材机械加工企业亟待解决的重要问题。因此，对木材节能、节材、降低锯切加工能耗的基础理论与应用研究具有重要的现实意义。

本书在总结前人成果的基础上,针对圆锯片高速锯切过程中锯片受热变形、失稳导致加工工件质量差、能耗高、锯片使用寿命短等问题,在适张处理、齿形设计、温度在线监测与调控等方面进行了深入阐述,提出了多点加压适张工艺、微量零锯料角齿形设计、基于红外测温传感器的温度在线监测技术,以及圆锯片制冷雾化冷却系统。这些成果应用在木材加工利用领域,能够使企业获得可观的经济效益,具有广阔的应用前景。

第一节 圆锯片适张工艺与理论发展现状概述

一、圆锯片适张工艺

影响圆锯片工作性能的主要因素包括它在高速回转下产生的离心应力及在切削过程中产生的热应力,如图 1-1 所示。随着木工圆锯片外缘与夹盘附近温度差的进一步增大,热应力在木工圆锯片外缘产生的切向压应力会继续增大,逐渐超过离心应力在圆锯片外缘产生的切向拉应力,使得木工圆锯片外缘总的切向应力呈现压应力的状态。这就会导致圆锯片外缘在很小的横向力作用下产生压曲变形而失稳,引发锯切精度和加工表面质量降低、锯路损失增大、切削发热进一步加剧、锯片寿命缩短等问题。这些问题随着木工圆锯片的变薄而更加突出,给超薄木工圆锯片的制造、使用与维护带来很大的困难。

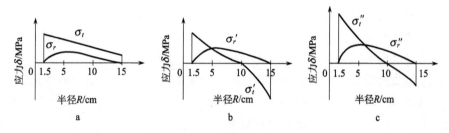

图 1-1 圆锯片工作状态下的应力分布

a. 离心力产生的切向应力 σ_t 和径向应力 σ_r 分布;b. 锯片不均匀发热产生的切向应力 σ_t' 和径向应力 σ_r' 分布;
c. 锯片工作时锯身总的切向应力 σ_t'' 和径向应力 σ_r'' 分布

解决圆锯片失稳的一个最经济有效的办法就是适张(tensioning)。所谓适张就是使圆锯片产生合理的预应力场,通过引入预应力(残余应力),控制圆锯片内的应力分布。适张后的圆锯片不仅动态刚度或稳定性获得提高,而且能够确保安全生产,因此,所有圆锯片都应该进行适张处理(张占宽等,2005)。圆锯片的适张处理在其寿命周期内并不是一次性的。一般情况下,经过适张的圆锯片工作一段时间后,其适张影响会逐渐减弱,直到消失。因此,需要在圆锯片适张度降低到一定程度时,再次对其进行适张处理。两次适张的间隔时间与圆锯片的结构、材料和工作情况有关。研究表明，影响圆锯片稳定性的主要因素有圆锯片材料、转速、结构、几何参数、夹持比、应力状态、适张度、自身温度场、锯机精度等。经过适张处理的圆锯片，因应力状态较为合理，稳定性提高，可减少切割损失 20%～40%（习宝田和撒潮，1995）。另外据统计，圆锯片切削木材时的锯路损失占锯割总材积的 10%～12%（Schajer and Mote，1983）。因此对圆锯片进行适张处理在降低能源消耗、提高木材出材率及安全生产方面都具有重要的意义。

虽然圆锯片的稳定性与多种因素有关，改变任何一种因素都可以改变圆锯片的动态稳定性，但限于使用要求，有些因素是不能任意改变的。例如，增加锯片厚度会加大锯路损失；加大夹持比会减小有效切割高度；降低转速会影响切割表面质量，同时会降低切割效率等。而通过适张的办法，在保持同等动态稳定性的情况下，可使圆锯片厚度减小 1/3～1/2（Szymani and Mote，1974）。

目前，有文献记载的圆锯片适张方法主要包括以下几种。

（一）锤击适张处理

锤击适张处理是始于 100 多年以前的传统工艺。锤击适张是利用十字锤、螺旋锤和圆头锤，沿锯身某一圆周带敲击，使圆锯片产生对称于轴线的预应力。它有 2 种基本的敲击方法，即用十字锤或螺旋锤这些具有方向性的锤子，沿圆周方向进行锤击和沿半径方向进行锤击。在实际应用中，两种捶击方法可根据工艺要求进行多种组合，交替配合使用。

通过对两种锤击适张效果进行研究，发现沿圆周方向的锤击，一方面提高了 $n>1$ 振动模态的挠曲刚度；另一方面降低了对称于轴线的挠曲刚度。当后者被严重降低时，则靠沿径向的锤击来提高其刚度（叶良明，1989）。

由于锤击时的击点和力无法精确控制，产生的适张应力难以做到在锯片内均匀分布，而且锤击适张操作技能要求高且费时费力，因此锤击适张工艺很难适应工业化生产的需要，只能作为一种辅助适张手段。

图 1-2　圆锯片辊压适张设备

（二）辊压适张处理

辊压适张的工艺原理是使圆锯片置于上下两个压辊之间，如图 1-2 所示，压辊以一定的载荷对圆锯片的两个表面进行加压；与此同时，由电机驱动一个或两个压辊转动，带动圆锯片旋转，使辊压区材料产生屈服变形，从而在它的两面形成一道浅压痕，实现适张。

辊压适张是一种易于控制的适张方法。它具有适张效果稳定、操作简单的优点，克服了锤击适张对操作技能要求高、适张效果不稳定的缺点，使得这种适张方法曾经被许多国家所采用（Schajer and Mote，1984）。

辊压适张时辊压带通常为环形。理论分析和实验验证表明，以辊压带为分界线，在辊压带内侧，切向应力为压应力，其值从辊压带向内逐渐增大；辊压带外侧，切向应力为拉应力，其值向外迅速减小。这种适张预应力场存在一定缺点，即最大切向拉应力没有出现在锯片的外缘，并且反复辊压同一辊压带，会使锯片的强度和刚度大大降低，特别是针对超薄圆锯片的辊压适张，上述问题更加突出，成为制约辊压适张工艺进一步发展的瓶颈（Li et al.，2015a）。

（三）喷丸适张处理

喷丸适张是一种用于锯片生产线的新方法，它的机理与锤击和辊压一样。如图 1-3 所示的喷丸适张装置，圆锯片安装在喷丸装置前一个可旋转的垂直支座上。圆锯片的内外圈分别用挡板遮住，挡板间形成一个环状的区域，圆锯片绕支座以 10r/min 的速度旋转。金属丸流射向锯片击打未遮住的区域，使之发生均匀的塑性变形，从而使整个锯片获得对称分布的适张应力状态。整个喷丸硬化过程仅需 5min。在金属喷丸的作用下，锯片内环区处于压应力状态，外环区获得切向拉应力。

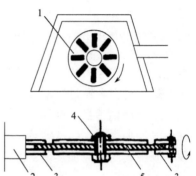

图 1-3 圆锯片喷丸适张装置示意图
1. 喷丸硬化装置；2. 支座；3. 外挡环；
4. 内挡环；5. 圆锯片

喷丸适张对操作技能要求较低，并且也能达到与辊压适张相同的处理效果。喷丸适张一般是在锯片平整前进行，金属丸粒的击打痕迹可以在磨削锯片时清除，不会影响锯片外观，而辊压适张会在锯片表面产生压痕，影响锯片外观，在这一点上喷丸适张比辊压适张更具优势。但是，由于对它的研究还不够深入，工艺也不太成熟，加之难以再适张，目前这种方法还未被普遍采用（李博等，2015）。

（四）定向热处理适张

圆锯片定向热处理适张也是锯片流水线生产中的一个工艺过程，它的优点是锯片的适张处理不再是单独的工序，可以在锯片材料进行热处理过程中完成。定向热处理适张的方法是将锯片加热到一定温度后，从锯片的中心部分向外部冷却，从而使锯片外缘部分获得拉应力，而内缘部分处于压应力状态。

这种冷却设备如图 1-4 所示。首先采用容易准确控制加热温度、加热效果不受锯片厚度影响的高频加热方法来加热锯片，然后用一对开有很多径向槽的夹盘夹住锯片进行回火冷却处理。为了先冷却锯片的中心部分，必须让冷却液从夹盘中心轴中流出，并沿着夹盘的径向槽从锯片中心向外缘冷却锯片。当冷却完成后锯片的热处理适张就完成了。

热处理适张方法省去了圆锯片流水生产线中适张的工艺环节，减少了加工工序，提高了圆锯片生产的自动化程度和生产效率。但热处理适张需要增加部分设备，需要控制冷却液流速、流量、温度等工艺参数，因此目前尚处在试验研究阶段。

（五）在线温控加热适张

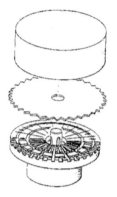

图 1-4　圆锯片定向热处理适张示意图

圆锯片在线温控加热适张机理与热处理适张相同，都是向锯片内部引入合理的热应力来改变锯片的工作应力状态。温控加热适张是一种在线动态加热适张过程，即在圆锯片进行切削过程中通过温度反馈动态控制锯片中心部分温度高于外缘部分温度一定数值，从而达到适张的目的。

在线温控加热适张的试验系统构成如图 1-5 所示，该系统由位移传感器、红外测温仪、开关式的感应加热器、温差调节器、电磁传感器、产品厚度调节器、磁带

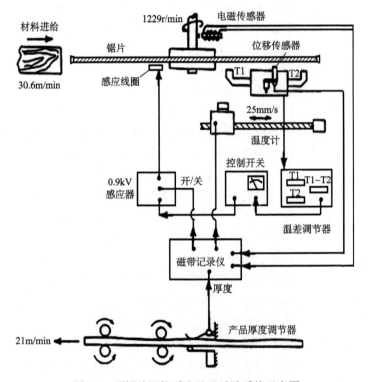

图 1-5　圆锯片温控适张处理试验系统示意图

记录仪等部分组成。FM 磁带记录仪接收圆锯片厚度信号、转速信号、红外测温仪的位置信号，输出测温仪的位置信号和感应加热装置开关信号，实现对不同规格圆锯片的温控加热适张（Schajer and Kishimoto，1996）。

在线温控加热适张具有设备投资大、系统复杂、调试维护不方便等缺点，目前应用不广泛。

二、圆锯片适张检测方法

在锯片适张处理作业过程中或处理后，需要进行适张状态检测，以衡量锯片的适张效果是否满足木材切削的要求。适张处理的实质是向锯片中引入一定的适张应力，而适张应力不仅会导致锯片产生一定的变形，还会影响锯片的诸多物理力学性能，因此，各种有关圆锯片适张状态检测的研究，也纷纷开展起来，产生了各种适张检测方法。

（一）适张应力测试法

适张应力测试法，顾名思义，就是通过对适张应力的测试来判断锯片的适张效果。常用的应力测试方法有电阻应变法、X 射线衍射法等。其中后一种方法因为可以测试锯片上任一点的周向和径向应力，所以广泛用于科学研究中。

X 射线测定金属材料表面的残余应力属于无损应力测量，是一种比较成熟的测量方法。X 射线测量具有响应快、精度高的特点，被广泛地应用于科学研究和工业生产的各个领域。日本的梅津二郎、野口昌巳等学者曾尝试用 X 射线测量圆锯片表面的应力，积累了一定的经验（Umetsu et al.，1989）。

（二）光隙检测法

光隙检测法是基于适张应力导致锯片产生一定变形的方法，实际应用中主要有两种方法。第一种方法是"自重法"，如图 1-6a 所示，检测时把锯片平放在工作台上，用手将锯片一边抬起（相当于 AB 两点支撑），用规尺靠在锯片直径或半径上。如果锯片有足够适张度，在重力作用下，锯片中心部分会下垂，但是由于锯片周边

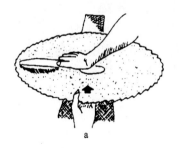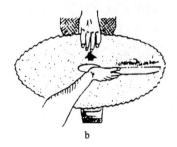

图 1-6　光隙法检测圆锯片适张效果

a. 自重法；b. 弯折法

存在周向张应力会将直径或半径上的两端点稍微上抬，这样锯片表面与规尺之间便会出现弓形光隙。适张度大时，光隙也大。一般沿直径方向检测，可以判断锯片的整体适张度；沿半径方向检测，可以判断适张应力分布情况。压应力大的地方，光隙也大。当锯片尺寸较小或适张度较轻时，可用抬锯片的手的拇指向下压锯片的内圈，以便扩大光隙。

第二种方法称为"弯折法"，如图 1-6b 所示，检测时将锯片连同中心平放在工作台或铁砧边上，用手在悬空一端向下压，好像要把锯片弯折一样，这时会产生一种和"自重法"相反的力，使锯片中心部分上抬。可见，"弯折法"产生的光隙和"自重法"恰好相反。

在生产实践中，人们还总结出了其他一些检测适张度的简易方法。例如，将锯片竖立在工作台上，用一只手扶住锯片顶端，另一只手扣动锯片套装孔，使锯片左右摇动，通过感觉其"活芯"程度来判断适张程度；或是将竖立的锯片向一边慢慢倾斜，待锯片倾斜到一定程度后，重力会使锯片中心部分凹向倾斜一边，观测其倾斜角度以判断适张度等。

对一个轻度或中度适张的锯片而言，当把它平放或竖立在工作台上检测时，光隙仅表示平整性缺陷。当用自重法检测这种锯片时，平整缺陷形成的光隙大小不变，而适张形成的光隙却随适张度的增加而增入。当反转两面检测时，平整缺陷若在一面表现为凹陷，反面则表现为凸起，而适张形成的光隙两面是一样的。锯片的适张程度应根据锯片几何尺寸和工作条件来选择，一般的原则是，直径大、厚度小、转速高、切削用量大，切削条件差的锯片应选较高的适张度。

光隙检测法的优点是简单、方便、易于操作，缺点是缺乏一定的量化检测指标，生产中完全凭经验来确定锯片的适张程度，因此，这种方法具有一定的局限性，目前正逐渐被一些可靠性高、准确、快速的检测方法所取代。

（三）刚度检测法

刚度检测法，顾名思义，是用刚度来检测锯片适张效果的一种方法，是一种无损检测法。刚度检测有多种实现方法，其中一种是通过测量锯片的模态刚度来分析适张应力对锯片固有频率的影响，从而判断锯片的适张效果。

由于锯片模态刚度与固有频率、临界转速之间存在一定的对应关系，因此刚度检测法需要测量出锯片在接近振动弯曲模态时的静态挠曲刚度。只要测量出锯片 n 阶模态的刚度变化量，并且根据锯片未适张前的固有频率就能够计算出该模态适张后圆锯片的固有频率，从而得出锯片的临界转速。

测量静态挠曲刚度时，锯片必须垂直悬挂以消除重力的影响。由于加载横向变形量最大为厚度的 1/2 时加载力和锯片变形量具有线性关系，因此，锯片刚度测量必须选择在这一范围内。为了消除锯片初始不平度对锯片刚度测量精度的影响，通常要把锯片转动 180° 后再测量一次。测量固有频率时，锯片要像在工作状态时那样保持中间夹紧，然后用宽频带横向随机电磁激振力激振锯片，用横向位移信号频谱分析仪进行实时分析，从而得到锯片的固有频率。

刚度检测法需要专门的电磁激振力、频谱分析仪等电子设备，设备投资大，属于间接检测，对操作技能要求高，目前很少用于生产现场（习宝田和撒潮，1995）。

（四）磁声发射检测法

磁声发射检测法是根据材料的磁声发射与应力的对应关系来测量已适张圆锯片的应力分布的一种方法。所谓磁声发射（MAE）是指铁磁材料在交变磁场的作用下，产生应力应变波的现象。铁磁材料的磁化过程是不连续的，即使很缓慢地增加磁场强度、磁畴壁的运动也是分阶段跳跃式的进行，磁畴壁总是停留在某一能量极小的位置上，当外加磁场增加到某一值时，磁畴壁将突然地跳跃到高一级的能量极小的位置，伴随着这一过程而产生了应力应变波。材料应力状态、化学成分和金相组织等都直接影响磁畴壁的跳跃幅值。当被检测锯片的化学成分和金相组织一定时，只有锯片材料的应力状态会影响磁声发射，所以用检测磁声发射强度的办法可以测得铁磁性材料的内应力（张占宽，2004）。

图 1-7 是圆锯片磁声发射适张效果检测原理图，磁化器和传感器均用凡士林油作耦合剂固定于锯片表面。检测时磁化器接入 60V、50Hz 的交流电，在锯片磁化区产生的应力应变波被共振频率为 140kHz 的传感器接收，经前置放大器和带宽为 120～160kHz 的带通滤波器，进入声发射分析仪，最后用数字频率表记下 1.5s 的振铃计数率。前置放大器增益 40dB，主机放大器增益 60dB，测试时选用机内浮动门槛，外调门槛电压为零。

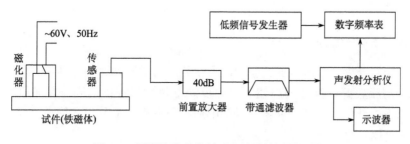

图 1-7　圆锯片磁声发射适张效果检测原理图

影响圆锯片适张应力磁声发射检测的因素很多，其中磁化器和传感器与试件耦合状况的影响最为明显。耦合质量是一种随机因素，只有采取多次测量取其平均值的统计学办法才能消除影响耦合质量的干扰因素。磁声发射检测法所需设备较多，容易受工业现场的电磁干扰，目前还停留在实验室阶段，需要进一步研究。

（五）固有频率检测法

锯片适张应力所导致的适张程度与其固有频率之间存在一定的对应关系，基于这一原理，20 世纪 80 年代中期，美国加利福尼亚大学林产品实验室开发出一种用正弦激振法检测锯片固有频率的设备（图 1-8）。

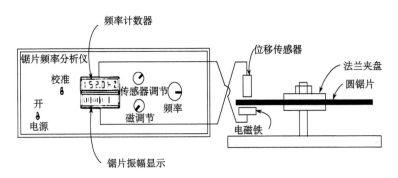

图 1-8　圆锯片正弦激振法适张效果检测原理图

应用固有频率检测法时，需逐次由小到大增加激振频率。当锯片共振时，振幅显著变大，这时的激振频率与锯片的某阶固有频率相等。然后，通过锯切试验或操作人员的经验确定某一锯片的适张程度为"最佳"，作为"样板"锯片，然后测量其各阶固有频率。以"样板"锯片的各阶固有频率为参考，将同规格锯片适张到与"样板"锯片各阶固有频率相同的程度。这种方法具有操作复杂、效率低、只能检测锯片整体适张程度，并且锯片平放时，检测受重力影响较大等缺点（Szymani and Mote，1979）。

（六）振动模态分析法

振动模态分析法分激振器试验和冲击试验。采用脉冲锤进行冲击试验，冲击激励的低频响应较好，高频响应较差，而反映锯片适张程度的固有频率刚好分布在 800Hz 以下的低频范围内。冲击激励的响应比较理想，而且设备简单，这种方法在国内外应用比较普遍。

（七）微机控制圆锯片适张状态检测法

20 世纪 90 年代初北京林业大学开发出一种单片机控制的圆锯片适张状态综合检测方法。这种方法以圆锯片适张状态作为检测目标，利用锯片适张程度、锯片适张应力分布均匀性和锯片平整性三项指标来综合表述圆锯片的适张状态。该方法采用锯片适张前后最低临界转速模态固有频率的变化幅度表征锯片的适张程度；采用锯片在中央夹持、周边单点加载时，与加载点呈 90°处，转动一周的变形量变化情况表征锯片的适张应力分布均匀性；采用端面圆跳动表征锯片的平整性（习宝田和撒潮，1995）。

在检测锯片的固有频率时，应用快速傅里叶变换（FFT）分析锯片对一个脉冲信号的响应，绘出被测锯片的幅频谱或功率谱图。从幅频谱或功率谱图可读出锯片由低到高多阶固有频率。表征锯片适张应力分布的单点加载变形量和端面圆跳动，是通过对采样位移信号进行时域分析获得的，并可将检测结果绘制在平面坐标系中的圆形区域上，既形象直观，又便于圆锯片的使用和维护。

该方法首次较全面地解决了圆锯片适张状态的定量描述问题，是一种无损检测方法，能够较好地满足生产现场的要求。经过多次改进，这种方法采用工控机系统和专门开发的软件，大大提高了检测效率，增强了检测系统的抗干扰能力，同时，检测系统具有良好的人机操作界面，能够快速地在计算机屏幕上显示检测结果的图形和数据，并具备良好的数据管理功能。

三、圆锯片适张工艺与理论的研究现状

目前国内外相关研究机构针对木工圆锯片适张工艺的研究主要集中在适张工艺对木工圆锯片动态特性影响、适张工艺对木工圆锯片预应力场生成与调控机理方面。

（一）适张工艺对木工圆锯片动态特性影响方面的研究现状

主要是围绕适张工艺及其相应的工艺参数对木工圆锯片固有频率、振型等动态特性参数的影响规律展开研究。

在理论研究方面美国开展得比较早。早在 20 世纪 70 年代，美国堪萨斯州立大学（Kansas State University）的研究人员就对适张后圆锯片的动态特性进行理论建模。他们利用不同的预应力分布来表征圆锯片的适张状态，利用能量法对承受预应力场的圆锯片的动态特性进行求解，获得了圆锯片的振动模态与固有频率。计算结果显示，圆锯片的预应力场对其动态稳定性有很大的影响，客观上存在能够使圆锯片动态特性达到最优的预应力场（Carlin et al.，1975）。他们的研究成果给适张工艺指明了发展方向，即通过对适张工艺参数的调整来调控锯片内部的预应力场，进而达到提高锯片动态稳定性的目的。日本大阪府立大学（Osaka Prefecture University）的研究人员在圆锯片动态特性分析方法方面取得一定的进展，他们利用板弯曲理论建立起了辊压适张状态下圆锯片的弹性力学分析模型。该模型综合温度载荷及适张工艺导致的塑性变形的影响因素，给出圆锯片固有频率的变化规律，并以圆锯片动态特性最优为目标，寻求确定最佳辊压适张工艺参数（Ishihara et al.，2012，2010）。国内方面，长春工业大学的研究人员针对工作状态下的圆锯片动态特性进行理论分析，他们利用非线性理论和矩阵摄动理论，总结出离心力场、切削温度场及辊压适张位置对圆锯片固有频率的影响规律，进而确定锯片的最佳辊压适张位置（母德强等，2001）。天津大学的研究人员针对圆锯片的动态特性进行理论分析，基于弹塑性

板弯曲自由振动微分方程,建立面内预应力作用下的圆薄板有限元动力学平衡方程,从理论上推导出圆锯片受预应力作用时固有频率的变化规律,并且通过试验验证了理论方法的正确性(张大卫等,1997)。

东北林业大学的研究人员利用 ANSYS 有限元软件获得了圆锯片在相应模态下的固有频率和振型(张绍群和焦广泽,2014)。

在试验研究方面,20 世纪 90 年代,美国惠好公司(Weyerhaeuser Company)的研究人员提出一种在线适张的工艺——在线加热适张,并从对工件进给速度影响的角度,表征圆锯片的适张效果,证明在线加热适张能够使圆锯片在高速切削的过程中保持较好的动态稳定性,能够提高工件 50%以上的进给速度,为在线加热适张工艺的推广应用提供理论与数据支持(Schajer and Kishimoto,1996)。他们的研究成果首次提出在线适张的概念,并使在线加热适张在工艺上的可行性得到验证,拓宽了人们的研究视野。俄罗斯中央木材研究所(Central Timber Research Institute)的研究人员通过对辊压适张工艺的研究,发现了辊压适张对于圆锯片临界转速的影响规律,并以工作状态锯片横向刚度最优为目标,推出辊压适张对锯片最佳工作转速的影响规律(Stakhiev,2004)。瑞典吕勒奥理工大学(Lulea University of Technology)结合有限元法和实验实测法,通过分析辊压适张的工艺参数对圆锯片固有频率的影响规律,获得被测圆锯片最优动态特性下的辊压适张工艺参数配置(Cristóvão et al.,2012)。国内方面,北华大学的研究人员采用实验模态分析的方法,研究在不同适张度情况下圆锯片固有频率、振型的变化规律,从而获得圆锯片适张度的一种评价依据(耿德旭等,2003);中国林业科学研究院木材工业研究所的研究人员通过对旋转的锯片外缘进行均匀加热,模拟锯片的真实工作状态,再通过振动实验获得存在温度梯度下圆锯片的固有频率,从而证明了在不同的温度梯度下,多点加压适张工艺压点的分布和压力的大小对锯片工作状态下的固有频率都有明显的影响(张占宽,2008)。

在适张工艺对木工圆锯片动态特性影响方面,前人从辊压适张、在线加热适张到多点加压适张,从圆锯片的固有频率、临界转速、振型到工作状态下的动态稳定性开展了大量的研究工作,取得了丰硕的研究成果。这些研究成果在理论分析方法、实验实测手段等方面获得突破性的进展,为后续的研究工作奠定了坚实的基础。

然而,针对适张后圆锯片的动态特性的研究方面还面临新的挑战。圆锯片内部的预应力场多以假设分布的方式施加,还没有建立圆锯片的动态特性与适张具体工艺参数之间的关系,这为集弹塑性和动态特性分析于一体的非线性有限元法在此领域的应用提供了广阔的空间,也必将使它成为该领域研究的主流方法。

(二)适张工艺对木工圆锯片预应力场生成与调控机理方面的研究现状

主要是围绕适张工艺及其相应的工艺参数对于木工圆锯片预应力场的影响规律

展开研究。

国外在这方面的研究起步较早。20 世纪 70 年代，美国加利福尼亚大学（University of California）的研究人员利用能量法通过建立圆锯片辊压适张过程的理论计算模型，计算出圆锯片辊压适张后的预应力场，并通过实验手段，验证理论模型的正确性，为辊压适张工艺提供了理论依据（Schajer and Mote，1984，1983）；法国上阿尔萨斯大学（Universite de Haute Alsace）的研究人员通过应用有限元法对圆锯片辊压适张过程进行建模、分析和计算，获得预应力场，并预测出适张后圆锯片的动态稳定性（Nicoletti et al.，1996）；德国斯图加特大学（University of Stuttgart）的研究人员利用 ABAQUS 非线性有限元软件建立圆锯片辊压适张过程的弹塑性有限元仿真模型，通过分析获得辊压适张工艺参数对预应力场的影响规律，并利用该仿真模型较准确地预测出圆锯片辊压适张后的预应力分布（Heisel et al.，2014）。国内方面，三峡大学的研究人员提出两种新的辊压适张方式——径向辊压和切向辊压，并且采用有限元法研究两种辊压适张方式对预应力分布的影响规律，通过预应力大小及分布形式的分析发现径向辊压产生的应力状态不利于提高锯片的稳定性，而切向辊压在锯片上形成的应力状态有利于提高锯片的稳定性（柯建军等，2014）；北京林业大学的研究人员应用 ANSYS 有限元软件建立圆锯片辊压过程的数值仿真模型，通过分析圆锯片辊压适张后的预应力场，以及利用 X 射线应力检测仪对圆锯片适张后的预应力场进行实测，从而验证仿真模型的准确性（边柯柯等，2005）；中国林业科学研究院木材工业研究所的研究人员通过 X 射线应力检测仪、有限元法对多点加压适张后圆锯片的预应力场进行测量与分析，从而验证多点加压适张工艺的合理性，并获得工艺参数和锯片材料属性对圆锯片预应力场的影响规律（Li et al.，2015b，2015c）。

在适张工艺对预应力场生成与调控机理方面，前人主要针对辊压适张、多点加压适张两种适张工艺展开研究，利用变分法、能量法、有限元法及商业化非线性力学分析软件，对两种适张工艺过程进行建模分析，在探寻适张过程中预应力场的生成与调控特性方面，取得了丰硕的研究成果。这些研究成果在理论分析方法、实验实测手段等方面获得突破性的进展，为后续的研究工作奠定了坚实的基础。

然而针对适张工艺对木工圆锯片预应力场生成与调控机理方面的研究，还存在一些亟待解决的难题。例如，圆锯片适张过程预应力场的仿真模拟中，变分法与能量法假设较多，存在计算精度不够理想的问题；有限元法及商业化非线性力学分析软件的应用，虽然提高了预应力场的计算精度，但是存在计算效率较低的问题，并且有关圆锯片基体材料的力学性能参数对于适张过程的影响方面没有系统的分析；针对圆锯片适张过程预应力场的实测研究中，研究方法大多采用 X 射线应力测量技术，但存在测量误差较大的问题。

第二节　木材切削与圆锯片齿形设计理论发展现状概述

一、木材切削机理的研究现状

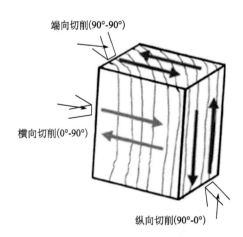

端向切削(90°-90°)

横向切削(0°-90°)

纵向切削(90°-0°)

图 1-9　木材切削方向示意图

围绕木材切削机理的研究始于 1950 年，由美国的 Kivimaa、Franz 及 McKenzie 等学者在金属切削理论的基础上展开研究，逐步发展形成了木材切削变形理论。McKenzie 和 Laternser 通过使用不同切削方向变量来定义和描述木材直角自由切削的类型，将木材切削分为 3 个主要切削方向，如图 1-9 所示，纵向切削（90°-0°）、横向切削（0°-90°）及端向切削（90°-90°）。第一个数值为刀具切削刃与木材纤维方向之间的夹角，第二个数值为切削方向与木材纤维方向之间的夹角（Laternser et al.，2003；McKenzie，1961）。

　　McKenzie 在研究木材端向切削（90°-90°）的切屑形成过程时，将木材纤维假设为具有弹性物体性质的悬臂梁，通过分析刀具刃口处的木材区域的应力分布，得出一个结论，就是木材纤维的断裂是由刃口前方纤维区域所产生的拉应力超过木材纵向抗拉强度最大值而造成的；并通过分析端向切削时可能产生破坏的区域，得出的结论是最大的拉伸区域在切削平面以下，从而造成此处的破坏限于刀刃附近的破坏之前发生，刀具刃口在此过程中起到切开纤维的作用。以此为基础，他将端向切削形成的切屑分为端 I 型和端 II 型，并进一步提出横向纤维破坏的"双梁"模型。

　　Franz 在研究木材纵向切削（90°-0°）的切屑形成过程和切削力变化时，将纵向切削产生的切屑分为 3 种主要类型：纵 I 型切屑（多角形切屑或螺旋形切屑）、纵 II 型切屑（光滑螺旋形）和纵 III 型切屑（压碎、皱折形切屑），并且通过研究形成这 3 种切屑时的切削力变化规律（Franz，1958），提出将刀具刃口前未变形切削层假设为破坏之前的非稳定状态梁模型。通过分析该梁模型所受的横纹拉应力、横纹剪应力及顺纹压应力情况，并根据平衡条件分别得出形成上述 3 种切屑的条件（Franz，1958）。Kivimaa 和 Eero（1956，1950）通过研究，确定不同的木材材性（树种、密度、含水率等）、刀具条件（刀具材料、角度参数、磨损变钝）、切削环境（切削速度、切削厚度、刀具振动）情况下的切屑类型。

　　美国的 Stewart 和 Leney 等通过研究木材横向切削（0°-90°）时的切屑形成过程，得出横向切削和纵向切削具有相同特征的结论，即在两种切削条件下，进行切削的刀具都是在纤维平面以下将木材切开，因而横向切削形成的切屑与纵向切削形成的切屑形态类似，并提出了 H. A. Stewart 切屑分类法，将横向切削产生的切屑分为横Ⅰ型切屑（屑瓣间界线清晰）、横Ⅲ型切屑（屑瓣间界线不明）和横Ⅰ-Ⅲ型过渡切屑（可见屑瓣，但没有横Ⅰ型切屑明显）（Koch，1985，1964；Stewart，1971；Leney，1960a，1960b；McMuillin，1958）。

黄彦三等（1974）从能量的角度出发，将切削过程中的能量消耗分为切屑变形、切屑与刀具前刀面之间摩擦、工件与刀具后刀面之间摩擦及切屑断裂、排除所需要的能量总和，并给出在纵向切削过程中形成各种类型切屑时以上各部分能量的消耗情况。Pascal（1983）运用断裂力学理论对木材纵向切削过程进行研究，将纵Ⅰ型与纵Ⅱ切屑归纳为断裂力学中两种基本裂纹类型，并提出强度因子 $K_Ⅰ$ 与 $K_Ⅱ$ 可作为判断切屑层木材形成裂缝的参数这一观点。

Barney（1979）将木材切削时的裂纹失稳延伸形容为"突变"，并使用此理论来对木材切削时的非连续切屑形成的模型进行描述，得出材料性质的改变、切削能量的消耗等因素都会对形成连续的切屑造成影响的结论。

二、木材切削力的研究现状

木材切削的实质是通过切削刀具以一种可控的方式将材料去除的过程，在这一过程中，既要保证加工质量好，又要求能量消耗低，这与材料去除过程中和去除后所输出的诸多物理量密切相关，如切削力、振动、噪声、切削功率、锯片横向位移及表面粗糙度等（Marchal et al.，2009），其中切削力是用来评价切削过程中主要输出物理量之一，同时也是木材切削领域的研究热点之一。

对于木材切削力方面的研究始于 20 世纪 50 年代 McKenzie 对切削机理的研究，此后美国学者 Koch（1964）将拍照法和传感器测力方法联合使用，较为全面地研究和分析了美国南方松切削受力状况。

法国的 Eyma 等（2001）使用数控加工中心，研究纵向切削松木时，木材密度特别是早晚材过渡区域的密度与切削力之间的关系，发现早晚材过渡区域的密度与切削力的线性关系并不显著。

法国的 Aguilera 和 Martin（2001）采用山毛榉和云杉两种树种作为研究对象，在切削厚度和切削宽度相同的情况下，改变切削深度、进给速度和切削速度等条件，对"顺铣"和"逆铣"两种切削方向上的切削力、切削能耗与表面粗糙之间的关系进行对比分析，得出切削时的切削厚度、树种密度和切削方向对切削力的影响最大这一结论。

德国的 Palmqvist 等（2005）采用不同前角的铣刀，利用压电传感器测试技术对逆铣山毛榉时的切削力和法向力进行测试，测试结果证明切削力随切削厚度和前角增加而增加，在其设定的试验条件下，其切削力为 40~86N/cm，而法向力的数值为 14~51N/cm。

在切削力的建模方面，Wyeth 等（2008）较为全面地分析了影响切削力模型的因素，指出刀具材料的选择、刀具寿命、切削表面质量、切屑形成、刀具参数及切削条件均与切削力密切相关。Eyma 等（2004）建立起常用的 13 种木材纵向铣削过程的模型，这一模型综合考虑力学（木材硬度、断裂韧性、顺剪强度、顺压强度）和物理（木材密度、收缩性）方面的参数影响，研究结果表明切削力与木材的密度、顺剪强度、顺压强度、断裂韧性等物理力学性质具有良好的相关性。

Porankiewicz 和 Tanaka（2007）在 Eyma 模型基础上综合考虑刀刃磨损量、切削平面和纤维方向的夹角、切削速度及木材含水率等因素，建立起两种低密度木材的切削力模型。Scholz 等（2009）提出了一个集成模型，其中重点研究切屑形成机理、在 Wyeth 等（2009）的模型中影响切削力的因素和切削所需要的其他条件。Goli 等（2009）分析并总结出切削角度对切削力的影响因素。

瑞典的 Mats Ekevad 等学者使用 6 种齿形的单齿进行木材切削，研究不同齿形进行木材切削时对横向力的影响，如图 1-10 所示，并用塑料做对比。研究发现，锋利的刀刃可产生很小的横向力，刀刃几何形状或锋利程度的不对称对磨损有较大影响，如果磨损是非对称的，长时间磨损会增加横向力。例如，同样条件下 PVC 的磨损程度会增大横向力，要比木材大，原因是 PVC 的密度较大。直刃产生的磨损较小，原因是产生较小的横向力，但是对角部磨损非常敏感，这种齿形也相对容易研磨成对称齿形（Mats et al.，2012）。

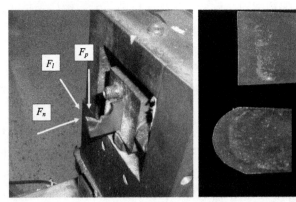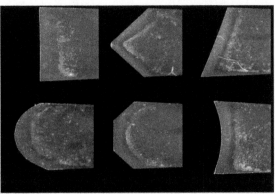

图 1-10　瑞典的 Mats Ekevad 使用的齿形结构

我国的管宁研究员从 20 世纪 90 年代初开始对木材的切削力进行较为系统的研究（管宁，1994a，1994b，1994c，1992，1991，1990，1989），研究结果表明，切削厚度和刀具前角是影响切削力的主要因素，木材密度对切削力也有较大影响，但随着切削厚度、木材含水率、切削方向及树种等切削条件的不同，木材密度对切削力的影响也会改变，木材密度、切削厚度、刀具前角和木材含水率与切削阻力呈现较好的线性关系。

此外，曹平祥（1997）、张占宽等（2011a，2011b，2011c，2011d，2011e）也对木材切削力进行过一系列的研究，主要研究分析木材切削力与木材密度、切削方向、切削厚度、树种和切削角度等木材力学性质与加工参数之间的内在联系。研究结果表明，木材切削力与各木材力学性质之间存在线性关系，但这种相关性亦会随木材密度、切削厚度、刀具前角和木材含水率等切削条件的改变而变化，其中木材密度与切削力的直接相关性最为明显。

三、木材切削表面粗糙度的研究现状

木材为了满足所需要的尺寸和精度要求，切削加工是必不可少的一道工序，而木材表面粗糙度是衡量木材加工精度的重要指标。木材表面粗糙度是指木材表面经切削加工或压力加工后形成的具有较小间距和峰谷所组成的微观几何形状特征。它作为评定木材切削表面质量的重要指标，直接影响木材加工后期木制品的胶合和涂饰性能（张莲洁等，2000），并直接关系到木制品加工过程中的工艺安排和加工余量确定。因此，木材切削表面粗糙度研究是木材切削和木制品检测理论的一个重要研究分支之一。围绕关于木材切削表面粗糙度方面的研究，国内外学者主要集中在两方面，一是通过多种方法探寻改善表面粗糙度的有效措施；二是如何准确有效地实现对木材表面粗糙度的评价。

国内外许多木材加工领域的学者通过对木材表面粗糙度的研究，发现锯切形成的表面粗糙度受到多方面因素的影响，包括加工条件（如进给速度等）、刀具参数（如刀具角度等）及木材特性（如木材含水率、密度和各向异性等）。Thibaut 等（2016）将这些因素归结为两类。

第一类与材料相关，综合考虑包括木材在结构、物理、化学和力学等方面的因素（Brémaud et al.，2011；Triboulot et al.，1991；Triboulot，1984）。例如，针叶材主要由管胞构成，而阔叶材主要由木纤维和导管构成，这使得其呈现的表面粗糙度也有所不同（Bekhta et al.，2009；Akbulut and Ayrilmis，2006；Leban and Triboulot，1994）。

第二类与加工过程相关，综合考虑包括机床振动和稳定性，刀具磨损和切削条件（Korkut and Donertas，2007；Kilic et al.，2006）等因素。一些学者通过研究发现，对于回转运动切削刀具切削时，选择较高的刀具转速可以有效降低加工表面粗糙度（Korkut and Donertas，2007）。此外，使刀具的几何参数与切削材料做到很好的匹配也可改善切削表面的粗糙度（Simonin et al.，2009）。

在锯齿设计理论方面，澳大利亚的

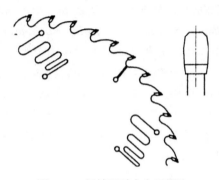

图 1-11　超精硬质合金圆锯片

Krilov（1988）教授提出锯齿齿形理论并开发出两段式折线锯齿和新型弧形锯齿。日本兼房株式会社于 2001 年开发出超精硬质合金圆锯片，其特点为锯料角由两部分组成（图 1-11）。

　　美国的 McKenzie（2000）从理论上分析 5 种齿形结构对切削力的影响（图 1-12），指出侧后角可以降低切削力和锯齿的横向力，但对表面粗糙度和加工精度产生不利影响，侧后角的最佳角度为 25°～30°。

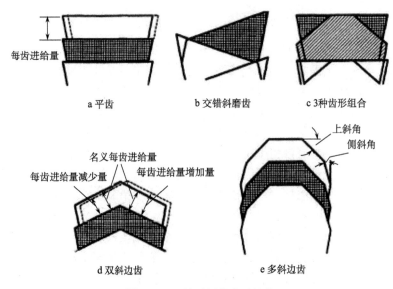

图 1-12　5 种不同的齿形结构

　　美国 Gomex 公司研制成的刨锯（Quickplane），镶有特殊高速钢刀头锯齿，使加工表面接近刨光。在锯切表面质量形成机理方面，日本学者野口昌巳先生在锯料角对锯痕深度的影响规律方面进行过深入研究，福井尚教授在进一步考虑侧刃振动量对锯痕深度的影响方面也进行过深入探讨。波兰学者 Orlowski 和 Wasielewski（2006）在德文杂志 *Holz als Roh-und Werkstoff* 上发表论文 *Study washboarding phenomenon in frame sawing machines*，文中对框锯锯痕的形成机理进行分析阐述。日本的 Okai 等（2005）对镶齿带锯条的锯切特性也进行过深入研究。

　　从 1930 年美国研制出首台用于测量物体表面轮廓的轮廓仪开始，就有学者陆续开展了关于木材表面粗糙度测量和评定方法的研究，但在研究初期，并没有考虑到木材各向异性的材料特点，而是将木材作为等同于金属等均匀材料进行测量。直到 20 世纪 70 年代，苏联的相关专家制定出 rOCT 15612—1985《木材与木质品表面粗糙度评定方法》标准才开始针对木材表面粗糙度的形成进行专门研究，该标准使用的方法是将百分表和 mg-3 型气动式测量仪相结合进行测量，其测量精度较低。

　　塞尔维亚的 Jaic 等将木材及木制品表面粗糙度的测量方法归结为两类，即探针式（接触式）和光学扫描式（非接触式），并使用英国泰勒（Rank Taylor Hobson）公司和 Ljuljka 公司的光学扫描式表面粗糙度仪对木材表面粗糙度进行对比。1988年，波兰的 Krus'Stanistaw 撰文介绍几种可提高木材表面粗糙度测量范围的记录仪。1989 年日本京都大学的增田捻博士利用日本公司开发的用于木材表面测定的表面粗糙度仪对木材的平行、洞形、放射状条纹等特征与木材表面加工形貌之间的关系进行研究。捷克斯洛伐克的 Pauliyova 和 Orech、波兰的 Drouct 等，根据激光干涉原理，对利用激光技术测量木材表面粗糙度进行了首次尝试。之后，德国学者 Lundberg 和 Heisel 等通过大量试验，提出利用激光测量系统检测木材切削表面十点不平度系统理论，同时指出由于木材的多孔性和各向异性的特点，采用激光干涉原理方法进行测量时，容易出现光的散射，影响干涉条纹的形成。

随着信息科技的迅速发展及计算机技术的普及，美国的 Faust 利用计算机视觉测量技术设计完成了用于木材或木质材料表面形貌的计算机视觉测量系统，并提出相应的理论和处理算法，该系统通过 CCD 摄像机获取木材或木质材料表面信息，这些信息经数字化后传递到计算机，计算机根据给定的算法进行图形处理后，输出数字化的木材表面信息，其中表面粗糙度是最为重要的参数之一。

美国的 Kamdem 等使用接触法对风化后的松木不同部位（底部、中部和顶部）表面裂缝与裂纹进行测量，并使用 R_a、R_z、R_{max}、R_k、R_{pk} 和 R_{vk} 等一系列参数作为评价指标。研究结果表明，风化后松木底部和顶部的裂缝和裂纹特征（数量和长度等）在一定程度上可以采用接触法进行评价（Kamdem and Zhang，2000）。

罗马尼亚的 Gurau 等（2013）采用 Talyscan-150 型接触式表面粗糙度仪研究了不同分辨率对砂光后的橡木和山毛榉表面粗糙度情况的影响。结果表明，当分辨率设置在 2μm 时，对砂光后的木材表面粗糙度进行测量较为适合。

上述研究都是对木材轮廓二维（2D）截面的评定，近年来，随着计算机水平的不断提高和传感器技术的不断发展，以物体表面三维（3D）轮廓为目标的三维表面粗糙度测量技术逐渐成为对粗糙度研究的主流方向。

三维表面粗糙度测量通常被称为三维微观形貌测量，起源于 20 世纪 60 年代，当时世界各国相继研制出了多种不同原理的三维轮廓形貌测量仪，这使得在局部表面上测量表面形貌成为可能。1991 年第四届工程表面特性和计量国际会议在美国召开，明确了表面形貌三维检测和评定的重要性（Sullivan and Blunt，1992）。然而，如何真实反映工件表面三维形貌的测量方法及评定方法仍是国际上的研究热点，怎样才能对非金属材料的木材表面粗糙度进行评价是木材表面粗糙度评价研究面临的问题。新加坡南洋理工大学的 Zhong 等于 2013 年 1 月首次采用具有非接触式激光测量功能的 Talyscan-150 型表面粗糙度测试仪对松木和马来西亚暗红柳桉进行了三维表面粗糙度测量尝试（图 1-13，图 1-14），结果显示，表面三维算术平均偏差 S_a 与轮廓二维算术平均偏差 R_a 的趋向性相同（Zhong et al.，2013）。

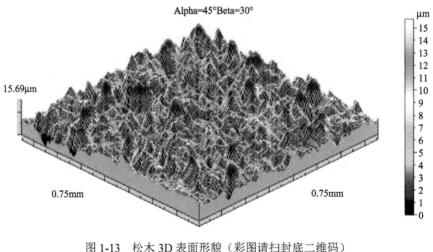

图 1-13　松木 3D 表面形貌（彩图请扫封底二维码）

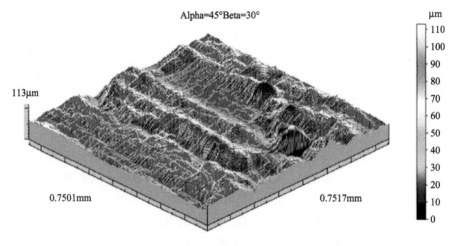

图 1-14　马来西亚暗红柳桉 3D 表面形貌（彩图请扫封底二维码）

在我国，20 世纪 80 年代便有学者开始了关于木材表面粗糙度评价的研究工作。1986 年哈尔滨工业大学的蒋作明等首先通过采用触针式轮廓仪测量木材表面粗糙度，确定合理的针头半径及测试压力。东北林业大学的尚其纯、李东升等通过分析木制件表面粗糙度的 5 个不同评定参数，得出的结论是选择评定参数可以根据表面功能的需要和表面加工方法，以及测量条件的具体情况而确定（尚其纯等，1994）。北京林业大学的王明枝等（2005）利用探针法对由不同加工方式得到的水曲柳、毛白杨和杉木的表面粗糙度进行测定，通过分析，总结出影响木材表面粗糙度的主要因素，并建立起它们与表面粗糙度之间的关系。1996 年哈尔滨理工大学的陈捷等（1996）出版了《木制件表面粗糙度》一书，这是我国首部关于木材表面粗糙度检测的专业书籍。

在对木材表面粗糙度非接触检测方面，1992 年东北林业大学的赵学增提出利用计算机视觉检测技术评定木材表面粗糙度的新方法，并对其进行初步研究。结果表明，该方法与触针式轮廓法测得的表面粗糙度值具有显著相关性，可用于对木质材料表面粗糙度的分类和在线检测。2004 年北华大学的甘新基使用光切法测量微观十点不平度高度（R_z）并将其作为评价锯切表面粗糙度的可行性指标，分析总结出锯切加工进给量对 R_z 值的影响（甘新基和孟庆午，2004）。2006 年东北林业大学的韩玉杰（2006）推出一种基于激光位移传感器设计的木材表面粗糙度激光检测系统，为实现木材表面粗糙度快速在线检测提供了技术支持。

四、零锯料角锯齿与微量零锯料角锯齿锯切概述

零锯料角锯齿锯切研究的发起人是我国北华大学的孟庆午和齐英杰（1999），其研究主要针对的是前齿面锯料角（径向侧后角），本章所述的锯料角皆指前齿面锯料角。零锯料角锯齿是指锯齿有锯料，且锯料角等于零度的锯齿（图 1-15a）。孟庆午教授在进行木材带锯锯切表面锯痕形成机理的研究中发现了锯料角对锯切表面形成过程起作用，于 1996 年开始进行关于零锯料角木工带锯的研究，1997 年获得吉林省教委"零内凹角硬质合金锯片的研究"科研项目，"零锯料角木工锯子的研究"于 2004 年获得国家自然科学基金项目小额资助，并发表了一系列关于零锯料角锯齿切削性能方面的论文。零锯料角锯齿的特点是锯齿侧刃与锯身平行，锯料角等于零度，侧刃起刨削作用。研究发现，锯料角是直接影响锯切表面粗糙度的主要因素之一，采用零锯料角锯齿锯切时，当增加每齿进给量以提高加工效率时，可保证锯切表面的粗糙度不会再降低（孟庆午等，2001a，2001b）。

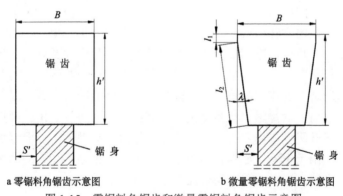

a 零锯料角锯齿示意图　　　　**b 微量零锯料角锯齿示意图**

图 1-15　零锯料角锯齿和微量零锯料角锯齿示意图

B. 锯齿宽度；*S′*. 锯料量；*h′*. 锯料高度；*l₁*. 零锯料角段；*l₂*. 非零锯料角段；*λ*. 锯料角

然而，根据现有木材切削理论分析可知，具有零锯料角齿形锯齿的圆锯片在锯切木材时虽然有效降低了锯切表面的粗糙度，但由于与木材相接触的侧刃为直线段，相对普通锯齿的齿形结构，增加了其与木材接触的长度，锯切时需要的锯切力增大，

加工能耗升高，长时间使用这种锯片进行锯切，容易产生较大的摩擦力，进而使生成的切削热增加，不利于保证锯片的锯切稳定性，影响锯片表面质量。

此外，研究人员通过进一步的研究发现，已有的研究成果在零锯料角锯齿锯切能耗降低的主要因素分析中只提到主刃长度（锯口宽度）的减少，而没有考虑锯齿零锯料角段侧刃长度对锯切表面质量、锯切能耗和锯片温升的影响，而实际上，锯齿零锯料角段侧刃长度对这些性能指标的影响都是非常显著的。近年来随着木工超薄硬质合金圆锯片的广泛应用，锯齿主刃的宽度不断缩小，有的刃口宽度可达1.2mm，研究人员通过进一步的研究发现，在用超薄圆锯片进行木材锯切过程中，侧刃几何参数的影响不容忽视（张占宽和曾娟，2008；Szymani et al.，1987）。

基于以上研究现状，提出微量零锯料角锯齿的概念，侧刃是由零锯料角段 l_1 和非零锯料角段 l_2 组成，其中零锯料角段承担切削，也就是锯齿的局部侧刃是刨削刃。由于切削时的每齿进给量一般很小，锯齿零锯料角段 l_1 相对侧刃总长度（l_1+l_2）极小，故称为微量零锯料角锯齿（图 1-15b）。而在以往零锯料角研究中，锯齿零锯料角段的长度为 l_1+l_2，即为锯齿整个侧刃长度。相对于普通锯齿及零锯料角锯齿来说，微量零锯料角锯齿具有以下 3 个特性。第一，微量零锯料锯齿的锯切功率显著减小。普通木工锯齿具有 3 条切削刃，即一条主刃（主切削刃）和两条侧刃。锯切所形成的加工表面是由两条侧刃切削出来的。因此，两条侧刃是形成锯切表面的主要切削刃。而原有木材切削理论在计算切削力时，只把横刃作为主切削刃进行研究，而没有考虑侧刃的作用。微量零锯料角锯齿的优势体现在：①相对于普通锯齿，采用微量零锯料角锯齿锯切时，在保证不"夹锯"的前提下，可以有效减少主刃长度，即可减少锯口宽度；②由于微量零锯料角锯齿侧刃的刨削作用，锯切表面平直，减少了锯身与锯路壁之间的摩擦力；③相对于零锯料角锯齿，由于微量零锯料角锯齿只有侧刃的零锯料段与锯路壁接触，因此，产生的摩擦力小。第二，相对于零锯料角锯齿，微量零锯料角锯齿锯切造成的锯片温升更小，稳定性更好。微量零锯料角锯齿的零锯料角段长度极小，即参与切削的侧刃长度缩小，与锯路壁的摩擦减小，消除了零锯料角段之外的侧刃与锯路壁之间的摩擦，因而降低了锯片温升。第三，相对于零锯料角锯齿，微量零锯料角锯齿可提高锯切表面质量。由于微量零锯料角锯齿产生的锯片温升降低，锯片的稳定性增强，锯片振动减小，进而锯切表面质量得以提高。另外，由于消除了零锯料角段之外的侧刃与锯路壁之间的摩擦引起的木材锯切表面碳化现象，也会改善锯切表面质量。

第三节　圆锯片温度检测与控制技术发展现状概述

一、圆锯片锯切温度场的研究现状

木材切削温度场的测量方法与金属切削温度场的测量方法十分相似。金属切削中一般选择实验法、解析法和有限元数值法等用于研究测量切削温度场。实验法是通过使用感温元件采用接触或非接触的方式来测量被测对象的实际温度值，如热电偶测温法和红外热像仪测温法（尤芳怡和徐西鹏，2005），这种方法的优点是操作简单，测量结果比较准确可靠；解析法是利用数学分析的方法根据已知条件求解刀具切削的温度，这种方法往往基于各种假设，很难真实地还原实际温度；有限元数值法是通过有线差分法和有限元仿真来模拟实际锯切情况，这种方法也需要定义材料属性和设定边界条件，在计算求解由材料性质、变形及多耦合场引起的一些非线性问题时也很难做到仿真结果与实际温度完全相同（Porankiewicz，2003）。

国外对木材切削中圆锯片温度的研究开始较早，Mote、Nieh、Holoyen 等科学家从 20 世纪 70 年代就开始研究并发表了一些关于圆锯片温度分布的文章（Abukhshim et al.，2006；Mote，1977；Nakamura et al.，1972）。经过大量实验分析，获得的结论是，对于一个直径为 550mm 的圆锯片，进料速度为 20~30m/min，锯片自身的温度将比周围空气高出 40~60℃，而将锯片温度最高处与环境温度进行比较，则会高出 100℃。对圆锯片温度分布情况与稳定性关系的研究结果是，直径为 400mm、厚度为 1mm 的锯片，在一定转速下，当锯片内部与外缘的温度差达 9℃时，锯片会发生波浪形变形。

如图 1-16 所示，从稳定切削时圆锯片温度场分布与锯片半径关系可以看出，从夹盘边缘到锯齿与夹盘的中心位置锯片温度基本保持不变，从锯齿与夹盘的中心位置到锯身边缘，锯片的温度呈指数增长，从锯身边缘到齿尖温度又有所下降。这是由于锯片齿尖之间存在间隙，当锯片锯切时高速旋转，与空气对流换热能力大于锯身，因此齿尖温度相比锯身边缘温度有所下降（Sugihara and Sumiya，1955）。

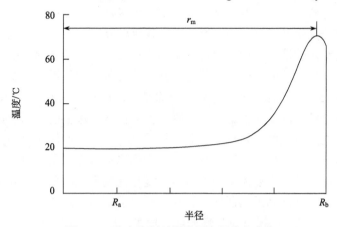

图 1-16 稳定切削时锯片温度场分布曲线

R_a. 圆锯片中心孔半径；R_b. 圆锯片外缘半径；r_m. 圆锯片峰值温度所在半径

国内专家对圆锯片温度场分布的研究可以追溯到 20 世纪 80 年代，所采取的方法主要是将温度分布与热应力分布进行综合研究，从而确定温度对锯片动态稳定性的影响规律（李仁德等，2012）。北京林业大学的李黎教授采用非接触式远红外温度测定仪分别测定圆锯片外边缘和锯片夹盘边缘的温度，并通过移动红外测温仪测定沿锯片半径方向上的温度分布。试验证明，对于直径为350mm、厚度为2.6mm、未经适张处理的圆锯片，当温度梯度达到17℃时锯片发生了失稳，对于经适张处理的锯片，温度梯度达到21℃时锯片才发生失稳（李黎等，2002）。莱阳农学院建筑工程学院的李媛等（2006）采用静力学分析方法从理论上对圆锯片的热应力场进行分析，得出热应力在切向的绝对值呈内低外高的分布趋势的结论，靠近锯片夹盘部分为拉应力，靠近锯片边缘部分为压应力。

二、木材锯切圆锯片在线冷却技术的研究现状

在传统的多锯片组锯切加工过程中，往往需要使用大量的冷却液或者冷却油喷洒在锯片与木材接触的切削区域，以起到对锯片的冷却作用。但是，近几年随着节约资源、保护环境的基本国策深入人心，人们对节能增效、生态环保及实现可持续发展意识不断增强，企业已经开始关注冷却液在整个使用周期中所带来的一系列负面效应。大量地使用冷却油或冷却液不仅浪费资源，提高生产加工成本，而且会对木材产生污染，甚至危害工人的身体健康。现代制造业中对冷却废液的处理与回收利用也是亟待解决的问题之一。

目前，木工家具企业在生产中用于降低切削热比较常见的方法是使用油雾外部润滑方式，即将冷却液在一定压力推动下推入高压喷射系统，冷却液与气体充分混合并使冷却液雾化，然后将形成微小颗粒的雾化冷却液在高压下喷射到圆锯片表面，从而对锯片起到冷却和润滑的作用。油雾外部润滑系统一般由空气压缩机、油泵、流量控制阀、电磁阀、喷头及管路附件等部分组成，安装和使用比较方便。这种系统的缺点是由于雾化油雾颗粒小、锯片的高速旋转及除尘装置对气流的影响导致锯片上方气流紊乱，使油雾四处飞散，污染工作环境，使用中必须具备配套的防护设施，同时还存在切削油价格较高，对超薄圆锯片组每个锯片无法实现均匀冷却等问题。德国Steidle公司制造一套切削油润滑系统（micro lubrication system），其主要原理是压缩空气经过滤器后输送到压力罐，储藏在压力罐中的切削油在压缩空气带动下经软管输送到喷头的物料供应口处，再通过雾化空气的作用使切削油呈雾化状态并喷射到即将实施切削的切削刀具刃部，切削油呈雾化状态作用到即将参加切削的切削刃部，这一系统主要应用在多层实木复合地板表板剖分的剖分锯上。在用于超薄圆锯片组的切削冷却时出现每个锯片无法实现均匀冷却的问题，特别是当环境温度较高时，更难满足超薄圆锯片组的冷却要求。此外，所采用的切削油价格较高，使用后的切削油无法回收，增加了生产成本。

从锯片工作时发热机理上分析，锯片在切削过程中与木材产生的摩擦是造成锯片生热及锯齿磨损的主要原因。冷却液的主要作用是通过液体的物态变化即由液化转变为气化时吸收并带走圆锯片上切削时所产生的热量。为避免冷却油在冷却锯片

时对加工木材表面产生污染，研究人员对传统的冷却液进行改良，推动形成了新的冷却方式，如液氮冷却、冷空气冷却、电离空气冷却，为木材加工中刀具的冷却提供新型的技术支持。这些新型的冷却方法不会对木材和工作环境造成污染，因此称为环境友好型"绿色冷却技术"。但是新型的绿色冷却技术也存在一些问题，包括附加装置结构复杂，应用范围较窄，使用条件严格，维修麻烦，维护费用高，并且一些关键技术问题尚待解决，因此这些新型的绿色冷却技术还未能在木材加工领域推广应用。

由切削传热的理论分析可知，切削时由锯切和摩擦产生的热量一部分被切屑带走，另一部分则传递给刀具和工件。由于锯片在锯切过程中高速旋转且为连续锯切，当锯片散热速度低于切削热累积的速度时，锯片锯齿部分温度会明显升高，锯片产生外高内低的温度场，使锯片发生变形而失稳。同时，锯齿的磨损也会造成锯片温度上升的情况（曹俊卿和于孟，2006）。因此，必须对锯片进行在线冷却，而选择合适的冷却方式是解决锯片在线冷却的关键问题。

第四节　木工刀具磨损机理与减磨技术发展现状概述

一、木工刀具磨损变钝机理的研究现状

刀具的磨损是指刀具切削部分的材料在切削过程中由磨蚀而造成的损耗。变钝是指刀具切削性能的恶化，表现为进给困难、切削温度上升、噪声和功率消耗增加及加工件表面质量下降等。刀具变钝的原因主要是磨损使得刀具切削部分的微观几何形状变得不利于继续切削（习宝田，1989）。木工刀具磨损的原因有机械磨损、化学腐蚀磨损和电腐蚀磨损。刀具磨损过程可经历 3 个阶段。第一阶段，刀具在开始切削后，在较短的一段时间里很快就会磨损，称为初期磨损阶段；第二阶段，经过初期磨损阶段后，刀具磨损缓慢，切削比较稳定，磨损值随时间的增加而增加，称为正常磨损阶段；第三阶段，刀具磨损达到一定数值后，切削力增大，切削温度升高，刀具的切削性能急剧下降，导致刀具大幅度磨损，从而失去切削能力，这时工件已加工表面恶化，并且发生振动、啸声和切削表面变色等不良现象，称为急剧磨损阶段。实际生产应用中，应当避免刀具磨损的现象发生，及时重磨刀具或更换新的刀具（杨平，2005）。影响刀具磨损的因素有很多，也很复杂，如刀具和工件的材料、刀具几何形状及切削条件等（Noordin et al.，2004；Miklaszewski et al.，2000；Endler et al.，1999；Scholl and Clayton，1987）。

为了度量刀具的磨损程度，研究人员从不同的角度给出不同的磨损参数。Alekseev（1957）以刃口缩短量和刃口圆弧半径衡量刀具磨损变钝。Kinoshita（1958）主张用前、后角的变化量来表征刀具的磨损和变钝程度。Stevens（1977）以磨损量来表示刀具的磨损程度。Inoue 和 Mori（1983）将刃口缩短量和后刀面磨损带宽度

作为刀具磨损变钝的依据。Mckenzie（1971）采用前刀面的磨损量和负间隙表示刀具的磨损。国内常用刃口横向微观几何形状来表示刃口的变钝特征。这些参数有刃口圆半径、刃口的缩短量、后刀面的棱长、前刀面棱长、后角减小量、前角变化量、磨损面积等。习宝田和曹平祥则用刀刃退缩量表示磨损程度，负间隙 C 表示变钝程度（曹平祥，1991；习宝田，1989）。

1975 年，Mckenzie 和 Karpovich 使用高速刚刀具切削硬质纤维板，结果显示在切削过程中以后刀面磨损为主，且磨损刀具的刃尖至前刀面的位移量很快增加到一定程度后基本不再加大，伴随着磨损，继续增大的是负间隙，并且负间隙的增加和后刀面磨损区宽度的增加相一致（McKenzie and Karpovich，1975）。1979 年，Sugihara 等分别采用 0.5μm、1.5μm、5.0μm 3 种不同粒度的硬质合金刀具对刨花板进行锯切，研究结果表明粒度为 5.0μm 时刀具较耐磨，使用寿命较长（Sugihara et al.，1979）。1985 年，联邦德国的 Helmut Huber 用 K05 硬质合金铣刀切削分层铺装的饰面刨花板的一项研究表明，当切削长度为 5800m 时，刀刃长度方向磨损量的差别可达 125μm，可见当切削非均质材料时，刀刃沿长度方向的磨损很不均匀（Huber，1985）。1999 年，Jannal 等通过研究刀具在切削刨花板和纤维板过程中的磨损，发现在高温下发生氧化和腐蚀是硬质合金刀具发生磨损的主要原因（Jannal et al.，1999）。2000 年，Lemaster 等提出采用振动加速计对刀具磨损进行监测的方法（Lemaster et al.，2000）。2003 年，Porankiewicz 撰文指出在利用硬质合金刀具铣削刨花板过程中，镍含量为 0.1%～1.12%时，刀具的磨损随镍含量增大而增大，并提出铬含量为 0.38%，碳化钨粒度为 0.9μm 时刀具最为耐磨（Porankiewicz，2003）。2005 年，Porankiewicz 等（2005）采用高速钢铣削 4 种木材，研究结果表明刀具后刀面的磨损量远大于前刀面磨损量和刃口缩短量。

1991 年，曹平祥采用正交法设计试验，研究刀具材料、后角、切削速度 3 个变量在刨切柞木过程中各刃口参数随着切削长度增加而改变的规律。研究结果显示，刃口缩短量 b、前刀面磨损带宽度 W_f、后刀面磨损带宽度 W_b、刃口磨损高度 h_f、负间隙量 C 等刃口参数值均随着切削长度的增加而增大；用刃口缩短量表示刀具磨损的大小比较理想；对于不同材料刀具而言，用 b/W 描述刀具的自锐性较为妥当；用负间隙量 C 作为度量刀具刃口变钝的刃口参数较为恰当；T10A、W18Cr4V、Crl2 三种材料刀具的耐磨性依次增加，前两者的刃口横断面几何形状为尖削形，后者为秃顶形（曹平祥，1991）。1991 年，张双宝、周宇撰文指出，木工刀具的磨损导致刀刃变钝，造成进给困难、切削温度上升、噪声和功率消耗增加及加工表面质量下降等。这主要是磨损使刀具切削部分的微观几何形状发生变化，不利于继续切削，如刀尖变圆会大幅度削弱应力的集中，切屑不易分离；前角变小，切屑变形大；后角减小使后刀面与切削表面的摩擦力大大增加，从而导致切削热急剧上升，刃口在高温下金相组织发生改变，硬度下降（张双宝和周宇，1991）。2003 年，曹平祥撰文指出腐蚀磨损是硬质合金刀具的主要磨损机理（曹平祥等，2003）。2003 年，李黎对表面涂层硬质合金刀具切削高密度纤维板后的磨损状况分阶段进行了测量，并与普通硬质合金刀具进行比较，结果显示，涂层刀具的综合切削性能优于普通硬质合金刀具，在较低切削速度下，切削高密度和中密度纤维板时，刀具前后刀面的磨损量较小，刃口保持锋利的时间较长。在化学气相沉积（chemical vapor deposition, CVD）涂层和物理气相沉积（physical vapor deposition, PVD）涂层两种涂层刀具中，后者的品质和耐磨性优于前者（李黎等，2003）。

二、木工刀具磨损变钝与木材切削力关系的研究现状

1962 年，Yamaguchi 的研究结果表明，切削力和切削功率都随刀具磨损程度的增加而增加（Yamaguchi，1962）。1975 年，Mckenzie 和 Karpovich 使用高速钢刀具切削硬质纤维板的研究还表明，在切削过程中主切削力和法向力都随负间隙的增加而增加，当负间隙达 50μm 左右时（在该项试验中大约是正常切削厚度的一半），主切削力的增加速度开始放慢，法向力仍在很快增加（McKenzie and Karpovich，1975）。2004 年，Wayan 和 Chiaki 利用 5 种涂层刀具切削水泥碎料板以检测刀具切削力和切削噪声，结果表明主切削力随着刀具的磨损而增加，且比切削噪声更敏感，适宜用于刀具磨损的检测（Wayan and Chiaki，2004）。

国内学者也对木制品切削过程中刀具磨损和切削力的关系进行了一些研究。朴永守等（1991）用不同磨损程度的高速钢刀具对北美云杉进行旋切，在测量加工表面温度的同时测量了主切削力和垂直分力，发现刀刃的磨损量越大，主切削力则越大，而垂直分力则向远离试件母材方向变大。曹平祥等（1996）以高速钢刀具切削定向结构板和中密度纤维板，用二次回归正交组合设计法安排试验，采用二次回归数学模型分别拟合单位宽度的切削力 F_x、F_y 与刀具磨损 b、刀具前角 γ 及切削厚度 a 之间的关系，得出的结论为：切削定向结构板时，由于刀具磨损即刀具后刀面刃口缩短量 b 取值为 10～100μm，刀具尚在初中期磨损阶段，和其他因素相比，其作用被试验误差和系统误差所覆盖，因此刀具磨损对 F_x 影响不显著，但仍表现出对 F_y 显著的影响，磨损越严重，F_y 越大。切削中纤板时，刀具刃口缩短量 b、刀具前角 γ 和切削厚度 a 对切削力 F_x 均有显著的影响，a 影响最大，γ 和 b 有交互作用。

第二章　木材切削的基本原理

在实际生产中，尽管木材的切削方式不同，但是从切削运动和刀具几何形状组成来看，却有相同之处，即都可以看作一把楔形切刀和一个直线运动所构成的直角自由切削过程。这个最简单、最基本的切削方式，在一定程度上，可以反映各种复杂切削方式、切削机理的共同规律。

借助于刀具，按预定的表面，切开工件上木材之间的联系，从而获得符合要求尺寸、形状和表面粗糙度的制品，这样的工艺过程，称为木材切削。大多数情况下，工件被切掉一层相对变形较大的切屑，以获取制品，如锯切、铣削、磨削、钻削等大部分切削方式。少数情况，切下的切屑就是制品，如单板旋切、刨切等。也有的情况，被切下的切屑和留下的木材均为制品，如削片制材。

由于木材切削加工的对象是木材，木材的不均匀性和各向异性使木材在不同的方向上具有不同的性质和强度，切削时作用于木材纤维方向的夹角不同，木材的应力和破坏载荷也就不同，促使木材切削过程发生许多复杂的机械物理和物理化学变化，如弹性变形、弯曲、压缩、开裂及起毛等。此外，由于木材的硬度不高，机械强度极限较低，具有良好的分离性。木材的耐热能力较差，加工时不能超过其焦化温度（110～120℃），所有这些，构成了以下木材切削独有的特点。

（1）高速切削。木材切削速度一般为 40～70m/s，最高可达 120m/s，一般切削刀轴的转速在 3000～12 000r/min，最高可达 24 000r/min。这是因为高速切削使切屑来不及沿纤维方向劈裂就被切刀切掉，从而获得较高的几何精度和表面粗糙度，同时木材的表面温度也不会超过木材的焦化温度。受高速切削和被切削材料的限制，木材切削的噪声水平一般较高。一方面是高速回转刀轴扰动空气产生的空气动力性噪声；另一方面是刀具切削非均质的木材工件产生的振动和摩擦噪声，以及机床运转和振动产生的机械性噪声。一般在制材和家具车间产生的噪声可达 90dB（A）以上，裁板锯的噪声可高达 110dB（A），严重地污染环境，影响工人的身心健康，成为木材工业公害之一。

由于高速切削，就对机床各方面提出了更高的要求，如主轴部件的强度和刚度要求较高，高速回转部件的静、动平衡要求较高，要用高速轴承，机床的抗振性能要好，以及刀具的结构和材料要适应高速切削等。

（2）被加工材料材性不均匀并有一定含水率。作为加工工件的木材，其物理力学性质因树种而异，即使同一树种，也因为生长条件、含水率和纤维方向等不同而不同，所以会产生切削动力消耗不同，发生呛茬和毛刺等加工缺陷，影响加工精度。

针对不同方向的切削需要选择不同形状的刀具，如纵方向切削应选择纵剖锯，横方向切削应选择横截锯。木材状况不同，对切削要求也不同，因此必须要研究树种、密度、含水率、木材纹理、纤维方向、年轮、温度、力学强度和结疤缺陷等因素对木材切削的影响。

（3）切屑有时就是加工产品。优质、大径级原木越来越少，要得到大幅面板材越来越困难。另外，为克服木材各向异性和干缩湿涨等固有缺点，木材工业中研究开发了胶合成材、胶合板、刨花板和纤维板等木质复合材料，这些加工中获得的产品单板、木片和纤维既是切削过程的切屑又是加工的制品。

（4）刀具楔角小。切削过程中，在切削力的作用下，木材首先发生变形，然后分离并排除切屑，与金属切削相比，木材强度小得多，切削的分离力所占的比例大，刀具的锐利程度对分离力的影响很大。为此把刀具的楔角做小，使刀刃锐利，有利于木材分离。

本章部分内容主要参照《木材切削原理与刀具》（李黎，2012）、《木材切削原理与刀具》（曹平祥和郭晓磊，2015）。

第一节　木材切削的基本概念

一、切削运动

切削时刀具具备两种基本运动方式，一种是直线运动，如刨刀，如图 2-1a 所示；另一种是回转运动，如铣刀，如图 2-1b 所示。刨削时，一般只要刀具相对工件做直线运动 V，便可以完成切削过程。有时切削层较厚，受刀具强度和加工质量等因素的限制，需要分数层依次切削，才能满足工艺要求。这时要求刀具切去一薄层切屑后，退回原处，让工件或刀具在垂直 V 的方向做直线运动 U，然后刀具再切下一层木材。如此交替进行，逐层切削，直至切完需要切除的木材。

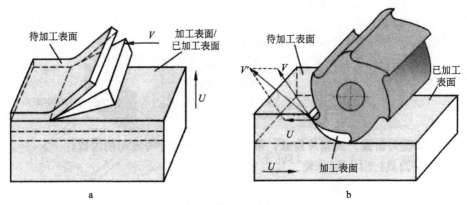

图 2-1　直线和回转运动切削时的加工表面

a. 直线运动切削；b. 回转运动切削

铣削时，仅依靠刀具的回转，只能切下一片木材，要切除一层木材，必须在刀具回转的同时，使工件与刀具间做相对的运动。由此可见，要完成一个切削过程，通常需要两个运动：主运动和进给运动。

（一）主运动

从工件上切除切屑，从而形成新表面所需要的最基本运动，称为主运动。与进给运动相比，主运动一般速度高，消耗功率大。主运动速度用 V 表示，通常主运动由刀具完成。主运动可以是直线运动，如刨削，也可以是回转运动，如铣削。主运动为回转运动时，主运动速度的计算公式为

$$V = \frac{\pi D n}{6 \times 10^4} \text{(m/s)} \tag{2-1}$$

式中，D 为刀具（工件）或锯轮直径（mm）；n 为刀具（工件）或锯轮转速（r/min）。

有些刀具，如成型铣刀和钻头，刃口上各点的速度因回转半径不同而异，在确定主运动速度时，应计算最大速度。这是考虑到速度大的刃口部分，发热磨损也大。

（二）进给运动

使切屑连续或逐步从工件上切下所需的运动，称为进给运动。进给运动可以用不同的进给量来表示。

每分钟进给量 U：即进给速度单位时间内工件或刀具沿进给方向上的进给量（m/min）。

每转进给量 U_n：刀具或工件每转一周，两者沿进给方向上的相对位移（mm/r）。

每双行程进给量 U_{str}：刀具或工件相对往返一次，两者沿进给方向上的相对位移（mm/str）。

每齿进给量 U_z：刀具每转一个刀齿，刀具与工件沿进给方向上的相对位移（mm/z）。

进给速度与每转或每齿进给量之间的关系为

$$U = \frac{U_n n}{1000} = \frac{U_z z n}{1000} \tag{2-2}$$

式中，z 为铣刀齿数、圆锯片齿数，带锯锯切时为锯轮每转切削齿数；n 为刀具（工件）或锯轮转速（r/min）。

主运动和进给运动可以交替进行，如刨削，也可以同时进行，如铣削。若同时进行，产生的相对运动则称为切削运动。切削运动速度 V' 的大小为主运动速度 V 和进给运动速度 U 的向量和，即

$$\vec{V'} = \vec{V} + \vec{U} \tag{2-3}$$

如图 2-1 所示，绝大多数木材切削过程的主运动速度比进给速度大许多，所以通常可以用主运动速度的大小、方向代表切削运动速度的大小和方向。

由于刀、锯等刀具表面大部分是以直线或圆作为母线形成的，因此构成切削运动的基本运动单元是直线运动和回转运动。任何切削加工方式，不管它有多复杂，从切削运动角度来看，都是由基本运动单元按照不同的数量和方式组合而成的。常见的运动和运动组合有如下几种。

（1）一个直线运动，如刨削、刮削。

（2）两个直线运动，如带锯锯切、排锯锯切。

（3）一个回转运动和一个直线运动，如铣削、钻削和圆锯锯切。

（4）两个回转运动，如仿形铣削。

二、刀具和工件的各组成部分

为了研究刀具几何参数，认识其几何特征，需要对刀具和工件的各组成部分给予定义。工件一般分为 3 个表面，如图 2-1 所示。

（1）待加工表面——即将切去切屑的表面。

（2）加工表面——刀刃正在切削的表面。

（3）已加工表面——已经切去切屑而形成的表面。

这 3 个表面，在切削过程中随刀具相对工件的运动而变化。有些加工过程的已加工表面和加工表面重合，如图 2-1a 所示；有些加工过程的已加工表面和加工表面成一定角度，如图 2-1b 所示。

木材切削刀具的种类虽多，但它们总是由两部分组成：一是外形近似一楔形体的切削部分；二是外形结构差异很大的支持部分。图 2-2、图 2-3 所示是楔形切刀的主要组成部分。

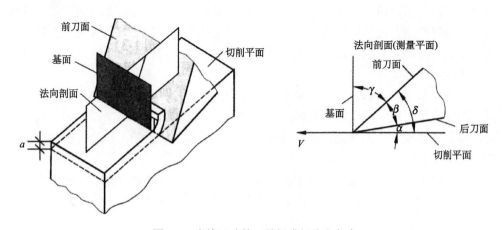

图 2-2　直线运动的刀具组成部分和角度

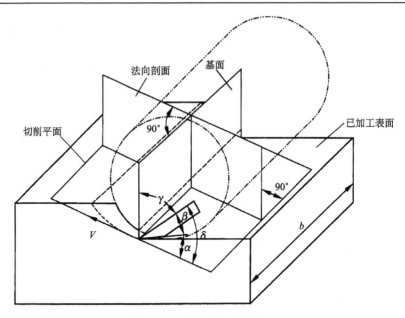

图 2-3　回转运动刀具的角度

前刀面——对被切木材层直接作用，使切屑沿其排出的刀具表面。

后刀面——面向已加工表面并与其相互作用的刀具表面。

切削刃——前刀面与后刀面相交的部分，靠它完成切削工作。

前、后刀面可以是平面，也可以是曲面。

三、刀具的角度

因为刀具是依靠其切削部分切削木材的，所以刀具的角度就是指刀具的切削部分——楔形切刀的角度。实际上，楔形切刀本身只有前、后刀面之间的夹角可以在切刀上直接测量，而切削的其他角度与刀具和工件的相对运动方向有关，需要借助坐标平面加以确定。为了便于反映刀具几何属性在切削过程中的功能，一般选取以下两个坐标平面。

（1）切削平面。通过切削刃与加工表面相切的平面，即主运动速度向量 V 和切削刃所组成的平面。主运动是直线运动且切削刃是直线时，切削平面和加工表面重合，如图 2-2 所示。主运动为回转运动时，切削平面的位置随刃口位置的改变而改变，如图 2-3 所示。

（2）基面。通过切削刃垂直于主运动速度向量 V，也就是垂直于切削平面的平面。若主运动是回转运动，基面则通过刀具或工件的回转轴线，如图 2-3 所示。

在上述坐标系中测量刀具角度时，角度的大小随测量平面相对切削刃的位置不同而异。规定垂直于切削刃在基面投影的法向剖面为测量平面。在该平面中量得的刀具角度，是设计、制造刀具时，刀具图纸上标注的刀具角度参数，也是刃磨刀具时需要保持的刀具角度参数。

刀具标注的角度参数有 4 种。

（1）前角 γ：前刀面与基面之间的夹角。表示前刀面相对基面的倾斜程度，它主要影响切削的变形。当前刀面与基面重合时，前角为零，在图 2-2 中前刀面相对基面顺时针方向倾斜，前角为正值，逆时针方向倾斜，前角为负值。

（2）后角 α：后刀面与切削平面之间的夹角。表示后刀面相对切削平面的倾斜程度，它主要影响刀具后面与工件之间的摩擦。

（3）楔角 β：前刀面与后刀面的夹角。它反映了刀具切削部分的锋利程度和强度。

（4）切削角 δ：前刀面与切削平面之间的夹角。表示前刀面相对切削平面的倾斜程度。在切削的过程中，切削角的作用和前角的作用相同，两个角互为余角，即如果前角大，相应的切削角就小。

从以上诸角定义中可知：

$$\gamma + \alpha + \beta = 90° \tag{2-4}$$

$$\delta = \alpha + \beta = 90° - \gamma \tag{2-5}$$

四、切削层尺寸参数

刀具相对工件沿进给方向每移动一个每齿进给量 U_z，或每转进给量 U_n，或每双行程进给量 U_{str} 后，定义一个刀齿正在切削的木材层为切削层。切削层的尺寸参数及能反映刀具切削部位受力状况和切削几何形状的参数——切削厚度 a 和切削宽度 b，可在基面内测定，如图 2-2 和图 2-3 所示。

（1）切削厚度 a。主运动为直线运动时，切削厚度为切削刀刃相邻两个位置间的垂直距离，亦为相邻两个加工表面之间的垂直距离，如图 2-2 所示。直线运动时的切削厚度在刀具切削木材的过程中是一个常数。主运动为回转运动时的切削厚度在切削过程中是变化的，如图 2-3 所示，它可以用下式计算：

$$a = U_z \sin \theta \tag{2-6}$$

式中，U_z 为每齿进给量；θ 为运动遇角，即切削速度方向和进给速度方向的夹角。

（2）切削宽度 b。切削宽度是刀刃的工作长度在基面上的投影。当切削速度垂直于刀刃时，切削宽度等于刀刃的工作宽度。

（3）切屑面积 A。切屑面积指的是切削层在基面内的投影面积，即

$$A = ab \tag{2-7}$$

主运动为回转运动时，切削面积的大小，随切削厚度的变化而变化。在实际木材切削过程中，由于切削层木材的变形，切削层截面的形状会发生变化。但由于变化量较小，故可以用名义切削层截面的形状来代替实际切削层截面的形状，即用名义切削厚度、宽度和面积代替实际切削厚度、宽度和面积。

通常所谓切削厚度、宽度和面积，就是指名义切削厚度、宽度和面积。

五、切削方向

木材切削按切削刀刃与切削方向的作用可分为二维切削（直角自由切削）和三维切削（倾斜刃切削）两种。按切削速度方向与木材工件纤维方向的关系，木材切削可分为纵向、横向和端向 3 个基本切削方向及纵端向、纵横向和横端向等过渡方向切削。

二维切削（直角自由切削）如图 2-4a 所示，切削刀具的刀刃与切削方向垂直，被切下的切屑在横向上无变形。

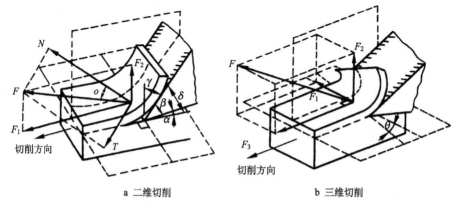

a 二维切削　　　　　　　　**b 三维切削**

图 2-4　二维、三维切削与切削力

F. 切削力；F_1. 切削力水平方向分力；F_2. 切削力垂直方向分力；F_3. 切削力横向分力；α. 后角；δ. 切削角；γ. 前角；θ. 刃倾角；β. 楔角；ρ. 摩擦角；N. 压缩力；T. 摩擦力

三维切削（倾斜刃切削）如图 2-4b 所示，刀具的刀刃与切削方向存在一个倾斜角 θ，切屑在垂直于切削方向上存在变形。

按切削速度和刀刃方向与木材工件纤维方向的关系，可分为如下几种。

纵向切削，即刀刃与木材纤维方向垂直，切削速度平行于木材纤维方向的切削。

端向切削，即刀刃和切削速度均与木材纤维方向垂直的切削。

横向切削，即刀刃与木材纤维方向平行，切削速度垂直于木材纤维方向的切削。

按上述定义，则纵向切削可表示为"90°-0°"，端向切削表示为"90°-90°"，横向切削表示为"0°-90°"。

纵端向切削，即介于纵向切削和端向切削的一种过渡切削。

纵横向切削，即介于纵向切削和横向切削的一种过渡切削。

横端向切削，即介于横向切削和端向切削的一种过渡切削。

木材切削方向（切削速度方向）与木材纤维方向的倾角、交角，以及与年轮间的接触角影响木材切削过程中的动力消耗，如图 2-5 所示。

纤维倾角是指在平行于切削方向且垂直于切削平面的平面内，切削方向与木纤维方向的夹角，也称动力遇角。

纤维交角是指在切削平面内，木纤维与切削方向的夹角。

年轮接触角是指在垂直于切削方向和切削平面的平面内，切削平面与年轮切线之间的夹角。

纤维倾角大于0°、小于90°时为顺纹切削；大于90°、小于180°时为逆纹切削。纤维交角等于90°时为横向切削。年轮接触角等于0°和90°时，其切削平面分别为弦切面和径切面。

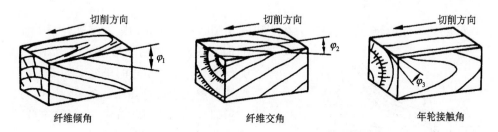

图 2-5　切削方向与木材工件纤维方向之间的角度关系

第二节　木材切削的基本现象

一、切屑形态

木材切削加工过程中出现的各种物理现象，如切削力、切削热、刀具磨损及工件表面质量等，都和切削过程中木材的变形、切屑的形成密切相关。因此，要提高切削加工的生产效率和加工质量，降低生产成本，以至于改善切削加工技术本身，就必须对切削过程进行深入的研究。

木材切削的过程，实质上是被切下的木材层在刀具的作用下，发生剪切、挤压、弯折等变形的过程。由于木材是各向异性的材料，因此有必要针对不同的切削方向，分析切屑的类型、形成条件和切削区的变形。

（一）流线型切屑

流线型（flow type）切屑，发生于纵向切削时切削角和切削深度都比较小的加工条件下，如切削角 40°、切削深度 0.05mm，切屑几乎没有发生压缩变形，沿刀具前刀面呈流线状生成。实验测定出

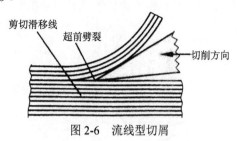

图 2-6　流线型切屑

流线型切屑的压缩率均在 5%以下。由于刀具呈楔状作用于工件，切屑从木材上连续剥离，因此流线型切屑又称为剥离型切屑。

流线型切屑产生的机理是木材在纵向切削时，通常会在刀具刃口的前方发生超前劈裂，如图 2-6 所示，超前劈裂随着刀具刃口的前进而前进，生成了连续带状切

屑。为什么在木材切削中会发生超前劈裂呢?因为在刀具刃口前进时,木材纤维在刀具刃口的斜前方接近与纤维垂直的方向上产生剪切滑移,同时沿刃口的切削线上还受到横向拉伸力的作用。由于垂直纤维方向上的木材剪切强度是其抗拉强度的5~6倍,因此超前劈裂就成为最易发生的破坏形式。产生流线型切屑时,切削力的水平分力在切削过程中几乎不变,因此,刀具刃口的振动很小,能得到一个良好的加工平面。

(二) 折断型切屑

折断型(split type)切屑,发生于纵向切削时切削角和切削深度都处于中等时

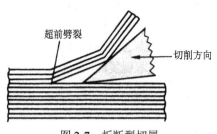

图2-7 折断型切屑

的加工条件,如切削角50°、切削深度0.2mm,折断型切屑的压缩率为零。折断型切屑形成的机理如图2-7所示,当刀具的刃口开始切入时,首先在刃口前方发生超前劈裂,切屑在刀具前刀面上像悬臂梁那样发生弯曲,随着刃口的前移,超前劈裂扩大,弯曲力矩增大。当弯曲力矩达到某一个极限值后,超前劈裂的基部会折断,从而生成一节切屑。随后刀具刃口再次到达超前劈裂的基部,重复同样的动作过程,不断生成折断型的切屑。从折断型切屑的生成机理可以看出,切削力的水平方向分力处于周期性变化状态中。

在实际生产加工中,切削方向很难与木材纤维方向完全一致,经常会出现顺纹或逆纹切削,顺纹和逆纹切削会出现差异很大的切屑形态和加工表面。如图2-8a所示,在顺纹切削(cutting with the grain)之后,因为剩余的切削是在更小切削深度下进行的,故能获得良好的切削表面;而逆纹切削(cutting against the grain)时,如图2-8b所示,超前劈裂发生在刃口的斜下方,沿着木材纤维进入木材内部,使切屑的头部变粗,虽然超前劈裂的基部不易折断,但弯曲力矩达到某一个极限值后仍会折断,

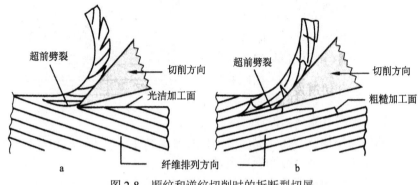

图2-8 顺纹和逆纹切削时的折断型切屑

a. 顺纹切削;b. 逆纹切削

此时切屑会从木材已加工表面拉去一块，引起逆纹破坏性不平度，切削加工表面质量显著恶化。为了获得良好的切削加工表面，切屑厚度应尽可能小，另外可在刃口的前方加一压梁，压梁产生的压力将阻止超前劈裂裂缝的延伸；或在刃口前方加一个断屑器，促使切屑提前折断，减少开裂长度，使超前劈裂不至于延伸到加工表面以下。

（三）压缩型切屑

压缩型（compressive type）切屑，发生于对比较软的木材进行纵向切削时，且切削角比较大，如切削角大于或等于 70° 的情况，此时由于被切下的切屑在刀具的前刀面受到压缩而引起破坏，从而生成的一种切屑形态。实验研究结果表明，压缩型切屑的压缩率可高达 30%～40%。

压缩型切屑形成的具体机理如图 2-9 所示。在图 2-10 中，随着刀刃的前移，由于切削角比较大，被切下的木材受前刀面剧烈的推压作用，不会发生超前劈裂，但切屑从上向下发生剪切滑移，并且每一个滑移部分被分别压缩成卷曲型，这样切屑整体看是一个连续带，其实是由一段一段的切屑构成的。生成压缩型切屑时，切削力一般较大，并且伴有波动。因此，该型切削表面质量比发生流线型切屑时要差很多。

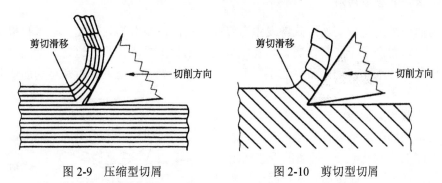

图 2-9　压缩型切屑　　　　　　　　图 2-10　剪切型切屑

（四）剪切型切屑

剪切型（shear type）切屑，发生于纤维倾角较大时的顺纹切削。在刀具刃口的斜上方，一边产生剪切滑移，一边连续形成切屑。一般情况下，剪切角与纤维倾角一致。

剪切型切屑发生的机理如图 2-10 所示，刀具刃口开始切入木材时，刀具前刀面前的木材被慢慢地压缩，因受到平行于纤维方向的剪切力的作用而引起剪切滑移，随着刃口的前移，由压缩引起的剪切滑移，将在靠近刃口的地方保持一定的间隔时间而断续发生。从该生成机理可知，切削力水平方向上的分力变动较小，力的变化频率与剪切滑移发生的频率一致。生成剪切型切屑时，由于其和上述所发生的折断型切屑均为顺纹切削，因此切削加工表面质量比较好。

（五）撕裂型切屑

撕裂型（tear type）切屑发生于刀具刃口不锐利的端向切削，或在逆纹切削时，大切削角和大切削深度的加工条件下，如切削角80°、切削深度 0.3mm 的切削条件。

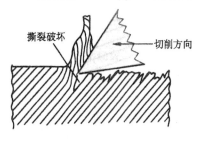

图 2-11　撕裂型切屑

撕裂型切屑产生的机理如图 2-11 所示。在刀具刃口的正下方，刃口的前移给木材纤维一个横向拉力，从而导致在刃口下方沿纤维方向发生开裂破坏。与此同时，在刀具的前刀面上，被切木材内侧发生由于压缩变形而引起的弯曲或剪切破坏，其结果表现为所形成的切屑是无规则地从木材工件上撕裂的碎片。由于切削时伴随如此严重的破坏现象，切削力水平方向的分力大，且变化非常剧烈；同时，一旦形成撕裂型切屑，切屑变形大，木材上会留有比较大的破坏痕迹，因此撕裂型切屑的切削面质量十分恶劣。

（六）复合型切屑

前面介绍的几种切屑形式都发生在纵端向切削。复合型切屑发生在木材横向切削时，它像卷帘子一样，切屑很容易从被切削木材上剥离出来。这时的切屑形态因木材材种、含水率和切削条件的不同而呈现出流线型、剪切型、折断型切屑或复合型切屑。

复合型切屑形成的机理如图 2-12 所示，当切削角和切削用量都比较小时，切屑在刀具前刀面上顺利地流出，切屑的形态接近流线型，此时，刀具直接切开木材组织，所以切削表面质量良好，如单板刨切加工。但随着切削用量的增加，切屑在刀具前刀面上发生横向压缩变形，切屑内表面在刃口斜上方一定的间隔上产生裂纹（反向裂纹），此时

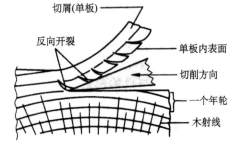

图 2-12　复合型切屑

切屑形态接近于折断型。形成上述切屑时，切削力水平方向的分力呈细微的变化，显示比较小的值。

发生复合切屑时，切削表面的质量较差，特别是当刀具作用产生的裂纹出现在木材工件已加工表面时，切削表面质量显著下降。为了获得高质量的单板（切屑）或平整的加工表面，应采用较小的切削角，即较大的前角和较小的刀具楔角，或在刀具刃口上方加压尺，或让刀刃与刀刃运动方向呈一定的角度，或对被切削木材进行水热处理等措施。

二、切削热

在切削所消耗的能量中，除消耗于加工面和切屑中的应变能量外，大部分都转化为热。把由切削转化成的热称为切削热（heat of cutting）。切削热会加热刀具、切屑和加工面，使它们的温度上升。

切削热主要发生在切削刃前方工件发生塑性变形的区域，即前刀面和切屑，以及后刀面和工件接触产生摩擦的区域，如图 2-13 所示。金属切削加工时，其切削能量大约有 70%消耗于剪切变形，因此发热区主要集中在从刀具的刃口延伸到剪断面，以及前刀面与切屑发生摩擦的区域。但木材切削时，由于切削变形所需的力比金属要小很多，且切削速度比金属要高近百倍，因此通常条件下，木材切削时前刀面上的摩擦发热最为重要。由于已加工表

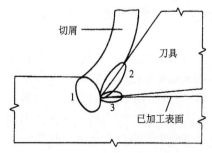

图 2-13　木材切削的发热区域

1. 塑性变形区；2. 前刀面与切屑的摩擦面；3. 后刀面与已加工表面的摩擦面

面的弹性恢复较大，后刀面的摩擦发热也不可忽视。锯切和钻削加工这类闭式切削，与切屑形成无直接关系的刀具部分也会与切削面发生摩擦而生热。

切削热不仅会使切削刀具温度升高，还会提高切屑和工件的温度。但木材切削时刀具以外的温度基本都不讨论。所以说到切削温度，一般都是指刀具温度（tool temperature）。

刀具温度升高引起的结果有两个：一是刃口温度上升会加速刀具的磨损；二是刀本体不均匀的温度分布，会使刀具丧失其原有的稳定性。前者是由于刀具材料在高温时硬度降低，或发生热劣化；后者与刀具自身的热膨胀和热应力有关，圆锯片的热压曲失稳和带锯条的屈服强度降低等都与圆锯片半径方向和带锯条宽度方向的温度分布有关。

1）刀具温度上升的原因

刀具切削时，刀齿与切屑和工件接触部分摩擦生热，同时齿尖的热量向整个刀刃和刀体以热传导的形式扩散热量，然后，再向周围环境辐射散热。因此，刀具温度的问题最终要归结于求解界面间稳定和非稳定的热传导问题，而温度分布取决于接触面单位时间传递的热量、接触面积、热量传递持续的时间、刀具的形状和热物理特性、周围环境的温度及气流速度等。

伴随切屑生成而产生的热量以什么样的比例传导到刀具、切屑和加工面将直接关系到它们在切削过程中的温度变化。金属切削时，切削速度越快，则传导到切屑的热量越多。在高速切削时，大部分热量随切屑一起被带走。木材切削时，刀具表面的摩擦是产生热量的主要来源，因为木材的热传导系数比金属刀具要小很多，所

以传导到刀具的热量要比金属切削时大很多。

2）刀具温度的测定

由于木材切削速度很高，且温度显著上升的部位仅发生在刀具刃口非常微小的区域内，而干燥的木材又是绝缘体，因此金属切削中常用的测定刀具和切屑接触面温度的方法，如刀具-试件热电偶（tool-work thermocouple）法，在木材切削中是无法使用的，所以直接测定木材切削刀具某点的温度，尤其是刃口温度一般是非常困难的。

刀具温度测定一般是将热电偶（thermocouple）或热电阻传感器（resistance temperature sensor）粘贴或焊接在刀具上进行。这种方法虽然简便，但测定时必须要停止刀具的运动，因为元件热容量产生的温度场混乱及响应滞后的影响，所以要准确测定刀具和刀刃的温度也是很困难的。不过如果用极细的热电偶，使元件热容量尽量减小，也可以在温度场不发生混乱的条件下实现高响应的测定。

利用物体发射的热量测定物体温度用的辐射温度计（radiation thermometer），可在不扰乱温度场、以非接触的方式测定刀具的温度。例如，远红外线温度测量仪，可获得非常灵敏、精确的测量结果。

木材切削时，推测刀具刃口温度可达到 500℃，但在不同的切削条件下，刀具最高温度会达到多高，目前还不清楚，这方面的理论分析和实验研究还需进一步开展。

3）影响刀具温度的因素

影响刀具温度最大的因素是切削系统单位时间的发热量，发热量与切削功率（cutting power）呈正比关系，即切削力越大，切削速度越快，刀具的温度就越高。不过即使切削力相同，由于刀具切削角、后角、切削类型、刀刃的磨损状态，刀具和切屑及已加工表面的接触状态等条件的不同，刀刃附近的温度也不相同。木材切削的切削力虽然小，但切削速度高，切削功率与金属切削基本相同或更高，因此木材切削也会产生和金属切削同样的切削热。

影响刀具温度升高的因素来自刀具本身，主要有刀具材料的热物理性能、刀刃或刀体的形状及与工件的接触面的形状等。刀具表面有一定的发热量时，刀具材料的热传导系数（thermal conductivity）越大，刀具表面温度越低，稳定状态下刀具内部的温度梯度就越平缓。因此，硬质合金刀具表面温度比高速钢刀具的表面温度低。但是，非稳定状态刀具的内部温度分布受热传导系数的影响，与刀具的形状、刀具材料热容量和表面积有关，刀刃楔角越小，温度升高越快，并且冷却得也快。由于带锯条和圆锯片基体是薄钢板，锯齿附近区域温度极易迅速升高，但锯身温度并不高。钻头由于其独特的切削形态，刀体极易蓄积热量，在钻削接触面上容易形成高温。刀具前后刀面的性质如表面粗糙度、质地、材料种类等与工件和刀具摩擦系数有关的因素也对切削刀具的温度产生影响。例如，镀铬使刀具与木材接触表面的摩擦系数减小，从而延长刀具的使用寿命。因此，后角减小、增加刀具与已加工表面的摩擦、锯片或锯条锯料不合适，都会引起刀具温度的显著升高。从刀具表面向周围空气的热传导及辐射散失的热量也影响刀具自身的温度。刀具表面的热传导系数和环境温度决定刀具向空气传导热量的多少。气流速度越快，热传导系数越大，刀具散失的热量就越多。例如，圆锯片的回转速度越高，生成的切削热量也越多，但同时散失的热量也多，生成和散失热量的平衡最终决定刀具的温度。带锯锯切时，热量向锯轮的转移也可以使锯条的温度下降。

4）切屑接触面温升与影响因素

因为木材强度随温度升高直线下降，在其他条件不变的情况下，工件温度越高切削阻力越小。虽然目前对木材切削时切屑和已加工表面的温度还不甚了解，但由切削热引起的工件温度升高及由此引起的切削力降低是可以肯定的，即如果工件温度随切削速度增加而升高，切削力则随速度的加快而降低。但是，切削速度加快会引起切屑的变形阻抗增加（变形速率效应），所以实际切削力的大小很验证准确计算。

木材切削时刀刃的温度至少可达 500℃，这就意味着切屑和已加工表面也会达到该温度，而实际与刀具接触表面的温度可能更高。此温度已经超过了木材燃点温度，足以使木材发生热分解。因此，时常可以看到木材热分解残余物黏附在刀刃上。通常切削条件下，因为加热时间极短，在已加工表面上不会出现肉眼可见的变化，但某种原因使工件或刀具停止进给或进给不顺利时，就会在已加工表面某一部位出现因反复摩擦而引起的灼烧（burning），这种烧痕使制品的表面质量降低。磨削加工时，磨具正压力过大或磨具孔隙堵塞时，极易引起因加工表面温度升高而造成表面烧伤或因表层含水率快速降低而造成表面开裂的现象发生。

三、切削表面质量

切削表面质量可用良好面的百分率或切削表面缺陷（defects of cut surface）种类及发生的频率或切削表面的粗糙度来评价。木材由于组织结构不规整，材质不均一，切削表面发生的缺陷也无规律，因此，只能在狭小的范围内根据切削表面的粗糙度来评价切削表面的质量。尽管从切削表面形貌来综合评价切削表面质量很有必要，但是，目前多数情况还是靠肉眼来判定切削表面的质量。

木材切削表面发生的缺陷，根据其产生的原因大致可分为以下 3 种类型：第一类为切削加工机械、刀具等切削原因，不可避免必然产生的缺陷；第二类为由于切削加工机械、刀具等调整不良，切削参数调整不当及刀具切削刃磨损而产生的缺陷；第三类为被切削材料的组织构造的不规整或材质不均一等而产生的缺陷。这些缺陷根据产生的原因不同，发生的种类和状态也各不相同。

四、加工精度

锯切木材时，有时会出现锯路弯曲和波浪形的情况，木材刨切时，有时不能刨切出规定的厚度尺寸，这些现象都是由选择切削条件不适当或机械和刀具切削加工性能不良造成的。评价切削性能的指标之一就是加工精度（cutting accuracy）。加工精度可分为尺寸精度和形位精度两种。尺寸精度一般是指实际加工得到的尺寸与预定加工的厚度、宽度、长度、深度等目标尺寸之间的符合程度，即实际加工后的尺寸与标示尺寸间的误差。

　　影响加工精度的因素包括使用加工机械的精度（调整状况、机械结构、振动等）、刀具的性能（材质、刚度、磨损状况、刃口缺损等）、被切削材料的性质（切削性质、内部应力、弹性恢复等）、加工参数（刀具参数、切削参数等）。由于这些因素的作用错综复杂，实际加工时，必须要抑制主要因素，抑制发生误差的根源，力求减少误差发生，并在加工目的的允许范围内控制尺寸误差及产生误差的各因素。其中作为被切削材自身的材性，如存在内部应力，加工后很容易变形。

　　刀具的刃口即使在非常锐利的状态时，刀尖也多少带一定的圆弧半径，随切削长度的增加，刀具磨损的加剧，刀尖圆弧半径也会越来越大。这样的刀具就不能保证从被切削工件上切下应有的切削深度。如图 2-14 所示，刀尖圆弧部分 $\overset{\frown}{PSU}$ 的 $\overset{\frown}{SU}$ 部分，形成后刀面的一部分，将相当于刃口圆弧半径（r）的一部分被切削深度（d_0）的木材一边挤压（crushing action）一边切削。我们把这个量称为挤压量。被挤压的切削表面表层的纤维会发生变形和破坏，并在切削表面形成加工变形层（deformed portion）。该加工变形层在刀刃通过后会显示某种程度的弹性恢复，其数值称为弹性恢复量（d_r），对于设定的切入量，弹性恢复量表现为加工尺寸误差。用已磨损的刀具切削得到的加工面上涂布一层水，通过加工表面存水的情况可确认加工变形层。此时这个数值要比切削后所产生的弹性恢复量大一些。随着刃口的磨损增加，刀刃压缩作用进一步增大，加工变形层也因此扩大从而导致加工精度降低。由此可见，刀具磨损会引起刀具切削性能下降，加工精度下降，因此可通过刀具切削性能和加工精度的下降程度来判定刀具的寿命。另外，伴随磨损的增大引起切削阻力的变化，使

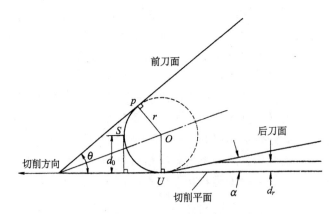

图 2-14　刀尖圆弧产生的挤压作用

θ. 切削角；α. 后角；$\overset{\frown}{PSU}$. 刃口圆弧；r. 刀刃圆弧半径；d_0. 挤压量；d_r. 弹性恢复量

得后刀角面的挤压作用增大，从而导致垂直分力增大。因此也可通过切削阻力垂直分力的变化来判断加工精度的变化。

第三节　木材切削力与切削功率

一、切削力

（一）切削应力和应变

刀具刃口（tool edge）与切削工件（work piece）接触的同时，根据作用力的大小，工件在刀刃刀尖作用的部位先产生变形。当这个力逐渐增大时，工件被刃口分为两部分，刃口继续向材中切入进去。从工件切下分离出去的部分，被刀具前面压缩，受剪切应力和弯曲应力作用产生变形，成为切屑（chip）。切削过程中，作用于被切工件上的力，其大小、作用方向，根据工件性质（纤维方向或年轮等）、刀具条件（刀刃的各几何角度和刀刃的锐利程度等）、切削参数（切削深度和进给速度等）的不同而变化。图 2-15 表示木材切削时各应力的主要作用区域。

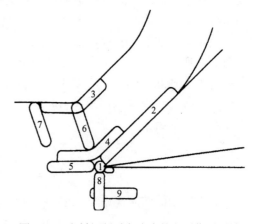

图 2-15　木材切削时各应力的主要作用区域

1. 刀具刀刃压入产生的集中应力；2. 刀具前刀面与切屑接触产生的摩擦力；3. 刀具前刀面上切屑因为弯曲产生的压缩应力；4. 刀具前刀面因为切屑弯曲产生的拉应力；5. 作用于切削方向的压应力或拉应力；6. 作用于垂直切削方向的剪切应力；7. 大切削角切削时的压缩剪切应力；8. 端向切削时使木纤维发生弯曲的弯曲应力；9. 端向切削时作用在木纤维上的最大拉应力

（二）切削作用力

在木材的切削过程中，有以下几种基本现象会伴随发生：①在切屑形成过程中，刀刃附近形成切屑的部分材料和木材工件已加工表面，由于刀具的切入而产生的变形现象；②由于刀刃的作用，切屑从木材工件上发生分离的现象；③切屑和刀具前刀面及木材工件已加工表面和一刀具后刀面接触而产生的摩擦现象。

其中变形现象，即切屑从木材工件上分离后发生的变形现象在所有的这些现象中占最重要的地位，它能引发上述的其他现象。把刀具作用于木材工件上的力称为切削力（cutting force），那么这个切削力就应由变形力、分离力、摩擦力等几种作用力构成。在某些特殊情况下，将切屑排出所需的推动力也应看作切削力的构成要素，例如，在高速切削时，排出切屑需要消耗大量的能量，此时必须考虑切屑排出的推动力，但它不作为切削力的本质要素。

　　分离力不受切削角（cutting angle）和切削深度（depth of cut）影响，只受刀具刀刃锐利度的影响。变形力与其相反，只受切削角和切削深度的影响，与刀刃的锐利度无关。在刀具切削刃通过后的已加工表面，鉴于刀具的后刀面对已加工表面的压缩作用，工件已加工表面有一定的弹性变形量，即存在一定的弹性回复变形。刀具的后角小，接触面积增大，特别是当加工针叶材等弹性变形量大的木材时，摩擦力必然加大。木材切削加工过程中，虽然变形力占切削力的一半以上，但由于木材容易变形，木材切削中分离力所占比例更大，对切削过程的影响也更大。由此可知，木材切削加工中刀具刀刃的锐利度具有更重要的作用。

　　通过以上的分析，在理论上可以把切削力分为变形力、分离力和摩擦力几个要素，但在木材切削实际过程中却很难将这些力分开。因此，我们在总体上将其统称为切削力。

　　直角自由切削（orthogonal cutting）时各力的作用状态如图 2-4a 所示。刀具前刀面对被切削木材产生正压力 N（normal force），刀具前刀面与被切削木材间产生摩擦力 T（frictional force），这两个力的合力 F（resultant force）作为切削力作用于木材。如果 F 与 N 所夹的角度（angle of tool force resultant）用 ρ 来表示，那么它们之间存在以下关系：

$$\begin{cases} T = N \tan \rho \\ F = N \left(1 + \tan^2 \rho\right)^{1/2} \end{cases} \tag{2-8}$$

　　刀具前刀面的摩擦系数（frictional coefficient）μ 可由式（2-9）求得：

$$\mu = T / N = \tan \rho \tag{2-9}$$

　　将切削力分解为平行于切削方向的水平分力 F_1（主分力，parallel tool force，principal force）和垂直于切削方向的垂直分力 F_2（法向力，normal tool force，thrust force），两个分力可用式（2-10）表示：

$$\begin{cases} F_1 = N \sin \delta + T \cos \delta \\ F_2 = N \cos \delta - T \sin \delta \end{cases} \tag{2-10}$$

式中，δ 为切削角（cutting angle），其他符号意义同前。

　　水平分力 F_1 的作用方向，与切削角 δ 的大小无关，通常为正值。也就是说，不论在什么样的切削条件下，F_1 都作用于切削方向。垂直分力 F_2 的作用方向，与切削角 δ 的大小有关。切削角小（前角大）时，一般为正，刀具刀刃从切削表面离开，沿垂直于前刀面推压切屑的方向发生作用。切削角大（前角小）时，一般为负，沿刀具刀刃压向切削表面方向发生作用。F_2 除受切削角的影响外，它的作用方向还受刀刃锐钝状态的影响，如当刀刃由锐利到开始钝化出现圆角时，F_2 从正向负变动。切削力的垂直分力 F_2 也有为 0 的时候，此时的切削角称为临界切削角（critical cutting angle），在切削加工中具有重要的意义。

斜刃切削（oblique cutting）时，刀具的刀刃与切削方向呈一定的刃倾角，在分析切削力时，除了将其分解为 F_1 和 F_2 外，还需考虑切削平面内，垂直于切削方向的横向分力 F_3（lateral tool force），如图 2-4b 所示。

切削力中的水平分力（主切削力）与其他分力比较，数值最大，其他两个分力（法向力和轴向力）大致是水平分力的 1/3，因此只分析切削力的场合，通常是指水平分力（主切削力 F_1）。

切削力的反作用力被称为切削阻力。在评价材料的切削性质方面，切削阻力最容易实现在线测试，而且可用明确的数据表示，因此是一个重要的评价指标。实际木材切削加工时，有时是使用一个切削刃切削，如刨切和单板旋切，而大多数情况下是使用多个刀刃切削，如锯切、铣削、钻削加工等。对于后一种情况，要测量单个切削刃的切削力是比较困难的，因此，评价木材切削加工性能不是用切削力，而是用切削过程消耗的动力和时间来间接综合地评价。由于木材是各向异性的多细胞生物材料，切削现象随木材切削位置的变化而变化，这种评价方法虽然简单，但并不是没有问题。随着传感器和测量技术的飞速发展，现在即使使用多刀刃的高速度切削，也可以精确地测定出每个刀刃作用于木材的切削力。

二、切削阻力

切削阻力是评价材料切削性能的基础，在木材切削过程中具有极其重要的作用。例如，切削阻力是刀具磨损的主要原因。随着切削温度上升，造成刀具寿命缩短的同时也会使加工表面状况恶化，而且加工机械的静、动刚性，以及振动也在很大程度上影响着加工的精度。切削阻力是确定切削机械所需输入动力、刀具、夹具设计和确定最佳切削条件的基础。由于在切削阻力的静力部分和动力部分包含了切削过程中很多有用的信息，从提高加工精度、监控切削状态两方面看，对切削阻力的分析都是非常重要的。

（一）切削阻力的测定

测定切削阻力时，一般使用切削动力传感器（tool dynamometer）。这种动力传感器的基本特性是：①较高的灵敏度；②较高的静态刚性和动态刚性；③测定各分力时相互干涉小；④线性度高；⑤对时间、温度、湿度的变化有较好的稳定性。

动力传感器种类很多，下面简单介绍几种典型的动力传感器。

（1）电阻应变片传感器：根据负荷的变化使电阻应变片电阻产生变化，用电子回路进行测定，这种方法比较简单，很常用。

（2）压电晶体式传感器：晶体在特定方向加压使其产生加压变形，就可以在其表面生成电荷。晶体的这种性质称为压电效应。压电效应中因为产生的电荷量与所加压力呈正比例关系，利用这种现象可以测定切削阻力。

（3）功率传感器：通过测定主轴电动机的电流和功率值，再换算成切削阻力的间接方法。虽然不能避免传动系统中因传动效率引起的精度损失，但它简单实用，可用于切削阻力的在线实时测定及切削加工系统的在线实时监测。

（二）被切削工件性质和切削阻力

影响切削阻力的被切削工件方面的因素主要有树种、密度、含水率、温度、材料力学强度、年轮宽度和节子缺陷等。

（1）树种与密度。无论是锐利刀具，还是磨损刀具，切削阻力都随树种密度的变化有很大的不同。一般而言，试材密度增加，切削阻力会呈线性增加。而且，端向切削时切削阻力增加率比纵向切削和横向切削增加得明显。

（2）含水率。一般情况下，随着被切削木材含水率的降低，切削阻力在纤维饱和点附近开始增加，含水率为 10%左右，切削阻力出现最大值。如果含水率继续减小，切削阻力基本不再变化，有时稍有降低。

（3）温度。一般情况下，木材温度升高，切削阻力呈降低的趋势。

（4）力学强度。上述密度、含水率，以及温度与切削阻力的关系同各因素和材料力学强度之间的关系类似。而且，切削阻力与材料力学强度有密切的关联。一般情况下，力学强度高的木材，其切削阻力也较大。但是，木材的切削破坏中的横向拉伸变形、纵向压缩变形及断裂变形不是在单纯应力作用下产生的，必须考虑复合应力。

（三）刀具参数和切削阻力

影响切削阻力的刀具参数主要有刀具材料、刀具角度、几何形状和尺寸等。刀具材料材质通常可作为一个间接的影响因素来考虑。

1）切削角

纵向切削与端向切削时的切削阻力与切削角（cutting angle）的关系如图 2-16 所示。随着切削角的增加，纵向切削时切屑从流线型向折断型和压缩型转变，端向切削时的切屑由剪切型向撕裂型转变，不管出现哪一种现象，切削阻力都会随切削角增大而增大。特别是切削角从 50°～60°开始其切削阻力急增，在切削深度大时切削阻力增加的幅度很显著。其中，端向切削切削角在 30°～40°时，切削阻力值最小。这是因为切削角太小，刀具的刚度和强度下降，导致实质的切削角和切削深度增加。即切削角小于 30°时，随着切削角减小其振动加剧，切削阻力反而有所增大。切削角较小时，垂直分力作用于正的方向（被切削工件牵引刀具进入的方向），切削角大时作用于负的方向。大约 50°是临界切削角（critical cutting angle）。

2）后角

后角（clearance angle）过小时，木材纤维的弹性恢复，使切削表面与刀刃后刀面产生摩擦加剧，导致切削阻力增加。特别是在生成压缩型切屑时，刀具刃口变钝，逆纤维方向端向切削时，切削阻力增加显著。另外，后角过大，楔角必定减小，刀具刚度降低，切削阻力增大。木材切削后角存在一个适当值，直刃刨切时刀刃后角在 5°左右，锯切和铣削时，刀刃后角一般要大 5°～8°。

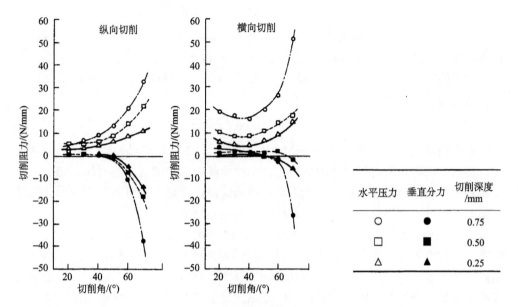

图 2-16　切削角与切削阻力的关系

3）刃倾角

刀刃斜倾切削（三维切削，oblique cutting）具有以下 3 种前角（图 2-17）：①法向前角（γ_n），即与切削刀刃成直角的法向平面内测定的前角（normal rake angle）；②前角（γ_v），即与切削速度平行的方向，与加工面垂直的平面内测定的前角（velocity

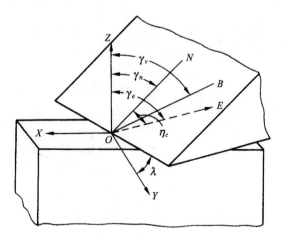

图 2-17　三维切削时的前角和切屑流出角

ON. 垂直刃口方向；*OB*. 切削速度方向；*OE*. 切屑流出方向

rake angle）；③工作前角（γ_e），即包含切削速度方向和切屑流出方向的平面内测定的前角（effective angle）。

工作前角（γ_e）和法向前角（γ_n）之间存在如下所示的关系：

$$\sin \gamma_e = \cos \eta_c \sin \gamma_n \cos \lambda + \sin \eta_c \sin \lambda \qquad (2\text{-}11)$$

式中，λ 为刃倾角；η_c 为切屑流出角（chip flow angle）。

刀刃倾斜切削时，$\eta_c \cong \lambda$ 的 Stabler 法则在金属切削时成立，对于木材切削这个法则也被确认是成立的。

$$\sin \gamma_e = \sin^2 \lambda + \cos^2 \lambda \sin \gamma_n \qquad (2\text{-}12)$$

刀刃倾斜切削时，随着刃倾角的增大，依据式（2-11）和式（2-12），对刀具前角、切屑变形和切削力有如下影响：①工作前角随刃倾角的增加而增加，切削刃可以锐利地作用于切削工件；②因为刀具的前面倾斜，切屑在横方向也有变形，所以切削阻力增加；③相对切削刃的纤维排列方向发生变化。

作为这种关系的结果，在常用的刃倾角 0°～60°，随刃倾角的增加，端向切削时水平分力因为工作前角增加而降低；纵向切削时因为刃口纤维排列方向发生变化，横向切削要素占有很大比例，所以切削阻力降低（图 2-18）。横向切削时，由于工作前角增加，开始切削阻力降低，但随着纵向切削比例的加大，切削力的水平分力又开始增加。其中，刃倾角再增加，刀具切削刃切削宽度增加，纵向切削力水平分力在开始显示最小值后再度增加。也有研究结果表明在切削深度变大、切削角较小

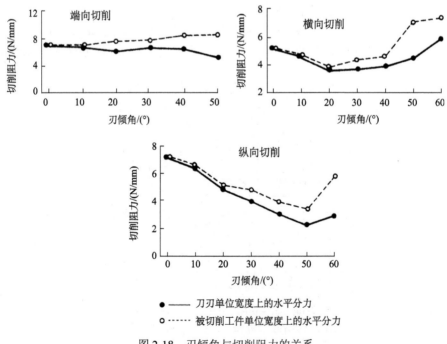

● —— 刀刃单位宽度上的水平分力

○ ---- 被切削工件单位宽度上的水平分力

图 2-18　刃倾角与切削阻力的关系

的单板时，有与上述结论相反的情况。另外，随刃倾角增加，垂直分力稍有所增加，在切削平面内，垂直于切削速度的横向分力在任何情况下都呈增加趋势。

三、切削条件

（一）切削深度

切削深度（depth of cut）增加，切削截面积随之增加，由于切屑生成状态由折断型向压缩型变化，因此切削阻力增大。此时切削角越大，切削深度对切削阻力影响越大，切削阻力开始时呈线性增加，以后呈渐变性增加。

设切削截面积为 A，切削阻力为 F_1，单位截面积上的切削阻力为 K_s，那么 $K_s = F_1 / A$，将其称为单位切削阻力（specific cutting resistance）。单位切削阻力是分析计算切削阻力的一个基准单位，它的数值与切下单位体积切屑所消耗的切削功相等。单位切削阻力在切削深度范围内，随切入深度的增加，呈渐变减小的趋势。但是，当切削深度变很小和极大时，与切削截面积有关。两者的关系在对数坐标系上呈直线关系（$K_s = \alpha h^{-\beta}$，h 为切削深度；α、β 为常数）。关于单位切削阻力的尺寸效应，在切削深度变得很小时，要考虑以下两点：①刃口圆弧的曲率半径变得不可忽视，实际前角减小；②后刀面与已加工表面的接触不可忽视，由此产生摩擦力，使切削阻力增加。

（二）切削方向

切削方向相对于工件的纤维方向对切削阻力有很大的影响。随纤维倾角的变化，切削阻力在逆纹、纤维倾角为 10°附近，达到最小值。随后纤维倾角从这个角度逐渐向逆纹增大，切削阻力急增。一般认为该最小值的获得是由于在该角度刀具切入容易，刃口向上滑动不易的结果。因此，达到端向切削前的逆纹切削阻力显示最大值（纤维倾角 60°），此时的逆纹切削产生折断型切屑，其弯曲破坏阻力大于纤维倾角 90°时的破坏阻力。

另外，对于顺纹切削，切削阻力随顺纹角度的增加而增加，在 30°～40°时，由于剪切型切屑的产生，其增加率有所下降，然后接近端向切削时又再次增加。

从纵向切削向横向切削过渡时，切削阻力逐渐降低。与年轮接触呈 0°的弦切面切削和与年轮接触呈 90°的径切面切削时的切削阻力没有太大差异，在半弦切面内切削阻力显示最大值。

（三）切削速度

切削速度和切削阻力的关系依切削方式和切削条件的不同而不同，随着切削速度的增加，有些场合切削阻力基本不变，有些场合切削阻力略有降低。根据直角自由切削的实验结果，切削深度小或前角大时，切削阻力与切削速度无关，但切削深度大、前角小时，切削阻力随切削速度的增加明显降低，尤其切削速度在 0.5～1.0m/s 变化时，切削阻力有显著变化。切削速度变化引起切削阻力变化可以认为与切削时生成切屑的形态有密切关系。

四、切削力和切削功率的计算

（一）计算方法

切削力是木材切削过程中的主要物理现象之一，是切削层木材、切屑和被加工工件表面的木材，在刀具的作用下发生弹性和塑性变形的结果，正确地掌握木材切削力的大小对木工机床设计是非常必要的。

切削力可分解成为平行于切削速度的分力，即切向力 F_x，垂直于切削速度的分力，即法向力 F_y。

切削力与切削速度的乘积便是切削功率 P_c。

$$P_c = F_x V \tag{2-13}$$

式中，F_x 为切向力（N）；V 为切削速度（m/s）。

在计算切削力和切削功率时，往往要利用切削力和切削功率等物理量的量纲。单位切削力又称切削比压（p），是指单位切屑面积上作用的切向力。

$$p = \frac{F_x}{A} \tag{2-14}$$

式中，F_x 为切向力（N）；A 为切屑面积（ mm^2 ），$A = ab$（ mm^2 ）；a 为切屑厚度（ mm ）；b 为切屑宽度（ mm ）。

若 F_x 单位用 kgf，A 单位用 mm^2，则

$$p = \frac{F_x}{A} \tag{2-15}$$

已知单位切削力，切向力可以按式（2-16）计算：

$$F_x = pA = pab \tag{2-16}$$

单位切削功又称切削比功，是指切下单位体积切屑所消耗的功，用 K 表示。

$$K = \frac{W}{O} \tag{2-17}$$

式中，W 为切削功（J），$W = F_x l (\text{N} \cdot \text{m} = \text{J})$；$l$ 为一次切削切下的切屑长度（ m ）；O 为一次切削切下的切屑体积（ cm^3 ），$O = abl (\text{cm}^3)$。

若单位切削功 W 的单位为 $\text{kgf} \cdot \text{m}$，则

$$K = \frac{W}{O} \tag{2-18}$$

已知单位切削功，切削功可以用式（2-19）计算：

$$W = KO \tag{2-19}$$

单位切削功是切下单位体积切屑所消耗的功，单位是 J/cm^3。单位切削力是单位切屑面积上作用的切向力，用单位 MPa 表示。虽然单位切削力和单位切削功的物理概念和因次均不相同，但采用这种单位所获得的结果在数值上相等。

木材切削的过程是极其复杂的。在切削过程中，切屑的变形受到木材本身性质（木材纤维、年轮方向、早晚材、材种、含水率、温度）、刀具特性（角度、锐利程度）和切削用量（切削深度、切削速度、进给速度）等因素的影响。所以，要建立一个把上述所有因素都包括进去的精确的切削力计算公式是不现实的。目前实际应用的切削力和切削功率计算方法有两种，一种为基于理论分析的计算方法；另一种为经验公式计算方法。因为理论计算方法主要是依据断裂力学的概念和计算方法，比较烦琐，牵涉的系数较多，所以在工程计算上多用经验公式计算切削力和切削功率。它主要是利用切削力和切削功率的单位值，考虑各种影响因素后，在实验的基础上总结而成的。

计算切削力的经验公式是以单位切削力随切屑厚度变化的关系为基点，然后将影响切削力的一系列因素，如刀具变钝程度、刀具切削刃相对木材纤维的方向、切削角、切削速度、材种和含水率等，通过修正系数进行修正，经验公式换算，加以综合考虑，最后建立随不同因素变化的单位切削力的计算公式。

当切削厚度 $a \geqslant 0.1\text{mm}$ 时：

主要切削方向

$$p_p = \frac{C_p f_p'}{a} + (A_p \delta + B_p V - C_p) \tag{2-20}$$

过渡切削方向

$$p_t = \frac{C_p f_t'}{a} + (A_t \delta + B_t V - C_t) \tag{2-21}$$

当切屑厚度 $a < 0.1\text{mm}$ 时：

主要切削方向

$$p_{\mu p} = \frac{(C_p - 0.8) f_p'}{a_\mu} + 8 f_p'(A_p \delta + B_p V - C_p) \tag{2-22}$$

过渡切削方向

$$p_{\mu t} = \frac{(C_p - 0.8) f_t'}{a_\mu} + 8 f_t'(A_t \delta + B_t V - C_t) \tag{2-23}$$

A、B、C、f' 的值见表 2-1 和表 2-2。

表 2-1   系数 A、f' 的值

树种	$f' / (\times 9.81 \mathrm{N} / \mathrm{mm}^2)$			$A / (\times 9.81 \mathrm{N} / \mathrm{mm}^2)$		
	端向	纵向	横向	端向	纵向	横向
松木	0.49	0.16	0.10	0.056	0.020	0.003
桦木	0.55	0.19	0.14	0.076	0.025	0.0045
栎木	0.64	0.21	0.172	0.082	0.028	0.006

表 2-2   系数 B、C 的值

树种	$B / (\times 9.81 \mathrm{N} / \mathrm{mm}^2)$			$C / (\times 9.81 \mathrm{N} / \mathrm{mm}^2)$		
	端向	纵向	横向	端向	纵向	横向
松木	0.020	0.007	0.006~0.007	2.00	0.55	0.066
桦木	0.024	0.008	0.007~0.010	2.30	0.70	0.085
栎木	0.027	0.009	0.085~0.012	2.56	0.76	0.006

切削力 $F_x = pab \times 9.81 \mathrm{(N)}$

切削功率 $P_c = phbU / (102 \times 60)(\mathrm{kW})$

式中，h 为切削厚度（mm）；b 为切削宽度（mm）；U 为进给速度（m/s）。

另一种计算单位切削力和单位切削功的经验公式是以某种条件下单位切削力和单位切削功为 1 的情况为基准，考虑各种影响因素的修正系数（表 2-3～表 2-10）综合而成的一种经验方法。

单位切削力 K 按以下经验公式计算：

$$K = K_\varphi a_s a_w a_\delta a_v a_h a_f a_t \tag{2-24}$$

式中，K_φ 为在切削角 $\delta = 45°$、切削厚度 $h = 1 \mathrm{mm}$、切削速度 $V < 10 \mathrm{m/s}$ 时，气干松木在刀刃与木纤维之间夹角为 φ 时的单位切削力。

表 2-3   木材不同方向的单位切削力

切削形式	切削简图	$\varphi / (°)$	K_φ
横向切削	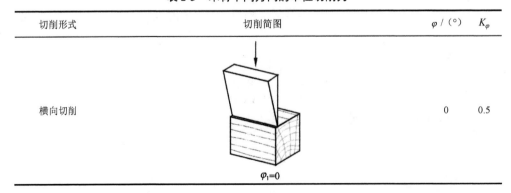 $\varphi_1 = 0$	0	0.5

续表

切削形式	切削简图	φ / (°)	K_φ
横端向切削		15	0.7
		30	1.1
		45	1.5
		60	1.9
		75	2.1
端向切削		90	2.2
纵端向切削		75	2.1
		60	1.9
		45	1.8
		30	1.3
		15	1.1
纵向切削		0	1.0
纵横向切削		15	0.85
		30	0.75
		45	0.65
		60	0.55
		75	0.53

续表

切削形式	切削简图	φ / (°)	K_φ
横向切削	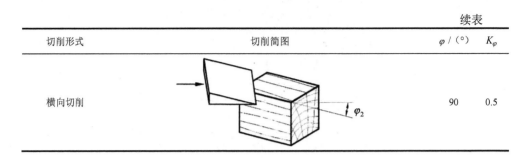	90	0.5

表 2-4　木材树种修正系数值 a_s

树种（软）	a_s	树种（硬）	a_s
椴木	0.80	桦木	1.2～1.3
山杨	0.85	山毛榉	1.3～1.5
云杉	0.9～1.0	橡木	1.5～1.6
松木	1～1.05	白蜡	1.5～2.0
赤杨	1.1	水曲柳	1.4～1.5

表 2-5　木材含水率修正系数 a_w

木材状态	含水率/%	a_w	
		锯切	铣削
湿材	＞70	1.15	0.85
新伐材	50～70	1.10	0.9
半干材	25～30	1.05	0.95
干材	10～15	1.0	1.0
绝干材	5～8	0.9	1.1

表 2-6　切削角修正系数值 α_δ

切削角度（δ）/（°）		30	45	50	55	60	65	70	75	80	85	90
a_δ	端向	0.6	1	1.15	1.3	1.45	1.7	2	2.4	2.8	—	—
	纵向	0.7	1	1.1	1.2	1.3	1.5	1.7	2.0	2.4	2.8	—
	横向	0.9	1	1.03	1.06	1.09	1.12	1.15	1.18	1.22	1.26	1.3

表 2-7　切削速度修正系数值 a_v

切削速度/（m/s）	10	20	30	40	50	60	70	80	90	100	110	120
a_v	1.0	1.02	1.04	1.05	1.1	1.15	1.2	1.25	1.35	1.4	1.45	1.5

表 2-8　切屑厚度修正系数值 a_h

平均切屑厚度（h）/mm		1.0	0.7	0.5	0.4	0.3	0.2	0.15	0.1	0.07	0.05	0.04	0.03	0.02	0.01
a_h	软材	1.0	1.1	1.2	1.3	1.4	1.7	1.9	2.2	2.6	2.9	3.1	3.3	3.6	4.2
	硬材	1.0	1.1	1.2	1.3	1.4	1.7	2.0	2.5	3.0	3.5	3.9	4.4	5.1	7.0

表 2-9　铣削时附加摩擦力修正系数值 a_f

切削厚度/mm	2	3	5	8	10	15	20	25	30	35	40
a_f	1.05	1.15	1.3	1.5	1.7	2.1	2.5	2.9	3.3	3.7	4.1

表 2-10　刀具变钝修正系数 a_t

工作时间/h	0	1	2	3	4	5	6
刀齿顶端半径/μm	2～20	21～25	36～40	41～45	46～50	51～55	56～60
a_t	1～1.1	1.2	1.3	1.4	1.5	1.6	1.7

（二）切削功率的可靠性计算

　　根据上述分析,切削功率应用单位比功和单位时间切下切屑体积的乘积来表示。由于木材切削的过程极其复杂,切削比功受木材材性、材种、切削方向、含水率、温度、刀具角度和磨损状况及切削用量的影响,因此切削功率随不同的木材工件而不同,同时又与切削宽度、厚度、进给速度呈正比。机床切削加工时,切削宽度、厚度是随工件的不同而变化的,根据加工条件的差异,进给速度也要做相应的变化。在给定的条件下,通过计算只能得到一个对应的切削功率,或只可得出相应的极大值或极小值。例如,对给定的切削条件规定的切削加工范围进行若干次相应的计算,即可得到一组切削功率的值。

　　在机床设计中,确定切削功率是一项比较复杂艰难的任务。这是因为在实际生产中木材工件的材性和几何尺寸等参数总是在变化,一个确定的切削功率某种程度上很难完全适应实际生产中由木材材性和几何尺寸等参数的变化所引起的切削功率的变化。为此切削功率有时配备为最大值,但是在切削小尺寸和软材工件时,势必会造成很大的浪费;如切削功率配备过小,则不能满足切削加工大尺寸和硬材工件的需要。因此,切削功率应该是既满足绝大多数工件切削加工的需要,而又不至于造成很大的浪费,为此只能是有极小部分的工件在切削时发生过载,所以这里有必要引入可靠性的概念。

　　可靠性是指某种产品在规定的时间和条件下完成规定功能的能力。衡量可靠性的指标为可靠度,即完成规定功能的概率。

　　由于在某种特定的加工条件下或给定的范围内,切削加工的功率是多个或者说是一组数据。研究它的可靠性，就是研究数据组。这里需要研究数据的两个重要度量，即集中趋势和分散性的度量，一组数据如果从中选取具有代表性的数值时，为了某种目的可以选取最大值，也可以选取最小值，又可以选从大值一侧数起的第几个值。从前面的讨论中得知，它们都具有一定的不合理性，通常按数理统计的方法要以接近中心的值为代表值，即集中倾向强的值，称为均值。均值是把一组数据相加后再除以数据个数得到的算数平均值，公式为

$$\overline{x} = \frac{1}{n}\sum_{i=1}^{n} x_i \tag{2-25}$$

以均值代表一组数据的平均性质，又以它作为衡量数据分散性的基准。分散性是指数据离均值距离的远近程度。度量其大小的尺度，一个是数据组中最大和最小值之差，另一个是标准差，公式为

$$\sigma = \frac{\sqrt{\sum_{i=1}^{n}(x_i - \overline{x})^2}}{n} \tag{2-26}$$

在数理统计学中，标准正态分布的概率密度函数为

$$f(x) = \frac{1}{\sqrt{2\pi}\sigma} e^{\frac{(x-\mu)^2}{2\sigma^2}} \tag{2-27}$$

通过切削功率数值计算和数值分布分析，在切削功率数值组中基本或近似符合标准正态分布。此处研究的是切削功率问题，$f(x)$ 表示切削功率分布曲线。如果切削功率为 x，取原动机输出的额定功率为 x_0，则 $x < x_0$ 时原动机可以满足要求，不发生过载；$x > x_0$ 时原动机不满足要求，机床过载，曲线下 $x > x_0$ 区间面积表示过载的概率。因为 $\int_{-\infty}^{+\infty} f(x)\mathrm{d}x = 1$，所以曲线下剩余的面积部分表示功率满足要求的概率或不发生过载的概率 $P(\xi < x_0) = \int_{-\infty}^{x_0} f(x)\mathrm{d}x$，这样就解决了在限定条件下机床切削既能满足要求又不过载的概率；并以此作为可靠度，可计算出一个经济合理的切削功率的临界值。

实际上如给定 N 个规格尺寸不同的工件，在相同的加工条件下对任意给定或配备的切削功率值 P（即 x_0）时，如发生过载工件的数量为 $n(t)$，则切削功率满足要求的工件数量为 $N - n(t)$。以 $F(t)$ 表示切削功率发生过载的概率，$R(t)$ 表示切削功率满足要求不发生过载的概率，则可靠度 $R(t) = \frac{N - n(t)}{N} = 1 - F(t)$。由此可见，可靠度 $R(t)$ 是随切削功率变化而变化的。设实际计算所得数据符合正态分布，则概率密度函数为

$$f(x) = \frac{1}{\sqrt{2\pi}\sigma} e^{\frac{(x-\mu)^2}{2\sigma^2}} \tag{2-28}$$

令 $\mu = \dfrac{x-\mu}{\sigma}$，则过载概率：

$$P(\xi > x_0) = 1 - \int_{-\infty}^{u_0} f(u)\mathrm{d}u \tag{2-29}$$

即 $F(x) = 1 - \int_{u_0}^{+\infty} f(u)\mathrm{d}u$

当 $F(x) = 0.1587$ 时，即 $R = 84.13\%$ 时，$u_0 = 1.00$，$x = \mu + 1.00\sigma$。

当 $F(x) = 0.0668$ 时，即 $R = 93.32\%$ 时，$u_0 = 1.50$，$x = \mu + 1.50\sigma$。

根据以上讨论，对工件的材种、材性和几何尺寸进行综合考虑的同时，可以得出，在一定条件下，如在一定的过载概率下或切削功率在一定可靠度下的切削功率值。当选可靠度为90%时，即表明切削电机的功率在规定的条件下有90%的可能不会过载，而有10%的切削加工可能过载。

第四节　木工刀具材料及刀具磨损

刀具材料一般是指刀具切削部分的材料。它的性能优劣是影响加工表面质量、切削效率、刀具磨损及寿命的重要因素。研究应用新刀具材料不但能有效地提高生产效率、加工质量和经济效益，而且往往是某些难加工材料工艺的关键所在。

一、木工刀具特点

木材是由多种复杂有机物质组成的复合体，其中绝大部分是高分子化合物。除了含有纤维素、半纤维素、木质素之外，还含有水分和各种浸提物，包括石英砂、生物碱及有机弱酸（单宁、乙酸、多元酚类化合物）等。各种木质复合材料，如水泥刨花板、石膏刨花板、纤维板、刨花板、胶合板、细木工板和贴面板等，还含有各种胶合材料（如胶黏剂、水泥、石膏等）、固化剂和缓凝剂等。因此，木材及木质复合材料是多组分的、复杂的混合体。

当刀具在切削时，如同将刀具置于复杂的介质中，既有造成刀具机械擦伤的硬质点（如三氧化二铝、树脂、石英砂、胶合材料等），又有引发刀具产生化学腐蚀的酸性介质，还有促进刀具材料和工件材料相互作用的切削温度、切削压力、环境气氛等。因而，刀具切削木质复合材料的过程实质是在刀具与工件材料发生机械的、热的和化学腐蚀作用下，刀具前后面的刀具材料不断消失的过程。刀具磨损越快、刀口变钝越厉害，工件加工表面的材料就更容易被搓起、撕裂、挖切，从而导致工件表面粗糙度提高，颜色变深，甚至烧焦发黑。

和金工刀具相比，木工刀具具有以下特点。

（1）旋转速度高，铣刀转速一般为 3000～8000r/min，某些铣刀如柄铣刀，转速则超过 20 000r/min。

（2）加工对象质地不均匀性和各向异性。木材中有节子、树脂和矿物质（如 SiO_2 等），还有纵向、径向和弦向之分。人造板则还存在厚度方向的密度差异和胶层。

（3）加工对象的多样性。木工刀具除了切削不同种类的木材之外，还要切削各种人造板和复合地板等木质材料。

二、木工刀具切削部分材料应具备的性能

1）硬度和耐磨性

一般刀具的常温硬度应在 44～62HRC。硬度越高，耐磨性（主要是抗磨料磨损的能力）也越好。此外，刀具材料组织中的化学成分、显微组织及碳化物的硬度、数量、颗粒尺寸和分布也影响耐磨性。

2）热硬性

刀具材料在高温下应保持其硬度、耐磨性、强度和韧性。热硬性越好，所允许的切削速度就越高。

3）强度和韧性

木工刀具冲击较大，要求刀具具有足够的强度和韧性，这样刀具在大的机械冲击下，不致崩刀。

4）化学稳定性

木材中水分、浸提物等能使刀具发生腐蚀磨损。因此，要求刀具材料化学性能稳定。

5）工艺性

刀具材料应具有较好的工艺性，使刀具制造容易、成本低廉。刀刃能够刃磨锋利，砂轮消耗少。

三、常见木工刀具材料

刀具能否进行正常的切削、切削质量的好坏、经久耐用的程度都与刀具切削部分的材料密切相关。切削过程中的各种物理现象，特别是刀具的磨损，与刀具材料的性质关系极大。在机床许可的条件下，木材加工的劳动生产率主要取决于刀具，而刀具的切削性能主要取决于其本身的材料属性。常见木工刀具材料有以下几种。

（一）碳素工具钢

碳含量为 0.65%～1.36% 的优质碳素钢，如 T8、T8A、T10A 等。以钢中 S、P 含量的多少，分为优质钢和高级优质钢。优质钢用来制造载荷小、切削速度低的手工刀具，高级优质钢用来制造机用刀具。碳工钢具有价格低廉、刀口容易刃磨锋利、热塑性好及切削加工性好等优点。它维持切削性能的温度低于 300℃，淬火后的常温

硬度为 60~64HRC。这类钢的不足之处是热处理变形大、淬透性差、热硬性差。

（二）合金工具钢

合金工具钢是在碳素工具钢的基础上加入铬、钼、钨、钒等合金元素以提高淬透性、韧性、耐磨性和耐热性的一类钢种。这类材料的热处理变形、淬透性和热硬性都比碳素工具钢好。有些木工刀具（如带锯条），还采用弹簧钢（65Mn）制造。

（三）高速钢

高速钢又名风钢或锋钢，意思是淬火时即使在空气中冷却也能硬化，并且很锋利。高速钢是含有 V、Mo、Cr、V 等合金元素较多的合金工具钢。

高速钢是综合性能较好、应用范围最广的一种刀具材料。热处理后硬度达 62~66HRC，抗弯强度约 3.3GPa，耐热性为 600℃左右；此外，还具有热处理变形小、能锻造、易磨出较锋利的刃口等优点。

常用高速钢的牌号及其物理力学性能见表 2-11。

表 2-11　常用高速钢牌号物理力学性能

类型		牌号*		硬度（HRC）			抗弯强度/GPa	冲击韧性/（MJ/m²）
		YB12-77　美国 AISI　国内有关代号		室温	500℃	600℃		
普通高速钢		W18Cr4V（T1）		63~66	56	48.5	2.94~3.33	0.176~0.314
		W6Mo5Cr4V2（M2）		63~66	55~56	47~48	3.43~3.92	0.294~0.392
		W9Mo3Cr4V		65~66.5	—	—	4~4.5	0.343~0.392
高性能高速钢	高钒	W12Cr4V4Mo（EV4）		65~67	—	51.7	≈3.136	≈0.245
		W6Mo5Cr4V（M3）		65~67	—	51.7	≈3.136	≈0.245
	含钴	W6Mo5Cr4V2Co8（M36）		66~68	—	54	≈2.92	≈0.294
		W2Mo9Cr4VCo8（M42）		67~70	60	55	2.65~3.72	0.225~0.294
	含铝	W6Mo5Cr4V2Al（M2Al）（501）		67~69	60	55	2.84~3.82	0.225~0.294
		W10Mo4Cr4V3Al（5F6）		67~69	60	54	3.04~3.43	0.196~0.274
		W6Mo5Cr4V5SiNbAl（B201）		66~68	57.7	50.9	3.53~3.82	0.255~0.265

*牌号中化学元素后面数字表示含量大致百分比，未注者约 1%

1）通用型高速钢

这类高速钢应用最为广泛，约占高速钢总量的 75%。碳的质量分数为 0.7%~0.9%，按钨、钼质量分数的不同，分为钨系、钨钼系。主要牌号有以下 3 种。

（1）W18Cr4V（18-4-1）钨系高速钢。18-4-1 高速钢具有较好的综合性能。因含钒量少，刃磨工艺性好，淬火时过热倾向小，热处理控制较容易。但缺点是碳化物分布不均匀，不宜作大截面的刀具，热塑性较差，又因钨价格较高，国内使用逐渐减少，国外已很少采用。

（2）W6Mo5Cr4V2（6-5-4-2）钨钼系高速钢。6-5-4-2 高速钢是国内外普遍应用的牌号。因一份钼可代替两份钨，这就能减少钢中的合金元素，降低钢中碳化物的数量及分布的不均匀性，有利于提高热塑性、抗弯强度与韧性。加入 3%~5%的钼，可改善刃磨工艺性。因此，6-5-4-2 的高温塑性及韧性胜过 18-4-1。缺点主要是淬火温度范围窄、脱碳过热敏感性大。

（3）W9Mo3Cr4V（9-3-4-1）钨钼系高速钢。9-3-4-1 高速钢是根据我国资源研制的牌号，其抗弯强度与韧性均比 6-5-4-2 好。高温热塑性好，而且淬火过热、脱碳敏感性小，有良好的切削性能。

2）高性能高速钢

高性能高速钢是指在通用型高速钢中增加碳、钒，添加钴或铝等合金元素的新钢种。其常温硬度可达 67~70HRC，耐磨性与耐热性均有显著的提高。

表 2-12 列出了各类高性能高速钢的典型牌号。

表 2-12　常用硬质合金牌号与性能

类型	牌号	成分×100					物理力学性能				相当于 GB 2075—2007 牌号
		ω_{WC}	ω_{TiC}	ω_{TaC} ω_{NbC}	ω_{Co}	其他	相对密度	热传导系数/[W/(m·K)]	硬度 HRA (HRC)	抗弯强度/MPa	
钨钴类	YG3	97	—	—	3	—	14.9~15.3	87	91（78）	1.08	K01
	YG6X	93.5	—	0.5	6	—	14.6~15.0	75.55	91（78）	1.37	K05
	YG6	94	—	—	6	—	14.6~15.0	75.55	89.5（75）	1.42	K类 K10
	YG8	92	—	—	8	—	14.5~14.9	75.36	89（74）	1.47	K20
	YG8C	92	—	—	8	—	14.5~14.9	75.36	88（72）	1.72	K20
钨钛钴类	YT30	66	30	—	4	—	9.3~9.7	20.93	92.5（80.5）	0.88	P01
	YT15	79	15	—	6	—	11.0~11.7	33.49	91（78）	1.13	P10
	YT14	78	14	—	8	—	11.2~12.0	33.49	90.5（77）	1.17	P类 P20
	YT5	85	5	—	10	—	12.5~13.2	62.80	89（74）	1.37	P30
添加钽（铌）类	YG6A（Y6A）	91	—	5	6	—	14.6~15.0	—	91.5（79）	1.37	K10
	YG8A	91	—	1	8	—	14.5~14.9	—	89.5（75）	1.47	KM类 K10
	YW1	84	6	4	6	—	12.8~13.3	—	91.5（79）	1.18	M10
	YW2	82	6	4	8	—	12.6~13.0	—	90.5（77）	1.32	M20
碳化钛基类	YN05	—	79	—		Ni7 Mo16	5.56		93.3（82）	0.78~0.93	P01
	YN10	15	62	1	—	Ni12 Mo10	6.3		92（80）	1.08	P类 P01

注：Y. 硬质合金；G. 钴；T. 钛；X. 细颗粒合金；C. 粗颗粒合金；A. 含 TaC（NbC）的 YG 类合金；W. 通

用合金；N. 不含钴，用镍作黏结剂的合金

高碳高速钢碳含量的提高，使钢中的合金元素能全部形成碳化物，从而提高钢的硬度与耐磨性，但其强度与韧性略有下降，目前已很少使用。

高钒高速钢是将钢中的钒增加到3%～5%。由于碳化钒的硬度较高，可达到2800HV，比普通刚玉高，因此不仅增加了钢的耐磨性，同时也增加了此钢种的刃磨难度。

钴高速钢的典型牌号是 W2Mo9C4VCo8（M42）。在钢中加入了钴，可提高高速钢的高温硬度和抗氧化能力。钴在钢中能促进钢在回火时从马氏体中析出钨、钼的碳化物，提高回火硬度。钴的热传导系数较高，对提高刀具的切削性能是有利的。钢中加入钴还可以降低摩擦系数，改善其磨削加工性能。

铝高速钢是我国独创的超硬高速钢。典型的牌号是 W6Mo5Cr4V2Al（501）。铝不是碳化物的形成元素，但它能提高钨、钼等元素在钢中的溶解度，并可阻止晶粒长大。因此，铝高速钢可提高高温硬度、热塑性与韧性。

3）粉末冶金高速钢

粉末冶金高速钢是通过高压惰性气体或高压水雾化高速钢水而得到的细小的高速钢粉末，然后压制或热压成形，再经烧结而成的高速钢。粉末冶金高速钢在 20 世纪 60 年代由瑞典首先研制成功，70 年代国产的粉末冶金高速钢就开始应用。由于其使用性能好，故应用日益增加。

粉末冶金高速钢与熔炼高速钢比较有如下优点。

（1）由于可获得细小均匀的结晶组织（碳化物晶粒 2～5μm），完全避免了碳化物的偏析，从而提高了钢的硬度与强度，能达到 69.5～70HRC，抗弯强度能达到 2.73～3.43GPa。

（2）由于物理力学性能各向同性，可减少热处理变形与应力，因此，可用于制造精密刀具。

（3）由于钢中的碳化物细小均匀，使磨削加工性能得到显著改善。钒含量多者，改善程度就更显著。这一独特的优点，使得粉末冶金高速钢能用于制造新型的、增加合金元素的、加入大量碳化物的超硬高速钢，而不降低其刃磨工艺性，这是熔炼高速钢无法比拟的。

（4）粉末冶金高速钢提高了材料的利用率。

粉末冶金高速钢目前应用尚少的原因是成本较高，其价格相当于硬质合金的价格。

4）高速钢刀具的表面涂层

高速钢刀具的表面涂层是采用物理气相沉积（PVD）方法，在刀具表面涂覆氮化钛（TiN）等硬膜，以提高刀具性能的新工艺。这种工艺要求在高真空、500℃环境下进行，气化的钛离子与氮反应，在阳级刀具表面上生成 TiN，一般厚度只有 2μm。对刀具的尺寸精度影响不大。

涂层的高速钢是一种复合材料，基体是强度、韧性较好的高速钢，而表层是高

硬度、高耐磨的材料。TiN 有较高的热稳定性，与钢的摩擦系数较低，而且与高速钢涂层结合牢固。表面硬度可达 2200HV，呈金黄色。

涂层高速钢刀具的切削力、切削温度约下降 25%，切削速度、进给量可提高一倍左右，刀具寿命显著提高，即使刀具重磨后其性能仍优于普通高速钢。

（四）硬质合金

1）硬质合金的组成与性能

硬质合金是由硬度和熔点很高的碳化物（称硬质相）和金属（称黏结相）通过粉末冶金工艺制成的。硬质合金刀具中常用的碳化物有碳化钨（WC）、碳化钛（TiC）、碳化钽（TaC）、碳化铌（NbC）等。常用的黏结剂是 Co，碳化钛基的黏结剂是 Mo、Ni。

硬质合金的物理力学性能取决于合金的成分、粉末颗粒的粗细及合金的烧结工艺。含高硬度、高熔点的硬质相越多，合金的硬度与高温硬度越高。含黏结剂越多，强度也就越高。合金中加入 TaC、NbC 有利于细化晶粒，提高合金的耐热性。常用的硬质合金牌号中含有大量的 WC、TiC，因此硬度、耐磨性、耐热性均高于工具钢。常温硬度达 89～94HRA，耐热性达 800～1000℃。

2）普通硬质合金分类、牌号与使用性能

硬质合金按其化学成分与使用性能分为 4 类：钨钴类（WC+Co）、钨钛钴类（WC+TiC+Co）、添加稀有金属碳化物类[WC+TiC＋TaC（NbC）＋Co]及碳化钛基类（TiC＋WC+Ni＋Mo）。最常用的国产牌号、性能及对应的新国标牌号见表 2-12。

（1）YG 类合金（GB 2075—2007 标准中 K 类）。YG 类抗弯强度与韧性比 YT 类高，可减少切削时的崩刃，但耐热性比 YT 类差。YG 类合金能承受对刀具冲击，导热性较好，有利于降低切削温度。此外，YG 类合金磨削加工性能好，可以磨出较锋利的刃口，合金中含钴量越高，韧性越好。

（2）YT 类合金（GB 2075—2007 标准中 P 类）。YT 类合金有较高的硬度，特别是有较高的耐热性、较好的抗黏结、抗氧化能力。它主要用于加工以钢为代表的塑性材料。加工钢时塑性变形大、摩擦剧烈，切削温度较高。YT 类合金磨损慢，刀具寿命高。合金中含 TiC 量较多者，Co 含量就少，耐磨性、耐热性就更好，适合精加工。但 TiC 量增多时，合金导热性变差，焊接与刃磨时容易产生裂纹，TiC 含量较少者，则适合粗加工。

（3）YW 类合金（GB 2075—2007 标准中 M 类）。YW 类合金加入了适量稀有难熔金属碳化物，以提高合金的性能。其中效果显著的是加入 TaC 或 NbC，一般情况下，质量分数在 4%左右。

TaC 或 NbC 在合金中的主要作用是提高合金的高温硬度与高温强度。在 YG 类合金中加入 TaC，可使 800℃时强度提高 0.15～0.20GPa；在 YT 类合金中加入 TaC，可使高温硬度提高 50～100HV。

　　TaC 或 NbC 还可提高合金的常温硬度，提高 YT 类合金抗弯强度与冲击韧性，特别是提高合金的抗疲劳强度，能阻止 WC 晶粒在烧结过程中的长大，有助于细化晶粒，提高合金的耐磨性。

　　TaC 在合金中的质量分数达 12%～15%时，可增加抵抗周期性温度变化的能力，防止产生裂纹，并提高抗塑性变形的能力。此外，TaC 或 NbC 可改善合金的焊接、刃磨工艺性、提高合金的使用性能。

　　（4）YN 类合金（GB 2075—2007 标准中 P01 类）。YN 类合金是碳化钛基类，它以 TiC 为主要成分，Ni、Mo 作黏结金属。

　　TiC 基合金的主要特点是硬度非常高，达 90～95HRC，有较好的耐磨性、耐热性与抗氧化能力，在 1000～1300℃高温下仍能进行切削。

　　TiC 基合金的主要缺点是抗塑性变形能力和抗崩刃性差。

　　3）细晶粒、超细品粒合金

　　普通硬质合金中 WC 粒度为几个微米，细晶粒合金平均粒度在 1.50μm 左右。超细晶粒合金粒度在 0.2～1μm，其中绝大多数在 0.5μm 以下。

　　细晶粒合金中由于硬质相和黏结相高度分散，增加了黏结面积，提高了黏结强度。因此，其硬度与强度都比同样成分的合金高，硬度提高 1.5～2HRA，抗弯强度提高 0.6～0.8GPa，而且高温硬度也能提高一些。

　　生产超细晶粒合金，除必须使用细的 WC 粉末外，还应添加微量抑制剂，以控制晶粒长大，并采用先进烧结工艺，成本较高。

　　4）涂层硬质合金

　　涂层硬质合金是 20 世纪 60 年代出现的新型刀具材料。采用化学气相沉积（CVD）工艺，在硬质合金表面涂覆一层或多层（5～13μm）难熔金属碳化物。涂层合金有较好的综合性能，基体强度韧性较好，表面耐磨、耐高温。但涂层硬质合金刃口锋利程度与抗崩刃性不及普通合金。涂层材料主要有 TiC、TiN、Al_2O_3 及其复合材料。它们的性能见表 2-13。

表 2-13　几种涂层材料的性能

项目	硬质合金	涂层材料		
		TiC	TiN	Al_2O_3
高温时与工件材料的反应	大	中等	轻微	不反应
在空气中抗氧化能力	＜1000℃	1100～1200℃	1000～1400℃	好
硬度（HV）	≈1500	≈3200	≈2000	≈2700
热传导系数[W/（m·K）]	83.7～125.6	31.82	20.1	33.91
热膨胀系数/（$10^{-6}K^{-1}$）	4.5～6.5	8.3	9.8	8.0

　　TiC 涂层具有很高的硬度与耐磨性，抗氧化性也好，切削时能产生氧化钛薄膜，

降低摩擦系数，减少刀具磨损，一般切削速度可提高 40%左右。TiC 涂层的缺点是热膨胀系数与基体差别较大，与基体间形成脆弱的脱碳层，降低了刀具的抗弯强度。

TiN 涂层在高温时能形成氧化膜，抗黏结性能好，能有效地降低切削温度。此外，TiN 涂层抗热振性能也较好，缺点是与基体结合强度不如 TiC 涂层，而且涂层厚时易剥落。

TiC-TiN 复合涂层：第一层涂 TiC，与基体黏结牢固不易脱落；第二层涂 TiN，减少表面层与工件的摩擦。

TiC-Al$_2$O$_3$ 复合涂层：第一层涂 TiC，与基体黏结牢固不易脱落；第二层涂 Al$_2$O$_3$，使表面层具有良好的化学稳定性与抗氧化性能。这种复合涂层能像陶瓷刀具那样高速切削，耐用度比 TiC、TiN 涂层刀片高，同时又能避免陶瓷刀的脆性、易崩刃的缺点。

目前，单涂层刀片已很少应用，大多采用 TiC-TiN 复合涂层或 TiC-Al$_2$O$_3$-TiN 三复合涂层。

（5）钢结硬质合金

钢结硬质合金是由 WC、TiC 作硬质相，高速钢作黏结相，通过粉末冶金工艺制成。它可以锻造、切削加工、热处理与焊接。淬火后硬度高于高性能高速钢，强度、韧性胜过硬质合金。

（五）陶瓷

1）陶瓷刀具的特点

陶瓷刀具是以氧化铝（Al$_2$O$_3$）或氮化硅（Si$_3$N$_4$）为基体，再添加少量金属，在高温下烧结而成的一种刀具。主要特点如下。

（1）有高硬度与耐磨性，常温硬度达 91～95HRA，超过硬质合金。

（2）有高的耐热性，1200℃条件下硬度为 80HRA，强度、韧性降低较少。

（3）有高的化学稳定性，在高温下仍有较好的抗氧化、抗黏结性能。

（4）强度与韧性低，强度只有硬质合金的 1/2。

（5）有较低的摩擦系数。

（6）热传导系数低，仅为硬质合金的 1/5～1/2，热膨胀系数比硬质合金高 10%～30%，这就使陶瓷刀具抗热冲击性能较差。

2）陶瓷刀具的种类

（1）氧化铝-碳化物系陶瓷。

这类陶瓷是将一定量的碳化物（一般多用 TiC）添加到 Al$_2$O$_3$ 中，并采用热压工艺制成，称混合陶瓷或组合陶瓷。TiC 的质量分数达 30%左右时即可有效地提高陶瓷的密度、强度与韧性，改善耐磨性及抗热冲击性，使刀片不易产生热裂纹，不易破损。

氧化铝-碳化物系陶瓷中添加 Ni、Co、W 等作为黏结金属，可提高氧化铝与碳化物的结合强度。

（2）氮化硅基陶瓷。氮化硅基陶瓷是将硅粉经氮化、球磨后添加助烧剂置于模腔内热压烧结而成。主要性能特点是：硬度高，达到 1800～1900HV；耐磨性和抗氧化性好；耐热性好，达 1200～1300℃；摩擦系数较低。

（六）超硬刀具材料

超硬刀具材料指金刚石与立方氮化硼。

1）金刚石

金刚石是碳的同素异形体，是目前自然界最硬的物质，显微硬度达 10 000HV。金刚石刀具有以下 3 类。

（1）天然单晶金刚石刀具。它主要用于有色金属及非金属的精密加工。单晶金刚石结晶界面有一定的方向，不同的晶面上硬度与耐磨性有较大的差异，刃磨时需选定某一平面，否则会影响刃磨与使用质量。

（2）人造聚晶金刚石。人造金刚石是通过合金触媒的作用，在高温高压下由石墨转化而成。我国 1993 年成功获得第一颗人造金刚石。聚晶金刚石是将人造金刚石微晶在高温高压下烧结而成，可制成所需形状尺寸，镶嵌在刀体上使用。由于抗冲击强度提高，可选用较大切削用量。聚晶金刚石结晶界面无固定方向，可自由刃磨。

（3）复合金刚石刀片。它是在硬质合金基体上烧结一层约 0.5mm 厚的聚晶金刚石。复合金刚石刀片强度较高，允许切削断面较大，也能断续切削，可多次重磨使用。

金刚石刀具的主要优点是：有极高的硬度与耐磨性，可加工 65～70HRC 的材料。有很好的导热性，较低的热膨胀系数。因此，切削加工时不会产生很大的热变形，有利于精密加工，刃面粗糙度较小，刃口非常锋利，能胜任薄层切削，可用于超精密加工。

金刚石耐热温度只有 700～800℃，其工作温度不能过高。此外，金刚石的抗冲击韧性差。

2）立方氮化硼（CBN）

立方氮化硼是由六方氮化硼（白石墨）在高温高压下转化而成的，是 20 世纪70 年代发展起来的新型刀具材料。用立方氮化硼铣刀端铣刨花板边时耐磨性比硬质合金铣刀高 20 倍。

立方氮化硼刀具的主要优点是：具有很高的硬度与耐磨性，达到 3500～4500HV，仅次于金刚石；具有很高的热稳定性，1300℃时不发生氧化；具有较好的导热性；抗弯强度与断裂韧性介于陶瓷与硬质合金之间。

CBN 也可与硬质合金热压成复合刀片，复合刀片的抗弯强度可达 1.47GPa，能经多次重磨使用。

（七）刀具材料性能比较

图 2-19 所示为刀具材料性能的比较。刀具材料的硬度大小顺序为：金刚石烧结体>金刚石涂层>CBN 烧结体>Al$_2$O$_3$ 陶瓷>Si$_3$N$_4$ 陶瓷>涂层金属陶瓷>金属陶瓷>涂层硬质合金>硬质合金>超细颗粒硬质合金>涂层高速钢>粉末高速钢>高速钢。刀具材料的断裂韧性大小顺序为：高速钢>粉末高速钢>涂层高速钢>超细颗粒硬质合金>硬质合金（涂层硬质合金）>金属陶瓷（涂层金属陶瓷）>Si$_3$N$_4$ 陶瓷>Al$_2$O$_3$ 陶瓷>CBN烧结体>金刚石涂层>金刚石烧结体。

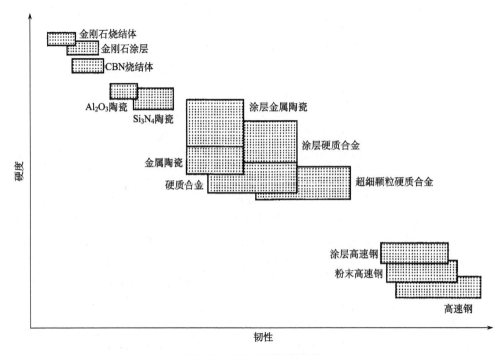

图 2-19　刀具材料性能比较

四、木工刀具磨损

（一）木工刀具磨损的特点

在木材切削时，随着切削过程的进行，刀具的刃口由锋利逐渐磨损变钝，使切削力增大，切削温度升高，切削质量下降，严重时刀具产生振动，出现异常噪声，加工表面质量恶化。若刀具刃口严重磨损后才停机换刀，除被加工工件造成很大损失外，还会引起磨刀时刀具材料的过多损耗，因此，研究刀具磨损机理，对提高刀具的耐用度和使用寿命具有非常重要的意义。

木工刀具磨损与一般机械零件磨损相比，具有以下特点。

（1）因切屑和切削平面木材对前后刀面摩擦，前后刀面通常是新形成的、活性很高的新表面。

（2）刀具前后刀面上的接触压力很大。

（3）刀具的转速很高，摩擦生热造成的刃口温度也很高，有的高达 800℃。

（4）刀具磨损实际上是机械、热和化学 3 种作用的综合结果。

刀具工作后，在正常情况下刃口会逐渐由锋利到钝，但在有些情况下刃口也会突然破损。前一种刀具磨损称为刀具的正常磨损，后一种称为异常磨损。

在刀具正常磨损的过程中，一般可分为 3 个阶段。

（1）初期磨损阶段。因为新刃磨的刀具后刀面存在粗糙度不平之处及显微裂纹、氧化或脱碳层等缺陷，而且切削刃较锋利，后刀面与加工表面接触面积较小，压应力较大，所以这一阶段的磨损较快。研磨过的刀具，初期磨损量较小。

（2）正常磨损阶段。经初期磨损后，刀具毛糙表面已经磨平，刀具进入正常磨损阶段。这个阶段的磨损比较缓慢均匀。后刀面磨损量随切削时间延长而近似线性增加。正常切削时，该阶段时间较长。

（3）急剧磨损阶段。当磨损带宽度增加到一定限度后，加工表面粗糙度变大，切削力与切削温度均迅速升高，磨损程度急剧恶化，直至刀具损坏而失去切削能力。生产中为了合理使用刀具，保证加工质量，应当避免达到这个磨损阶段。在这个阶段到来之前，就要及时换刀或更换新刀片。

刀具的耐用度，是指新刃磨过的刀具从开始切削至磨损量达到磨损限度为止的总切削时间，用符号 T 表示。因此，刀具寿命就是刀具耐用度与包括新刀开刃在内的刃磨次数的乘积。

（二）木工刀具磨损的原因

1）磨料磨损

磨料磨损是工件中的硬质点在外力作用下擦伤或显微切削刀具在前后面留下垄沟或擦痕所造成的刀具磨损。磨料磨损在很大程度上取决于工件的硬质点硬度 Ha 与刀具材料的硬度 Hm 之比。当 $Ha/Hm > 0.8$ 时，就会形成明显的磨料磨损。以磨料磨损机理为主的刀具磨损量与下列因素有关。

（1）切削长度：刀具磨损量随着切削长度呈线性增加。

（2）刀具材料的屈服强度：刀具磨损量与刀具材料的屈服强度呈反比例关系。

（3）切削力：刀具磨损量随着正压力的增大呈线性增大。

2）氯、氧化腐蚀磨损

木工刀具在切削人造板时，当刀具温度上升到 400℃或 650℃时，工具钢或硬质合金中的某些元素就会与氯气（来源于人造板中的固化剂）和空气中的氧发生化学反应，生成易挥发的氯化物（$FeCl_2$、$FeCl_3$、$CoCl_2$ 和 $CoCl_3$）和疏松的氧化物（WO_3、TiO_2、CoO 和 Co_3O_4），这些反应物被机械作用擦去后，就造成了刀具的磨损。

3）化学腐蚀磨损

工具钢或硬质合金中的某些元素能和木材中的有机弱酸及多元酚化合物发生化学反应，被酸中氢离子夺去电子，形成金属离子，然后进一步在空气中氧化成更高价离子如 Fe^{3+}，多元酚化合物和 Fe^{3+} 发生螯合反应，生成疏松的螯合物覆盖在刀具表面而被机械作用带走，从而加快刀具磨损。

4）电化学腐蚀磨损

当刀具切削木材时，刀具材料各组分与木材中的水溶液、有机弱酸、多元酚化合物接触，除了会发生化学反应外，还会构成许多微小的原电池，发生电化学反应，电极电位高的元素失去电子，造成刀具的电化学腐蚀。

化学腐蚀、电化学腐蚀磨损和氯、氧化腐蚀，都属腐蚀机理范畴，统称腐蚀磨损机理。以腐蚀磨损为主的刀具磨损量和切削时间有关，切削时间越长，刀具磨损就越大。

（三）木工刀具磨损影响因素

影响木工刀具磨损的因素很多，如刀具材料、刀具角度、切削条件及加工对象。表 2-14 列出了各种影响因素对木工刀具磨损的作用。

表 2-14　磨损影响因素

因素		作用
刀具	材料	刀具材料对耐用度影响很大。在刀具具有足够强度和韧性条件下，通常刀具硬度越高，耐热性越好，则耐磨性越好，耐用度也就越高
	角度	在后角相同时，小楔角能降低前刀面的磨损，从而提高刀具耐用度。当楔角不变时，大后角能降低后刀面的磨损，从而提高刀具耐用度。因此，对于以后刀面磨损为主的情况，可选择较大的后角
加工条件	主运动速度	在刀具达到耐用度时的切削长度为主运动速度和耐用度的乘积。切削长度增大，通常刀具磨损也相应变大。因此，主运动速度提高会降低刀具耐用度
	进给速度	当刀具转速不变时，若进给速度提高，一般情况下刀具耐用度都会降低
	切削厚度	因为切削厚度增加，切削力相应提高，加大了切削区木材对刀具的摩擦。因此，刀具耐用度也相应降低
工件材料		木材纤维方向、木材中硬质点（如节子、树脂和石英砂等）、木材中酸性的浸提物（如乙酸、单宁和多酚类化合物等）和人造板中胶合材料及其他添加剂都会影响刀具的耐用度

五、木工刀具抗磨技术

（一）表面热处理

通过恰当的表面热处理方法，可以使金属的组织结构转变，提高刀具表面硬度，增加其耐磨性。就耐磨性而言：铁素体<马氏体<下贝氏体。经淬火、回火后获得回火马氏体组织的钢，比经正火后具有珠光体+铁素体组织的钢耐磨性显著提高。

可见，不同的金相组织有不同的耐磨性，通过恰当的表面热处理方法，可以使金属组织转变，使刀具表面硬度提高，增加耐磨性。常用的表面热处理方法包括：①激光淬火；②高频淬火；③电接触淬火。经以上方法对刀具表面进行热处理之后，淬火层的硬度可提高 2~4HRC，耐用度可提高 1 倍左右。

（二）渗层技术

渗层技术是改变刀具表面的化学成分，提高刀具耐磨性和耐腐蚀性的一种化学热处理方法。金属渗层技术有固体法、液体法和气体法，每种方法又有许多不同的热处理工艺。渗入的元素主要有碳、氮、硫、硼等，工艺方法包括渗碳、渗氮、碳氮共渗、渗硫、硫氮共渗、硫碳氮共渗、渗硼和碳氮硼共渗。由于木工刀具采用优质高碳钢（碳素工具钢）、合金工具钢和高速钢制造，因此常在刀具表面渗入硼、钒等元素。

渗硼是元素渗入刀具的表层，形成硬度高、化学稳定性好的保护层。渗硼层的硬度为 1200~1800HV，渗硼的深度为 0.1~0.3mm。常用固体渗硼法可获得脆性较小的单相 Fe_2B 渗硼层。

在熔融的硼砂浴中，加入钒粉或钒的氧化物及还原剂。刀具加热到 850~1000℃，保温 3~5h，可获得厚 12~14μm、硬度为 1560~3380HV 的碳化钒层。据研究介绍，碳化钒层要比渗硼层和渗铬层的硬度高。

（三）镀层技术

电镀是一种传统的材料保护方法，具有很强的适应性，不受工件大小和批量的限制，在铁基、非铁基、粉末冶金件、塑料和石墨等基体上都能获得应用。

（四）涂层技术

涂层技术是 20 世纪 70 年代初发展起来的材料表面改性技术。它是通过一定的方法，在刀具基体上涂覆一薄层（5~12μm）耐磨性高的难熔金属（或非金属）化合物，以提高刀具耐用度、耐蚀性和抗高温氧化性。

涂层技术通常可分为化学气相沉积（CVD）、物理气相沉积（PVD）和等离子体增强化学气相沉积（plasma chemical vapor deposition，PCVD）。化学气相沉积法出现在 20 世纪 70 年代，这种工艺是在 1000℃高温的真空炉中通过真空镀膜或电弧蒸镀将涂层材料沉积在刀具基体表面，沉积一层 15μm 厚的涂层大概需 4h。物理气相沉积法与化学气相沉积法类似，只不过物理气相沉积是在 500℃左右完成的。物理气相沉积法最初应用在高速钢上，后来在硬质合金刀具上应用。物理气相沉积法与化学气相沉积法相结合可开发出新的涂层刀具，内层应用化学气相沉积法涂层可以提高与基体的黏结能力，外层应用物理气相沉积法平滑涂层可降低切削力，使刀具应用在高速切削中。将上百层每层几个纳米厚的材料涂在刀具基体材料上称为纳米涂层，纳米涂层材料的每一个颗粒尺寸都非常小，因此，晶粒边界非常长，从而具有很高的高温硬度、强度和断裂韧性。纳米涂层的维氏硬度可达 2800～3000HV，耐磨性能比亚微米材料提高 5%～50%。据报道，目前已开发出碳化钛和碳氮化钛交替涂层达到 62 层的涂层刀具及 400～2000 层的 TiAlN-TiAlN/ Al_2O_3 纳米涂层刀具。

涂层刀具是在韧性较好的硬质合金基体上，或在高速钢刀具基体上，涂覆一层耐磨性较高的难熔金属化合物而获得的。涂层硬质合金一般采用化学气相沉积，沉积温度在 1000℃左右；涂层高速钢刀具一般采用物理气相沉积，沉积温度在 500℃左右。

常用的沉积材料有 TiC、TiN、Al_2O_3 等，TiC 的硬度比 TiN 高，抗磨性较好。对于要产生剧烈磨损的刀具，TiC 较好。TiN 与金属的亲和力小，润湿性能好。在空气中抗氧化的性能要比 TiC 好，在容易产生黏结的条件下 TiN 好，在高速切削产生大量热的场合，以采用 Al_2O_3 涂层为好，因为 Al_2O_3 在高温下有良好的热稳定性。

涂层有单涂层，也可采用双涂层或多涂层，如 TiC-TiN、TiC-Al_2O_3、TiC-Al_2O_3-TiN 等。

涂层刀具具有比基体更高的硬度，在硬质合金基体上 TiC 涂层厚度为 4～5μm，其表层硬度可达 2500～4200HV。涂层刀具具有高的抗氧化性能和抗黏结性能，因此，有高的耐磨性；涂层又具有较低的摩擦系数，可降低切削时切削力和切削温度，大大提高刀具的耐用度。此外，涂层硬质合金的通用性广，一层涂层刀片可替代多层未涂层刀片使用，因此，可大大简化刀具管理。近年来，随着机夹转位刀具的广泛使用，涂层硬质合金也得到越来越多的应用。高速钢刀具一般都要重磨，重磨后的涂层刀具切削效果虽然降低，但仍比未涂层刀具好。

涂层刀具虽然有上述优点，但由于其锋利性、韧性、抗剥落和抗崩刃性能均不及未涂层刀片，故在小进给量切削、高硬度材料和重载切削时还不太适用。

第三章 木材圆锯锯切及设备

第一节 锯与锯切加工概述

一、锯

利用锯把木材纵剖或截断成两部分并将两部分中间的木材转变为锯屑的过程称为锯切。有时也用锯在制品上开槽。锯切是木材切削加工中应用历史最悠久、应用最广泛的加工方式。本章内容主要参考《木材加工装备——木工机械》（于志明和李黎，2016）。

锯的种类很多，绝大多数都是由锯身及在边缘上开出的锯齿所组成（图3-1）。锯身多数为等厚钢板，有的圆锯片锯身也做成周边厚、中心薄的结构。包括锯齿在内的整个锯身呈圆板形、无端带形或条形。锯身用厚度和宽度、长度或直径表示其尺寸参数。在锯切过程中，锯上直接切削木材的部分称为锯齿，通过锯身固定在锯机上，锯身起着支持锯齿和补充新锯齿材料的作用。

锯齿按其切削木材时相对于木材纤维方向的不同，主要分为纵剖齿和横截齿。锯齿根据刃磨方式的不同分为直磨齿和斜磨齿。纵剖齿多数为直磨齿，横截齿基本为斜磨齿。下面通过对带锯和横截圆锯的齿形分析，说明纵剖直磨齿和横截斜磨齿的齿形参数（图3-1，图3-2）。锯齿结构分为如下几部分。

齿尖（1）：纵剖齿为主刃，横截齿为刃尖。如果把各齿尖连接起来，那么对条形锯得齿尖线（1-1-1），对圆锯片得齿尖圆（1-1-1）。

前齿面（1-2）：又称齿喉面，分平面和弧面两种类型。

齿腹面（2-3）：系半径为 R 的齿根圆的圆弧面。

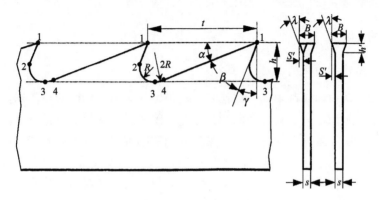

图 3-1 纵剖直磨齿

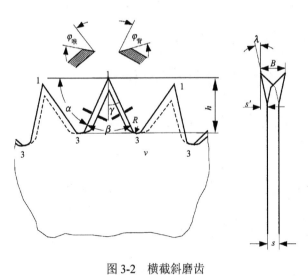

图 3-2　横截斜磨齿

齿底（3）：锯齿的最低部分。如果把齿底各点连接起来，可得齿底线（3-3-3）。

后齿面（3-4-1）：又称齿背面，可分为平面、折面、弧面。齿腹面与后齿面之间有时用一段半径为 $2R$ 的弧面（3-4）过渡。

齿室：由前齿面、齿腹面、后齿面和齿顶围成的容屑空间，又称齿槽。

齿顶：锯齿的上半部。

齿根：锯齿的下半部。

锯齿的主要尺寸如下所述。

齿距 t：相邻两齿沿齿顶线的距离。

齿高 h：齿顶和齿底之间最短的距离。

锯齿的主要角度如下所述。

前角 γ：通过齿尖并与齿尖线垂直的直线（基面线）与锯齿前面线之间的夹角。规定图示中，从上述过齿尖的垂面或锯片径向线向前齿面顺时针量得的前角为"+"，反之为"-"。

后角 α：锯齿的后齿面线（或后面线的切线）与齿尖线（或齿尖线的切线）之间的夹角。圆锯片的后角是通过齿尖的齿尖圆的切线与后齿面之间的夹角。若后齿面为弧面，则以通过齿尖弧形后齿面的切线作为后齿面。

楔角刀 β：是前齿面与后齿面之间的夹角。

锯料主要分为压料和拨料。直磨齿以压料为主，斜磨齿只能拨料。锯料量的大小用锯料的宽度 B 和锯料角 λ 表示。

二、锯齿的切削

（一）纵锯齿的切削

锯切和直角自由切削不同。锯切时，锯齿以 3 条刃口切削木材，锯齿一次行程后完成 3 个切削面——锯路底和两侧锯路壁（图 3-3）。木材纵锯是指进给方向（锯路方向）平行于纤维方向的锯切，如带锯和圆锯的剖料。主刃接近端向切削木材，侧刃接近横向切削木材。纵锯时，锯齿主刃端向切断锯路底的木材纤维，与此同时，前齿面压缩与其接触的木材。随着锯齿深入木材，前齿面对木材的压力逐渐增大，当压力增加到足够大时，受前齿面推压的一、二层木材，沿锯路两侧的纤维平面剪裂。剪裂后的木材层，像悬臂梁一样，在前齿面的压力下，弯断成为锯屑。锯屑一般沿主刃的切削轨迹破坏，有时主刃压到阻力大的晚材部分，木材层在断裂前被拉断，裂口向锯路底内延伸，形成长短不一的锯屑。

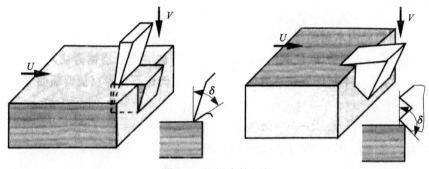

图 3-3　纵锯齿的切削

（二）横锯齿的切削

横锯齿切削时（图 3-4），进给方向（或锯路方向）垂直于纤维平面，如圆锯横截。若选用切削角大于 90°的斜磨的横截锯齿切削木材，齿刃切入木材初始，类似用小刀在木材上切出刀痕，相邻两个锯齿先后在木材表面切出两条平行的齿痕，随着锯齿深入木材，前齿面对锯路内木材的作用力的合力在垂直锯路的方向上的分力 F_3，通过对两侧已被切开的锯路中间木材的挤压，使其沿锯路底顺纤维方向剪切。

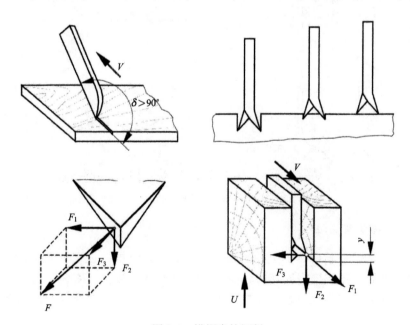

图 3-4　横锯齿的切削

当锯齿切入木材的深度足够大时，分力 F_3 超过木材的顺纹抗剪极限时，锯路内的这部分木材被剪断从而形成锯屑。

三、锯切运动

（一）带锯锯切运动

带锯机是以封闭无端的带锯条张紧在回转的两个锯轮上，使其沿一个方向连续匀速运动从而实现锯切木材的机床。

带锯锯切时以一定张力绕在上、下锯轮上，由下锯轮驱动锯条利用其做直线运动的锯齿切削木材工件（图3-5）。此时，锯条切削木材的主运动和垂直锯条方向的木材进料运动同时进行，两者均为等速直线运动。

（二）圆锯锯切运动

圆锯机是以圆锯片为切削刀具，使其绕定轴做连续匀速回转运动从而实现锯切木材的机床。圆锯工作时，锯片装在锯轴上匀速回转，木材工件匀速向锯片进料（图3-6）。齿尖的相对运动轨迹为同一时间内做圆周运动的齿尖的位移和做直线运动的木材位移的向量和。

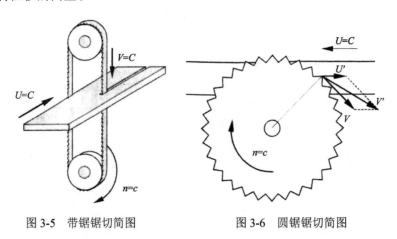

图3-5　带锯锯切简图　　　　　图3-6　圆锯锯切简图

（三）排锯锯切运动

排锯机是以张紧在锯框上的锯条为切削刀具，锯框做往复直线运动，从而实现锯切木材的机床。排锯锯切时，曲柄连杆机构带动锯框，使装在锯框上的一组锯条做往复运动切削木材（图3-7）。因此，排锯的主运动速度也就是锯框的运动速度。

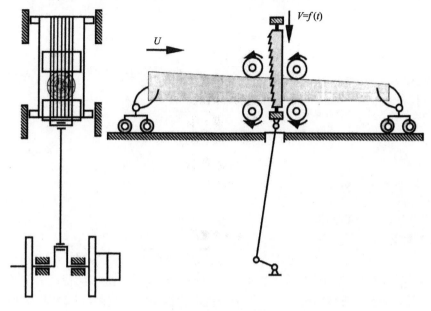

图 3-7　排锯锯切简图

　　排锯的进给运动分为推动和连续进料两种，前者木材工件做间歇运动，后者木材工件做匀速直线运动。无论哪种运动，都要求空回行程齿尖与锯路底相离。

第二节　圆　锯　片

　　圆锯片不仅可用来加工木材，还可以加工各种人造板；除了通常用于锯剖、横截以外，还可用来开槽。

一、圆锯片的种类与结构

（一）圆锯片的种类

　　圆锯片的种类繁多。圆锯片按其本身横截面的形状不同，可以分为平面锯身、内凹锯身和锥形锯身 3 类；按锯片相对木材纤维的锯切方向不同，可以分为纵剖锯圆锯片、横剖锯圆锯片和纵横剖锯圆锯片；锯片按锯齿与锯身的连接方法不同，可以分为整体圆锯片和镶齿圆锯片，其中镶齿圆锯片以硬质合金镶齿圆锯片为主；而根据锯齿宽度，可将其分为普通硬质合金圆锯片和超薄硬质合金圆锯片；锯片按其功能不同可分为锯剖用圆锯片和变屑切削圆锯片及开槽锯片。锯剖用圆锯片的分类如图 3-8 所示。

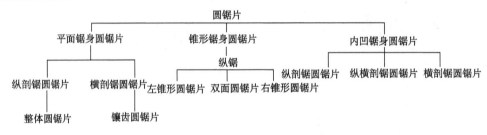

图 3-8　圆锯片的分类

（二）圆锯片的结构

圆锯片由锯身和锯齿组成。

1）锯身

圆锯片锯身的主要原料是钢板，它是制约锯身最终性能的关键因素之一。20 世纪 90 年代初，国内的钢板品种比较单一，只能批量供应 65Mn 钢，稍后出现了 70Mn 钢，它们都属于一般弹簧钢，淬火性能及抗回火性能都比较差，片体应力状态不稳定。20 世纪 90 年代中后期，我国相继开发了 75Cr1、8MnSi、8CrV、50Mn2V 等优质合金工具钢，提高了淬透性、淬硬性和抗回火性，能够保证金相组织转变完全并且均匀，回火后片体应力分布均匀，易调校，不仅抗拉强度高，而且韧性好，锯切时变形小。

按锯身横截面形状的不同分为平面锯身圆锯片（图 3-9a）、锥形锯身圆锯片（图 3-9b～d）和阶梯锯身圆锯片（图 3-9e）。不同锯身的圆锯片可以用不同的尺寸参数和角度参数表示其各自的结构特征，所有的锯片都可以用锯片的外径、厚度和孔径作为锯身结构特征的主要参数。

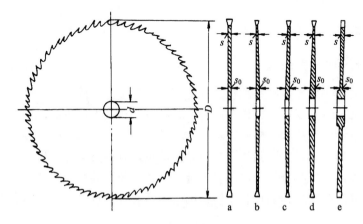

图 3-9　不同结构的圆锯片

a. 平面锯身圆锯片；b. 右锥形锯身圆锯片；c. 左锥形锯身圆锯片；d. 双面锥形锯身圆锯片；e. 阶梯锯身圆锯片

（1）外径 D。一般先根据被锯木材的最大锯路高度和锯机的结构参数计算出圆锯片的外径，然后考虑锯片使用中多次刃磨后半径方向的磨损余量适当增加锯片的外径，硬质合金圆锯片则无需考虑圆锯片刃磨后的磨损。

在同一工作条件下，小直径圆锯片具有以下一系列的优点：减小动力遇角，从而降低切削功率消耗；减少每齿进料量，从而改善切削质量；缩小锯料量，从而减少木材和能量消耗；提高圆锯片稳定性，从而降低锯切损耗及便于圆锯片修磨等。

制材用圆锯片的直径，根据圆锯片厚度的不同，可以选取最大锯路高度的 2～3 倍。如果被锯原木需要超过 1.5m 外径的圆锯片锯切，可考虑改选上、下一对小直径的圆锯片，以减少因圆锯片过厚而造成的木材、能源浪费。

我国生产的平面锯身圆锯片，外径为 150～1500mm，内凹锯身圆锯片的外径为 200～500mm，两种圆锯片外径尺寸各相邻径级之间均相差 50mm。一般用于制材的圆锯片外径为 700～1200mm，用于板材整理的圆锯片外径为 350～450mm，用于实木制品、胶合板、纤维板、刨花板和木质层积塑料板锯切的圆锯片外径为 200～300mm。

（2）厚度 s。圆锯片的厚度可按式（3-1）计算

$$s = K \cdot D^{1/2} \qquad (3\text{-}1)$$

式中，D 为锯片外径（mm）；K 为系数，$D=150mm$ 时 K 取 0.065，$D=650～1200mm$ 时 K 取 0.075，$D=1200～1800mm$ 时 K 取 0.11，K 平均取 0.07。

在同一直径的圆锯片中，有数种不同厚度的规格。如果圆锯片钢质好，或者锯切软材，可以选取同一径级圆锯片中的薄圆锯片。常用的圆锯片厚度在 0.9～4.2mm 变化，其中锯厚小于 1.1mm 的圆锯片，相邻锯厚之间相差 0.1mm；大于 1.1mm 的圆锯片，相邻锯厚之间相差 0.2mm。

内凹锯身锯片，比同一径级的普通圆锯片要厚，厚度为 1.8～3.2mm，相邻锯厚之间相差 0.2mm。

（3）孔径（d）。它属于孔径圆锯片的一个安装尺寸。圆锯的中心孔孔径随圆锯片外径增加而增加，有些圆锯片的中心开有单面键槽或双面键槽，也有的圆锯片在锯身中心孔旁另开销孔。我国普通圆锯片的中心孔径一般为 30mm、50mm（裁边粉碎）、75mm（多片圆锯机）。

2）锯齿

（1）齿数 Z。圆锯片和带锯条不同，带锯条用旧变窄后，齿距还保持不变，而圆锯片重复使用后，圆锯片直径逐渐缩小，如果仍按原来的齿数刃磨锯齿，齿锯也随之变小。这时继续用齿锯反映锯齿的疏密和强弱，显然已不适合。圆锯片一般用齿数的多少代替齿距的大小及表示齿锯的基本尺寸。

圆锯片出厂时对同一个径级的圆锯片提供有数种齿数。若齿数不符合要求，可根据以下原则参考表 3-1 决定合适齿数，去掉旧齿，重开新齿。

表 3-1　圆锯齿齿数

直径/mm		700～850	900～950	1000	1050	1100～1150	1200
齿数	纵锯	70～72	72～74	72～74	74～76	74～76	78
	横锯	80～120	80～110	80～100	80～90	—	—

一般横截锯齿齿数大于纵剖锯齿齿数，精加工齿齿数大于初加工齿齿数，直背齿齿数大于截背齿和曲背齿齿数，锯剖硬材的齿数大于锯剖软材的齿数，拨料齿齿数大于压料齿齿数。

（2）齿高 h。纵剖锯圆锯齿齿高的选择原则同带锯齿，其齿高与齿距的比值可参考表 3-2。

表 3-2　纵锯圆锯齿齿高 h 与齿距 t 的比值

锯材种类	锯厚 2.10～1.85mm 14～15 号	锯厚 1.65～1.45mm 16～17 号	锯厚 1.25～1.05mm 18～19 号
软材	0.44～0.50	0.35～0.40	0.30～0.32
硬材	0.40～0.45	0.30～0.35	0.25～0.27

（3）角度参数。圆锯片由于它加工的材种、锯切相对木纤维的方向等条件，不像带锯条那样单一，因而圆锯齿形状比较多，圆锯齿的角度参数相应变化也大。具体角度值可参考表 3-3。

表 3-3　圆锯齿的角度参数

锯片类别	齿名	纵剖锯齿			
		直背齿	截背齿	截背斜磨齿	曲背齿
	齿形				
木材加工圆锯片	用途	锯边	粗锯	再锯	粗锯
	齿喉角 $\gamma/(°)$	20～26	30～35（硬材取最小值）	25	30～35
	齿尖角 $\beta/(°)$	40～42	40～45	45	40～45
人造板加工圆锯片	用途	单板整修、刨花板铺装锯切和纤维板锯边	木质层积塑料锯切		硬材单板整修锯切
	齿喉角 $\gamma/(°)$	10～20（锯纤维板取最小值）	0～10		20～30
	齿尖角 $\beta/(°)$	40～50	45～55		40～55

续表

锯片类别		横剖锯齿				
	齿名	等腰三角斜磨齿	不等腰三角斜磨齿	直背斜磨齿	截背斜磨齿	
	齿形	（γ）	（γ）	（γ=0）	（γ）	（γ=0）
木材加工圆锯片	用途	软材原木截断	横锯	板材、板条横锯	硬材原木截断	板材、板条横锯
	齿喉角 γ/(°)	−30～−25	−15	0	−20～−10	0
	齿尖角 β/(°)	50～60	45	40	80～85	70
人造板加工圆锯片	用途		1. 单板修整锯切 2. 胶合板横向锯边或硬木胶合板纵横锯切	胶合板纵向锯边或软木胶合板纵横锯切		木质层积塑料锯切
	齿喉角 γ/(°)		1. −20～−5 2. −30～−20	0		0
	齿尖角 β/(°)		1. 55～60 2. 45～55	45～50		45～55

纵剖锯的直磨齿，其前角、后角、楔角等角度值的选择原则和带锯齿类似。对于横剖锯圆锯片的斜磨角，加工软材取 20°～25°，加工硬材取 10°～15°。

（4）齿室。纵剖锯圆锯齿的齿室大小和形状，原则上同带锯齿。齿圆底的半径 $R=(0.10～0.15)\ t$。

（5）齿形。圆锯片的齿形变化繁多，通常圆锯片按锯切方向相对纤维方向的不同，可分为纵剖锯齿、横截锯齿和组合齿三大类。

纵剖锯齿（表 3-3）和带锯的直背齿、曲背齿及截背齿相同，大部分是直磨的，也有的纵剖锯齿、斜磨齿背，变成斜磨的截背圆锯齿。虽然这种锯齿看上去像截背斜磨横截锯齿，但截背斜磨的纵剖锯齿的前角一定大于 0°。

横截锯齿（表 3-3）的特征是锯齿前、后齿面斜磨，而且前角 $\gamma\leqslant 0°$。横截锯圆锯齿中用得最早的齿形是斜磨的等腰三角齿和不等腰三角齿。不等腰三角齿的前角降到 0°变成齿刃锋利的直背斜磨齿。硬材原木截断或木质层积塑料锯切，不仅可做成负前角而且可做成截背的齿形。

组合齿（图3-10）可以在纵向、横向或任意方向锯切木材。具备这种齿形的锯身多数采用内凹形状。组合齿锯片的锯齿，成组出现。每组锯齿由2只或4只斜磨直背的横截锯齿——切齿和1只直背的纵剖锯齿构成。两种齿之间在锯片半径方向相差0.3～0.5mm。

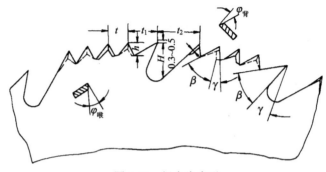

图3-10　组合齿齿形

（6）锯料。圆锯片常采用拨料齿加宽锯路，压料齿只限于用在平面圆锯片上，而拨料齿在平面锯身圆锯片和锥形锯身圆锯片上都可采用。圆锯片还可以采取锯身阶梯和硬质合金齿尖局部加宽的方法防止夹锯。

圆锯片锯料量的大小与被锯材料的种类、木材的含水率、圆锯片旋转精度、锯片切削时抵抗侧向力的稳定性、锯机的精度、材料进给的正确性等因素有关。一般加工干材、硬材、冻材时，锯片稳定性好，锯片旋转和材料进给精确时，锯料量可取少。

平面锯片的锯料量参见表3-4。

表3-4　平面锯片的锯料量 s'

锯剖形式	锯片直径/mm	s'			
		软针叶材			硬阔叶材
		含水率<30%	30%≤含水率≤60%	含水率>60%	
截断	300～500	0.45～0.55	0.60～0.75	0.40～0.55	0.40～0.50
再剖	500～800	0.55～0.65	0.65～0.80	0.50～0.65	0.40～0.50
板条锯	300～800	0.45～0.55	0.60～0.75	0.40～0.55	0.40～0.50
枕木锯	1000～1500	0.80～0.90	1.00～1.20	0.80～0.90	0.70～0.90
截断	各种尺寸	0.30～0.50	0.40～0.55	0.30～0.50	0.35～0.45

3）硬质合金圆锯片

硬质合金圆锯片是木材制品加工中常用的切削刀具，其锯齿由硬质合金材料镶焊而成，因此硬质合金圆锯片的耐热和耐磨性较好，用它来锯切一般木材工件时，两次刃磨间隔时间较长，耐磨性提高近百倍，可锯切各种含树脂的人造板材，甚至可以锯切层积塑料板、铝合金和其他金属材料。

硬质合金圆锯片锯齿上的硬质合金刀片是硬质合金圆锯片的关键部分。

硬质合金圆锯片锯齿的角度指的就是硬质合金齿尖的角度。这些角度除了跟普通圆锯片一样包括前角 γ、楔角 β、后角 α 和内凹角 λ 外，还用斜铲角 τ 来减少锯齿与锯路壁的摩擦，用前齿面斜角 ε_γ 和后齿面斜角 ε_α 代替斜磨角，表示锯齿前、后齿面斜磨的程度（图3-11）。

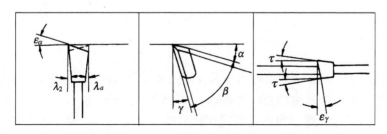

图 3-11　硬质合金锯齿齿形

上述诸角度中，大部分角度变化很小，其中后角 α 一般取 $10°$，有时取 $13°$；内凹角 $\lambda=2°$；斜铲角 $\tau=2°$；前齿面斜角 $\varepsilon_\gamma=5°$，后齿面斜角 $\varepsilon_\alpha=5°$ 或 $10°$。

硬质合金圆锯片锯齿的齿数比普通圆锯片少。木材横截时，一般 $Z=30\sim80$，加工质量要求高时，$Z=128$。人造板锯切时，$Z=40\sim60$，木材再锯时，$Z=80$，划线圆锯片要求锯路光滑时，$Z=24$。

根据锯齿前齿面在基面上的投影形状不同，锯齿可分为内凹正梯形齿、倒梯形齿和近似梯形齿（图3-12）。

内凹正梯形齿（图3-12a）应用最广泛，绝大多数纵剖硬质合金圆锯片采用这种前齿面形状。前角可以根据被加工材料的性质在 $-30°\sim-5°$ 选择。

倒梯形齿（图3-12b）的圆锯片用来在刨花板、层积塑料板等造板上锯出一条线槽。这种锯片直径小，$D=100\sim180\text{mm}$；齿距 $t=16\sim24\text{mm}$；$b_1=3.0\sim4.0\text{mm}$；$b_2=3.6\sim5\text{mm}$。

近似梯形齿（图3-12c）用于贴面板的锯裁和加工质量要求高的刨花板锯边或铝合金材料的锯切。

内凹正梯形齿可根据前、后齿面的斜磨不同分为前、后齿面直磨齿（图3-13a），主要用于干燥木材工件的纵向锯切和裁边；前、后齿面斜磨齿（图3-13b），跟普通斜磨齿的圆锯片一样，相邻两只锯齿交替斜磨前、后齿面，其斜角 $\varepsilon_\gamma=5°$，$\varepsilon_\alpha=10°$，主要用于干燥木材工件的横向锯切，如胶合板、单板和层积塑料板的锯切。圆

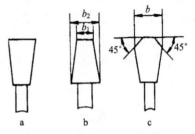

图 3-12　硬质合金圆锯片锯齿前齿面形状

a. 内凹正梯形齿；b. 倒梯形齿；c. 近似梯形齿

锯片参数为：$\gamma=15°$，$D=200\sim400mm$，$t=19mm$，$s=1.8\sim3.6mm$。

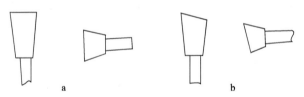

图 3-13　硬质合金圆锯齿面直、斜磨形状

a. 前、后齿面直磨齿；b. 前、后齿面斜磨齿

前齿面直磨、后齿面斜磨齿用于表面加工质量要求高的贴面装饰板的锯边，亦可用来开槽和截断。单板贴面板锯边时，为了保证锯边质量，在用普通合金圆锯片锯边以前，用带有上述锯齿的划线锯在板材底部锯出一条线槽。划线锯（$D=80\sim150mm$，$t=14mm$）可采取顺向进料方式。

另外，单向斜磨后齿面的锯齿还可用在要求加工质量良好的纤维板、刨花板锯切中（$D=225\sim450mm$，$s=2.6\sim3.6mm$）。

上述两种后齿面斜磨的锯齿 $\varepsilon_\alpha=10°$，$\gamma=5°$。

4）超薄硬质合金圆锯片

超薄硬质合金圆锯片是指在同样锯片外径的情况下，其锯齿宽度与外径之比小于木工硬质合金圆锯片对应锯齿宽度与外径之比的 1/2 的圆锯片。

超薄硬质合金圆锯片具有锯路损失小、出材率高、锯屑量少、环境污染低和锯切功率消耗小等特点。它在板材或规格板材纵向锯切方面得到了较广泛的应用。

超薄硬质合金圆锯片主要用于以下领域：①多层复合实木地板的表板剖分；②木质百叶窗的薄板剖分；③运动器材，如滑雪板、乒乓球板等；④铅笔基板等。超薄圆锯片一般用在多锯轴圆锯机上，圆锯机进料方式为通过式进料，具有导向、靠山和分板装置等部件。多锯轴圆锯机有两种基本结构形式：一是锯轴垂直，二是锯轴水平。

超薄硬质合金圆锯片一般用在单轴多锯片圆锯机上，亦为通过式进料。超薄硬质合金圆锯片的适张度和表面平整度的要求比普通圆锯片高，为了保证薄锯片的稳定性，法兰盘规格应符合要求。常用的超薄硬质合金圆锯片及其相应的法兰盘直径见表 3-5。

表 3-5　超薄硬质合金圆锯片规格及相应的法兰盘直径

D/mm	B/b/mm	d/mm	FLD/mm	Z	齿形代号
180	1.3/0.8	60	120	32	P
180	1.5/1.0	60	110	32	P
180	1.8/1.3	60	100	32	P

续表

D/mm	B/b/mm	d/mm	FLD/mm	Z	齿形代号
200	1.5/1.0	60	140	36	P
200	1.8/1.3	60	130	36	P
215	2.0/1.4	65	120	30	P
225	1.8/1.3	60	140	40	V
225	2.0/1.4	60	140	40	P
250	1.7/1.2	60	170	36	P
250	2.0/1.4	60	160	36	P
250	2.0/1.4	30	130	24	P
250	2.4/1.6	30	120	24	P
250	2.4/1.6	70	130	24	P
250	2.4/1.6	80	130	24	P
300	2.8/1.8	70	140	30	P
300	2.8/1.8	80	140	30	P

注：D. 锯片直径；B/b. 锯路宽度/锯身厚度；d. 锯片孔径；FLD. 法兰盘直径；Z. 齿数

超薄硬质合金圆锯片的结构如图 3-14 所示。因超薄硬质合金圆锯片通过销钉安装在液压紧轴套或专用夹紧轴套上，故不带键槽，只有定位销孔。为了保证超薄圆锯片的动态稳定性，锯身上一般不配置刮刃、储屑槽和消声槽，甚至没有热胀槽。

薄锯路圆锯片有两种齿形：一是前、后齿面均直磨的内凹齿（代号：P），二是梯形齿，其锯切表面可以直接涂饰，而内凹齿的锯切表面能直接涂胶拼板。为了降低锯齿侧面与锯路壁木材的摩擦，无论何种齿形，前、后齿面均要内凹，见图 3-15。锯齿前齿面的锯料角为 1°，后齿面的锯料角 λ_b 为 3°。在圆锯片运转时，圆锯片都以某种振动模态在振动，即使锯齿侧向跳动为零，任一瞬时都会有与振动模态对应的几个锯齿在锯路壁上形成锯痕。锯齿刃尖越尖锐、λ_f 越大和振幅越高，锯痕就

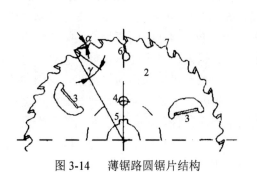

图 3-14　薄锯路圆锯片结构

1. 锯齿；2. 锯身；3. 刮刃；4. 定位销孔；5. 键槽；6. 热
胀槽；7. 限料齿

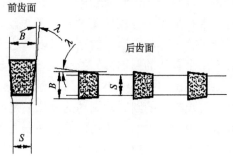

图 3-15　前、后齿面锯料角

越明显。因此，在圆锯片制造精度和振动模态不变的条件下，减小 λ_f 或采用梯形齿能改进锯切质量。

二、圆锯片的动态稳定性

圆锯片的动态稳定性是指圆锯片在锯切加工时，保持其固有形状和刚度的性能。圆锯片的动态工作稳定性较差，主要是因为圆锯片直径与厚度比很大，而且只依靠其中心紧固的夹持圆盘夹持在主轴上，并高速旋转；锯齿部分只是依靠锯身金属材料自身的结合力，才保持着一定的刚性。当圆锯片高速旋转时，在离心力的作用下，锯身齿缘部分开始松弛。另外，圆锯片锯切木材，锯身齿缘部分的温度急剧升高，锯身齿缘部分的体积膨胀，而圆锯片又受材料的限制不可能随意伸缩，圆锯片上发生的变形呈外部大而内部小的状态。此时锯片就会向两侧游动，呈"蛇行"状态，造成锯材材面上的波浪不平。

（一）圆锯片振动分析

圆锯片的振动是指圆锯片在其平衡位置附近的往复横向运动。振动是由外界干扰引起的，并总是表现为某种"等级"。振动会增大锯路损失，降低锯切精度，提高噪声水平，缩短圆锯片使用寿命。目前对于锯片在锯切过程中的振动还没有寻找到任何补偿方法。

大多数普通圆锯片的振动都可以被看作是一些单独振动模态的总和。每一个单独的振动模态都具有一个特定的振形，并按一定的频率振动。每个振动模态都包含一个整数的波节圆数 m 和波节直径数 n，如图 3-16 所示。每个特定模态下的振动频率被称为固有频率 ω_{mn}，它与锯片的几何尺寸、夹持比、材料性质和圆锯片的应力类型有关。圆锯片的应力主要有适张应力、切削热应力、初始应力和回转应力等。对圆锯片进行不同的处理可以改变圆锯片的应力状态和固有频率。一个圆锯片振动模态的阶数，理论上并无限制，但是木材切削用圆锯片并没有特别高频的振动模态。目前木材加工工业用圆锯片常见的振动模态是 $m=0$，　$n=0,1,2,\cdots,6$。在对圆锯片进行噪声分析时，圆锯片的频率可以高达 $10 \sim 15 \mathrm{kHz}$，但此时圆锯片的振幅非常小。对于一个具体的圆锯片，振动模态阶次越高，n 越大，对应的固有频率越高。每一个振动模态的振幅都小于锯片的厚度，是相对应振动模态振幅的代数和。切削加工时，可观察到的圆锯片振动的变化只是相对的振幅、节径方向和时间的变化，这些因素是由激振力的性质决定的，激振力主要来自于工件与圆锯片之间的相互作用，如锯齿上作用的空气动力、轴和锯片的不平衡、驱动电动机的振动等。圆锯片对以上这些因素的响应决定了圆锯片的振动模态。

共振的概念在圆锯片振动问题中非常重要，表现得非常具体和突出，简单地说，是当激振力与圆锯片自身某一阶固有频率重合时，圆锯片即会发生共振。此时，圆锯片的振动变成以激振频率为振动频率的单一振动模态，振幅急剧增大。实际上激

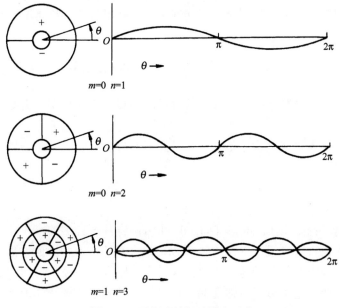

图 3-16　圆锯片的振动模态示意

振力是变化的，有周期力，如锯齿受到的空气阻力；也有随机力，如圆锯片与工件作用产生的横向力等。激振力的频率分布可能覆盖圆锯片的整个频率范围，因此圆锯片各阶振动模态可能被激发。

改变圆锯片的振动模态或改变圆锯片的激振力都会改变圆锯片的振动状况，此类技术目前已经应用在工业生产中，如改变锯齿尺寸与结构、改变圆锯片温度场以改变其热应力状态，用不同的方法适张圆锯片，改变进料速度和回转速度等，但仍有很大的空间有待研究开发。总之，圆锯片振动模态的改变与外部环境条件有关。

（二）稳定性的概念

圆锯片工作时总是存在着一定的振动，但不一定失稳。在临界失稳条件下，即使非常小的一个横向力都会引起圆锯片非常大的横向位移，因圆锯片失稳加剧了圆锯片的振动，大量的研究成果都支持这一结论。不稳定性理论是圆锯片振动研究中最重要的研究成果。圆锯片的不稳定性理论揭示了圆锯片本身及使用条件与圆锯片稳定性之间的物理力学关系。目前已经证明的圆锯片的不稳定性机理有两种。

第一种是静态弯曲失稳。当圆锯片静态失稳时，圆锯片上的高点与被切削加工的木材工件会剧烈地摩擦生热。圆锯片当其某阶固有频率 ω_{mn} 趋向零时，圆锯片便会发生弯曲，即

$$\omega_{mn} \to 0 \qquad m,n = 0,1,2,\cdots \qquad (3\text{-}2)$$

式中，m,n 分别是圆锯片振动模态的波节圆数和波节直径数。

第二种圆锯片的失稳机理是临界转速失稳，临界转速失稳是圆锯片一种特有的共振状态，此时圆锯片达到其临界转速。即

$$\Omega_{\text{crit}} = \min\left(\frac{w_{mn}}{n}\right) \qquad m, n = 0, 1, 2, \cdots \tag{3-3}$$

一般圆锯片的最高运行转速应在其最低临界转速 85%以下，否则圆锯片将可能失稳。

圆锯片的临界转速失稳总是发生在静态弯曲失稳之前，因此临界转速失稳问题显得更为重要。

（三）临界转速理论

临界转速理论是由 Lapin 和 Dugdale 引入圆锯片研究中的，在此之前这一理论主要应用在涡轮机研究设计中。1966 年以后这一理论得到很大的发展，可以通过理论计算获得圆锯片的临界转速，并以此来衡量该圆锯片的稳定性和锯切产品的加工精度。临界转速理论可以用波传播的原理来解释。假定圆锯片处于静止状态，锯片每一个振动模态的响应包括两个在锯片上相反方向传递的波。这就像一根拉紧的琴弦，在琴弦的中间轻轻地敲打时，琴弦所做出的响应，不同的是琴弦上波的传播是直线型的，圆锯片上的波是沿圆锯片的圆周呈相反方向传播，传播的速度是由模态固有频率决定的。如果圆锯片旋转，与圆锯片转动方向相同方向传播波的速度相对地面上观察的人来说是增加了，被称为"正向行波"。波传播速度的增加是由两个原因引起的：一是波的传播方向与圆锯片的转向相同，即波的平移作用；二是旋转离心应力提高了圆锯片的各阶固有频率。同样原理，向后传播的"反向行波"的传播速度下降也受到波的平移作用和旋转离心应力两个方面因素的影响，并且前一个因素的影响大于后一个因素的影响。对地面的观察者而言，只能看见波经过或根本就看不见波，因为对于观察者只能根据波的传播速度去判断波的传播频率，每个向前和向后传播波的传播速度不同，说明存在两个共振频率，一个高一个低，而相对圆锯片为参照物的观察者所看到的共振频率是相同的，高速车辆发出声音频率的多普勒转换就是这种现象的一个具体实例。单一模态临界转速的原理图如图 3-17 所示。

圆锯片在转动状态时的固有频率 ω_{mn} 见式（3-4）：

$$\omega_{mn}^2 = \left(\omega_{mn}^{(0)}\right)^2 + K\Omega_{\text{rot}}^2 \tag{3-4}$$

式中，$\omega_{mn}^{(0)}$ 为圆锯片静态固有频率（Hz）；Ω_{rot} 为圆锯片转速（r/s）；K 为圆锯片转动影响的刚化系数。

一般情况下 K 值并不大，但 Ω_{rot} 提高了圆锯片的静态固有频率，提高的幅度通常不会超过 5%。站在地面上的人观察到相对应的单一模态的正向行波频率 $\omega_{mn}^{(F)}$ 和反

向行波频率 $\omega_{mn}^{(B)}$ 见式（3-5）。

$$\omega_{mn}^{(F)} = \omega_{mn} + n\Omega_{\text{rot}}$$
$$\omega_{mn}^{(B)} = \omega_{mn} - n\Omega_{\text{rot}}$$

（3-5）

模态（ m,n ）容易通过频率 $\omega_{mn}^{(F)}$ 和 $\omega_{mn}^{(B)}$ 被激发，随着 Ω_{rot} 的增加， $\omega_{mn}^{(B)}$ 逐渐减小，当 $\omega_{mn}^{(B)} \to 0$ 时，一个静力即可以激发圆锯片的共振，这时圆锯片的转速即为临界转速。圆锯片切削时静力或低频的力总是存在的，因此圆锯片失稳的可能性总是存在的。

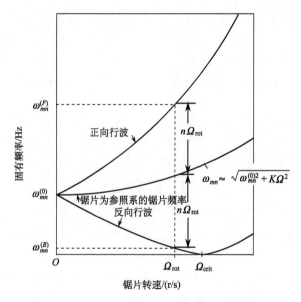

图 3-17　锯片正向行波、反向行波固有频率和临界转速与锯片转速的关系图

对所有模态而言， $\omega_{mn}^{(B)}$ 并不能同时接近零，当圆锯片转速由低到高增大时， $\omega_{mn}^{(B)}$ 最先等于零的模态称为最低临界转速模态，此时的转速称为最低临界转速。当圆锯片转速继续增加时，更高阶的临界转速会依次出现。因此，一个圆锯片有多阶临界转速，使圆锯片的运行速度远离临界转速就可以提高圆锯片的锯切精度。

如果圆锯片的几何尺寸是接近轴对称的，那么圆锯片的任意直径都有可能是圆锯片振动模态的节径。节径在锯片上可以移动，共振临界转速模态的节径在空间上相对固定，振动波在空间上相对静止，这就是驻波共振。如果圆锯片不是轴对称，那么圆锯片任意一个直径就不可能成为振动模态的节径，依据此条件的驻波共振就不能发生。虽然没有导致驻波共振，但是锯片还是会失稳，只是圆锯片振动响应的振幅会相应地减小。

这也是圆锯片周边所开的径向槽对于圆锯片减振主要的贡献，这些槽使圆锯片产生非轴对称，反而抑制了驻波共振的形成。

（四）平面应力

锯片中的初始应力包括加工制造残余应力、适张应力；圆锯片旋转切削时，又会加上回转应力、热应力和切削阻力引发的应力；所有这些应力均可视为平面应力。这些应力导致圆锯片的变形，其中包括圆锯片承受载荷时发生的横向位移和圆锯片刚度的改变等。圆锯片平面应力的作用可提高圆锯片的刚度，也可引起圆锯片刚度的下降，适张引入平面应力的目的是提高圆锯片的动态刚度，或者说在保持同等刚度时，可使用更薄的圆锯片。

圆锯片在径向应力 σ_r 和切向应力 σ_θ 的作用下，其横向位移（U_m）可通过式（3-6）给出：

$$U_m = \int_0^{2\pi} \int_a^b \sigma_r \left[\left(\frac{\partial w}{\partial r} \right)^2 + \sigma_\theta \left(\frac{1}{r} \frac{\partial w}{\partial \theta} \right)^2 \right] Hr \mathrm{d}r \mathrm{d}\theta \qquad (3\text{-}6)$$

式中，a 为夹持盘半径；b 为圆锯片半径；H 为圆锯片厚度的 1/2；σ_θ 为切向应力；σ_r 为径向应力；w 为圆锯片的轴向变形；r 为径向坐标；θ 为切向坐标。

包括圆锯片弯曲引起的变形 U_b 在内，圆锯片总变形 U 为

$$U = U_b + U_m \qquad (3\text{-}7)$$

如果圆锯片的应力状态已知，利用式（3-7）就可以估算相应的刚度随着平面应力的变化而变化的趋势。在线性问题中，总应力可以通过假定初始应力、回转应力和热应力来计算。这些应力也可以应用应力方程、复合变量法和有限元法来计算，所有圆锯片的平面应力都会引起圆锯片静态固有频率和临界转速的改变。

锯片内所有的应力包括如下几种。

（1）适张应力。适张的目的是通过引入适当的应力使圆锯片的临界转速提高。适张并不是两个相互作用力产生的作用，而是通过圆锯片的局部塑性变形或局部加热引入适张应力，它可以提高圆锯片大约 30%的动态刚度和临界转速。适张对于薄锯片和大直径圆锯片尤为重要，因为平面应力的影响大于弯曲应力的影响。适张应力在径向上是压应力，在圆周方向上由内向外，从压应力向拉应力过渡。初始拉伸状态与所加载荷之间的关系是适张研究中最重要的课题。

目前测试圆锯片适张应力的方法主要包括电阻应变片法、X 射线衍射法等。还有两种间接的测量方法来确定圆锯片内的适张残余应力，一是测量圆锯片的静态固有频率和临界转速；二是测量圆锯片的刚度。首先，应确定初始应力对圆锯片静态固有频率、临界转速或圆锯片的稳定性的影响。其次，应确定初始应力对圆锯片刚度的影响。圆锯片的模态刚度可以近似地反映适张对圆锯片静态固有频率和临界转速的影响。

（2）回转应力。圆锯片的回转角速度仅仅引起圆锯片的平面拉应力。有学者认为适张应力的引入是为了抵消离心应力，这是一种错误的理解。回转应力可能导致圆锯片边缘松弛，但并不能导致圆锯片失稳。但是圆锯片转速达到临界转速时，圆锯片即使受到一个很小的、频率为零的横向力，圆锯片也会失稳。

（3）热应力。圆锯片的热应力状态与圆锯片材料的热膨胀系数和圆锯片切削加工时引起的温度分布有关，如图 3-18 所示。当圆锯片上的温度已知时，热应力可以计算出来。这些应力是圆锯片失稳的主要原因，提高圆锯片边缘的温度可以提高 $n=0$ 和 $n=1$ 模态的静态固有频率，而降低 $n \geq 2$ 模态的静态固有频率，与其相伴的临界转速也随之下降，锯片更不稳定了；如果提高锯片中心部分的温度，可以降低 $n=0$ 和 $n=1$ 模态的静态固有频率，而升高 $n \geq 2$ 模态的静态固有频率，与其相伴的临界转速也随之上升，锯片稳定性有所提高。虽然 $n=0$ 和 $n=1$ 模态降低时，锯片可能发生弯曲，但是此种处理方法不失为一种提高稳定性的有效方法。

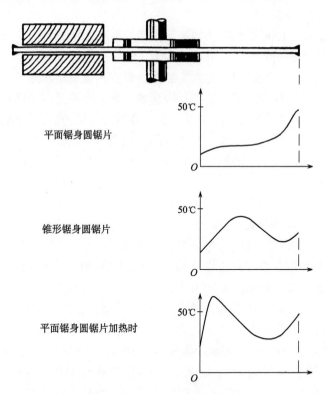

图 3-18　圆锯片上典型的温度分布

（五）提高圆锯片动态稳定性的方法

（1）适张。适张是通过辊压、锤击或局部加热等方法，在圆锯片上造成一定的塑性变形，有意地引入一定残余应力来提高圆锯片的稳定性。残余应力在加工圆锯片的热处理工段已经被引入了，所以在圆锯片热处理工段应控制圆锯片热处理的工艺条件，使圆锯片中尽量引入轴对称的应力。对于给定的圆锯片的几何尺寸、转速和温度分布，如果将不发生临界转速或圆锯片外缘载荷引起的弯曲作为锯片稳定的准则，就应据此选择圆锯片的适张参数。

控制辊压或锤击引入的适张应力在圆锯片适张研究领域是非常重要的，可以通过理论分析和实验测量的方法对适张的效果进行比较。根据适张应力与辊压适张时辊压区的膨胀率、压辊载荷和圆锯片结构尺寸之间的关系，对于辊压的作用力在 5～12.5kN，圆锯片直径在 250～550mm，锯片厚度在 1.5～2.5mm 的情况，在压辊作用下的径向延伸可以在可信度误差 10%内被预测，并据此计算圆锯片内的适张应力。适张应力的分布与适张方法和塑性变形程度有关，弹塑性应力分析是非常复杂的。设计和使用圆锯片时必须要有针对性地引入一定的初始应力分布或确定圆锯片中实际存在的初始应力状态。

在线加热适张方法可以更准确地控制圆锯片的动态稳定性，它有两种具体的实现方法。第一种方法是当圆锯片的内部应力足够使圆锯片保持其动态稳定性时，在圆锯片局部对圆锯片加热或用激光发生器在圆锯片夹盘附近加热，产生与辊压或锤击相似的效果；第二种方法是当圆锯片内部的残余应力不足以使圆锯片保持其自身的稳定性时，通过引入一定量的热应力，调节圆锯片的应力状态使圆锯片趋于稳定。

（2）锯身开槽。锯身开槽或开孔的目的之一是减少因圆锯片温度差而引起的圆周上的压应力，圆锯片上开的槽允许圆锯片膨胀而不增加圆锯片的内应力，圆锯片上开的孔可以起到散热的作用。锯身开槽或开孔的结构、位置、数量取决于圆锯片承受平面应力的几何平面刚度和圆锯片的弹性刚度。如果圆锯片开的槽孔对圆锯片的刚度有利，或能够抑制减少到最低的限度，则为合适。作为刚度修正的结果，圆锯片频谱出现一个重要的频率，这个频率可以使圆锯片失稳的临界转速提高。

大多数情况下是在圆锯片边缘开 4 或 5 个径向槽，槽的长度是圆锯片半径的1/6。理论分析和实验验证均表明，开了槽孔的圆锯片，几何形状呈现不对称状态，不能形成临界转速时的驻波。这是因为开槽引起频率分离现象，共振频率数是两个，并且每一个频率都可以发生共振。在相同的激振条件下，开槽圆锯片发生共振时的振幅比不开槽对称圆锯片发生共振时的振幅小，而振幅之所以减小是因为圆锯片的响应能量在整个频谱内呈现更为均匀的分布。径向槽对圆锯片振幅的影响如图 3-19 所示。

圆锯片在其边缘所形成的很小热流的作用下很容易丧失原有的平面状态而发生压曲，实际上当圆锯片外边缘和夹持盘边缘的温度梯度为 9℃时，1mm 厚、400mm 直径圆锯片的外边缘就会变成波浪形，两个波峰间的差值可达 1.3mm。圆锯片边缘切割了径向槽后，仍以上述厚度和直径规格相同的圆锯片为例，当在圆锯片外边缘切割 6 个 70mm 长、1.2mm 宽、等间距的径向槽后，在相同的加热条件下，圆锯片受热后的稳定性获得提高的同时，其发生热压曲的温度梯度也由 9℃提高到 57℃。

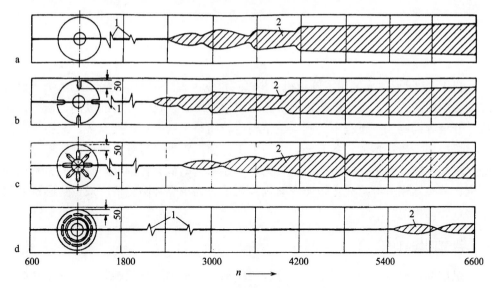

图 3-19　径向槽对圆锯片振幅的影响

　　总之，径向槽破坏了圆锯片的完全对称性，却修正了圆锯片的热应力分布状况。非对称性阻止了驻波共振，对于由运行环境引起的热应力的修正效果非常明显，但对圆锯片动态稳定性的影响方面，主要表现在切割径向槽后圆锯片的静态刚度有所下降，那么对于在圆锯片上开槽和开孔是否能够提高圆锯片动态稳定性的问题还需要做更加深入的探讨和研究。

　　（3）热应力控制。热应力是圆锯片失稳的主要原因，因此减小或修正热应力是控制圆锯片振动最直接有效的方法。减少有害热应力最简单的办法，就是根据圆锯片的运行状态对圆锯片适时加热或冷却。一些制材厂采用向圆锯片上直接喷水或用水作为接触式锯片的润滑剂，其缺点是冷却效果无法自动调节。考虑到对木材工件的污染和锯屑运输等问题，水并不是木材加工工业中使用的理想冷却介质。另外，以控制圆锯片上的温度分布为目标进行水冷却也不利于提高圆锯片稳定性，因为冷却圆锯片和加热圆锯片一样，都可能引起圆锯片失稳，不能仅凭圆锯片的温度分布就确定圆锯片稳定与否，关键在于圆锯片实际运行过程中外部条件和内部状态要求圆锯片应该具备什么样的温度分布。通过对锯切期间的圆锯片施加一定的摩擦作用而产生热量对锯片进行热适张在北欧国家已经得到应用。其原理是当圆锯片的振动幅值超过限定值时，摩擦盘就自动贴近圆锯片，通过摩擦加热圆锯片的中心区而改变圆锯片的频谱，减小圆锯片振动幅值。与此相类似，也有通过感应加热方法对圆锯片进行在线温控适张的。锥形锯身圆锯片也可以通过对圆锯片进行热适张而引入一定温度分布来影响圆锯片的稳定性。

第三节　圆　锯　机

自 1777 年荷兰人发明了圆锯机，并以圆盘锯片方式锯割木材以来，圆锯机已有 200 多年的历史了。今天圆锯机已广泛应用于原木、板材、方材的纵剖、横截、裁边、开槽等锯割加工过程中。圆锯机结构比较简单、效率高、类型多、应用广，是木材机械加工最基本的设备之一。按照加工特征，圆锯机可分为纵剖圆锯机、横截圆锯机和万能圆锯机；按工艺用途分为锯解原木圆锯机、再剖板材圆锯机、裁边圆锯机、截头圆锯机等形式；按照安装锯片数量分为单锯片圆锯机、双锯片圆锯机和多锯片圆锯机等。

一、纵剖圆锯机

纵剖圆锯机主要用于对木材进行纵向锯剖，有单锯片纵剖圆锯机、多锯片纵剖圆锯机、手工进给和机械进给等不同类型的纵剖圆锯机，如裁边圆锯机、再剖圆锯机和原木剖分圆锯机等。

（一）手工进给纵剖圆锯机

手工进给纵剖圆锯机结构简单，制造方便，适用于小型企业或小批量生产，应用颇广。如图 3-20 所示，工作台 1 与垂直溜板 5 上的圆弧形滑座 2 相结合，可保证工作台倾斜度在 0°～45°任意调节，并由锁紧螺钉 8 锁紧。为适应锯片直径和锯切厚度的变化，垂直溜板 5 通过手轮 3 可以沿床身导轨移动，使工作台获得垂直方向的升降运动，并用手柄锁紧螺钉 4 锁紧。安装在摆动板上的电动机 6，通过带传动驱

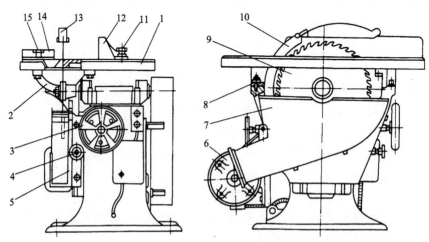

图 3-20　手工进给纵剖圆锯机

1. 工作台；2. 圆弧形滑座；3. 手轮；4、8、11、15. 锁紧螺钉；5. 垂直溜板；6. 电动机；7. 排屑罩；9. 锯片；
10. 导向分离刀；12. 纵向导尺；13 防护罩；14. 横向导尺

动装在锯轴上的锯片 9 旋转。为加工不同宽度的木材工件，纵向导尺 12 与锯片之间的距离可以调整，并由锁紧螺钉 11 固定。横向导尺 14 可以沿工作台上的导轨移动，以便对工件进行截头加工。为锯截有一定角度的工件，横向导尺 14 与锯片之间的相对角度可以调整，并用锁紧螺钉 15 锁紧。此外，该机床上还设有导向分离刀 10、排屑罩 7 和防护罩 13 等，国产 MJ104 手工进给木工圆锯机就属此种类型。

（二）机械进给纵剖圆锯机

在大批量生产中应尽量使用机械进给纵剖圆锯机。根据加工工艺用途的不同，机械进给的方式有多种不同的类型。在纵剖板材、方材时，以履带进给和滚筒进给两种方式应用最为普遍。

如图 3-21 所示，为各种履带进给纵剖圆锯机的工作原理图。毛料 4 放置在履带

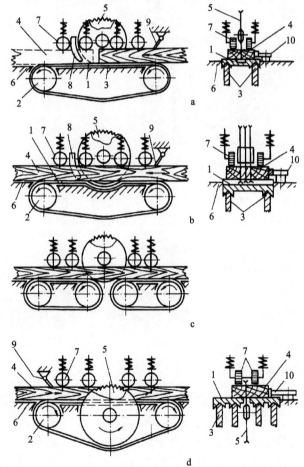

图 3-21　履带进给纵剖圆锯机的工作原理图

a、b、c. 锯片上置式；d. 锯片下置式

1. 履带；2. 主动轮；3. 导轨；4. 毛料；5. 圆锯片；6. 工作台；7. 压紧滚轮；8. 导向分离器；9. 止逆器；10. 导尺

1 上，履带 1 由主动轮 2 驱动，沿导轨 3 做进给运动。这种进给方式运动平稳，工作可靠，工件进给具有精确的直线性，能获得较高的加工质量。压紧滚轮 7 用以防止毛料在加工过程中产生跳动。

止逆器 9 用于防止毛料的反弹，导尺 10 的位置根据需要可以调整。如图 3-21a、b 和 c 所示的 3 种履带进给纵剖圆锯机的共同特点是锯轴安置在工作台面上方，其优点是更换锯片方便，并且在同样锯路高度的条件下，比锯轴安置在工作台下方（图 3-21d）所需的锯片直径要小。锯轴安置在工作台下时，一般采用宽履带，适宜于加工较宽的板材和大方材，且锯屑不易落入履带的导轨表面上，有利于提高锯剖质量。

图 3-22 所示为滚筒进给纵剖圆锯机的工作原理图。毛料由两对带沟槽（或表面包覆橡胶）的滚筒带动，实现进给，国产 MJ154 型自动进料圆锯机即属此种类型。

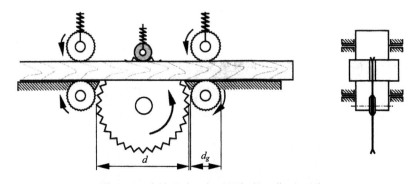

图 3-22　滚筒进给纵剖圆锯机的工作原理图

滚筒进给纵剖圆锯机的锯轴一般安置在工作台的下方，适用于锯解板条、板材或方材。可锯切毛料的最小长度 L_{min} 可由式（3-8）确定：

$$L_{min} = d + d_g + 50 \qquad (3-8)$$

式中，d 为锯片直径（mm）；d_g 为进给滚筒直径（mm）。

纵剖圆锯机锯片的旋转运动可以由电机直接驱动，也可以通过带驱动。进给运动的变速可以采用无级调速，也可以采用有级变速器或用多速电机，通常采用 2～4 级变速。

（三）多锯片纵剖圆锯机

（1）单锯轴多锯片纵剖圆锯机。国产 MJ143 型多锯片纵剖圆锯机为锯轴在工作台之上的履带进给多锯片纵剖圆锯机，如图 3-23 所示。床身 1 为钢板焊接或铸造的箱形结构，具有足够的刚度和强度，支承机床的锯割和进给机构。工作台 2 为整体铸件，履带进给机构装在其上。锯割机构 3 由电动机及主轴等组成，电动机通过 V 带驱动主轴。电动机用铰链连接在床身上，并依靠自重张紧 V 带。进给机构 4 由电动机、履带、上压料辊等组成，电动机经过齿轮变速箱和两级链传动使履带运动，获得 4 种进给速度。这种进给机构运动平稳，木料进给有较精确的直线性。压料辊位于履带上方，无动力驱动，防止木料在锯割过程中产生跳动。为确保安全，防止木料反弹，在机床进料端有三道止逆爪和两道安全防护网。该机床的传动系统如图 3-24 所示。多锯片纵剖圆锯机主轴结构，如图 3-25 所示。主轴箱装在工作台之上，

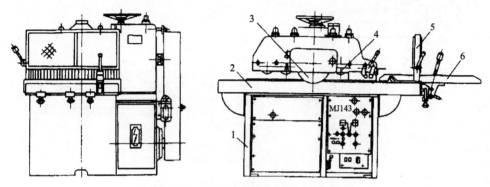

图 3-23　MJ143 型多锯片纵剖圆锯机

1. 床身；2. 工作台；3. 锯割机构；4. 进给机构；5. 止逆防护器；6. 导尺

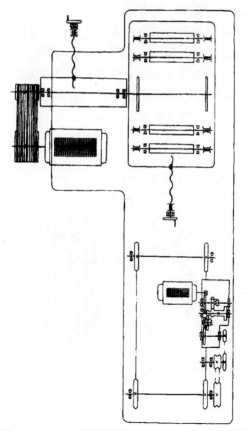

图 3-24　MJ143 型多锯片纵剖圆锯机传动系统图

悬臂支承，由电动机 3 通过 V 带驱动。锯轴在锯片一侧装两个推力轴承，在 V 带轮一侧装两个向心球轴承，分别承受轴向力和径向力。锯片和调整垫装在轴套上。

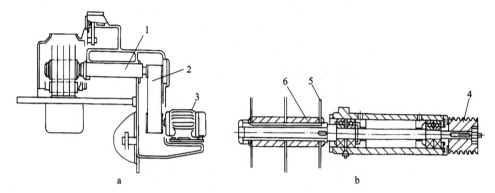

图 3-25　MJ143 型多锯片纵剖圆锯机主轴结构

a. 主轴的布置；b. 主轴结构

1. 锯轴；2. 带传动；3. 电动机；4. 带轮；5. 锯片；6. 套筒

（2）双轴多锯片纵剖圆锯机。随着制材工业的发展，20 世纪 70 年代出现了应用硬质合金镶焊锯齿的双轴多锯片纵剖圆锯机，目前，这种双轴多锯片纵剖圆锯机在北美洲及欧洲的制材企业中获得广泛应用，在木制品生产加工中也作为一种高效薄板锯剖设备受到企业用户的欢迎。其主要优点是锯口高度由两个锯片分担，因而锯路小；锯片直径为单轴锯机所用锯片的一半，因而锯材尺寸稳定；锯片运转稳定，因而锯材具有很高的表面质量和出材率。

双轴多锯片纵剖圆锯机与普通多锯片纵剖圆锯机在基本结构上的不同之处就是由上、下两根锯轴代替普通多锯片纵剖圆锯机单一锯轴，并以上、下两组小直径的锯片取代一组大直径的锯片，如图 3-26 所示。

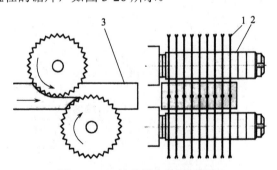

图 3-26　双轴多锯片纵剖圆锯机

1. 锯片；2. 套筒；3. 工件

双轴多锯片纵剖圆锯机的进料、出料压辊及进、出料装置，可实现被加工的木料无级变速进给；上、下锯轴的主电动机分别驱动上、下锯轴旋转，进而带动圆锯片旋转，实现对加工木料的锯割。

对安装位置的要求：通常上锯轴略靠进料端，下锯轴略靠出料端。上、下锯轴通常向相反的方向旋转，上锯片的切削方向与进给方向相同，下锯片则与进给方向相反，目的是使上、下两组锯片对木材的切削力基本平衡，以利于锯割质量的提高。

上锯轴安装在滑架上，该滑架可以沿高度方向自由调整，这样就能够根据被加工材料的厚度选用不同直径的锯片，例如，当加工高度不太大时可以选择直径较小、较薄的锯片；当加工高度较大时可以选择直径较大、较厚的锯片。上锯轴高度的调整并不频繁，通常采用手动的方式，调整完毕后则由液压装置或气压装置锁紧。

锯轴直径通常在 110mm 以上，视所加工材料的几何尺寸和动力消耗而定。转速可调整，最高可达 3600r/min。每一锯轴有单独的主电动机驱动，电动机功率在 110kW 以上，最大的可达 250kW。

锯片的安装和调整：双轴多锯片纵剖圆锯机根据是否带有锯卡，其锯片的安装和调整方式也不同。无锯卡双轴多锯片纵剖圆锯机，锯片及锯片间隔挡圈按加工要求事先装在轴套上，以便能迅速地在现场更换。换锯片时需要特别注意的是避免锯屑或污物落到锯片与挡圈之间，否则将影响加工精度。安装好锯片的轴套能在锯轴上做轴向滑移及固定，使上、下锯片精确地对准。

带有导向锯卡的双轴多锯片纵剖圆锯机，锯轴为花键轴，锯片直接安装在花键锯轴上，如图 3-27 所示。每一锯片都有一副锯卡夹持，锯卡安装后，在机身两端有气动压紧装置，充气后可保证锯卡压紧在锯片上。同时，调整两端压紧装置的位置，可以使锯卡带着锯片在轴上左右移动，以保证上、下锯轴的锯片在同一个平面上锯割木材，使成品不会形成或尽可能少地形成板面接缝痕迹。由于导向锯卡的作用，锯片的稳定性大大提高，因此有条件采用薄锯片。这类锯通常称为导向圆锯机。

上、下锯片的直径可以相同也可以不同，目前常采用不同直径的锯片，即上锯片直径比下锯片直径大。例如，加工 100mm 厚度以下的材料时，上锯片的直径通常为 450mm，下锯片的直径为 300mm；而加工略厚的材料，如被加工材料的厚度在 160mm 左右时，上锯片的直径为 400mm，下锯片的直径为 350mm。

进给装置。木料的进给通常采用履带进给装置、链条进给装置或滚筒运输机。由于上下都有锯轴，进给履带（或链条）分为进料端和出料端两部分，履带为齿形

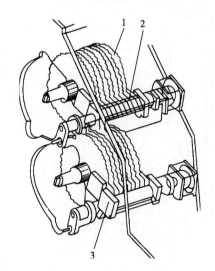

图 3-27　带有导向锯卡的双轴多锯片纵剖圆锯机的花键锯轴

1. 锯片；2. 锯卡；3. 压紧装置

板，由同一电动机通过链轮分别驱动，由于采用无级调速传动设计，进给速度可根据工作负荷的变化而自动调整，一般控制在 4～60m/min，因此锯片可在最佳的负荷状态下工作，寿命长，故障少。同时，滚筒运输机上设有自动对准的装置，不需要操作人员手动调节，即可使木料按最佳下锯方式的要求进行加工，生产效率和加工精度得到提高。另外，在进料端上部还有三组压辊和止逆装置，防止木料反弹；在出料端设有分离导向板，既起导向作用，又可以将主材与边材自动分开。

双轴多锯片纵剖圆锯机的基本设计特点。目前在双轴多锯片纵剖圆锯机的设计中仍在不断推出新的构思，但其基本设计特点主要体现在以下几个方面。

（1）提高进给速度。采用较高的进给速度，以便与削片制材设备相匹配，最高进给速度可达 60m/min。除了增加进给速度外，还可以在同一机座上安装两组双轴多锯片纵剖圆锯机，可以同时从左、右两边各进一块方材，厚度可以不同，这样可提高设备的生产效率。

（2）提高锯材出材率。可采取两种措施，一是利用微机作最佳下锯图设计，使之能满足最大出材率的要求；二是充分发挥小锯片锯路小的优势。

（3）提高加工精度及加工表面的质量。目前采用的一些双轴多锯片纵剖圆锯机能满足锯材中加工精度的要求，这主要是由于锯片的直径为一般单轴普通圆锯机的一半左右，热应力影响小，工作稳定性好，因此，所加工的锯材表面光洁，加工效果好。

（4）提高加工的灵活性。为了更好地适应加工木料宽度的变化，也为了能满足最佳下锯图的要求，使锯片之间的开挡依据加工宽度能够有所变化，有的双轴多锯片纵剖圆锯机在结构上被设计成能用拨叉改变锯片之间宽度的形式，但结构比较复杂。最近又出现了两组或三组双轴多锯片纵剖圆锯机配套使用的形式，即利用左、右及中间三组锯机，使它们在一定范围内自由调整，如德国 EWD 公司研制的 FR20 双轴多锯片纵剖圆锯机。

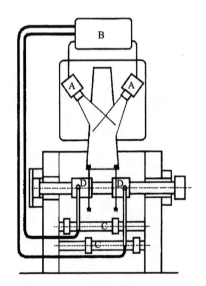

图 3-28　计算机控制双锯片裁边圆锯机的工作原理图

A. 毛边板光电检测仪；B. 计算机；C. 步进油缸；
D. 双锯片裁边机构

（四）数控双锯片裁边圆锯机

随着科学技术的发展，电子数控技术应用日益广泛。利用计算机控制双锯片裁边圆锯机的裁边工序，大大提高了出材率和生产效率，并可通过计算机优化生产工序，使经济效益明显增长，克服了原有裁边圆锯机裁边工序存在的弊端。

图 3-28 所示为利用计算机控制双锯片裁

边圆锯机的工作原理图。从图中可见，整个系统由三大部分组成。图3-28中，A为毛边板光电检测仪，作为计算机外部设备用来检测所有需要加工的毛边板外形尺寸，并将检测数据输入计算机；B为计算机，用于接收光电检测仪输入的数据，并根据给定算法对所接收的数据进行最佳化处理，计算出最佳裁边位置，并输出控制执行机构的信号；C、D分别为步进油缸及双锯片裁边机构，作为该系统的执行机构。计算机得出最佳裁边数据后立即控制步进油缸C动作，而步进油缸C根据板材要求进行活塞行程的设计，因而通过不同的排列组合可以满足所需要的任何整边板宽度的要求，然后直接带动双锯片裁边机构D做开挡的变化，并进行裁边。双锯片裁边圆锯机存在两项关键技术。

1）光电检测仪

光电检测仪是该系统的重要组成部分，目前有多种使用形式。例如，用于对毛边板在纵向运行过程中的检测及毛边板在横向运行过程中的检测。

光电检测仪以远红外线或激光作为光源，它们都是非可见光并且不受锯屑、振动等因素的影响。光束通过一面旋转的镜子射向抛物面后向外折射，射向运输设备上的板材时则对板材进行扫描，并由检测器计算出毛边板的外形尺寸，再由计算机根据所获得的数据对毛边板的外形进行描绘。目前采用的是四数据检测仪，可以测得毛边板的板宽、板厚和左、右斜边，从而可以由裁边锯按齐边板对缺棱的要求进行裁边。

由光电检测仪输出的板宽、板厚及左、右斜边等信号作为原始数据快速地输入计算机，再经计算机按照给定算法分析、运算，并对板材的倾斜进行修正，然后快速输出有关板材外观的完整信息。由于对毛边板的检测是在全部长度中进行的，可以得到多个检测面的数据，作为该板材的综合检测值和计算机最佳化分析计算的依据。

2）最佳化选择

由计算机控制的双锯片裁边圆锯机为了减少裁边损耗、分类损耗和计划损耗，根据板材的综合检测值，应用了以下多项最佳化选择。

（1）规格分类最佳化。每一台计算机控制的裁边系统提供一个可随意预先放置的规格分类数据，计算机获得检测数据时则可进行几何学、数学上的最佳化运算，从而可以在预先规定的规格中确定最佳的板材。

（2）选样最佳化。计算机的最佳程序排列是使分类中所确定的规格能优先供给。这意味着计算机在许多大体上相同的数据选择中可以优先选择所希望的规格，同时也可以顾及板材的长度。

（3）价格因素最佳化。当计算机在提供各种规格板材时，价格因素最佳化综合考虑了售价与出材率之间的关系，将价格因素最佳化扩展到总的规格分类上，可以预先得到最佳售价的产品。

（4）材积最佳化。当无规格优先的限制时，每立方米板材是相同的价格，考虑在这种情况下得到最大可能达到的产品的材积问题，当然要顾及每块板材的最佳利用。

（5）规格最佳化。在特殊订货时可以在规定的规格中择取优先的规格，这时考虑的是既能满足订货规格，又能使损耗降到最低。

（6）质量判断最佳化。根据毛边板质量等级判断来规定整边板所允许的缺棱大小，输入计算机储存，并用二级质量判断，选择允许的质量合格板材。

（7）生产记录。除了可以按常规在一班结束时储存当班生产记录外，也可以根据需要立即打印所加工的整边板的数据。

（8）计划最佳化。借助于记录及最佳选择可以决断在生产中要实现最佳化是否需要变化其生产品种，并予以调整。

（9）计算机控制产品设计。根据订货要求可以选择相应的程序，借助于有关计算机内存储的产品信息，计算机可以自行调节，以便得到最佳的、所需要的长度及宽度的板材。

（10）计算机控制进料机构。由计算机控制的双锯片裁边圆锯机，为了保证最佳宽度的板材能够快速加工，必须有一台自动进料机构，其基本功能是使毛边板能自动对中心线并能平稳快速进给。根据毛边板的综合检测值，利用计算机选择最佳进料速度，控制自动对中心线，其进料速度可达到 130～150m/min。

目前，电子数控的双锯片裁边圆锯机在欧洲和北美洲已开始应用。瑞典、美国于 1975 年开始生产电子计算机控制的双锯片裁边圆锯机，目的主要是提高成材出材率，增加收益，其次是实现高速连续作业并改善工作条件。

统计数据表明，裁边工人目测进料的裁边圆锯机出材率为 70%～85%。计算机控制的裁边圆锯机可使裁边出材率提高到 92%，减少 2/3 的损失；其进料速度最高可达 150m/min；并且操作人员可坐在隔音的操作室中工作。可见，计算机控制的双锯片裁边圆锯机有着广阔的发展前景。

二、横截圆锯机

横截圆锯机对毛料进行横向截断，常见的有单锯片横截圆锯机和多锯片横截圆锯机，手动进给横截圆锯机和机动进给横截圆锯机，工件进给横截圆锯机和刀架进给横截圆锯机，刀架做圆弧进给的横截圆锯机和刀架做直线进给的横截圆锯机等多种类型。它们的结构在很大的程度上取决于工件的尺寸和对机床生产率、自动化程度等方面的要求。加工批量小、工件尺寸小而质量轻的毛料，可采用手动进给；加工批量大时则应考虑采用机械进给；对批量不大的笨重毛料，可采用工件固定，由刀架实现进给运动；但如批量很大则又应考虑采用具有专门输送带进给的多锯片截断锯等。

（一）刀架圆弧进给的横截圆锯机

如图 3-29a 所示为吊截锯，其摆动支点与锯片位于工作台之上，国产 MJ256 型吊截锯即属此类型。摆动框架 1 的上端与机架铰接于铰销 2，下端装有电动机及锯片。电动机轴（锯轴）3 上装有锯片 4，工作台 5 上毛料 6 紧靠导尺 7。配重 8 使摆动框架处于原始位置（偏角 $\alpha_0 = 10°$），手工拉动拉手 9 使锯片对毛料圆弧进给，实现横向截断。拉手动作也可由脚踏代替，如图 3-29b 所示，该形式称为脚踏平衡锯，这种类型的典型产品就是国产 MJ217 型截锯机，目前不少单位已改用液压传动的方式来替代原来的手工操作。

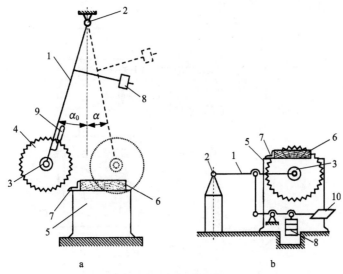

图 3-29　吊截锯和脚踏平衡锯

a. 吊截锯；b. 脚踏平衡锯

1. 摆动框架；2. 铰销；3. 锯轴；4. 锯片；5. 工作台；6. 毛料；7. 导尺；8. 配重；9. 拉手；10. 踏板

（二）刀架直线进给的横截圆锯机

刀架直线进给的横截圆锯机与上述吊截锯或平衡锯相比可获得更好的锯切质量，应用甚广。

图 3-30a 为手动形式锯片上置，锯片安于工作台之上。刀架（滑枕）1 的前端是装有锯片 3 的电动机 4，手工操纵拉手 5 就可以使刀架在空心支架 14 中往返移动横截工件 6；立柱 13 装于机座 12 内，通过手轮 9、锥齿轮 10、丝杠 11 实现升降，以适应锯片直径和毛料高度变化的需要，立柱调整后，由手轮 8 锁紧；弹簧 2 可使刀架复位；锯片亦可置于工作台之下，如图 3-30b 所示。图 3-30c 为液压进给方式。液压系统中溢流阀 1 起调压与安全作用，换向阀 2 控制油缸 3 的进、回油方向，使活塞杆 4 驱动刀架 6 实现锯片 7 的往复运动；换向阀可用踏板 8 由人工操纵或由挡块 5 进行自动操纵。

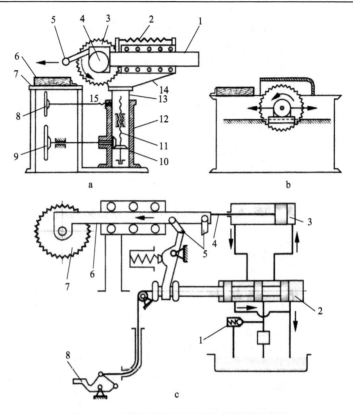

图 3-30　刀架做直线运动进给的横截圆锯机

a. 锯片上置（b. 锯片下置）：1. 刀架；2. 弹簧；3. 锯片；4. 电动机；5. 拉手；6. 工件；7. 工作台；8、9. 手轮；
10. 锥齿轮；11. 丝杠；12. 机座；13. 立柱；14. 空心支架；15. 导尺

c. 液压进给方式：1. 溢流阀；2. 换向阀；3. 油缸；4. 活塞杆；5. 挡块；6. 刀架；7. 锯片；8. 踏板

（三）摇臂式万能木工圆锯机

　　摇臂式万能木工圆锯机用途广泛，既可安装圆锯片用于纵剖、横截或斜截各种板方材，又可安装其他木工刀具完成铣槽、切榫和钻孔等多项作业。图 3-31 为这类机床的示意图。立柱 3 装于固定在床身 1 上的套筒 2 内，由手轮 4 通过螺杠调节其升降；摇臂横梁 6 安装于立柱上部，可绕立柱在水平面内按需要调整为与工作台导板成 30°、45° 或 90° 角（有的机床可在 360° 范围内任意调节）；特殊的复式刀架 5 上的托架 8，可绕轴线 I-I 相对于摇臂做 0°、45° 和 90°（有的机床可转任意角度）的调整；吊装在托架上的专用电动机轴上的锯片 9 还可绕轴线 II-II 相对于水平面做 0°、45° 和 90° 的角度调整；以上调整过程完成后均可由相应手柄锁紧；刀架由人工操纵手柄 7 连同锯片一起沿摇臂横梁内的导轨移动，实现对工件的加工。这种类型的典型产品就是国产 MJ224 型圆锯机。

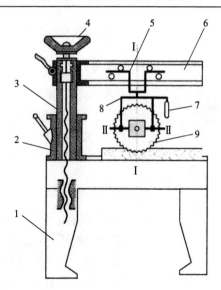

图 3-31　摇臂式万能木工圆锯机

1. 床身；2. 套筒；3. 立柱；4. 手轮；5. 复式刀架；6. 摇臂横梁；7. 手柄；8. 托架；9. 锯片

第四节　锯　板　机

一、概述

随着木材加工工艺技术的进步及人造板作为加工基材的大量应用，带来板式家具生产技术的迅速发展，传统的通用型木工圆锯机无论是加工精度、结构形式还是生产效率等都已无法满足生产的要求。因此，各式专门用于板材下料的圆锯机、锯板机获得了迅速的发展。从生产效率较低的手工进给或机械进给的中小型锯板机，到生产效率和自动化程度均很高的、带有数字程序控制器或由微机优化并配以自动装卸料机构的各种大型的纵横锯板系统，机床品种、规格繁多，设计、制造技术与时俱进，日新月异。但不论是哪种形式的锯板机，其主要用途都是将大幅面的板材（基材）锯切成符合一定尺寸规格及精度要求的各种板件。这些大幅面的基材表面可以未经装饰，也可经过装饰，通常要求经锯板机锯切后，获得的规格板件的尺寸准确，锯切表面平整、光洁，不需要进一步的精加工就可进入后续工序（如封边、钻孔等）。

图 3-32 为典型板件生产线工艺布置图，图中 A、B 两部分构成了一个完整的自动纵横锯板系统，从自动装料、进给、纵横锯切，直至自动堆垛送出，实现了高度的自动化和高效率的生产作业，极大地提高了生产能力。

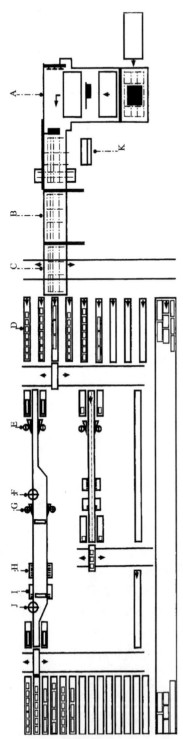

图 3-32　板件生产线工艺布置图

我国国家标准 GB/T 12448—2010《木工机床型号编制方法》在锯机类中专设一组分类作为锯板机,其中按结构特点又分成带移动工作台的锯板机(MJ61)、锯片往复运动的锯板机(MJ62)和立式锯板机(MJ63)。这几个系列的锯板机也是目前家具生产工艺中最常用的形式。此外,还有多锯片纵横锯板机。

二、立式锯板机

立式锯板机最主要的优点是占地面积小,与卧式锯板机相比,可节省一半以上的占地面积;其次是工件的装卸放置比较方便,调节、操作也较简便灵活,尤其适用于小批量生产和装饰装修现场。

立式锯板机按锯轴与工作台的位置关系,可分为下锯式和上锯式,前者锯轴装在工作台的下方,后者锯轴装在工作台的上方。

(一)下锯立式锯板机

1)下锯立式锯板机的结构组成

各种下锯式立式锯板机的结构形式基本相似,如图 3-33 为国产 MJ6325 型立式锯板机。机床主要由机架、切削机构、进给机构、工作台、定位机构、气动压紧机构、气动系统、操作机构和电气控制系统等组成。

2)下锯立式锯板机主要部件的结构及工作原理

(1)机架 1 为钢架结构,能保证机床的稳定性。滑动导轨 3、工作台 11、压紧架 8、托料架 21 等均固定在机架上。

(2)切削机构主要由主电动机 13、传动带 12、锯片 16、锯片升降气缸 4、锯片平行度调节机构 14,以及防护罩 15 等组成,它们全部装在锯座溜板 5 上。而该溜板与机架上的滑动导轨 3 相结合,在进给链条 6 的拖动下做往复运动。其切削机构的工作原理如图 3-34 所示。主运动由主电动机 4 经 V 带 5 升速驱动，使锯片 6 获得 4000r/min 的转速，切削速度可达 74.35m/s。较高的切削速度能保证锯切表面光洁平整。锯切时气缸 2 的无杆腔进气，活塞杆外伸，推动曲柄 8 绕 f 点摆动，曲肘 7 使锯架 3 相对于锯座溜板 1 绕 b 点右摆抬起，使锯片切削圆超出工作台及其工件，即可对工件进行锯切；反之，空程返回时，气缸 2 活塞杆腔进气，锯架下落，锯片降至工作台以下，可确保操作者的安全。

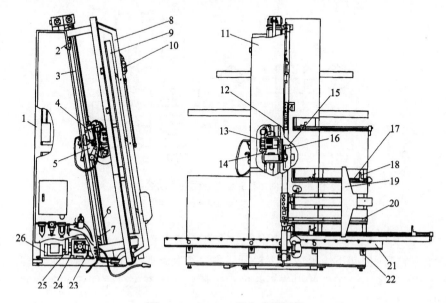

图 3-33　MJ6325 型立式锯板机

1. 机架；2、7. 行程开关；3. 滑动导轨；4. 锯片升降气缸；5. 锯座溜板；6、23. 链条；8. 压紧架；9. 压板；10. 压紧气缸；11. 工作台；12、25. 传动带；13、26. 电动机；14. 锯片平行度调节机构；15. 防护罩；16. 锯片；17、20. 标尺；18. 旋转挡板；19. 垂直挡板；21. 托料架；22. 螺栓；24. 减速器

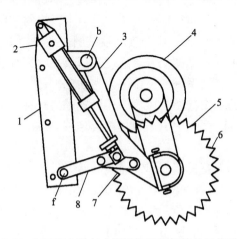

图 3-34　MJ6325 型立式锯板机切削机构的工作原理

1. 锯座溜板；2. 气缸；3. 锯架；4. 主电动机；5. V 带；6. 锯片；7. 曲肘；8. 曲柄

（3）工作台 11（图 3-35）固定在机架上，其下部设有托料架 21 作为放置工件的水平基准面，由螺栓 22 调整其水平。工作台上设有垂直挡板 19 和旋转挡板 18，作为工件的另一个定位基准面，其位置可以根据所需板件的尺寸调节，数值分别由标尺 17、标尺 20 指示。

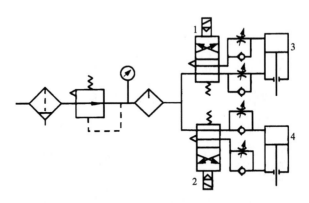

图 3-35　MJ6325 立式锯板机气动系统图

1、2. 换向阀；3. 锯架升降气缸；4. 压紧气缸

（4）压紧装置主要由压紧架 8 和压板 9 和压紧气缸 10 等组成。换向阀操纵压紧气缸动作可使压板向下压紧或向上松开工件，该装置是一个平行四边形机构，能保证压板同时压紧整个工件。电气系统能保证压紧工件在先，锯切运动在后的顺序，以确保安全生产。

（5）进给运动由电动机 26 经传动带 25、减速器 24、驱动链条 23、带动进给链条 6，拖动切削机构的锯座溜板 5 实现，减速器带有变速机构，可按被加工件材质及锯切厚度在 10～14m/min 无级调节，以选择最佳的进给速度。返程运动由进给电动机反转获得。行程开关 2 和行程开关 7 起上、下限位的作用。

（6）气动系统。图 3-35 为机床的气动系统图，换向阀 1 控制锯架升降气缸 3，换向阀 2 控制压紧气缸 4，锯架的升降速度及压板上、下行的速度均可分别通过各自的单向节流阀调节，气动系统的工作压力为 0.5MPa。

为适应某些板材的加工需要，该机床还设置了另一种加工方式，即划切加工，如图 3-36 所示。利用同一圆锯片在一次往复运动中，先对工件做划线加工，返程时对工件进行锯切加工。

做划线加工前应先调整机床，需要在锯片升降气缸活塞杆上加一个划线用垫圈，这样，气缸使锯片下落时，活塞杆不能全部缩回缸内，圆锯片不能完全落到工作台下，其切削圆的一小部分暴露在工作台之上；由电气系统配合，保证锯座由下位上升时锯片做划线加工，而当锯座由上而下时，锯片抬起做正常锯切加工。

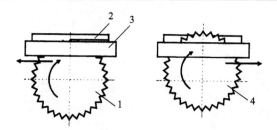

图 3-36　划切加工示意图

1. 锯片划线位置；2. 工件；3. 工作台；4. 锯片锯切位置

（二）上锯立式锯板机

图 3-37 为 Univer SVP 系列单锯片立式锯板机外形图，锯片安置在被锯切工件的上方。机床机架 1 的顶部设有导轨 2，锯梁 4 可沿导轨做水平方向的移动；切削机构 3 的拖板与锯梁由导轨结合，锯梁位置调整后，切削机构可沿锯梁上、下移动，实现锯片对工件做垂直（横向）锯切；切削机构可绕溜板上的支轴做 90°的回转调整，将锯片在水平方向和高度调到适当位置，水平方向移动锯梁就可以实现水平（纵向）锯切；锯片对锯梁导轨或对机架顶部导轨平行度有精确的定位和锁紧机构保障。这种锯板机在工件需做纵横两个方向的锯切加工时比较灵活，加工性能优于下锯式。

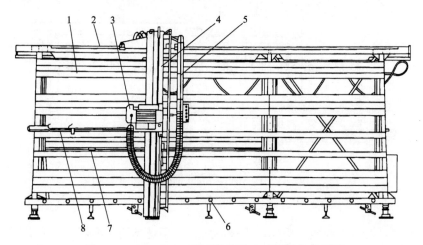

图 3-37　Univer SVP 系列单锯片立式锯板机外形图

1. 机架；2. 导轨；3. 切削机构；4. 锯梁；5. 除尘装置；6. 支承块；7. 附件；8. 挡块

机床在锯切较大幅面工件时，可利用机架下部的下支承块（或支承辊）6 作为基准，上、下料十分方便；在锯切较小幅面工件或锯切短料时，可应用附件 7，这样可保持适当的操作高度，利于操作人员作业。机床的锯梁上装有数根标尺，它们分别以下支承块（辊）和附件 7 位置作为基准，因而不论以何者作为加工基准都可

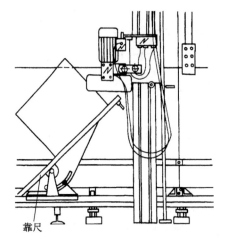

图 3-38　锯板机上可做 0°~45°倾斜锯切附件

以直接、方便地读出锯切板件的宽度；板件长度方向用 4~6 个挡块 8 进行定位，并可由标尺直接读出相应的数值。机床上还装有除尘装置 5，收集排出锯屑，有的锯板机带有可倾斜锯切的支承附件，如图 3-38 所示。

如图 3-39 所示，为 TEMPOMAT 型立式锯板机，该机在操作方式和工作循环上更趋合理。机床设置了可上下移动的夹紧器 3 和辅助工作台 1，因而允许大板工件 2 在一次定位后就能进行多次水平方向和垂直方向的锯切，得到符合最终所需尺寸的板件，操作过程中不必将板材从机床上多次搬上、搬下。其工作顺序如下。

（1）从机床右侧通过支承辊 6 装上工件（大幅面板材）并支承在支承辊上。

（2）夹紧器 3 从机架顶部下降并牢牢夹住工件 2 的上部。

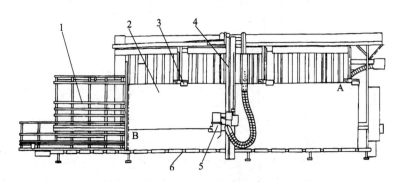

图 3-39　TEMPOMAT 型立式锯板机做水平锯切

1. 辅助工作台；2. 工件；3. 夹紧器；4. 锯梁；5. 锯发机构；6. 支承辊；A. 工件上面部分；B. 工件下面部分

（3）夹紧器将工件稍稍提起，工件的底边若不是光边，则可将锯片调至适当位置并水平移动，在板材底边处锯去一窄条，起裁边作用。

（4）夹紧器下降，将工件重新放到支承辊 6 上，并以此为基准，锯片调整到所需高度（最大为 1.2m）进行如图 3-39 所示的水平锯切。在锯切过程中，工件的上面部分 A 始终被夹紧器牢牢夹住，这样可以避免工件下压而增加锯片锯切时的摩擦力，以及由此可能造成的夹锯现象。

（5）锯片由水平位置转换成垂直位置，同时锯梁移到左边规定的锯切位置。

（6）如图 3-40 所示，经水平锯切裁下的工件下面部分 B 自右向左移动直至碰到按规定尺寸设置的挡块和限位开关。

（7）工件按规定的长度做垂直锯切，获得目标规格尺寸板件，并从机床上取下。

（8）重复（6）（7）的动作，直至工件锯切完毕。

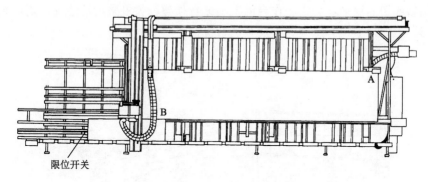

图 3-40　TEMPOMAT 型立式锯板机做垂直锯切

A. 工件上面部分；B. 工件下面部分

（9）锯片转回到水平位置，由夹紧器悬挂的部分工件 A 随压紧器下降，直至工件的下边沿接触支承辊，锯片按所需尺寸调整高度并进行水平锯切，重复（4）～（8）的动作，直至工件锯切完毕。

锯切可以手工操作进给方式，也可采用自动进给方式。机床主要技术参数为最大加工板件尺寸 5200mm×2100mm，板厚 80mm；最大水平锯切高度 1200mm；最大锯切长度 2500mm；主电动机功率 5.5kW，包括液压部分总功率 8.9kW；机床噪声低于 80dB。

三、带移动工作台锯板机

带移动工作台锯板机应用广泛，不仅能用作软材实木、硬材实木、胶合板、纤维板、刨花板，以及用薄木、纸、塑料、有色金属薄膜或涂饰油漆装饰后板材的纵剖、横截或成角度的锯切，以获得尺寸符合产品规格要求的板件；同时还可用于各种塑料板、绝缘板、薄铝板和铝型材等切割，有的机床还附设有铣削刀轴，可进行宽度为 30～50mm 的沟槽或企口的加工。这类机床的回转件都经过动平衡处理，在平整的地面平放即可使用；加工时，工件放在移动工作台上，手工推送工作台，使工件实现进给，操作方便，机动灵活。

机床规格已成系列，主参数为最大锯切加工长度，一般为 2000～5000mm。国产的带移动工作台锯板机主要有 2000mm、2500mm、3100mm 3 种规格。

（一）机床结构组成和工作原理

图 3-41 是带移动工作台锯板机的典型布局。机床主要由床身 1、固定工作台 4、

纵向移动工作台 7、横向移动工作台 9、锯切机构 6、导向靠板 3、导向靠板 8、防护及吸尘装置 5 等部分组成。

（1）床身。床身大多采用 5～6mm 钢板焊接而成，稳固美观，能保证加工中不产生倾斜或扭曲变形。固定工作台固定于床身顶部，大多采用铸造件，要求平整、不变形。工作台上设有纵向导板及其调节机构。

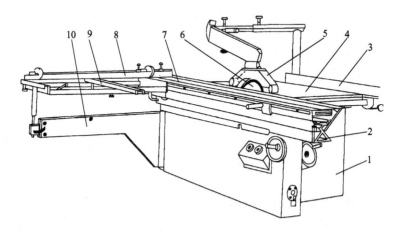

图 3-41　带移动工作台锯板机的典型布局

1. 床身；2. 支承座；3、8. 导向靠板；4. 固定工作台；5. 防护及吸尘装置；6. 锯切机构；7. 纵向移动工作台；9 横向移动工作台；10. 伸缩臂

（2）锯切机构。锯切机构通常包括锯座及其倾斜调整机构、主锯片、划线锯片及其升降机构、锯片调速机构等。图 3-42 为锯轴可做 45°倾斜调整的切削机构原理图。

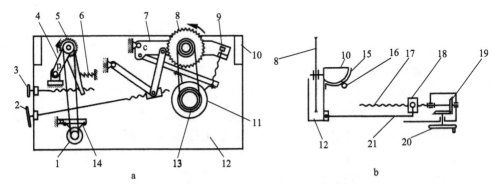

图 3-42　带移动工作台锯板机锯切机构原理图

a. 主锯片和划线锯片及其调节机构；b. 锯座及其调节机构

1. 划线电动机；2、3、20. 手轮；4、7. 锯架；5. 划线锯片；6. 弹簧；8. 主锯片；9、17. 丝杠；10. 半圆形滑块；11. 主电动机；12. 锯座板；13. 塔轮；14. 支座；15. 半圆形导轨；16. 压轮；18. 螺母；19. 锥齿轮；21. 连杆

主锯片及其调节机构如图 3-42a 所示，装有主锯片 8 的主轴被置于锯架 7 的轴承座内，主锯架与锯座板 12 为销轴连接，操纵手轮 2 经丝杠-螺母机构，可使主锯

架绕 c 点摆动，实现主锯片的升降调节，以满足工件切削厚度变化的需要；四杆机构可保证锯架 7 做平面运动。主锯片的直径一般为 315~400mm，由主电动机 11 通过 V 带传动，根据锯片直径和工件材种的不同，主锯片可应用塔轮 13 进行变速。塔轮变速结构简单，属恒功率输出，较符合机床加工的实际需要。主电动机功率一般为 4~9kW。为使调速简便采用专用 V 带，以保证单根带就能满足所需功率的传递。调速时，拧动丝杠 9 即可改变两塔轮间的中心距。此外，应用带传动还能起到过载保护的作用。主锯片采用逆向锯切工件，锯切速度一般为 50~100m/s。锯切削速度高，要求机床制造精密，应严格控制锯轴的加工精度和形位公差，选用精度级别较高的轴承，并在锯轴的轴承座等处采用橡胶圈等减振措施，尽量减小锯片的抖动，以确保工件加工后的表面光滑平整。为防止纵锯时产生夹锯现象，主锯片后带有分离用劈刀。

划线锯片及其调节机构如图 3-42a 所示，划线锯片 5 装于可绕锯座板 p 点摆动的锯架 4 上，用手轮 3 做升降调节。弹簧 6 可保持划线锯片调整和工作平稳。划线锯片的作用是先于主锯片锯切开板材的表层，通常仅露出工作台面 1~3mm，采用顺向锯切。在主锯锯切之前利用划线锯片将工件底面表层锯开，其目的是避免在主锯片锯切时造成工件底面锯口处起毛。划线锯片直径较小，通常在 120mm 左右，由划线电动机 1 经高速绵纶带升速传动，转速在 9000r/min 左右，其锯切速度一般为 56~60m/s。划线锯片可以采用单片或两片对合、间距可调的形式，其厚度应与主锯片厚度相等或略厚（一般比主锯片厚 0.05~0.2mm），其锯齿锯切平面应与主锯片锯齿锯切平面处于同一平面内。划线锯片的传动带常靠划线电动机 1 及其支座 14 的自重来张紧。主锯片与划线锯片之间的距离一般为 100mm。

锯座及其调节机构如图 3-42b 所示，锯座由锯座板 12 和固定在其两端的半圆形滑块 10 等组成。半圆形滑块 10 放置在床身的半圆形导轨 15 中，并由压轮 16 使其贴紧。操纵手轮 20，通过锥齿轮 19、丝杠 17、螺母 18、连杆 21，使锯座滑块在床身半圆形导轨内滑动，从而使整个锯座，包括安置在其上的主锯和划线锯一起旋转。倾斜调节的范围为 0°~45°。

（3）工作台。移动工作台主要由双轮式移动工作台、横向移动工作台和支撑臂等组成（图 3-43）。这部分是机床的进给机构，滑台及安置在滑台上的导向靠板（图 3-41 中 8）是被锯切板材的定位基面。滑台移动时的运动精度是保证锯板质量的关键。

因此，要求滑台导轨有较高的平直度，以保证加工质量。一般在精密的带移动工作台锯板机上做纵向锯切时，每 2m 切割长度上，锯切面的直线度可达 0.2mm，我国国家标准规定 1m 长度上为 0.15mm。

双轮式移动滑台，其结构通常有两种型式。如图 3-43a 所示为普通型，即机床锯轴不做倾斜调节；如图 3-43b 所示为锯轴倾斜型，用于锯轴需做 0°~45°倾斜调节的锯板机。两者结构相似，仅剖面形状不同。支承座 6 固定于机床床身，大多采用型材，既可保证强度又可减轻重量。普通型为矩形断面，锯轴倾斜型则为矩形与等边三角形的组合，支承座上置有三角形导轨 8。移动滑台 2 大多采用耐磨铝合金异型材制成，重量轻；其锯轴倾斜型的截面较为复杂，由矩形与三角形组合而成，能保证强度，并为锯片的倾斜留有足够的空间。滑台下置有三角形导轨 4，三角形导轨 4、三角形导轨 8 常用耐磨夹布酚醛制造，耐磨无声。其间为双滚轮 3，它直径较大，加之滑台又轻，故其空载推力甚小，通常小于 10N，最轻的仅需 3N，为减少支承座的长度，双滚轮式滑台采用了行程扩大机构。

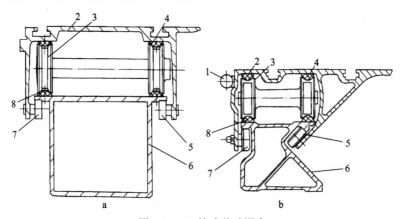

图 3-43　双轮式移动滑台

a. 锯片不可倾斜调节；b. 锯片可倾斜调节

1. 横向滑台连接件；2. 移动滑台；3. 双滚轮；4、8. 三角形导轨；5、7. 压紧轮；6. 支承座

　　如图 3-44 所示，推动滑台 1，双滚轮 2 在支承座的导轨上每向前滚动一周（πd）时，滑台前移距离加倍（$2\pi d$），这样可使支承台长度大大缩短。

　　横向滑台用于横截、斜切和较大幅面板材的锯切，其一侧可安装在双滚轮移动滑台圆导轨的适当位置上，如图 3-43b 中 1 所示；另一侧则由可绕床身支座转动的可伸缩臂（图 3-41 中 10 所示）支撑。

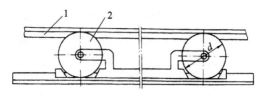

图 3-44　双轮式移动滑台行程扩大机构

1. 滑台；2. 双滚轮

　　横向滑台大多采用型材焊成，轻巧坚固，滑台上设有可调至一定角度的靠板和若干挡块，以满足工件定位的需要。精密锯板机在做直角锯切时，每 1000mm 锯切长度上锯切面对基准面的垂直度达 0.2mm。

图 3-45 为可伸缩支撑臂的示意图，伸缩臂 3 套装在旋转臂 2 中，由 4 个滚轮 4 导向，各滚轮上均包覆有尼龙，保证伸缩臂移动轻松、方便、无噪声且寿命长。旋转臂与床身为铰销连接，能绕销轴 1 摆动，丝杠 6 通过螺母支撑横向滑台，并可起调平作用。

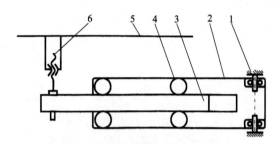

图 3-45　可伸缩支撑臂的示意图
1. 销轴；2. 旋转臂；3. 伸缩臂；4. 滚轮；5. 横向移动工作台支架；6. 丝杠

（4）其他机构。锯片上部常设有防护装置，罩住锯片露出工作台面部分，以防止发生安全事故。简单的防护仅罩住锯片上部的不切削部分；较为完善的防护装置通常带压紧滚轮，用以给工件适当的压力，是一种封闭型的防护装置，如图 3-41 中 5 所示。

机床的床身上都设有排屑口，通过管道可以接到车间的吸尘系统或单独设置的吸尘器上，有的机床在锯片防护罩上部也设置排屑口，并用管道接入吸尘系统，使机床除尘效果更好。

（二）可选附件

这类锯板机可以装上一些附件，以改善加工条件或工作条件。

滚筒式自动进料器，使工件在固定工作台上获得机械进给，以减轻劳动强度。对加工成叠的单板或薄工件，可在移动滑台上设置手动或气动压紧装置，以改善加工质量。当加工工件长度很大、双滚轮滑台很长时，如德国 KAMRO 生产的 FK4150 型锯板机，加工长度达 4150mm，则在其支承座的两端可以增设附加支撑，以防止床身、支承座和滑台在加工中产生变形。

在基材幅面过大、重量过重（但长度不超过 3200mm、重量不超过 2.5kN）情况下，机床可以增设第二个横向滑台，与机床原有的横向滑台共同支承工件，如德国欧登多生产的锯板机就有这种组合方式（称为 I 型），如图 3-46 所示。第二横向滑台 2 与原有的横向滑台 1 相结合，其中一侧亦固定在双滚轮移动滑台上，而另一侧为滚轮——轨道式垂直支撑 3，支撑上部与滑台相连，下部的滚轮则落在增设的轨道上，稳定可靠，可以支承大幅面的板材进行锯切。

若基材板重量超过 2.5kN，则可改用 I 型组合，即撤去 I 型中原有横向滑台的可伸缩支撑臂，改用与第二横向滑台相同的滚轮——轨道式垂直支撑。

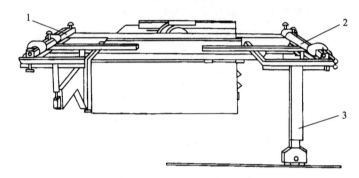

图 3-46　Ⅰ型滚轮——轨道式垂直支撑附件

1. 横向滑台；2. 第二横向滑台；3. 垂直支撑

四、锯片往复木工锯板机

锯片往复式锯板机具有通用性强、生产率高、原材料省、锯切质量好、精度高、易于实现计算机控制和自动化、便于用两台或数台机床进行组合、便于形成板件自动生产线等优点。

这类机床以最大加工长度作为主参数，其范围在 1500～6500mm，我国行业标准 LY/Y 1014—2013 列出了 2000mm、2500mm 和 3150mm 3 种规格。

这类机床的操作和控制包括装卸和工件进给等，有手工方式、机械方式及利用电子程序装置和微机控制等方式。

锯片往复式锯板机机床切削速度较高，并设有主锯片、副锯片，可实行预裁口，有较高的锯切精度，一般锯切面的直线度为 0.1～0.5mm。例如，德国赫兹玛（Holzma）公司生产的同类锯板机工件的定位精度可达 0.1～0.2mm；奥地利谢林（Schelling）公司的产品定位精度可达 0.1mm；德国安东（Anthon）公司和意大利季班（Giben）公司生产的同类锯板机定位锯切精度可达±0.15mm。我国国家标准 GB/T 10960—2005 规定了锯割面的直线度，试件长度小于等于 3000mm 时为 0.4mm；试件长度大于 3000mm 时为 0.6mm；锯割面的平行度为 0.2mm；做直角锯切时，1000mm×500mm 幅面的板材锯割面对角线长度公差为±1mm。

锯片往复式锯板机机床允许多块板材叠合锯切，单机使用时常同时对两叠或多叠基材进行锯切。这类机床进给速度也较高，因此其生产效率比立式锯板机和带移动工作台锯板机要高得多。图 3-47 为手工装卸和推送工件的锯板机，主要由床身 7、工作台 8、切削机构、进给机构、压紧机构 2、定位器 4 和定位器 10 及电气控制装置组成。

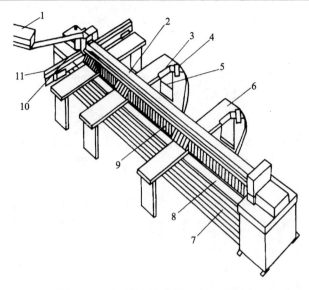

图 3-47　手工装卸和推送工件的锯板机

1. 电气控制装置；2. 压紧机构；3. 延伸挡板；4、10. 定位器；5. 导槽；6. 支承工作台；7. 床身；8. 工作台；9. 防护栅栏；11. 靠板

锯片往复式锯板机机床（图 3-48）的工作循环：①压梁下降压紧工件；②起动主、副锯片电动机并提升锯架；③进给电动机工作实现锯切；④至规定或末端位置时停止进给；⑤锯架下降；⑥进给电动机反向切削机构返回；⑦同时压梁上升，复位。系统主要由五大部分组成。

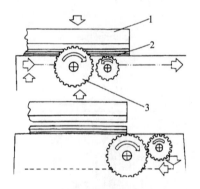

图 3-48　锯片往复式锯板机机床的工作循环

1. 压梁；2. 副锯片；3. 主锯片

（一）切削机构与进给机构

切削机构常安装在小车上，如图 3-49 为典型切削机构原理图。主锯片 2、副锯片 4 由各自的电动机单独驱动，副锯架 5 可绕支座 6 摆动，以调节副锯片高度；主锯架 11 可绕支座 10 摆动，由气缸 1 控制其升降；小车 9 进给时，锯片露出工作台面，可进行锯切，小车返回时下落。主锯片直径通常在 300～500mm，个别重型机床可达 550～600mm。其升出工作台面的高度一般不调节，切削速度 60～70m/s，一般不变速，功率 4～9kW，重型机床可达 15～20kW。小车 9 置于床身导轨上，由进给电动机经减（变）速装置拖动链条 8 实现进给；利用电动机反转返回，电动机功率一般为 0.75～1.5kW，重型机床则为 2.5～3kW。

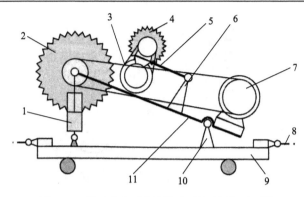

图 3-49　锯片往复式锯板机切削机构的原理图

1. 气缸；2. 主锯片；3. 副锯电动机；4. 副锯片；5. 副锯架；6、10. 支座；7. 主电动机；8. 链条；9. 小车；11. 主锯架

（二）压紧与定位机构

如图 3-50 所示，压梁 1 可在压紧气缸的作用下在锯切全长上从锯路两侧压紧工件。工件定位如图 3-47 所示，气动定位器 4 装在支承工作台 6 侧面的导槽 5 中，对做纵向锯切的工件定位。当所裁板条较窄，定位器不能伸入主工作台区域时，可装上延伸挡板 3。此外气动定位器还有单杆、指状等形式。机械式定位器 10 固定于靠板 11 上方的导槽内，用于横切定位。

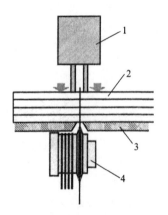

图 3-50　压梁压紧工件示意图

1. 压梁；2. 工件；3. 工作台；4. 锯轴

（三）气动系统

图 3-51 为锯片往复式锯板机的典型气动系统图。换向阀 9 控制锯架升降，锯架升降气缸 8 驱动锯架升降，压力由调压阀 11 调节；换向阀 5 控制压紧气缸 7 驱动压梁升降，两单向节流阀 6 分别调节压梁升降速度，压力由调压阀 3 调节；多个定位气缸 13 可根据需要任意选用，不用时应关闭相应的截止阀 14；定位缸动作由换向阀 15 控制，压力继电器 10 保证只有当气压达到规定数值时，机床主电动机才能启动。

（四）安全防护

为保障人身和设备安全，设计与选用锯片往复式运动的锯板机时要注意机床安全防护方面的性能。除常规的电气过载及短路保护外，通常还应设置以下联锁保护。

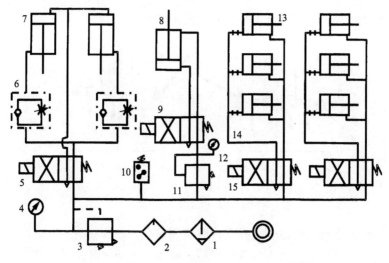

图 3-51　锯片往复式锯板机的典型气动系统图

1. 分水滤气器；2. 油雾器；3、11. 调压阀；4、12. 压力表；5、9、15. 换向阀；6. 单向节流阀；7. 压紧气缸；8. 锯架升降气缸；10. 压力继电器；13. 定位气缸；14. 截止阀

（1）压缩空气压力小于规定数值（如 0.4MPa）时机床不能启动，以免气压不足造成事故或影响加工质量。

（2）进给电动机做进给运转时，压紧气缸不能放松，即使误按下压紧气缸的放松按钮，也不应放开。

（3）进给电动机反转，小车返回时，锯架只能处下位，保证锯片切削圆位于工作台面之下。

（4）进给电动机正反转相互联锁。

在压梁的两侧应悬挂片状栅栏，如图 3-52 所示，用于锯切过程中护围切割区域，覆盖未补充工件占用的部分，防止手意外伸入而造成伤害事故的发生。

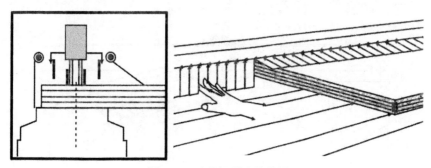

图 3-52　片状栅栏防护装置

压梁两侧应装有安全挡杆，如图 3-53 所示。停机时压梁处上位，手可伸入切削区，这时若意外启动机床，则压梁下降，安全挡杆首先触及人手，触动开关，可使

机床立即停止运行，压梁升至上位，避免发生事故。

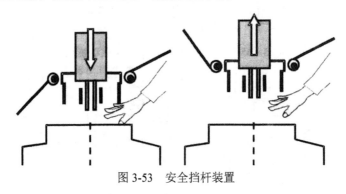

图 3-53 安全挡杆装置

设置锯片固定装置，以便更换锯片时确保安全。

锯切通道两侧的工作台面应镶嵌有塑料板条，以防锯片未对准通道时运行，碰到工作台造成损伤；而更重要的是可避免产生危险的火花，利于防火。

电气箱处应设置联锁，只允许电源断开时，打开箱盖；或电气箱盖打开时，电源自动切断。

控制板应设有急停按钮，遇事故，按下急停按钮，锯机立即停止工作，锯架下降到工作台之下，压梁升至上位。

（五）标准附件及其与主机的组合

不少专业化生产锯板机的工厂均设计有各种通用的标准附件，供用户选用和组合，以下介绍意大利季班公司生产的锯板机常用的标准附件及其与主机的多种组合。

常用的标准附件有以下几种。

（1）辅助工作台，主要包括普通平面式和气垫式（或称气浮式）两种。

（2）定位器，包括多种机械定位器和气动定位器及其延伸装置。

（3）锯切 45°斜角用辅助装置，如图 3-54 所示。

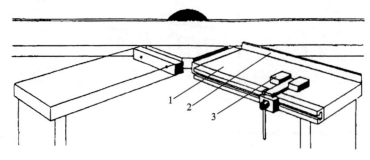

图 3-54 锯切 45°斜角用辅助装置

1. 工作台；2. 靠尺；3. 夹紧装置

（4）推料器。机械化程度较高、生产能力较大的锯板机常设有各种推料器，其结构形式主要有上置式和下置式。上置式（又称顶部式）将推料器的传动机构布置在辅助工作台面上方的横梁上，如图 3-55 所示。它适合与升降台供料装置配合作用；下置式则把推料器的传动机构布置在辅助工作台下方，如图 3-56 所示。它适合于人工供料与架空单轨、真空吸盘等供料装置配合使用。从控制方式和驱动方式划分，主要有手动控制、自动控制和电子程序控制等方式，如季班 GAMMA82-86 等型号锯板机上所用的推料器就由定尺寸电子程序装置所控制，可按预先设置的尺寸工作，具有 9m/min 和 0.7m/min 快、慢两挡推进速度，其在高精度导轨上移动送料时，锯切线可具有良好的平行度，能保证±0.15mm 的定位精度。

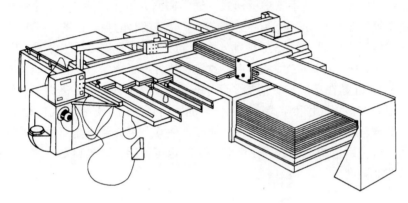

图 3-55　SUPERMATIC76 型锯板机

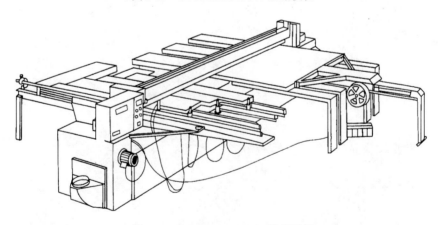

图 3-56　SUPERMATIC74 型锯板机

五、数字控制锯板机

锯片往复式锯板机上增加电子数字程序控制装置即组成了数字控制锯板机。电子数字程序控制装置可以预先设定锯路宽度、加工板件的尺寸规格及数量，并以此按照指定的算法发出指令，控制推料器和机床的动作。简单的可预设 2～6 个锯切尺寸，有些容量较大或功能更多，如意大利 SCM 公司生产的 Z 系列锯板机上所使用的电子数字程序控制装置可以储存 256 个锯切尺寸，每个锯切尺寸可重复 99 次；德国赫兹玛公司生产的 HPP、HPL、HPV 等系列所使用的电子数字程序控制系统可储存 200～500 个锯切尺寸，有的采用微机处理技术优化裁切方案，利用微机发出的指令控制机床工作。

（一）主机与附件组合的主要形式

图 3-57 为季班 GAMMA 系列锯板机应用各种标准附件进行组合的主要形式。图 3-55a～c 属 ST 型，是手工进板形式，通常需两人操作。图 3-57a 是在标准型上增加了两个辅助工作台 1，以适应长度较大基材横切时的需要；图 3-57b 定位方式改用板条式机械定位器；图 3-57c 增加 4 个辅助工作台，且均改用气浮式。图 3-57d～f 为 82 型或 86 型，是在 ST 型基础上，改定位器为电子数字程序控制装置的自动推料器 4。图 3-57d 是在标准型上增加了两个辅助工作台；图 3-57e 采用了气浮式辅助工作台；图 3-57f 在采用气浮式辅助工作台的同时还采用了延伸杆式自动推料器 5，即在原自动推料器的推料杆上接上一延伸杆，使其一直伸到直角靠板处，这不仅在纵向锯切时可使用自动推料器，在横向锯切时也可使用自动推料器，进一步减轻操作人员的劳动强度。

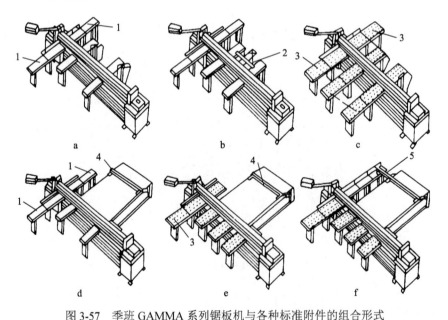

图 3-57　季班 GAMMA 系列锯板机与各种标准附件的组合形式

1、3. 辅助工作台；2. 板式机械定位器；4. 电子数字程序控制的自动推料器；5. 延伸杆式自动推料器

（二）主机间及其与辅机的组合

　　辅助机械装置主要是指装卸料用升降机及带（或不带）推料器的中间工作台及自动堆放机等。它们可以设置在主机前后自由组合。单台锯板机如季班 MATIC BETE 型和 SUPERMATIC80 型等具有上置式自动锯切机构，两台或多台主机与辅助装置可组成纵横锯板系统，图 3-58 为季班 GAMMA138 型全自动直角布置纵横锯板系统的典型工艺图。成垛的板材送到升降滚台 1 后，依靠升降台的自动上升与真空吸盘装料装置 2 上下左右移动搬运的配合能自动地按要求的数量把板材送到中间工作台 4，并堆放整齐，再由推料器 3 将它送到辅助工作台 5、由推料器 6 按电子数字程序控制装置设定的指令将板推送到锯板机 7，完成纵向锯切；然后，板材由推料器 8 送到辅助工作台 11，推料器 10 按设定的程序将这些板材推送至锯板机 12，完成横向锯切。中间工作台的设置保证了上料、纵向锯切、横向锯切可以同时进行，互不影响，保证了生产的连续性，提高了锯板机的工作效率。有时也可以不设中间工作台，

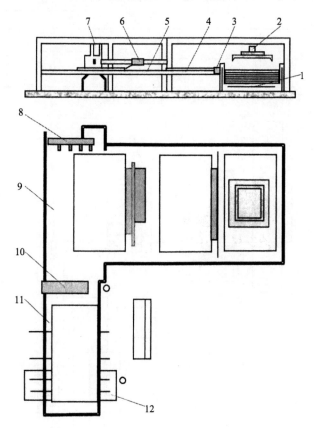

图 3-58　GAMMA138 型全自动直角布置纵横锯板系统的典型工艺图

1. 升降滚台；2. 真空吸盘装料装置；3、6、8、10. 推料器；4、9. 中间工作台；5、11. 辅助工作台；7、12. 锯板机

如德国赫兹玛公司生产的 FIXOMAT 纵横锯板系统就有标准型和精简型两种基本形式。标准型有中间工作台，而精简型则精简了中间工作台，使设备的占地面积更为节省，当然其生产率不及标准型。纵横锯板系统根据工艺和生产率要求还可有多种组合方案。

根据德国 Albat-Wirsam 公司对裁切所需的 353 种工件规格，共裁 $3158m^3$ 刨花板的统计资料，按裁切成本优化法分析计算，若采用不带头料缝（图 3-59）的优化方案，板材下脚料要占 10.35%；但如果采用允许带一条头料缝，则下脚料的比例可下降到 5.7%；而在允许带多条头料缝的条件下，该比值还可下降到平均值为 5.13%。连同锯切费用一并考虑上述 3 种锯裁方案，每锯裁 1 平刨花板成本的比例大约为 1：0.71：0.69。这表明采用带头料缝方案可降低成本近 30%，若再考虑机床的生产效率，则在纵横锯板系统的组合中采用头料缝锯切较为合理。图 3-60 中两方案就考虑到

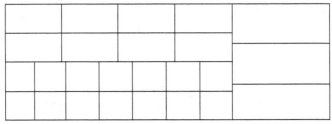

图 3-59　优化锯切方案

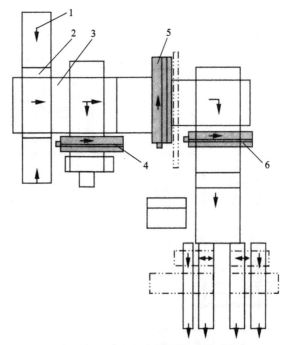

图 3-60　3 台锯板机组成的裁板系统

1. 输送滚台；2. 真空吸盘式升降系统；3. 预堆台；4、5、6. 锯板机

切头料缝的问题，方案中包括 3 台锯板机，它们的装料方式与如图 3-59 所示基本相同，料堆由输送滚台 1 送入，用真空吸盘式升降系统 2 将板堆自动推至预堆台 3，接着先按预先设定的尺寸在锯板机 4 上进行头料缝锯切，然后把主料块送到锯板机 5 进行纵切，再到锯板机 6 进行横切，最后按要求进行堆垛。如图 3-61 所示方案则有 4、7、8、10 四台锯板机，分别用于锯切头料缝、对头料块锯切及主料块的纵向锯切和横向锯切，最后按不同规格的板件进行分类堆放。通常考虑头料锯组合的生产线，其生产效率和自动化程度更高，常选用重型锯板设备进行组合，允许更大的锯切深度，如图 3-61 方案所选用的锯板机最大锯切板堆厚度可达 200mm。

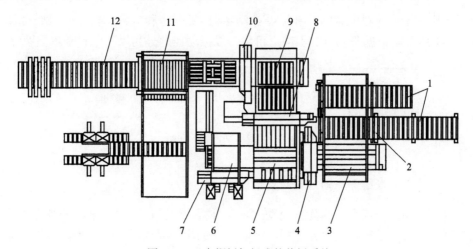

图 3-61　4 台锯板机组成的裁板系统

1、12. 运输辊；2. 推板器；3、6、9. 进料台；4、7、8、10. 锯机；5. 分料台；11. 真空吸盘

第四章　圆锯片多点加压适张工艺理论与实验研究

第一节　圆锯片振动模态分析理论

一、振动问题求解的概述

一般的振动问题由激励（输入）、振动结构（系统）和响应（输出）三部分组成，如图 4-1 所示。根据研究目的不同，可将一般振动问题分为以下几种基本类型。

图 4-1　一般振动问题的组成

（一）已知激励和振动结构，求系统响应

这是振动的正问题，称为系统动力响应分析，也是研究得最早、最多的一类振动问题。当人们发现仅由静力分析不能满足产品设计要求时，便开始详细研究基于动力学理论的系统动力响应问题。根据已知的载荷条件，对振动结构进行简化而得到可求解的数学模型，通过一定的数学方法求解出振动结构上所关心位置的位移、应力、应变等结果，以此为依据对已设计好的振动结构进行考核。不满足动态设计要求时，需修改结构。这一基本分析方法至今仍广泛应用于工程实践问题中，特别是基于线性模型假设的振动理论，已发展至十分成熟的阶段，以至许多工程实践问题应用这一理论获得了相当满意的结果。

求解系统动力响应最成功、最实用的方法莫过于有限元法。通过对振动结构的离散化并考虑适当的边界条件和连接条件，可以很容易地求解各种复杂结构在复杂激励作用下的响应。如果模型合理，则能得到比较满意的结果。这为振动理论的实用化创造了最有利的条件，特别是仅根据图纸便可以十分方便地得到振动结构修改后的动态效果。

（二）已知激励和响应，求系统参数

这是振动问题的一类反问题，称为系统识别（辨识）。这一类问题的提出实际是源于第一类基本问题，尽管已知激励和振动结构可求得响应，但许多情况下响应结果并不满足要求，需要修改结构。传统方法修改结构往往只凭经验，带有很大的盲

目性，表现为不仅效果常常不满意，而且效率很低，经常反复多次修改才能达到基本满意的结果。有限元法是进行结构修改的有力工具，然而有限元初始建模往往存在较大误差。鉴于此，人们开始探索根据激励和响应反推振动结构参数的规律和方法。对于大多数问题，输入、系统和输出三者存在确定性的关系，只有少数非线性问题不存在这种确定性关系。因此，人们以一定假设（如线性、定常、稳定）为前提，以一定理论（如线性振动理论）为基础研究得到了系统重构（识别）的多种方法。当然，这些方法的实施需依赖于其他若干种理论和方法。经常把一个系统（振动结构）模型分成物理参数模型、模态参数模型和非参数模型 3 种。物理参数模型，即以质量、刚度、阻尼为特征参数的数学模型，这 3 种参数可完全确定一个振动系统；模态参数模型，即以模态频率、模态矢量（振型）和衰减系数为特征参数的数学模型和以模态质量、模态刚度、模态阻尼、模态矢量（留数）组成的另一类模态参数模型，这两类模态参数都可完整描述一个振动系统；非参数模型，即频响函数或传递函数、脉冲响应函数是两种反映振动系统特性的非参数模型。

　　与系统（振动结构）模型的分类方法相对应，系统识别也分为物理参数识别、模态参数识别和非参数识别 3 种。物理参数识别，即以物理参数模型为基础，以物理参数为目标的系统识别方法，这是进行结构动力修改的基础；模态参数识别，即以模态参数模型为基础，以模态参数为目标的系统识别方法，因为模态参数较物理参数更能从整体上反映系统的动态固有特性，并且参数少得多，所以进行模态参数识别是进行系统识别的基本要求，也是进行物理参数识别的基础，许多问题实际上只要做到模态参数识别即可达到目的，模态参数识别是模态分析的主要任务；非参数识别，即根据激励和响应确定系统的频响函数（或传递函数）和脉冲响应函数。一般来讲，非参数模型的辨识不是进行系统识别的最终目的，但可通过非参数模型进一步确定模态参数或物理参数。

　　以上 3 种系统识别的关系是从已知激励和响应求系统参数的角度论述的，事实上，3 种模型等价。广义地讲，从一种模型可以确定另外两种模型，如从系统的物理参数模型可得到模态参数模型，进而导出非参数模型，这实际是振动理论的基本内容之一，也是进行系统识别的理论基础。

（三）已知系统和响应，求激励

　　这是另外一种振动反问题，如车、船、飞机的运行，地震、风、波浪引起的建筑物振动等问题。在这些问题中，已知振动结构可较容易测得振动引起的动力响应，但激励不易确定。为了进一步研究在这些特定激励下原振动结构及新振动结构的动力响应，需要确定这些激励。当然，大多数情况下需用统计特性描述，这样的问题通常称为环境预测或环境模拟。另外一些问题，如旋转机械的振动、爆炸冲击引起的振动等，也难以知道激励情况，需通过结构和响应反推激励。故这类问题也称载荷识别。

至此，尚未对模态分析给出定义。一般地，以振动理论为基础，以模态参数为目标的分析方法，称为模态分析。更确切地说，模态分析是研究系统物理参数模型、模态参数模型和非参数模型的关系，并通过一定手段确定这些系统模型的理论及其应用的一门学科。振动结构模态分析则是指对一般结构所做的模态分析。

按照振动结构非线性程度大小，可将系统简化为线性系统和非线性系统。因而，所进行的系统识别也有线性系统识别和非线性系统识别之分。以往的模态分析均限于线性系统即线性模态分析。近几年来不断有人提出并研究非线性模态分析的问题，但远远未达到线性模态分析的成熟地步。由于线性模态分析在处理非线性系统时存在较大误差，相信基于非线性振动理论的非线性模态分析将会越来越受到重视。

根据研究模态分析的手段和方法不同，模态分析分为理论模态分析和实验模态分析。理论模态分析或称模态分析的理论过程，是指以线性振动理论为基础，研究激励、系统、响应三者的关系，如图 4-2 所示。

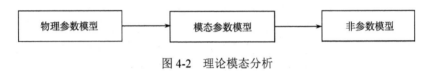

图 4-2　理论模态分析

实验模态分析（EMA）又称模态分析的实验过程，是理论模态分析的逆过程，如图 4-3 所示。首先，实验测得激励和响应的时间历程，运用数字信号处理技术求得频响函数（传递函数）或脉冲响应函数，得到系统的非参数模型；其次，运用参数识别方法，求得系统模态参数；最后，如果有必要，进一步确定系统的物理参数。因此，实验模态分析是综合运用线性振动理论、动态测试技术、数字信号处理和参数识别等手段进行系统识别的过程。本章主要讨论实验模态分析。

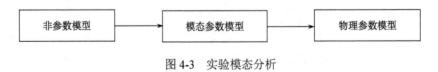

图 4-3　实验模态分析

模态计算分析实际上是一种理论建模过程，主要是运用有限元法对振动结构进行离散，建立系统特征值问题的数学模型，用各种近似方法求解系统特征值和特征矢量。由于阻尼难以准确处理，因此通常均不考虑小阻尼系统的阻尼，即解得的特征值和特征矢量就是系统的固有频率和固有振型矢量。

模态参数识别是实验模态分析的核心。模态参数识别已发展了多种成熟的方法，最常用的方法是基于最小二乘法的曲线拟合法，即根据理论模态分析选择适当的数学模型，使测得的实验模型与数学模型之差最小。

按照模态参数性质分类，模态参数识别分为频域模态参数识别和时域模态参数识别。以频响函数（传递函数）为基础的参数识别称为频域参数识别；以时域信号

（脉冲响应函数或自由振动响应）为基础的参数识别称为时域参数识别。频域法已发展得相当成熟、实用。由于时域法所用设备简单，尤其是只凭自由响应而无需任何激励就可进行参数识别，因此受到普遍重视。

在识别除振型外的其他模态参数时，按照使用响应信号的数目分为局部识别和整体识别两种；按照使用激励和响应的数目分为单入单出（SISO）识别法、单入多出（SIMO）识别法和多入多出（MIMO）识别法。SISO 属于局部识别，SIMO 和 MIMO 属于整体识别；在 SISO 频域模态参数识别中，按照模态密集程度不同，可分为单模态识别和多模态识别，前者将待识别的各阶模态看作与其他模态独立的单自由度系统，适于阻尼较小、模态较分散的情形，后者将待识别的几阶模态看作耦合的，并考虑拟合频段以外的模态影响。对于阻尼较大、模态较密集的情况，必须用多模态参数识别法。

在模态分析中，阻尼是一个较难处理的问题。根据结构性质不同，常用到黏性比例阻尼、一般黏性阻尼、结构比例阻尼与结构阻尼 4 种阻尼模型。在不同阻尼模型下，振动系统模态参数的性质不同。根据模态矢量是实矢量还是复矢量，振动系统分为实模态系统和复模态系统。无阻尼和比例阻尼系统属于实模态系统，而结构阻尼和一般黏性阻尼系统属于复模态系统。因此，对应系统的模态分析有实模态分析和复模态分析两种。

经过半个多世纪的发展，模态分析已经成为振动工程中一个重要的分支。早在 20 世纪四五十年代，在航空工业中就采用共振实验确定系统的固有频率。20 世纪 60 年代，发展了多点单相正弦激振、正弦多频单点激励，通过调力调频分离模态，制造出商用模拟式频响函数分析仪。20 世纪 60 年代后期到 70 年代，出现了各种瞬态和随机激振、频域模态分析识别技术。随着 FFT 数字式动态测试技术和计算机技术的飞速发展，使得以单入单出及单入多出为基础识别方式的模态分析技术普及各个工业领域，模态分析得到快速发展并日趋成熟，商用数字分析仪及软件大量出现。80 年代后期，主要是多入多出随机激振技术和识别技术得到发展。80 年代中期至 90 年代，模态分析在各个工程领域获得更广泛和更深层次的应用，在结构性能评价、结构动态修改和动态设计、故障诊断和状态监测及声控分析等方面的应用研究异常活跃，尤其是基于 FEM、EMA 和最优控制理论的结构动态修改和动态设计，取得了丰硕的研究成果。目前，模态分析技术在我国已成为一项重要工程技术，而不仅仅是高校科研院所从事理论研究的课题。尽管旋转圆锯片的振动是由无数振动模态表示的，但因锯片阻尼小且外界扰动频带宽度有限，所以锯片的振动只是由少数振动模态所主导的。特别是零节圆所对应的波节直径的反向行波频率较低，因而对外界扰动更敏感；而有着一个或更多节圆的高频模态是难以被激励起来的。

二、时域信号的测量

（一）激励方式

在模态实验中，不同的参数识别方法对频响函数测试的要求不同，因而所选激励方式也不同。一般来讲，激励方式有单点激励、多点激励和单点分区激励。因锯片属于小型构件，采用单点激励即可获得满意的效果。

单点激励是最简单、最常用的激励方式。所谓单点激励，是指对测试结构一次只激励一个点的一个方向，而在其他任何坐标上均没有激励作用。单点激励是 SISO 参数识别所要求的激励方式。

单点激励方式之所以有效，主要是因为这种激励方式建立在振动系统的可控性和可观性假设基础上的。所谓振动系统的可控性，是指对选择的点施加激励，能激发出系统的各阶模态。理论上讲，只要激励点不在各阶模态振型的节点上，且具备足够的能量，就可以激发出系统的各阶模态。所谓振动系统的可观性，是指测量出的各响应点的输出信号中包含各阶模态的信息。对线性不变系统，可观性总是满足的。具备了可控性和可观性，系统才可辨识。

按照对频响函数的矩阵模态展开分析，要获得系统的各阶模态频率、模态质量、模态刚度和模态阻尼，只需要频响函数矩阵中任意一个元素即可；而需获得一组完整的模态振型，必须求出频响函数矩阵中的一列或一行元素。由频响函数的物理意义可知，激励一点 f，测量各点 e 的响应，可得到频响函数矩阵的一列元素。

$$H_{ef}(\omega) = \frac{X_e(\omega)}{F_f(\omega)} \quad (f \text{固定}, \; e = 1, 2, \cdots, n) \quad\quad (4\text{-}1)$$

相反，激励各测点 f，只测量一点 e 的响应，可得到频响函数矩阵的一行元素。

$$H_{ef}(\omega) = \frac{X_e(\omega)}{F_f(\omega)} \quad (e \text{固定}, \; f = 1, 2, \cdots, n) \quad\quad (4\text{-}2)$$

实际测量时采用的是第二种方法，即多点激振，单点拾振。

（二）激励装置

典型的激励装置有激振器系统、冲击锤、阶跃激励装置。本章实验采用冲击锤激励。冲击锤又称力锤，是模态实验中采用的一种激励装置。目前冲击锤多用于 SISO 参数识别。锤击激励是一种瞬态激励，这种激励只需一把冲击锤即可实现，比激振器系统简单得多。冲击锤锤帽可更换，以得到不同的冲击力谱。冲击锤锤头可有不同的质量，以得到不同能量的激励信号。冲击激励设备简单，价格低廉，使用方便，对工作环境适应性强，特别适于现场测试，故一般均将锤击激励作为优先考虑的激励方式之一。

（三）冲击信号

冲击信号又称脉冲信号，冲击锤（力锤）是产生脉冲激励最常用的激励装置。冲击信号的时间历程和自谱（力谱）如图 4-4 所示，冲击信号的频率成分和能量可大致控制，实验周期短，无泄漏。

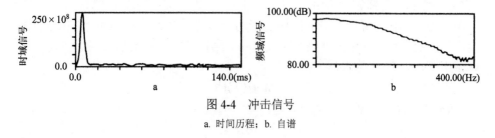

图 4-4　冲击信号

a. 时间历程；b. 自谱

（四）冲击试验中重点考虑的几个问题

1）试验结构非线性程度鉴别

正式试验前，用大、中、小 3 种力度分别敲击试验结构，测量了两点之间的频响函数，分别对这 3 种状态下的频响函数进行比较。试验结果说明三者基本相同，试验结构非线性性质不明显，可采用单次冲击激励方式。

2）选择合适的冲击方式

在本章研究中最有价值的固有频率范围较低，其非线性性质不明显，因此宜采用单次冲击方式。

3）选择合适的冲击锤

冲击激励能量输入与频率范围是矛盾的。通过反复试验比较，在确保 0～500Hz频率段的响应效果的基础上，尽可能使结构得到足够大的激励能量，以提高信噪比。但是，输入能量增大会导致频率范围降低，影响试验的高频特性。因此，选择锤体质量与锤帽刚度是一对矛盾，必须针对实际情况综合考虑，即尽可能将输入能量集中在所希望的频率范围内，要求此范围内的力谱曲线比较平直，下降（或上升）不超过 10～20dB；力脉冲的宽度不宜太小。

4）选择合适的敲击点

与激振器试验一样，敲击点宜选在适当远离振动模态反节点的位置。另外，如果结构各部分刚度变化较大，敲击点宜选在刚度较大的部位。

5）敲击周期的控制

对单次冲击方式，每次采样包含一个力脉冲，敲击周期即采样时间。每次敲击的力度、延续时间应尽量相同，在一次采样中使信号基本衰减到零为佳。对随机冲击激励，每次采样包含多个力脉冲。力脉冲的个数视实际情况而定。各次冲击应尽量做到随机性，避免出现周期性。

6）防止信号过载

若冲击试验靠手工完成，冲击试验中的过载是一个常见问题，要靠经验控制。在预试验中，应反复调整电荷放大器的量程，避免信号过载。冲击力过大不仅引起测量信号过载，有时还会使结构冲击部位局部变形过大而引起塑性变形，这也是应注意的问题之一。

7）力传感器与锤帽的影响

由于力传感器与锤帽质量和刚度的影响，力传感器测量值与锤帽作用于结构上的力产生一定误差，引起实测频响函数 Hm 与结构真实频响函数 Ht 之间的误差。这一误差用校正系数 $\alpha(f)$ 表示，即

$$Hm=\alpha(f)Ht \qquad\qquad (4-3)$$

式中，$\alpha(f)$ 为校正系数，由试验确定。

（五）最小二乘圆拟合法

常见的模态参数识别有 3 种方法，即直接读数法、最小二乘圆拟合法和差分法。其中直接读数法和差分法属于直接估计，最小二乘圆拟合法属于曲线拟合法。对于模态耦合较小的系统（小阻尼且模态不密集），用单模态识别法识别出的结果就可达到满意的精度。

所谓单模态识别法，是指一次只识别一阶模态的模态参数，所用数据为该阶模态共振频率附近的频响函数值。对其余模态的影响可以全部忽略或简化处理，待识别的该阶模态称为主模态。从理论上说，只用一个频响函数（圆点或跨点频响函数）就可得到主导模态的模态频率和模态阻尼（衰减系数），而要得到该阶模态的振型值，需要频响函数矩阵的一行元素。这样就可得到主导模态的全部模态参数。最小二乘圆拟合法的基本思想是，根据实测频响函数数据，用理想导纳圆图去拟合实测的导纳圆图，并按最小二乘原理使其误差最小。某些情况下，频响函数的 Nyquist 图在理论上是一个圆，如结构阻尼系统位移响应函数、黏性阻尼系统的速度频响函数。在小阻尼情况下，其他频响函数的 Nyquist 图也近似一个圆。

三、小结

本节重点阐述了与振动模态分析相关的基础理论与测试方法，确定采用锤击法对圆锯片的振动模态进行实测分析，列举了锤击法测试物体振动模态时的注意事项，为后文圆锯片振动模态的实测研究提供了理论依据。

第二节　圆锯片 X 射线应力检测理论

一、X 射线应力检测理论概述

在各种无损测量残余应力的方法中，X 射线衍射法被公认为是最可靠、最实用

的方法。通过测定等强度梁在不同载荷下的应力，可以看到 X 射线应力与载荷应力有很好的一致性。X 射线法包括如下特点。

优点：①实现非破坏性检测。②可测定表层 10～35μm 的应力。这对于镀层、涂层、氧化层、表面热处理等的应力测定特别有效。③可测局部小区域的应力。X 射线法不仅能测定表面应力，还能较准确地测定应力沿层深的分布（采用剥离测量，此时需要破坏试样），特别是应力在小范围内急剧变化时，X 射线法最有效。④可测量纯粹的宏观应力，而对微观及超微观应力亦可分别测得。⑤可测定复相合金中各个相的应力。

缺点：X 射线法的主要缺点在于准确度不高。目前最高精度为正火的细晶粒低碳钢[$\pm(1.47 \sim 1.96) \times 10^7 N/m^2$]、淬硬钢[$\pm(1.96 \sim 2.94) \times 10^7 N/m^2$]。而当晶粒特别细小（几百埃甚至几十埃以下）或特别粗大（$3 \times 10^{-3} cm$ 以上）时，测量的准确度将进一步下降。若需测定大型零件或构件在动态过程中各瞬时内的应力分布情况，X 射线法也将有困难。

二、X 射线衍射现象

X 射线与物体相遇后，一部分被原子吸收，另一部分由照射点向各个方向反射。后者就是 X 射线散射现象。晶体对 X 射线的散射与非晶体对 X 射线的散射不同，由晶体物质原子散射的 X 射线分布在一些特定方向上且每束散射线的角度很窄，这就是衍射现象。衍射角与入射角有关，衍射角（2θ）之半 θ 称为布拉格角，衍射角（2θ）的大小取决于晶体中原子的排列。衍射条件由布拉格公式表示：

$$n\lambda = 2d \sin \theta \qquad (4\text{-}4)$$

式中，n 为任意整数；λ 为 X 射线波长；d 为晶面间距；θ 为布拉格角。

任何一个晶体都有一组不同的晶面（网面），与此相对应，还有一组晶面间距。每个晶面都有一个相应的布拉格角，图 4-5 就表示一个 d 值的衍射条件。但是，如果适当地改变 X 射线入射方向，其他晶面也同样发生衍射。

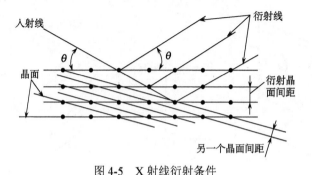

图 4-5　X 射线衍射条件

由于金属晶粒的尺寸远比 X 射线照射点小，因此 X 射线照射面积内的晶粒无限多。每个晶粒所衍射的 X 射线形成一个以照射点为顶点，以入射 X 射线为中心的衍射锥。衍射锥与其轴线正交的平面相截形成一个德拜环。入射 X 射线形成许多衍射锥，它们都是以入射线为中心而顶点不同的衍射锥。

三、X 射线表面残余应力测量的原理

如图 4-6b 所示，将一束波长为 λ 的 X 射线和探测器（计数管）对称地指向点 O，并同步相向扫描改变入射角和反射角。根据布拉格定律，可以找到平行于试样表面的 $\{hkl\}$ 晶面的衍射峰和对应的衍射角 2θ，如图 4-6a 所示。这个由 X 射线束和计数管轴线组成的平面称为扫描平面。衍射晶面的法线必在扫描平面内，并位于 X 射线束和计数管轴线二者的角平分线上。此时扫描平面与试样表面垂直，衍射晶面与试样表面平行，$\Psi=0$，如图 4-6c 所示。然后扫描平面以图 4-6b 中直线 OY 为轴转过一个 Ψ 角，如图 4-6d 所示，同样也可以得到 $\{hkl\}$ 晶面的衍射峰和对应的衍射角 2θ。这时衍射晶面法线与试样表面法线夹角为 Ψ，如图 4-6d 所示。

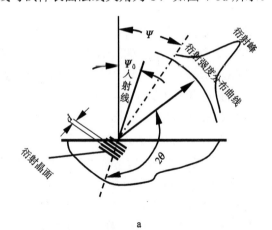

a

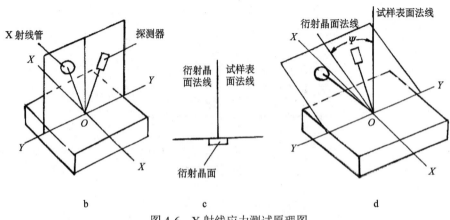

b　　　　　　　　　c　　　　　　　　　d

图 4-6　X 射线应力测试原理图

在无应力状态下，对于同一族晶面{hkl}来说，无论它位居何方位，即对任何给定的 Ψ 角，晶面间距 d 均相等。根据布拉格定律，相应的衍射角 2θ 也应相等。当有应力存在时，比如沿图中 Y 方向存在拉应力，则平行于表面（$\Psi=0$）的{hkl}晶面，其间距会因泊松比的关系而缩小。随着 Ψ 角的增大，晶面间距 d 会因拉应力的作用而增大。于是相应的衍射角 2θ 也将随之改变。依据布拉格定律，d 减小，则 2θ 增大；d 增大，则 2θ 减小。显然 2θ 随 Ψ 角变化的急缓程度与应力 σ 大小密切相关。对于各向同性的多晶材料，在平面应力状态下，根据布拉格定律和弹性理论可以推导出应力值 σ 与斜率 M、衍射角 2θ 及 $\sin^2\Psi$ 变化的关系，即

$$\sigma = K \cdot M \tag{4-5}$$

$$M = \frac{\partial 2\theta}{\partial \sin^2 \Psi} \tag{4-6}$$

$$K = -\frac{E}{2(1+\mu)}\mathrm{ctg}\,\theta_0 \frac{\pi}{180} \tag{4-7}$$

式（4-5）~式（4-7）中，K 为应力常数；E 为杨氏模量；μ 为泊松比；θ_0 为应力状态的布拉格角。

对于指定材料，K 值可以从资料中查出或通过试验求出。这样，测定应力的实质问题就变成了选定若干 Ψ 角测定对应的 2θ。利用 X-350A 型 X 射线应力测定仪不但能够自动完成测量而且能够获得一些有价值的物理参数及测量结果。

四、X 射线应力测量方法

（一）固定 Ψ 法和固定 Ψ_0 法

如前所述，测定应力的实质问题，就是选定若干 Ψ 角，衍射角为 2θ。要测定衍射角 2θ，就必须有一定的寻峰扫描范围。如图 4-7 所示，Ψ_0 角指的是入射线与试样表面法线之夹角。固定 Ψ_0 法的特征是在寻峰扫描过程中，入射线保持不动，而射线探测器在一定范围内扫描。固定 Ψ 法的含义在于，在寻峰扫描过程中，衍射晶面法线 Ψ 角固定。为此，入射线和探测器轴线必须同步等量扫描，即入射角始终等于反射角。对于织构和粗晶材料，只有采用固定 Ψ 法才能得到较好的测量结果。而在圆锯片中，织构不明显，晶粒比较细小，因此采用上述两种方法皆可得到比较满意的结果。

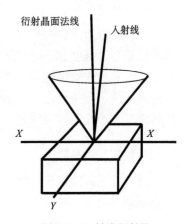

图 4-7　X 射线衍射锥

（二）同倾法和侧倾法

对多晶体来说，一束入射 X 射线照射到某点时，以满足布拉格定律为条件，衍射线会形成一个以入射线为轴的衍射圆锥，如图 4-7 所示，横截圆锥便得到德拜环。圆锥上每一条母线与入射线之夹角都是衍射角 2θ。这样，2θ 就有充分的任意性。如果设置衍射晶面法线运动平面（Ψ 平面）垂直于试样平面中的 XX 方向，则 2θ 扫描平面既可设为与 Ψ 平面平行，也可设为与 Ψ 平面垂直。按照日本学者的命名方法，2θ 扫描平面与 Ψ 平面平行的测量方法称为同倾法，2θ 扫描平面与 Ψ 平面相互垂直的测量方法称为侧倾法。对于锯片材料，所需 2θ 扫描范围较窄，以上两种方法皆可使用。

（三）摆动法

对于粗晶材料，在有限的 X 射线照射区域内，参与衍射的晶粒数目较少，衍射晶面法线在空间不能形成均匀连续分布，因而衍射强度较低，峰形较差，难以达到应有的测量精度，为此就要用摆动法。摆动法是以步进的方式做 2θ 扫描，其间在每一个衍射角 2θ 停留反射 X 射线时，始终保持 2θ 角不变，使 2θ 平面以指定的 Ψ 方向为中心，在平面内左右摆动一定的角度 $\Delta\Psi$ 并在摆动中计数。这样，增加了参与衍射的晶粒数，把一些衍射强度较弱而且峰形较差的峰叠加成为较为丰满、较少波动的峰，从而提高了粗晶材料的应力测量精度。

以上介绍的各种测量方法仅适用于特定的应力仪。在实际操作中，往往把两种或 3 种方法结合起来应用，就出现了同倾固定 Ψ_0 法、侧倾固定 Ψ 法、侧倾固定 Ψ 法加摆动法等。

五、数据处理方法

X 射线应力测定的关键是准确测定对应于若干 Ψ 角的衍射角 2θ，然而仪器直接测到的是衍射强度 I 沿衍射角 2θ 的分布曲线，即衍射峰。应用计算机控制的步进扫描方法或采用位敏探测器，直接测到的是 I-2θ 坐标系中的一系列"点"，那么由这些点求出满足布拉格定律的衍射角 2θ 的问题就是定峰。而定峰前还必须进行背底处理和强度因子校正，定峰之后则要进行应力值计算及误差分析。

（一）背底处理

衍射峰的背底源于一些与测量所用的布拉格衍射无关的因素，为了提高定峰和应力测量准确性，必须扣除背底。研究表明，背底是一条起伏不平的曲线，通常把它当作一条直线。实验证明，这样的近似处理能够满足现行的准确度要求。扣除背底时，首先要合理选取扫描起始角，使衍射曲线两端都出现一段背底，要求操作者注意观察曲线的变化。在曲线前后的背底上，从端点开始，连续地各取 5 个点，将这 10 个点按最小二乘法拟合成一条直线，然后将所测得的衍射峰各点的计数减去该点对应的背底强度，即可得到一条无背底的衍射曲线。

（二）强度因子校正

根据 X 射线衍射理论，与衍射角 2θ 及 Ψ 角有关的强度因子包括洛伦兹-偏振因子 LP（2θ）、吸收因子 A（$2\theta,\Psi$）及原子散射因子 f、温度因子 e-2M 等。为了正确求得仅与晶面间距有关的衍射角 2θ，必须进行强度因子校正。计算表明，在应力测量用到的 2θ 范围内，原子散射因子和温度因子随 2θ 变化很微小，可以忽略不计，而洛伦兹-偏振因子 LP（2θ）尽管影响峰位，却与 Ψ 无关，所以在应力测定中可以不考虑。这样，最主要的就是吸收因子 A（$2\theta,\Psi$）。所以对于同倾法要加入吸收因子 A（$2\theta,\Psi$）进行校正，而对于侧倾固定 Ψ 法，其吸收因子恒等于 1，无需校正。

（三）半高宽法定峰

在 X 射线衍射分析技术发展过程中，先后形成几种得到公认的定峰方法，其中一种称为半高宽法，其数学模型如图 4-8 所示。它把峰高 30%～70% 的两个"峰腰"部分当作直线，并用最小二乘法拟合，在峰值强度 1/2 处做平行于横坐标的半高线，与这两条峰腰直线相交，然后在两个交点之间取中点，这个中点的横坐标值即所要求的峰位。

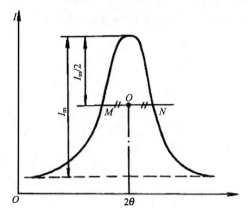

图 4-8 半高宽法定峰

（四）抛物线法定峰

抛物线法是把衍射峰顶部（峰值强度 80% 以上部分）的点用最小二乘法拟合成一条抛物线，以抛物线的顶点的横坐标值作为峰位的定峰方法，如图 4-9 所示。

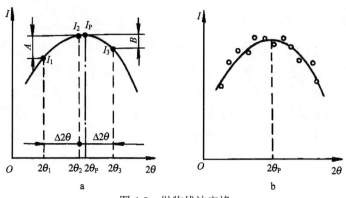

图 4-9 抛物线法定峰

a. 三点抛物线法；b. 抛物线拟合法

这种方法是利用峰顶部分进行计算，这样在对被测材料的衍射曲线形态比较熟悉的情况下，有可能缩小扫描范围，从而缩短测量时间。可以看到，刚测得的对应于 Ψ 角的衍射曲线都有它们前后的背底值，不过这些数值是"加灰"的，只要选中公用背底，它们就被激活了；接下来再测试同一试件的其他点或同种材料的其他试样时，就可以大幅度缩小扫描范围。可见，只要能保证得到各个 Ψ 角衍射峰峰值的 80%以上部分，都能正确进行处理，从而获得满意的测量结果，当然必须具备另外一个条件，即保持 X 管高压和管流的一致性。

（五）重心法定峰

重心法定峰是一种比较简单的方法，如图 4-10 所示。它截取衍射峰峰值 20%～80%的部分，将其视为一个封闭的几何图形，参照物理学的概念，求出这个几何图形的重心，则重心所对应的 2θ 角便是重心法峰位。

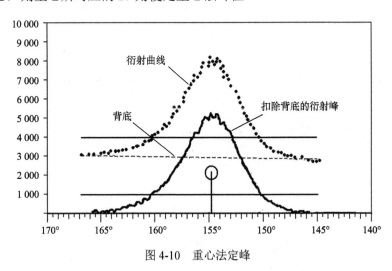

图 4-10　重心法定峰

（六）交相关法定峰

交相关法是 20 世纪 80 年代提出来的，由于这种方法的计算量很大，只能借助计算机进行计算。交相关法计算出的是属于不同 Ψ 角的衍射峰位之差，这正是应力测定所需要的，如图 4-11 所示，粗曲线对应于 $\Psi=0°$，而细曲线对应于 $\Psi=5°$。

设粗曲线为 $f_1(2\theta)$，细曲线为 $f_2(2\theta)$。交相关法的思路是构造一个函数 $F(\Delta 2\theta)$，使每一个 F 值等于 $f_1(2\theta)$、$f_2(2\theta)$ 两条曲线对应点数值乘积之和，如式（4-8）所示。$f_1(2\theta)$ 和 $f_2(2\theta)$ 相乘时，每一次 $f_2(2\theta)$ 对应的自变量 2θ 都要改变一个步距角。

$$F(\Delta 2\theta) = \sum_{i=1}^{n-1} f_1(2\theta) \times f_2(2\theta + \Delta 2\theta) \qquad (4\text{-}8)$$

式中, n 为 2θ 步进扫描总步数, 这里的 $\Delta 2\theta$ 是用步距角乘以步数表达的, 显然 $F(\Delta 2\theta)$ 是 $\Delta 2\theta$ 的函数。 $f_2(2\theta + \Delta 2\theta)$ 的含义是细曲线整体平移 $\Delta 2\theta$。当 $\Delta 2\theta=0$ 时, 即粗细两曲线不作偏移, $F(\Delta 2\theta)$ 未必是最大的, 除非应力为零, 粗细两曲线峰位完全重合。当 $\Delta 2\theta$ 恰好等于粗细两曲线之差时, 即人为地使粗细两曲线峰位完全重合, $F(\Delta 2\theta)$ 必定是最大值。反过来说, 从式（4-8）出发, 由正到负, 连续改变 $\Delta 2\theta$, 得到一条交相关函数 $F(\Delta 2\theta)$ 分布曲线（如图 4-11 中小方块组成的曲线）, 然后利用最小二乘法将这个分布曲线的顶部做二次拟合, 就可以求得该曲线极大值所对应的横坐标 $\Delta 2\theta$, 即欲求的峰位值。

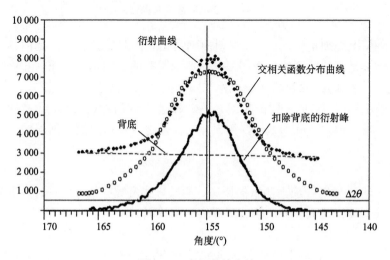

图 4-11　交相关法定峰

（七）应力值计算

利用式（4-5）和式（4-6）及此前计算出的各 Ψ 角的峰位 2θ 和 $\sin^2\Psi$ 值, 并选择最小二乘法可计算出斜率 M, 再乘以应力常数 K, 即得应力值 σ（MPa）。

（八）误差分析

如图 4-12 所示, 在用峰位 2θ 和 $\sin^2\Psi$ 值取最小二乘法计算斜率 M 时, 存在一个拟合残差问题。理论上 2θ 和 $\sin^2\Psi$ 呈直线关系, 然而测试所得的点与由它们拟合而成的直线之间, 总会有或大或小的偏差, 应力误差 $\Delta \sigma$ 即反映了拟合残差的大小。在图 4-12 中, 左图的拟合残差较小, 而右图的拟合残差较大。

$$\Delta \sigma = K \cdot \Delta M \tag{4-9}$$

式中, ΔM 为 2θ-$\sin^2\Psi$ 直线斜率的误差。

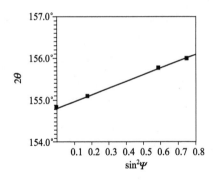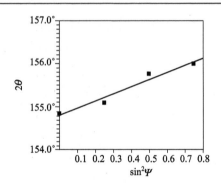

图 4-12　$2\theta\text{-}\sin^2\Psi$ 关系曲线

有两种情况必须阐明，一是在材料中确实无织构的情况下，$\Delta\sigma$ 是由各种随机因素产生的，它是测量精度的表征；二是材料中若有明显织构，2θ 和 $\sin^2\Psi$ 图已不再是直线关系，那么 $\Delta\sigma$ 除包含测量误差之外，很大部分源于织构的影响。

作为随机误差，它的主要影响因素是衍射强度（或各点总计数），其次是衍射峰的半高宽。形象地讲，峰形敏锐，则误差小；反之，峰形漫散，则误差大。

六、小结

本节阐述了 X 射线应力测试的原理、测试方式及数据处理方法，为下文针对圆锯片初始应力场、适张应力场的实测提供理论依据。

第三节　圆锯片适张实验研究的主要实验设备及方法

一、多点加压适张实验压机与压头的设计

（一）多点加压适张实验压机的设计

实验压机机架在已有机架的基础上进行了改装设计，见图 4-13。

机架设计参数为压机最大压力 500kN，正面开档最小宽度 500mm，开档最小高度 800mm。

利用式（4-10）进行机架强度校核：

$$\sigma = \frac{F}{A} \tag{4-10}$$

式中，σ 为拉应力（MPa）；F 为压机最大压力，取 500kN；A 为承载最大拉力的四根槽钢（6.3 号）的横截面积之和，这里 $A = 4 \times 844.4 = 3377.6$（$mm^2$）。

计算获得的拉应力为 $\sigma = 148MPa$，而材料的强度极限为 $\sigma_b = 570MPa$。

可见，机架抗拉强度满足要求。由于机架结构的抗弯强度很大且对称，无需对其进行抗弯强度及刚度的校核。

（二）多点加压适张压头的设计

1）球面压头设计

球面压头由半球体和圆柱体组合而成，球面半径为 70mm，圆柱体直径为 30mm，图 4-14 所示为实物图。

图 4-13　多点加压适张实验压机　　　　图 4-14　多点加压适张球面压头

2）柱面压头设计

柱面压头结构实物图如图 4-15 所示，分别设计了两个相同的压头，上下垂直布置。圆柱压头直径 D=120mm；宽度 H=26mm；弦高 h=40mm；材料为 T10；热处理硬度为 HRC60。

二、圆锯片振动模态分析设备

图 4-15　圆锯片柱面加压适张压头结构

振动模态实验装置系统组成情况如图 4-16 所示。

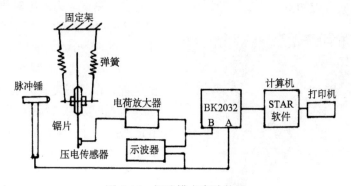

图 4-16　振动模态实验装置

三、圆锯片 X 射线应力检测设备及其标定

（一）X 射线应力检测设备

图 4-17 为 X-350A 应力检测仪示意图，图 4-18 为 X 射线应力测定仪机械结构实物图。

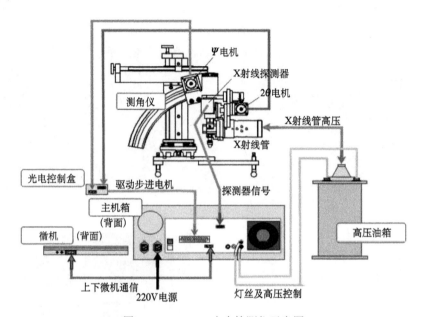

图 4-17　X-350A 应力检测仪示意图

（二）X 射线应力检测设备的标定

每次应力测试开始时或仪器调整后，都需要对衍射仪进行电解铁粉标定，因为理论上铁粉的应力为零。在实际应用中，一般要求其测试应力的绝对值小于 5MPa，完全符合仪器出厂时标明的测试精度小于或等于 20MPa 的要求。

为了进一步了解和验证仪器的测试性能，以等强度梁为实验对象进行测试。等强度梁的应力系数为 13.33，即加 1kg 的砝码时，其上表面的计算应力值应为 13.33MPa。

实验中分别在未加载荷和加 10N、20N、30N、40N 载荷 5 种状态下，对等强度梁同一点进行应力测试，为了减小

图 4-18　X 射线应力测定仪机械结构

误差，在同一种载荷状态下测试 3 次，取其平均值作为该点的应力。因在未加载荷时，等强度梁的 X 射线应力平均值为 49MPa（不为零），将此值作为该点的初始应力值，将同一载荷条件下的应力值减去初始应力值得到在该载荷条件下该点的应力变化值。

此值在理论上应该等于在该载荷条件下的计算值，但是由于材料特性的差异、X 射线测量误差及理论计算公式的近似性误差，实际上，二者存在一定的差异，如表 4-1 所示。

表 4-1　用 X 射线对等强度梁进行应力测试结果　　（单位：MPa）

实验砝码次数 重量/kg	1	2	3	平均测试应力	平均减去初始应力值（49MPa）	计算应力	测试减去计算应力
0	54	46	48	49	0	0	0
1	62	64	60	62	13	13.33	−0.33
2	78	70	74	74	25	26.66	−1.16
3	85	92	87	88	39	39.99	−0.99
4	111	105	103	106	57	53.32	3.68

从表 4-1 中看出，实测值与理论计算值的最大差值为 3.68MPa，低于 X 射线应力仪电解铁粉标定的允许误差值。这说明用 X 射线应力仪测定锯片中的残余应力是可行的，而且当实验人员具备一定的理论知识及丰富的实际操作经验后，能够进一步控制和减小测量误差。把表 4-1 的测试结果用图形表示出来，如图 4-19 所示。

从图 4-19 可知，等强度梁 X 射线应力与所加法码的重量有比较好的线性关系。这进一步说明 X 射线应力检测能够获得满意的准确度。

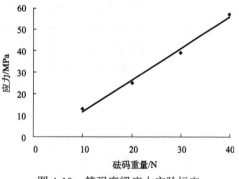

图 4-19　等强度梁应力实验标定

四、小结

本节设计了圆锯片多点加压适张实验压机，设计了两种形状的压头，即球面压头和柱面压头。

本节对圆锯片振动模态分析设备进行了简要介绍。

本节对圆锯片 X 射线应力测试设备进行了简介，同时对其进行了标定。

第四节　圆锯片局部区域轴向压力作用下的塑性变形与强化机理

一、金属塑性变形及强化机理

圆锯片通常用 65Mn、T8 或具有相近性能的钢材制成，这些材料是由结晶体构成，而晶体的变形包括弹性变形和塑性变形。一旦达到临界应力状态，就开始塑性变形，此后弹性和塑性变形总是伴生的。根据加于固体的是正应力或剪应力，弹性变形将引起晶格中原子的分离或置换。在正应力方向上只产生弹性变形。为了使塑性变形也同时发生，必须有一定数量的简单或复合剪应力。这些剪应力造成的两种基本变形方式为滑移和孪晶。在滑移时晶体的一些原子层在临界剪应力的作用下沿着另一些原子层滑动，如图 4-20a 所示，滑移的量等于晶格中原子的间距，滑移后晶格形式和晶格特性都依然保留。这种变形形式不涉及相邻原子层但可沿滑移面传播得很远，因此它具有不均匀的特性并且发生在原子高度密集的平面上。

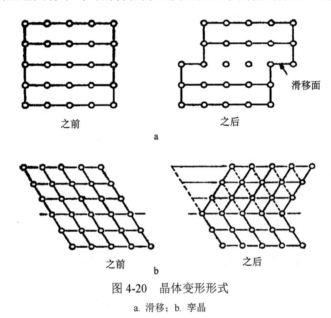

图 4-20　晶体变形形式

a. 滑移；b. 孪晶

孪晶也仅在剪应力达到临界值时才发生，如图 4-20b 所示。此时变形是均匀的，晶体的各层按比例位移，变形后的新晶体是原始晶体的镜面映像。这样，虽然晶体特性在变形过程中曾遭到暂时破坏，但它在变形后依然保留。理想晶体的晶格结构各向都是均匀的，而实际晶体具有大量缺陷，其结构是不均匀的。实际晶体受到剪应力作用时，滑移并不表现为在晶体的一部分相对于另一部分之间进行的刚体运动，而是从晶体的缺陷处开始，以位错的形式传播。这样，所需应力约比整堆的原子同

时运动所需应力小 10^2 数量级。

多晶体产生滑移的同时，使邻近的滑移面相邻晶粒中的晶格受到扭曲。这样塑性变形时的能量，就有一部分形成变形潜能而保留在金属内部。这种变形潜能以多种残余应力的形式呈现在金属内部。由于残余应力的存在，金属继续变形，需消耗更大的能量，这样即产生金属的强化（加工硬化），使金属的变形阻力增加。随着变形程度的继续加大，滑移越来越显著，而潜能及残余应力也将增加，金属的强化也愈加严重。金属内部储藏潜能及出现残余应力是强化的主要原因。而强化的另一重要原因是个别晶粒在塑性变形时发生破碎，这样就改变了晶粒的形状和大小，而使变形困难。

综上所述，金属的强化只与变形程度有关，随着变形程度的增加，强化的程度也加大。由于储藏潜能和晶粒破碎有一定的限度，因此由这两个因素引起的金属强化程度也随变形程度的加大而接近某一最大极限值。

当金属发生塑性变形时，由于晶格的扭曲，原子脱离了其最小位能的位置，在金属内部储藏潜能的作用下，原子具有恢复原来位置的趋势。潜能愈大时，原子恢复原来位置的趋势也愈大。随着时间的推移，潜能逐渐得到释放，残余应力逐渐消失，而被扭曲的晶格也恢复原来的形状，原子又回到原来的稳定平衡的位置。这样金属的强化现象消失了，真正应力也得到降低，这种现象称为回复。回复现象使金属内部的强化消除。金属内部的潜能随着其变形程度的增加而增大，并且当温度升高时，原子的动能增加，这都使得强化消除来得容易。由于强化消除是伴随时间进行的，因此强化消除的速度取决于变形程度与变形温度。当变形程度大且变形温度高时，强化消除速度较快，反之则强化消除速度较慢。而在塑性变形过程中，强化消除的时间取决于变形速度，即在一定的变形程度下，变形速度愈高，强化消除的时间愈短，这样强化消除的总量也就愈少，因而金属塑性变形时的真正应力也就愈大。

二、圆锯片单点加压塑性变形实验研究

（一）实验原理

图 4-21 所示为加压原理图，实验采用球形压头，硬度为 HRC58。顶板的上表面经过淬火处理，硬度为 HRC52。锯片为天津林业工具厂生产的半成品圆锯片（无齿、未适张），材料为 65Mn，厚度为 2.2mm，经过整平及磨削加工，图中压点处锯片半径 R=120mm。用千分尺测量加压后由于塑性变形而出现的凹坑深度。

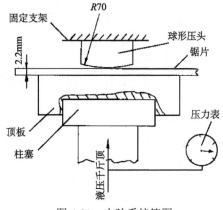

图 4-21 实验系统简图

由 20t 液压千斤顶手动加压，通过压力表可以观察到液压系统中的实际压力，每次加压时间约 15s，保压时间约 10s。

（二）实验结果

表 4-2 给出了固定压力重复加压时，压力与塑性变形后出现的凹坑深度的关系。分析测量结果，可见不论用多大压力加压，第一次加压的塑性变形最显著，第二次次之，第三次以后变形量显著减小，这与晶体塑性变形的位错理论完全吻合，即当晶体塑性变形量增大时，位错的数量也增加并使进一步的变形更加困难。另外，随着塑性变形的增大，与球形压头的接触面增大，接触各点的压应力值也会减小。因此，在加压适张时为了提高适张效率，以加压 2 或 3 次为好。

表 4-2 压力与凹坑深度的关系

压力	凹坑深度/μm									
/kN	第一次加压	第二次加压	第三次加压	第四次加压	第五次加压	第六次加压	第七次加压	第八次加压	第九次加压	第十次加压
11	5	7	9	10	11	11.5	11.5	12.5	12.5	12.5
22.5	8	12	15	16	17	17.5	18	18	18	18
34	12	16	19	20	21	22	23	23	23	23
45.6	18	20	22	23	24	25	26	26	26	26

压力大小对塑性变形程度影响较大，所以某一压力下加压 3 次依然达不到适张要求时，说明适张压力不够。为了提高适张作业效率，应增大适张压力，而不是一味地增加加压次数。

三、小结

本节论述了圆锯片在轴向受压时的塑性变形及强化机理，测试结果表明压力大小是决定圆锯片表面塑性变形程度的主要因素。随着加压次数的增加，圆锯片由于表面硬化，产生的塑性变形趋于稳定。

第五节　圆锯片初始残余应力测试与分析

被测试件分为 A 厂生产的圆锯片和 B 厂生产的圆锯片，以下分别简称为 A 组圆锯片和 B 组圆锯片。

一、侧倾固定 Ψ 法测定圆锯片的初始残余应力

由于锯片受原材料性质、热处理、表面磨削、锤击整平及其他机加工的影响，其表面各点的 X 射线应力值会有显著的差异。为了进一步了解锯片表面的初始应力

状态，便于在研究各种适张方法对圆锯片应力状态的影响时，排除表面初始残余应力的影响，可通过实验测定圆锯片表面多个点的初始残余应力。

采用侧倾固定 Ψ 法实验时的测量位置和测量方位，如图 4-22 所示。图 4-22b 的正向（即由入射到反射的方向）与图 4-22a 中 0°、90°、180°、270°4 个方向角中的某一角度下的正向（箭头所指方向为正向）相同，则将这个角度规定为该测试条件下入射方位角 Φ 的值。这样的规定主要是为了便于反映同一点在不同入射方位角下的测量应力。

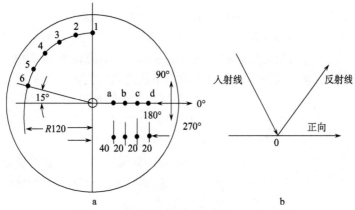

图 4-22　测量位置和侧倾法测量方位示意图

被测试件为 A 组未适张圆锯片，材料为 65Mn，硬度为 HRC42，直径为 356mm，厚度为 2.2mm，中心孔直径为 30mm。

测量部位有 a、b、c、d 及 1、2、3、4、5、6 十个点，如图 4-22 所示。

测量结果列于表 4-3～表 4-5 中。

表4-3　锯片不同 Φ 角下表面残余应力测量结果（单位：MPa）

方位		测量点			
		a 点	b 点	c 点	d 点
切向	$\Phi=0°$	104	123	131	130
应力	$\Phi=180°$	8	14	16	16
径向	$\Phi=90°$	−196	−183	−174	−147
应力	$\Phi=270°$	−184	−180	−165	−143

表4-4　锯片未电解抛光表面残余应力测量结果（单位：MPa）

方位	测量点					
	1 点	2 点	3 点	4 点	5 点	6 点
切向应力	106	61	61	49	66	66
径向应力	−108	−126	−97	−161	−122	−128

表 4-5　锯片电解抛光 15μm 后的表面残余应力测量结果（单位：MPa）

方位	测量点					
	1 点	2 点	3 点	4 点	5 点	6 点
切向应力	−91	−121	−104	−104	−122	−122
径向应力	−168	−204	−183	−165	−207	−197

二、同倾固定 Ψ_0 法测定圆锯片的初始残余应力

A 组锯片的磨削痕迹为与锯片同心的圆，在测试中假设图 4-22b 的正向（即由入射到反射的方向）与图 4-22a 中 0°、90°、180°、270° 4 个方向角中的某一角度下的正向相同，则可将这个角度规定为该测试条件下入射方位角 Φ 的值。这样规定的目的就是便于反映同一点在不同入射方位角下的测量应力。

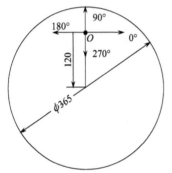

图 4-23　同倾法测量方位示意图

B 组锯片的磨削痕迹为放射状，测试中以磨削痕迹的切向线由锯片内到外规定为零度，Φ 值由小到大按反时针方向排序。

为了说明同倾固定 Ψ_0 法测定圆锯片的初始残余应力原理，现在选择两组不同规格的圆锯片进行实验测量。

被测试件 A 组为未适张圆锯片，材料为 65Mn，硬度为 HRC42，直径为 356mm，厚度为 2.2mm，中心孔直径为 30mm，测试点为图 4-23 的 O 点。

被测试件 B 组为未适张圆锯片，材料为 65Mn，硬度为 HRC45，直径为 350mm，厚度为 1.8mm，中心孔直径为 30mm，测试点距锯片中心为 100mm。

实验测试结果列于表 4-6～表 4-12 中，相应的图形如图 4-24～图 4-26 所示。

表 4-6　A 组锯片不同 Φ 角下表面残余应力测量结果（单位：MPa）

Φ	0°	15°	30°	45°	60°	75°	90°	105°	120°	135°	150°	165°
应力	179	157	132	102	34	−16	−60	−52	−70	16	63	166
Φ	180°	195°	210°	225°	240°	255°	270°	285°	300°	315°	330°	345°
应力	185	87	−9	−1	−20	−82	−110	−69	−49	11	86	132

表 4-7　A 组锯片电解抛光 15μm 后不同 Φ 角下表面残余应力测量结果（单位：MPa）

Φ	0°	15°	30°	45°	60°	75°	90°	105°	120°	135°	150°	165°
应力	−193	−190	−184	−170	−159	−161	−105	−161	−64	−93	−107	−141
Φ	180°	195°	210°	225°	240°	255°	270°	285°	300°	315°	330°	345°
应力	−185	−197	−156	−136	−100	−94	−108	−62	−86	−104	−136	−168

表 4-8　A 组锯片电解抛光 25μm 后不同 Φ 角下表面残余应力测量结果（单位：MPa）

Φ	0°	15°	30°	45°	60°	75°	90°	105°	120°	135°	150°	165°
应力	−124	−165	−136	−158	−126	−98	−91	−105	−108	−124	−132	−152
Φ	180°	195°	210°	225°	240°	255°	270°	285°	300°	315°	330°	345°
应力	−138	−124	−126	−108	−105	−66	−91	−54	−63	−80	−126	−132

表 4-9　A 组锯片电解抛光 35μm 后不同 Φ 角下表面残余应力测量结果（单位：MPa）

Φ	0°	15°	30°	45°	60°	75°	90°	105°	120°	135°	150°	165°
应力	−183	−182	−144	−138	−103	−123	−79	−89	−112	−135	−138	−149
Φ	180°	195°	210°	225°	240°	255°	270°	285°	300°	315°	330°	345°
应力	−137	−131	−100	−94	−107	−77	−92	−82	−84	−61	−79	−126

表 4-10　B 组锯片不同 Φ 角下表面残余应力测量结果（单位：MPa）

Φ	0°	30°	60°	90°	120°	150°	180°	210°	240°	270°	300°	330°
应力	65	−9	−142	−148	−71	−7	115	−27	−90	−161	−122	4

表 4-11　B 组锯片砂纸打磨 10μm 后不同 Φ 角下表面残余应力测量结果（单位：MPa）

Φ	0°	30°	60°	90°	120°	150°	180°	210°	240°	270°	300°	330°
应力	−547	−533	−517	−502	−459	−495	−498	−523	−495	−476	−473	−510

表 4-12　B 组锯片砂纸打磨 20μm 后不同 Φ 角下表面残余应力测量结果（单位：MPa）

Φ	0°	30°	60°	90°	120°	150°	180°	210°	240°	270°	300°	330°
应力	−510	−502	−489	−487	−531	−530	−526	−531	−465	−486	−494	−509

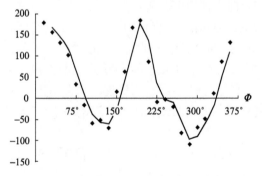

图 4-24　A 组锯片不同 Φ 角下表面残余应力
（MPa）

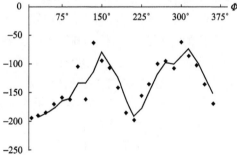

图 4-25　A 组锯片电解抛光 15μm 后不同 Φ 角
下表面残余应力（MPa）

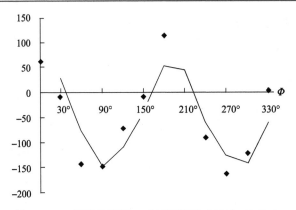

图 4-26　B 组锯片不同 Φ 角下表面残余应力（MPa）

上述实验结果还表明如下结论。

（1）锯片受原材料特性、热处理、表面磨削、锤击整平及其他机加工等因素的影响，其表面各点的 X 射线应力值会有显著的差异。

（2）未电解抛光时，A 组锯片各测点的表面切向应力都为拉应力，而径向应力都为压应力。

（3）由表 4-3 可以看出，对于同一切向应力点在 $\Phi=0°$ 与 $\Phi=180°$ 时相差很大，且都是 $\Phi=0°$ 时拉应力大，$\Phi=180°$ 时拉应力小。这与锯片表面磨削时的方向性有关，即磨削引起锯片表面材料塑性变形，而且塑性变形后表面材料的晶格位错呈方向性，致使以测量晶面间距大小为基础的 X 射线应力测量出现 Φ 分裂现象。

（4）由表 4-3 还可以看出，同一点的径向应力比较一致，锯片内侧径向压应力值稍大。

（5）由表 4-4 和表 4-5 可以看出，电解抛光 15μm 后各点的表面残余应力都有不同程度的变化，并且都呈压应力增大趋势。在电解抛光后，Φ 分裂现象明显减小，这说明磨削加工对锯片表面产生的残余应力向内部逐渐减弱。

（6）由表 4-6 可以看出，A 组锯片抛光时，当测量方位角 Φ 由 0°向 120°变化时，被测点的 X 射线应力值逐渐减小；当 Φ 由 120°向 180°变化时，被测点的 X 射线应力值逐渐增大；当 Φ 由 180°到 270°变化时，被测点的 X 射线应力值又呈逐渐减小趋势；当 Φ 由 270°向 360°变化时，又呈被测点的 X 射线应力值逐渐增大趋势。这说明在磨削轨迹的切线方向应力最大，随着测试方向的改变应力值逐渐减小，当与切线方向呈 90°时应力最小。

（7）由表 4-7 可以看出，实验锯片电解抛光 15μm 后，不同方位角下测得的 X 射线应力值与未抛光时有显著的不同，并且随着测量方位角 Φ 的增大，其应力大体呈相反的变化趋势。

（8）由表 4-8 和表 4-9 可以看出，当 A 组锯片电解抛光 25μm 或以上时，在不同方位角下测得的 X 射线应力趋于一致。

（9）由表 4-10 和图 4-26 可以看出，B 组锯片在表面未处理前，所测 X 射线应力随测量方位角 Φ 的变化趋势与实验锯片表面未处理时是基本一致的。

（10）当把 B 组锯片用细砂纸打磨 10μm 或以上时，在各测量方位角下测得的 X 射线应力值基本趋于一致，且皆为较大的压应力。

三、小结

本节分别利用侧倾固定 Ψ 法和同倾固定 Ψ_0 法对未适张的圆锯片的初始残余应力场进行实测与分析，重点阐述了两种测试方法对残余应力测试结果的影响因素及影响规律。

第六节　多点加压适张圆锯片残余应力分布的实验研究

一、实验材料与方法

（一）实验材料

圆锯片：材料为 65Mn，硬度为 HRC45，直径为 Φ350mm，厚度为 1.8mm，中心孔直径为 Φ30mm。

（二）加压方法

1）球面压头加压

工艺原理是用半径为 70mm、硬度为 HRC60 的一对球形压头对称布置在锯片两侧，分别以 22.5kN、34.5kN、45.6kN 的压力对 3 张锯片双面对压 3 次，加压点分布如图 4-27 所示。

2）柱面压头加压

工艺原理是用一对对称布置的特制压头，如图 4-15 所示，在锯片两侧的加压点同时对压，对于 3 个实验锯片，加压压力分别为 221kN、276.5kN、332kN，同一锯片在同一压力下重复加压 3 遍。

加压点的分布如图 4-28 所示，16 个压点在锯片两个圆周上分别呈放射状均匀分布，内圈压点的内端点距锯片中心的距离为 115mm，外圈压点的内端点距锯片中心的距离为 140mm。

（三）X 射线应力测试方法

工艺原理是在加压点组成的径向线中间插入一条测试线，测试线上由内向外分布 12 个测点，最外一个测点（第 12 点）距锯片边沿为 20mm，相邻两个测点之间的间距为 10mm。用 X 射线应力测试仪按规定的测试条件和操作规程逐点进行应力测试。

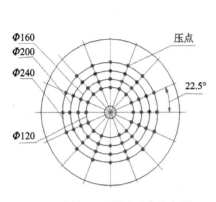

图 4-27　锯片压点分布图

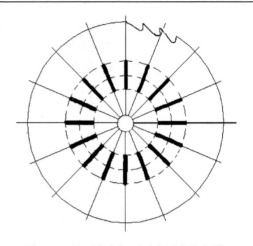

图 4-28　柱面多点加压适张压点分布图

二、实验结果与分析

（一）球面压头多点加压适张

实验测试结果列于表 4-13～表 4-18 中，相应的图形如图 4-29～图 4-34 所示。

表 4-13　22.5kN 压力球面多点加压适张前后的 X 射线切向应力（单位：MPa）

测点	1	2	3	4	5	6	7	8	9	10	11	12
加压后	−586	−583	−573	−582	−581	−579	−583	−563	−568	−548	−548	−439
加压前	−596	−590	−579	−573	−567	−581	−577	−579	−571	−562	−569	−469
差值	10	7	6	−9	−14	2	−6	16	3	14	21	30

表 4-14　22.5kN 压力球面多点加压适张前后的 X 射线径向应力（单位：MPa）

测点	1	2	3	4	5	6	7	8	9	10	11	12
加压后	−465	−480	−448	−438	−452	−445	−441	−482	−484	−485	−486	−430
加压前	−466	−484	−452	−461	−475	−496	−478	−478	−469	−463	−448	−428
差值	1	4	4	23	23	51	37	−4	−15	−22	−38	−2

表 4-15　34.5kN 压力球面多点加压适张前后的 X 射线切向应力（单位：MPa）

测点	1	2	3	4	5	6	7	8	9	10	11	12
加压后	−553	−540	−558	−566	−569	−555	−560	−533	−555	−553	−546	−481
加压前	−580	−544	−544	−547	−545	−555	−562	−533	−545	−549	−569	−521
差值	27	4	−14	−19	−24	0	2	0	−10	−4	23	40

表 4-16　34.5kN 压力球面多点加压适张前后的 X 射线径向应力（单位：MPa）

测点	1	2	3	4	5	6	7	8	9	10	11	12
加压后	−402	−425	−421	−403	−423	−445	−447	−431	−457	−494	−487	−480
加压前	−407	−430	−436	−425	−441	−453	−451	−436	−454	−460	−476	−482
差值	5	5	15	22	18	8	4	5	−3	−34	−11	2

表 4-17　45.6kN 压力球面多点加压适张前后的 X 射线切向应力（单位：MPa）

测点	1	2	3	4	5	6	7	8	9	10	11	12
加压后	−538	−519	−513	−553	−594	−579	−565	−555	−569	−533	−508	−481
加压前	−549	−527	−513	−553	−556	−560	−546	−571	−576	−542	−546	−551
差值	11	8	0	0	−38	−19	−19	16	7	9	38	70

表 4-18　45.6kN 压力球面多点加压适张前后的 X 射线径向应力（单位：MPa）

测点	1	2	3	4	5	6	7	8	9	10	11	12
加压后	−394	−381	−355	−370	−371	−384	−410	−400	−407	−415	−436	−454
加压前	−377	−362	−375	−389	−413	−405	−414	−427	−420	−411	−433	−448
差值	−17	−19	20	19	42	21	4	27	13	−4	−3	−6

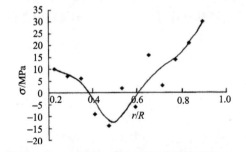

图 4-29　22.5kN 压力球面多点加压适张前后的　　　图 4-30　22.5kN 压力球面多点加压适张前后的
　　　　　X 射线切向应力差　　　　　　　　　　　　　　　　X 射线径向应力差

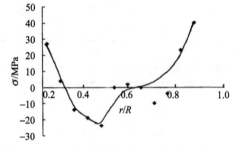
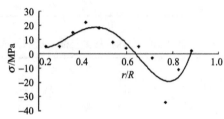

图 4-31　34.5kN 压力球面多点加压适张前后的　　　图 4-32　34.5kN 压力球面多点加压适张前后的
　　　　　X 射线切向应力差　　　　　　　　　　　　　　　　X 射线径向应力差

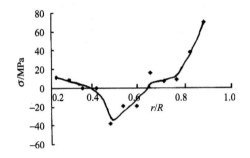

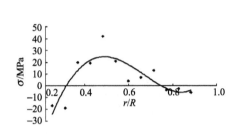

图 4-33　45.6kN 压力球面多点加压适张前后的　　图 4-34　45.6kN 压力球面多点加压适张前后的
　　　　　　X 射线切向应力差　　　　　　　　　　　　　X 射线径向应力差

由于未适张的圆锯片一般都经过锤击整平作业，因此各点的初始应力值都存在一定的差异。为此，本节实验首先测试了圆锯片适张前后各点的应力，然后用相应测试点的应力差值反映适张对圆锯片应力分布的影响。

分析测试结果，可获得如下结论。

球面多点加压适张后的应力差值分布近似于锤击，在圆锯片的外缘附近，切向拉应力随着半径比的增加而增加。因其压点位置和加压压力易于精确控制，应力分布的对称性也很好，适张应力分布比较接近理想应力分布，不会因适张而引起锯片变形，并且有利于实现计算机控制圆锯片适张及整平作业，所以是一种很有价值的圆锯片适张新方法。

（二）柱面压头多点加压适张

实验测试结果列于表 4-19～表 4-24 中，相应的图形如图 4-35～图 4-40 所示。

表 4-19　221kN 压力柱面多点加压适张前后的 X 射线切向应力（单位：MPa）

测点	1	2	3	4	5	6	7	8	9	10	11	12
加压前	−574	−566	−578	−566	−570	−550	−553	−526	−560	−552	−526	−540
加压后	−535	−552	−646	−675	−656	−635	−567	−515	−530	−520	−501	−523
差值	39	14	−68	−109	−86	−85	−14	11	30	32	25	17

表 4-20　221kN 压力柱面多点加压适张前后的 X 射线径向应力（单位：MPa）

测点	1	2	3	4	5	6	7	8	9	10	11	12
加压前	−423	−422	−443	−433	−428	−419	−420	−400	−420	−424	−425	−422
加压后	−390	−404	−384	−351	−384	−392	−406	−414	−434	−433	−425	−423
差值	33	18	59	82	44	27	14	−14	−14	−9	0	−1

表 4-21　276.5kN 压力柱面多点加压适张前后的 X 射线切向应力（单位：MPa）

测点	1	2	3	4	5	6	7	8	9	10	11	12
加压前	−567	−551	−579	−570	−560	−518	−543	−525	−500	−508	−510	−513
加压后	−539	−537	−638	−654	−628	−600	−601	−526	−494	−495	−495	−519
差值	28	14	−59	−84	−68	−82	−58	−1	6	13	15	−6

表 4-22　276.5kN 压力柱面多点加压适张前后的 X 射线径向应力（单位：MPa）

测点	1	2	3	4	5	6	7	8	9	10	11	12
加压前	−386	−355	−386	−401	−381	−381	−352	−380	−352	−360	−396	−409
加压后	−363	−338	−319	−296	−336	−311	−319	−353	−387	−408	−411	−430
差值	23	17	67	105	45	70	33	27	−35	−48	−15	−21

表 4-23　332kN 压力柱面多点加压适张前后的 X 射线切向应力（单位：MPa）

测点	1	2	3	4	5	6	7	8	9	10	11	12
加压前	−573	−581	−575	−538	−555	−560	−577	−560	−542	−508	−568	−531
加压后	−553	−568	−668	−798	−736	−550	−513	−505	−520	−484	−530	−505
差值	20	13	−93	−260	−181	10	64	55	22	24	38	26

表 4-24　332kN 压力柱面多点加压适张前后的 X 射线径向应力（单位：MPa）

测点	1	2	3	4	5	6	7	8	9	10	11	12
加压前	−408	−426	−403	−396	−409	−422	−430	−412	−421	−390	−432	−441
加压后	−400	−377	−348	−320	−339	−427	−488	−458	−432	−389	−431	−427
差值	8	49	55	76	70	−5	−58	−46	−11	1	1	14

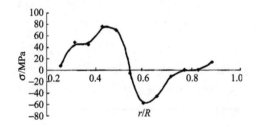

图 4-35　221kN 压力柱面多点加压适张前后的
X 射线切向应力差

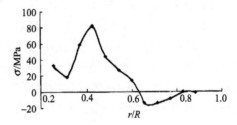

图 4-36　221kN 压力柱面多点加压适张前后的
X 射线径向应力差

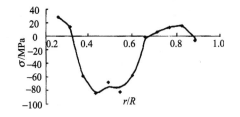

图 4-37　276.5kN 压力柱面多点加压适张前后的 X 射线切向应力差

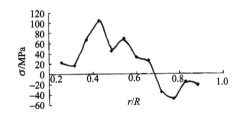

图 4-38　276.5kN 压力柱面多点加压适张前后的 X 射线径向应力差

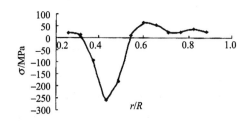

图 4-39　332kN 压力柱面多点加压适张前后的 X 射线切向应力差

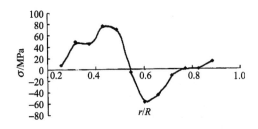

图 4-40　332kN 压力柱面多点加压适张前后的 X 射线径向应力差

分析测试结果，可得出如下结论。

从图 4-35、图 4-37 和图 4-39 可以看出，在加压区存在压应力，其最大压应力值随着适张时所加压力的增大而增大。在加压区外侧，有明显的拉应力增大区段，其最大拉应力值也随适张时所加压力的增大而增大，该拉应力可用以平衡一部分由于温度梯度而在这一部位引起的切向压应力。

从图 4-36、图 4-38 和图 4-40 可以看出，柱面多点加压适张时，其径向应力的变化趋势基本相同。在第 4 个测点存在最大拉应力，而在第 8 点、第 9 点附近存在最大压应力。当圆锯片在工作中存在温度梯度时，该径向压应力可使锯片边缘材料有利于向外扩张，从而减小锯片的切向压应力，提高锯片的工作稳定性。

实验中发现，当适张压力达到 332kN 时，圆锯片出现明显的局部压曲现象，即圆锯片的中心部位向一侧突出。若在突出部位加一个与突出位移反向的力，则该部位向另一侧突出，即出现所谓的碟形化。在以后对圆锯片周边加温实验中，该锯片的各阶固有频率下降最少，且低阶模态的固有频率还有一定程度的提高。

三、小结

本节对球面、柱面多点加压适张后圆锯片内部的适张应力场进行了实测与分析，其适张应力分布近似于锤击，在圆锯片的外缘区域，切向拉应力随着半径的增加而增大。并且，多点加压适张时压点位置和加压压力易于精确控制，适张应力分布比较接近理想应力分布，不会因适张而引起锯片变形，并且有利于实现计算机控制圆锯片适张及整平作业，所以是一种很有价值的圆锯片适张新方法。本节从适张应力生成的角度证明了多点加压适张工艺的合理性与优越性。

第七节　多点加压适张圆锯片振动模态的实验研究

一、实验材料与方法

（一）球面多点加压

1）实验材料

A 组圆锯片（无齿、未适张），材料为 65Mn，硬度为 HRC42，直径为 356mm，厚度为 2.2mm，中心孔直径为 30mm。

A 组圆锯片的压点分布见图 4-41，分别在直径为 Φ160mm、Φ220mm、Φ280mm 的 3 个圆周上的正反面均匀分布 8 个压点，其中"×"为正面压点，"•"为反面压点，每个锯片共有 48 个压点。

B 组圆锯片（无齿、未适张），材料为 65Mn，硬度为 HRC45，直径为 350mm，厚度为 1.8mm，中心孔直径为 30mm。

B 组圆锯片的压点分布见图 4-42，分别在直径为 Φ120mm、Φ160mm、Φ200mm、Φ240mm 的 4 个圆周正反面均匀分布 16 个压点，每个锯片共有 128 个压点。

2）实验方法

该实验采用脉冲锤进行冲击实验，多点激振，单点拾振。对于 A 组锯片，拾振点为第 48 点，激振点为 1～48 点（图 4-43）；对于 B 组锯片，拾振点为第 36 点，激振点为 1～36 点（图 4-44）。冲击激励的低频响应较好，高频响应较差。而我们在研究中最感兴趣的正是锯片在 800Hz 以下频段上的固有频率，其冲击激励的响应比较理想。

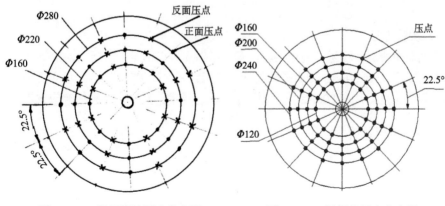

图 4-41　A 组圆锯片压点分布图　　　图 4-42　B 组锯片压点分布图

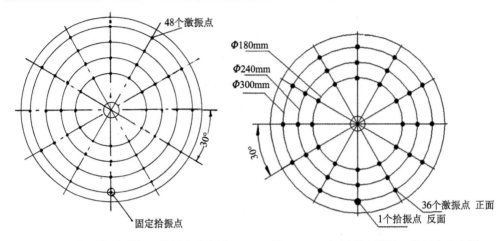

图 4-43 A 组圆锯片激振、拾振点分布图　　图 4-44 B 组圆锯片激振、拾振点分布图

（二）柱面多点加压适张

1）实验材料

圆锯片（无齿、未适张），材料为 65Mn，硬度为 HRC45，直径为 $\Phi350mm$，厚度为 1.8mm，中心孔直径为 $\Phi30mm$。

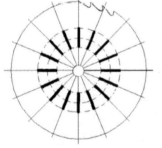

图 4-45 柱面多点加压适张压点分布图

2）加压方法

加压点的分布：在锯片两个圆周上分别呈放射状均匀分布有 16 个压点，内圈压点的内端点距锯片中心的距离为 115mm，外圈压点的内端点距锯片中心的距离为 140mm，见图 4-45。

用一对对称布置的特制压头，在锯片两侧的加压点同时对压，对于 3 个实验锯片，加压压力分别为：221kN、276.5kN、332kN。同一锯片在同一压力下重复加压 3 遍。

3）实验方法

该实验采用脉冲锤进行冲击实验，多点激振，单点拾振。拾振点为第 36 点，激振点为 1～36 点（图 4-44）。冲击激励的低频响应较好，高频响应较差。而我们在研究中最感兴趣的正是锯片在 800Hz 以下频段上的固有频率，其冲击激励的响应比较理想。

二、实验结果与分析

（一）圆锯片球面多点加压适张前后振动模态分析

（1）A 组锯片球面多点加压前后振动模态分析，见图 4-46～图 4-49。

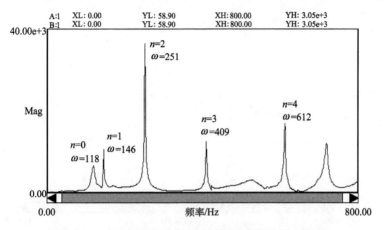

图 4-46　未加压圆锯片幅频特性曲线及各阶固有频率

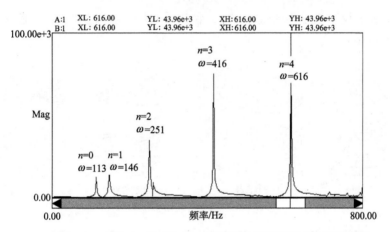

图 4-47　用 11kN 加压 5 次，其幅频特性曲线及各阶固有频率

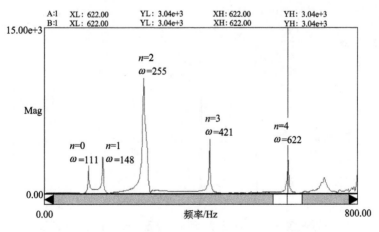

图 4-48　用 45.6kN 加压一次的幅频特性曲线及各阶固有频率

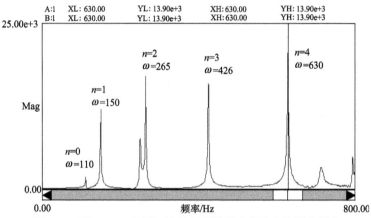

图 4-49　用 45.6kN 加压 3 次的幅频特性曲线及各阶固有频率

将频响函数经 Star 振动模态分析软件进行峰值曲线拟合，得出了圆锯片的各阶振型（图 4-50）。

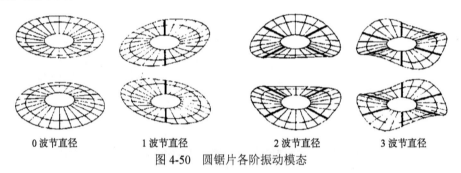

图 4-50　圆锯片各阶振动模态

（2）B 组锯片球面多点加压前后振动模态分析，见图 4-51～图 4-56 和表 4-25～表 4-27。

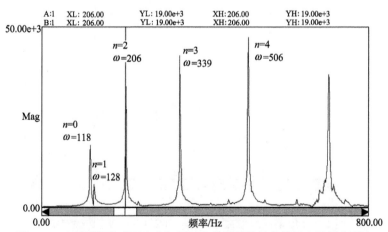

图 4-51　1 号圆锯片球面多点加压适张前幅频特性曲线及各阶固有频率

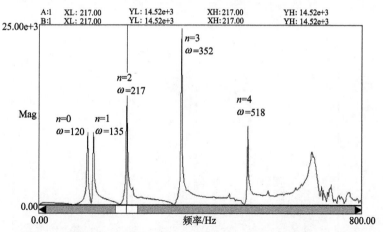

图 4-52　圆锯片球面多点加压适张后幅频特性曲线及各阶固有频率（压力：22.5kN）

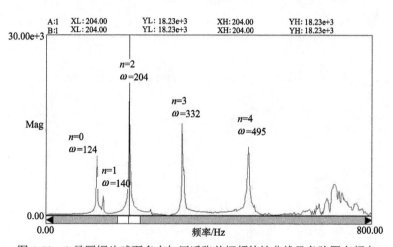

图 4-53　2 号圆锯片球面多点加压适张前幅频特性曲线及各阶固有频率

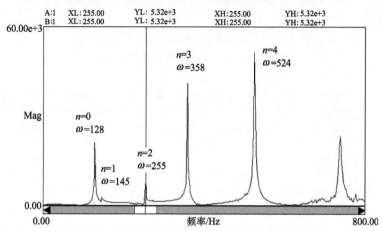

图 4-54　圆锯片球面多点加压适张后幅频特性曲线及各阶固有频率（压力：34.5kN）

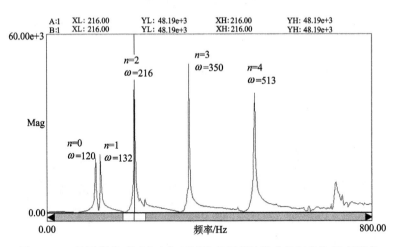

图 4-55　3 号圆锯片球面多点加压适张前幅频特性曲线及各阶固有频率

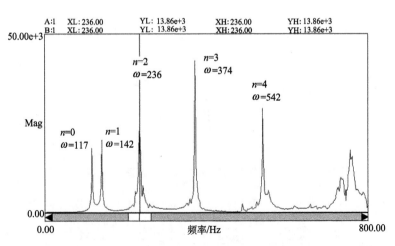

图 4-56　圆锯片球面多点加压适张后幅频特性
曲线及各阶固有频率（压力：45.6kN）

表 4-25　**B 组锯片球面多点加压前后振动模态分析（压力:22.5kN）**（单位：Hz）

模态直径阶数	0	1	2	3	4
加压前频率	118	128	206	339	506
加压后频率	120	135	217	352	518
频率提高（差）	2	7	11	13	12

表 4-26　B 组锯片球面多点加压前后振动模态分析（压力:34.5kN）（单位：Hz）

模态直径阶数	0	1	2	3	4
加压前频率	124	140	204	332	495
加压后频率	128	145	255	358	524
频率提高（差）	4	5	51	26	29

表 4-27　B 组锯片球面多点加压前后振动模态分析（压力:45.6kN）（单位：Hz）

模态直径阶数	0	1	2	3	4
加压前频率	120	132	216	350	513
加压后频率	117	142	236	374	542
频率提高（差）	−3	10	20	24	29

从以上幅频特性曲线及各阶固有频率图可以看出，圆锯片的各阶振型比较清晰，而且在相邻两阶固有频率之间，无明显振动峰值。

球面多点加压适张后，0 波节、1 波节直径的固有频率普遍有所下降。2 波节直径以上的固有频率则呈不同程度的上升趋势。

适张时所加的压力大小对各阶固有频率的影响较大，重复加压 3 次以后各阶固有频率的变化趋缓。

锯片上加压的压点数及其压点分布对圆锯片适张后的各阶固有频率有比较明显的影响，所以对其需要进行进一步的优化研究。

（二）圆锯片柱面多点加压适张前后振动模态分析

B 组锯片柱面多点加压前后振动模态分析，见图 4-57～图 4-62 和表 4-28～表 4-30。

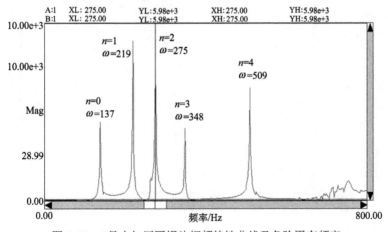

图 4-57　1 号未加压圆锯片幅频特性曲线及各阶固有频率

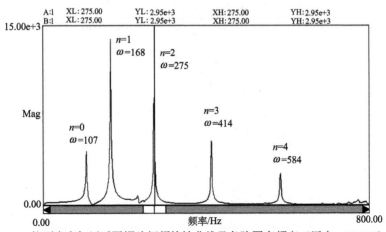

图 4-58　柱面多点加压后圆锯片幅频特性曲线及各阶固有频率（压力：221kN）

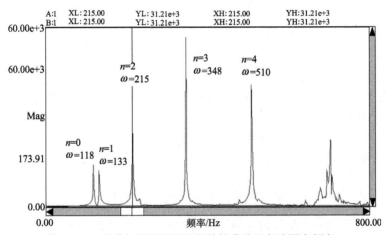

图 4-59　2 号未加压圆锯片幅频特性曲线及各阶固有频率

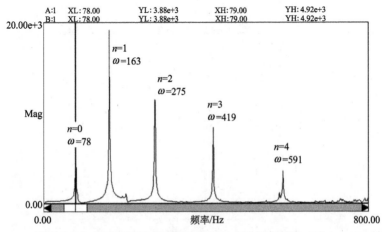

图 4-60　柱面多点加压后圆锯片幅频特性曲线及各阶固有频率（压力：276.5kN）

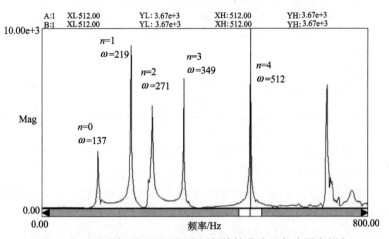

图 4-61　3 号未加压适张圆锯片幅频特性曲线及各阶固有频率

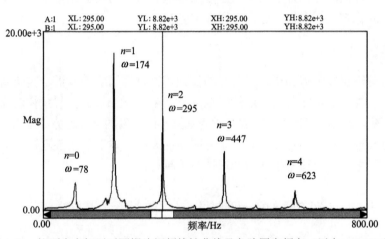

图 4-62　柱面多点加压后圆锯片幅频特性曲线及各阶固有频率（压力：332kN）

表 4-28　B 组锯片柱面多点加压前后振动模态分析（压力:221kN）（单位：Hz）

模态直径阶数	0	1	2	3	4
加压前频率	137	219	275	348	509
加压后频率	107	168	275	414	584
频率提高（差）	−30	−51	0	66	75

表 4-29　B 组锯片柱面多点加压前后振动模态分析（压力:276.5kN）（单位：Hz）

模态直径阶数	0	1	2	3	4
加压前频率	118	133	215	348	510
加压后频率	78	163	275	419	591
频率提高（差）	−40	30	60	71	81

表 4-30　B 组锯片柱面多点加压前后振动模态分析（压力:332kN）（单位：Hz）

模态直径阶数	0	1	2	3	4
加压前频率	137	219	271	349	512
加压后频率	78	174	295	447	623
频率提高（差）	−59	−45	24	98	111

　　锯片经柱面多点加压后，0 阶模态的固有频率呈下降趋势，加压压力越大，下降越显著。2 阶以上模态的固有频率都有不同程度的提高。

　　当压力增大到 332kN 时，锯片明显呈锅状内凹。用手在锯片中心加压，很容易改变内凹的方向。这是适张产生的残余应力使锯片局部压屈而引起的。当锯片装上锯机工作时，在离心力及温度梯度的作用下，凹屈现象会减轻或完全消失。根据锯片振动分析理论，当锯片上产生的温度梯度越大时，与其他适张方法的锯片相比，这种锯片的稳定性会更好，这点可通过实验得到证明。

三、小结

　　本节对圆锯片多点加压适张前后的振动模态进行了实测分析。实验结果表明，经过球面、柱面多点加压适张后的圆锯片，其中 0 波节、1 波节直径的固有频率普遍有所下降，2 波节直径以上的固有频率则呈不同程度的上升趋势。压力、加压次数及压点分布形式对圆锯片的固有频率有明显的影响。本节从改善圆锯片动态特性的角度证明了多点加压适张工艺的合理性与优越性。

第八节　温度梯度对圆锯片固有频率的影响规律分析

一、实验材料与方法

　　用电阻丝加热锯齿边缘，使圆锯片产生外高内低的温度梯度，从而模拟锯片工作时由于切削及摩擦产生的温度梯度。用便携式红外测温仪对锯片进行温度检测。圆锯片齿边加热情况分两种。

　　（1）齿边加热温度为 400℃，锯片中心温度为 300℃。
　　（2）齿边加热温度为 600℃，锯片中心温度为 330℃。
　　对加热前后的圆锯片采用同样的振动模态实验方法。

二、实验结果与分析

　　（一）未适张圆锯片的固有频率

　　未适张圆锯片在不同温度梯度下的各阶固有频率，见表 4-31。

表 4-31　未适张圆锯片在不同温度梯度下的各阶固有频率（单位：Hz）

模态直径阶数	0	1	2	3	4
未加热	120	202	235	331	491
齿边加热 40℃	85	122	154	235	390
齿边加热 60℃	72	104	140	220	263

无适张圆锯片未加热时幅频特性曲线及各阶固有频率见图 4-63。

未适张圆锯片，齿边加热 40℃、60℃时幅频特性曲线及各阶固有频率分别见图 4-64 和图 4-65。

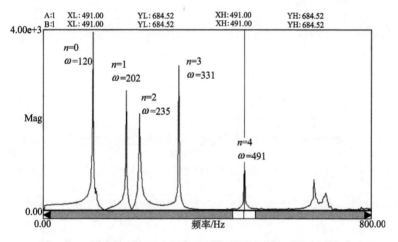

图 4-63　无适张圆锯片未加热时幅频特性曲线及各阶固有频率

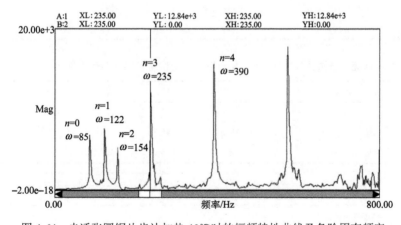

图 4-64　未适张圆锯片齿边加热 40℃时的幅频特性曲线及各阶固有频率

（二）球面多点加压适张圆锯片的固有频率

球面多点加压压力为 22.5kN 时不同温度梯度下的各阶固有频率，见表 4-32。
球面多点加压压力为 34.5kN 时不同温度梯度下的各阶固有频率，见表 4-33。
球面多点加压压力为 45.6kN 时不同温度梯度下的各阶固有频率，见表 4-34。
球面多点加压压力为 22.5kN、34.5kN、45.6kN 时，圆锯片幅频特性曲线及各阶固有频率分别见图 4-52、图 4-54 和图 4-56。

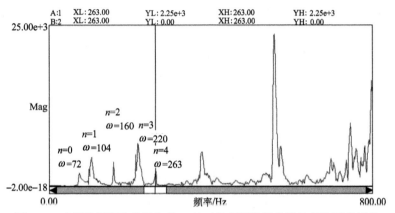

图 4-65　未适张圆锯片齿边加热 60℃时的幅频特性曲线及各阶固有频率

表 4-32　球面多点加压压力为 22.5kN 时不同温度梯度下的各阶固有频率（单位：Hz）

模态直径阶数	0	1	2	3	4
未加热	120	135	217	352	518
齿边加热 40℃	118	137	193	322	487
齿边加热 60℃	109	144	178	302	468

表 4-33　球面多点加压压力为 34.5kN 时不同温度梯度下的各阶固有频率（单位：Hz）

模态直径阶数	0	1	2	3	4
未加热	128	145	225	358	524
齿边加热 40℃	120	146	193	323	488
齿边加热 60℃	85	126	169	245	409

表 4-34　球面多点加压压力为 45.6kN 时不同温度梯度下的各阶固有频率（单位：Hz）

模态直径阶数	0	1	2	3	4
未加热	117	142	236	374	542
齿边加热 40℃	117	140	195	316	481
齿边加热 60℃	118	139	202	323	487

　　球面多点加压压力为 22.5kN，齿边加热为 40℃、60℃时，圆锯片幅频特性曲线及各阶固有频率分别见图 4-66 和图 4-67。

　　球面多点加压压力为 34.5kN，齿边加热为 40℃、60℃时，圆锯片幅频特性曲线及各阶固有频率分别见图 4-68 和图 4-69。

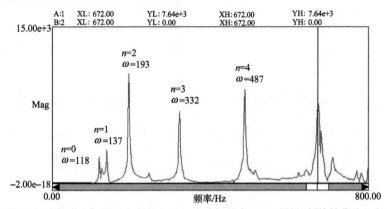

图 4-66　圆锯片经球面多点加压压力为 22.5kN，齿边加热为 40℃时的幅频特性曲线及各阶固有频率

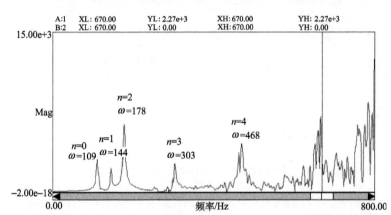

图 4-67　圆锯片经球面多点加压压力为 22.5kN，齿边加热为 60℃时的幅频特性曲线及各阶固有频率

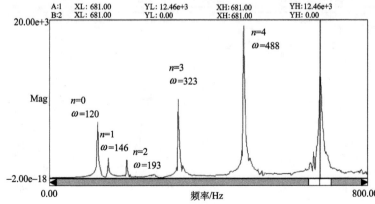

图 4-68　圆锯片经球面多点加压压力为 34.5kN，齿边加热为 40℃时的幅频特性曲线及各阶固有频率

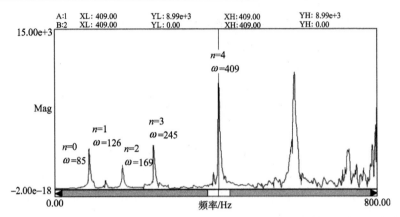

图 4-69　圆锯片经球面多点加压压力为 34.5kN，齿边加热为 60℃时的幅频特性曲线及各阶固有频率

球面多点加压压力为 45.6kN，齿边加热为 40℃、60℃时，圆锯片幅频特性曲线及各阶固有频率分别见图 4-70 和图 4-71。

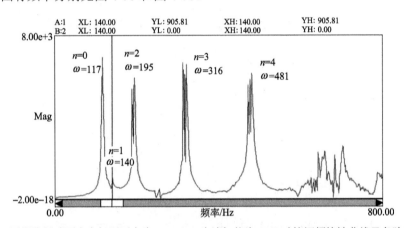

图 4-70　圆锯片经球面多点加压压力为 45.6kN，齿边加热为 40℃时的幅频特性曲线及各阶固有频率

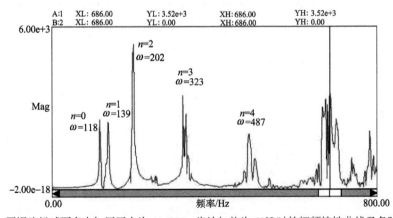

图 4-71　圆锯片经球面多点加压压力为 45.6kN，齿边加热为 60℃时的幅频特性曲线及各阶固有频率

（三）柱面多点加压适张圆锯片的固有频率

柱面多点加压压力为 221kN 时不同温度梯度下的各阶固有频率，见表 4-35。

柱面多点加压压力为 276.5kN 时不同温度梯度下的各阶固有频率，见表 4-36。

柱面多点加压压力为 332kN 时不同温度梯度下的各阶固有频率，见表 4-37。

表 4-35　柱面多点加压压力为 221kN 时不同温度梯度下的各阶固有频率（单位：Hz）

模态直径阶数	0	1	2	3	4
未加热	107	168	275	414	584
齿边加热 40℃	137	216	263	343	501
齿边加热 60℃	128	156	194	317	472

表 4-36　柱面多点加压压力为 276.5kN 时不同温度梯度下的各阶固有频率（单位：Hz）

模态直径阶数	0	1	2	3	4
未加热	78	163	275	419	591
齿边加热 40℃	97	151	255	391	560
齿边加热 60℃	120	133	211	343	503

表 4-37　柱面多点加压压力为 332kN 时不同温度梯度下的各阶固有频率（单位：Hz）

模态直径阶数	0	1	2	3	4
未加热	78	174	295	447	623
齿边加热 40℃	92	151	255	393	557
齿边加热 60℃	117	134	211	344	505

柱面多点加压压力为 221kN、276.5kN、332kN 时，圆锯片幅频特性曲线及各阶固有频率分别见图 4-58、图 4-60 和图 4-62。

柱面多点加压压力为 221kN，齿边加热为 40℃、60℃时，圆锯片幅频特性曲线及各阶固有频率分别见图 4-72 和图 4-73。

柱面多点加压压力为 276.5kN，齿边加热为 40℃、60℃时，圆锯片幅频特性曲线及各阶固有频率分别见图 4-74 和图 4-75。

柱面多点加压压力为 332kN，齿边加热为 40℃、60℃时，圆锯片幅频特性曲线及各阶固有频率分别见图 4-76 和图 4-77。

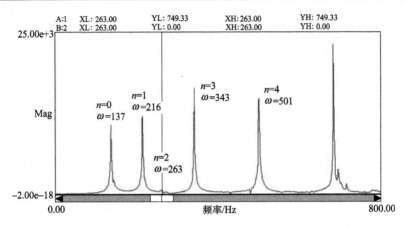

图 4-72　圆锯片经柱面多点加压压力为 221kN，齿边加热为 40℃时的幅频特性曲线及各阶固有频率

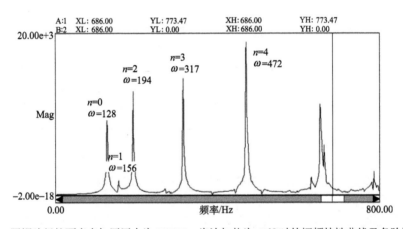

图 4-73　圆锯片经柱面多点加压压力为 221kN，齿边加热为 60℃时的幅频特性曲线及各阶固有频率

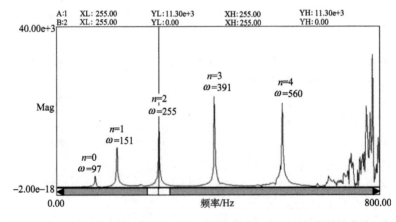

图 4-74　圆锯片经柱面多点加压压力为 276.5kN，齿边加热为 40℃时的幅频特性曲线及各阶固有频率

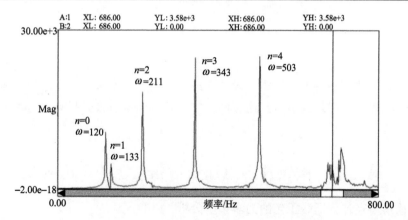

图 4-75 圆锯片经柱面多点加压压力为 276.5kN，齿边加热为 60℃时的幅频特性曲线及各阶固有频率

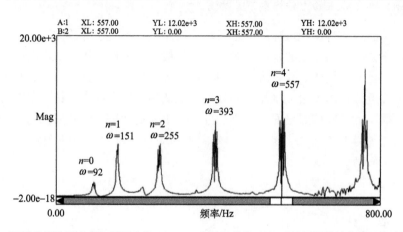

图 4-76 圆锯片经柱面多点加压压力为 332kN，齿边加热为 40℃时的幅频特性曲线及各阶固有频率

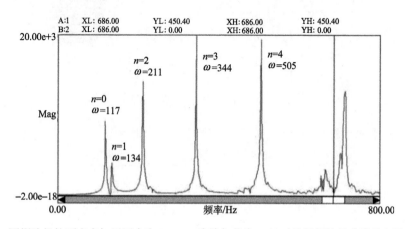

图 4-77 圆锯片经柱面多点加压压力为 332kN，齿边加热为 60℃时的幅频特性曲线及各阶固有频率

三、小结

本节通过施加温度场，使得圆锯片内部形成一定的温度梯度，以此模拟圆锯片在工作状态下的动态特性。当锯片内外形成一定温度梯度时，未经适张的圆锯片的各阶固有频率下降得最为显著，经球面、柱面多点加压适张的圆锯片的各阶固有频率下降程度明显减小。

第九节　圆锯片多点加压适张工艺的理论研究

一、圆锯片多点加压适张工艺的力学模型分析

（一）单点加压的力学模型及应力分析

在用球面压头对锯片进行加压适张时，加压点材料发生弹塑性变形，其中由于塑性变形，会产生向周围的延伸，对其周围材料产生挤压作用，从而在这些材料内部形成呈一定分布规律的残余应力。因其残余应力的影响范围较小且锯片较薄，故可将圆锯片近似看作无限大平面，并可近似地认为该残余应力在锯片厚度方向均匀分布。这样，就可以按照平面应力进行分析。下面是加压点及其周围材料产生挤压的受力模型（图4-78）。加压点受到由外向内的均布压力 p，而其周围材料受到由内向外的均布应力 p。

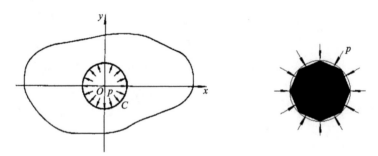

图 4-78　单点加压的力学模型

若将笛卡尔坐标 x，y 用下列复变量作自变量，则有

$$z = x + iy, \quad \overline{z} = x - iy \tag{4-11}$$

或

$$x = \mathrm{Re}\, z = \frac{1}{2}\left(z + \overline{z}\right)$$
$$y = \mathrm{Im}\, z = \frac{1}{2i}\left(z - \overline{z}\right) \tag{4-12}$$

式中，x 为复变量 z 的实部，y 为其虚部。于是应力函数 ϕ_f 可以看作自变量 x、y 的复合函数，按复合函数的微分法则，并注意到 $\dfrac{\partial z}{\partial x}=1$，$\dfrac{\partial z}{\partial y}=i$，有

$$\left.\begin{aligned}\frac{\partial \phi_f}{\partial x}&=\frac{\partial \phi_f}{\partial z}\frac{\partial z}{\partial x}+\frac{\partial \phi_f}{\partial \overline{z}}\frac{\partial \overline{z}}{\partial x}=\left(\frac{\partial}{\partial z}+\frac{\partial}{\partial \overline{z}}\right)\phi_f\\ \frac{\partial \phi_f}{\partial y}&=i\left(\frac{\partial}{\partial z}-\frac{\partial}{\partial \overline{z}}\right)\phi_f\end{aligned}\right\}\tag{4-13}$$

或

$$\left.\begin{aligned}\frac{\partial \phi_f}{\partial z}&=\frac{1}{2}\left(\frac{\partial}{\partial x}-\frac{\partial}{\partial y}\right)\phi_f\\ \frac{\partial \phi_f}{\partial \overline{z}}&=\frac{1}{2}\left(\frac{\partial}{\partial x}+\frac{\partial}{\partial y}\right)\phi_f\end{aligned}\right\}\tag{4-14}$$

其二阶导数为

$$\left.\begin{aligned}\phi_{f,xx}&=\left(\frac{\partial}{\partial z^2}+2\frac{\partial^2}{\partial z\partial \overline{z}}+\frac{\partial^2}{\partial \overline{z}^2}\right)\phi_f\\ \phi_{f,yy}&=-\left(\frac{\partial^2}{\partial z^2}-2\frac{\partial^2}{\partial z\partial \overline{z}}+\frac{\partial^2}{\partial \overline{z}^2}\right)\phi_f\\ \phi_{f,xy}&=i\left(\frac{\partial^2}{\partial z^2}-\frac{\partial^2}{\partial \overline{z}^2}\right)\phi_f\end{aligned}\right\}\tag{4-15}$$

于是有

$$\phi_{f,xx}+\phi_{f,yy}=\nabla^2\phi_f=4\frac{\partial^2 \phi_f}{\partial z\partial \overline{z}}$$

$$\nabla^4\phi_f=16\frac{\partial^4 \phi_f}{\partial z^2\partial \overline{z}^2}\tag{4-16}$$

因此，双调函数可以表示为

$$\frac{\partial^4 \phi_f}{\partial z^2\partial \overline{z}^2}=0\tag{4-17}$$

上式可以分解为 2 个二阶方程，即

$$\nabla^2 P=0,\qquad P=\nabla^2\phi_f\tag{4-18}$$

上式第一式为调和函数，可作为某一解析函数 $f(z)$ 的实部，

$$f(z)=P+iQ\tag{4-19}$$

由解析函数的性质可知，$Q(x,y)$ 是 P 的共轭调和函数，由调和方程的复变函数解得

$$P = \frac{1}{2}\left[f(z) + \overline{f(z)} \right] \tag{4-20}$$

此处，$\overline{f(z)}$ 是 $f(z)$ 的共轭函数。

式（4-18）的第二式可以写为

$$\nabla^2 \phi_f = 4\frac{\partial^2 \phi_f}{\partial z \partial \bar{z}} = \frac{1}{2}\left[f(z) + \overline{f(z)} \right] \tag{4-21}$$

令

$$\tilde{\phi}_f'(z) = \frac{1}{4} f(z), \text{即} \tilde{\phi}_f(z) = \frac{1}{4}\int f(z)dz \tag{4-22}$$

对 z 和 $\bar{z}$ 分别积分，运算后可得

$$\frac{\partial \phi_f}{\partial z} = \frac{1}{2}\left[\bar{z}\tilde{\phi}_f'(z) + \overline{\tilde{\phi}_f(z)} + \psi(z) \right] \tag{4-23}$$

$$\phi_f = \frac{1}{2}\left[\bar{z}\tilde{\phi}_f(z) + z\overline{\tilde{\phi}_f(\bar{z})} + \int \psi(z)dz + \overline{g(z)} \right] \tag{4-24}$$

显然，上式中后两项也互为共轭：

$$\overline{g(z)} = \int \overline{\psi(z)}d\bar{z} \tag{4-25}$$

应力函数可以表示成：

$$\phi_f(z,\bar{z}) = \mathrm{Re}\left[\bar{z}\tilde{\phi}_f(z) + \int \psi(z)dz \right] \tag{4-26}$$

令 $\chi(z) = \int \psi(z)dz$，　$\psi(z) = \chi'(z)$，　　则有

$$\phi_f(z,\bar{z}) = \mathrm{Re}\left[\bar{z}\tilde{\phi}_f(z) + \chi(z) \right] \tag{4-27}$$

或

$$z\phi_f(z,\bar{z}) = \bar{z}\phi_f(z) + z\overline{\tilde{\phi}_f(\bar{z})} + \chi(z) + \overline{\chi(\bar{z})} \tag{4-28}$$

此即著名的古尔萨（Goursat）公式。它是方程（4-17）的一般积分。$\tilde{\phi}_f(z)$ 和 $\psi(z)$ [或 $\chi(z)$] 是两个解析函数，称为克罗索夫-穆斯海里什维里函数（简称 K-M 函数）。

根据

$$\sigma_x = \frac{\partial \phi_f}{\partial y^2}, \qquad \sigma_y = \frac{\partial^2 \phi_f}{\partial x^2}, \qquad \tau_{xy} = -\frac{\partial^2 \phi_f}{\partial x \partial y} \tag{4-29}$$

由上式可得

$$\left. \begin{aligned} \sigma_x + \sigma_y &= 4\frac{\partial^2 \phi_f}{\partial z \partial \bar{z}} = 2\left[\tilde{\phi}_f'(z) + \overline{\tilde{\phi}_f'(z)} \right] = 4\mathrm{Re}\left[\tilde{\phi}_f'(z) \right] \\ \sigma_x - \sigma_y + 2i\tau_{xy} &= 4\frac{\partial \phi_f}{\partial z^2} = 2\left[\bar{z}\tilde{\phi}_f''(z) + \psi'(z) \right] \end{aligned} \right\} \tag{4-30}$$

于是 σ_x 和 σ_y 可由式（4-30）第二式的实部与第一式联立求得，τ_{xy} 则可由第二式的虚部确定。

现在给出位移的复变函数。由应力应变关系，可得

$$2G(\varepsilon_x + \varepsilon_y) = (1+2\nu)(\sigma_x + \sigma_y) = 4(1+2\nu)\frac{\partial^2 \phi_f}{\partial z \partial \bar{z}} \left.\right\} \tag{4-31}$$
$$= 4(1-2\nu)\mathrm{Re}\left[\tilde{\phi}'_f(z)\right]$$

$$2G(\varepsilon_y - \varepsilon_x + 2i\gamma_{xy}) = \sigma_y - \sigma_x + 2i\tau_{xy} = 4\frac{\partial^2 \phi_f}{\partial z^2} = 2\left[\bar{z}\tilde{\phi}''_f(z) + \psi'(z)\right] \tag{4-32}$$

即下式成立

$$2G(u+iv) = \kappa\tilde{\phi}_f(z) - z\overline{\tilde{\phi}'_f(z)} - \overline{\psi(z)} \tag{4-33}$$

式中，$\kappa = 3 - 4\nu$（平面应变情况），或 $\kappa = (3-\nu)/(1+\nu)$（平面应力情况）。若将式（4-33）分成实部与虚部，则可得位移分量 u 和 v 的表达式。式（4-30）和式（4-33）称为克罗索夫公式。

以下讨论位移边界条件和力边界条件，在位移边界 S_u 上，边界位移值 u^0 和 v^0 值已知，设边界点的坐标为 $z = \xi$，则位移边界条件的表达式为

$$2G(u^0 + iv^0) = \kappa\tilde{\phi}_f(\xi) - \xi\overline{\tilde{\phi}'_f(\xi)} - \overline{\psi(\xi)}(在 S_u 上) \tag{4-34}$$

在应力边界 S_σ 上，边界应力值 $\bar{p}_x$ 和 $\bar{p}_y$ 已知。边界的外法线矢量为 $\boldsymbol{n}$（以下省略 $\bar{p}_x$ 和 $\bar{p}_y$ 的顶标"—"）则有

$$p_{xn} = \sigma_x \cos(n,x) + \tau_{xy}\cos(n,y)$$
$$= \frac{\partial^2 \phi_f}{\partial y^2}\frac{dy}{ds} + \frac{\partial^2 \phi_f}{\partial x \partial y}\frac{dx}{ds} = \frac{d}{ds}\left(\frac{\partial \phi_f}{\partial y}\right)$$
$$p_{yn} = \tau_{xy}\cos(n,x) + \sigma_y\cos(n,y) \tag{4-35}$$
$$= -\frac{\partial^2 \phi_f}{\partial x \partial y}\frac{dy}{ds} - \frac{\partial^2 \phi_f}{\partial y^2}\frac{dx}{ds} = -\frac{d}{ds}\left(\frac{\partial \phi_f}{\partial x}\right)$$

设 A 为 S_σ 上某顶点，$\overline{A}$ 为任意一点，则弧 $A\overline{A}$ 上的合力 p_x 与 p_y 为

$$p_x + ip_y = \int_A^{\overline{A}} (p_{xn} + ip_{yn})ds = \int_A^{\overline{A}} \frac{d}{ds}\left(\frac{\partial \phi_f}{\partial y} - i\frac{\partial \phi_f}{\partial x}\right)ds$$
$$= \left(\frac{\partial \phi_f}{\partial y} - i\frac{\partial \phi_f}{\partial x}\right)\Big|_A^{\overline{A}} = -i\left(\frac{\partial \phi_f}{\partial x} + i\frac{\partial \phi_f}{\partial y}\right)\Big|_A^{\overline{A}} \tag{4-36}$$

将 $\dfrac{\partial \phi_f}{\partial x}, \dfrac{\partial \phi_f}{\partial y}$ 的表达式代入式（4-36），可得

$$p_x + ip_y = -i\left[\tilde{\phi}_f(z) + z\overline{\phi'_f(z)} + \overline{\psi(z)}\right]_A^{\overline{A}} \tag{4-37}$$

由于 K-M 函数中增减一个复常数并不影响应力值，故可选取 $\phi_f(z)$ 使得积分常数为零（下同），于是有

$$p_x + ip_y = \tilde{\phi}_f(z) + z\overline{\phi'_f(z)} + \overline{\psi(z)} \qquad (在 S_0 上) \tag{4-38}$$

这便是应力边界条件。

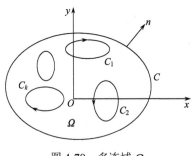

图 4-79　多连域 Ω

设有多连域 Ω（图 4-79），它有 m 个内边界 $C_1, C_2, \ldots, C_k, \ldots, C_m$ 和外边界 C。假定在一个内边界 C_k 上的外力主矢量分量 p_{xk} 和 p_{yk} 的组合复数已给定，则在绕边界 C_k 时，K-M 函数必须能具有等于 $-(p_{xk} + p_{yk})$ 的特征。

此外，根据应力分量和位移分量必须是单值可以得出结论：克罗索夫公式（4-30）和式（4-33）等号右边的表达式也必须是单值。若取

$$\left.\begin{array}{l} \tilde{\phi}_f(z) = A_k \ln(z - z_k) + \tilde{\phi}_{f1}(z) \\ \psi(z) = B_k \ln(z - z_k) + \psi_1(z) \end{array}\right\} \tag{4-39}$$

则上述条件都将满足。式中 $A_k = \alpha_k + i\beta_k, B_k = \alpha'_k + i\beta'_k$ 为常数，z_k 为部边界 C_k 上的任意一点，$\overline{\phi}_{f1}$ 和 ψ_1 为全纯函数，即单值的解析函数。

显然，式（4-39）定义的函数 $\tilde{\phi}_f(z), \psi(z)$ 的导数是单值的，而函数本身在环绕周边 C_k 时产生增量：

$$\left[A_k \ln(z - z_k)\right]_{C_k} = 2\pi i A_k \quad \left[B_k \ln(z - z_k)\right]_{C_k} = 2\pi i B_k \tag{4-40}$$

于是，利用周界 C_k 上的应力主矢量公式（4-37）及以上结果，可得

$$p_{xk} + ip_{yk} = -2\pi(A_k - \overline{B}_k) \tag{4-41}$$

式中，$\overline{B}_k = \alpha'_k - i\beta'_k$。

根据位移单值条件，由等式

$$p_x + ip_y = -i\left(\frac{\partial \phi_f}{\partial x} + i\frac{\partial \phi_f}{\partial y}\right)\Bigg|_A^{\overline{A}} \tag{4-42}$$

还可得到确定常数 A_k 和 $\overline{B}_k$ 的一个方程

$$\kappa A_k + \overline{B}_k = 0 \tag{4-43}$$

由此得

$$A_k = -\frac{p_{xk} + ip_{yk}}{2\pi(1+\kappa)}, \qquad \overline{B}_k = \kappa\frac{p_{xk} - ip_{yk}}{2\pi(1+\kappa)} \tag{4-44}$$

把式（4-44）代入式（4-39），得到

$$\left.\begin{aligned}
\tilde{\phi}_f(z) &= -\frac{p_{xk} + ip_{yk}}{2\pi(1+\kappa)}\ln(z - z_k) + \tilde{\phi}_{f1}(z) \\[2mm]
\psi(z) &= \kappa\frac{p_{xk} - ip_{yk}}{2\pi(1+\kappa)}\ln(z - z_k) + \psi_1(z)
\end{aligned}\right\} \tag{4-45}$$

若在其他内部边界条件上也存在非平衡力，则应将对应的对数项相加。

对于多连通无限域 Ω，式（4-45）可改写为

$$\left.\begin{aligned}
\tilde{\phi}_f(z) &= -\frac{p_{xk} + ip_{yk}}{2\pi(1+\kappa)}\ln z + \tilde{\phi}_f^{\,*}(z) \\[2mm]
\psi(z) &= \kappa\frac{p_{xk} - ip_{yk}}{2\pi(1+\kappa)}\ln z + \psi^*(z)
\end{aligned}\right\} \tag{4-46}$$

式中，$\tilde{\phi}_f^{\,*}(z)$ 和 $\psi^*(z)$ 为 C 外的全纯函数，即圆环 $C < z < C_0$ 上的全纯函数，此处 C_0 为无限大的圆周。于是，函数 $\tilde{\phi}_f^{\,*}$ 和 ψ^* 可用在 $C < z < C_0$ 上收敛的洛朗（Laurent）级数表示，即

$$\tilde{\phi}_f^{\,*}(z) = \sum_{-\infty}^{\infty} a_n z^n, \quad \psi^*(z) = \sum_{-\infty}^{\infty} b_n z^n \tag{4-47}$$

于是有

$$\sigma_x + \sigma_y = 2\left[-\frac{p_{xk} + ip_{yk}}{2\pi(1+\kappa)}\frac{1}{z} - \frac{p_{xk} - ip_{yk}}{2\pi(1+\kappa)}\frac{1}{z} + \sum_{-\infty}^{\infty} n(a_n z^{n-1} + \overline{a}_n \overline{z}^{n-1})\right] \tag{4-48}$$

由于在无穷远处的应力分量应该是有界的，容易断定当 $n \leqslant 2$ 时，若 $a_n = \overline{a}_n = 0$，则（$\sigma_x + \sigma_y$）将是有界的。在满足这个条件时，类似地可以证实，当 $n \leqslant 2$ 时，若 $b_n = 0$，则（$\sigma_x - \sigma_y + 2i\tau_{xy}$）也是有界的。

于是有

$$\tilde{\phi}_f^{\,*}(z) = a_1 z + \tilde{\phi}_{f_0}(z), \quad \psi^*(z) = b_1 z + \psi_0(z) \tag{4-49}$$

式中，$a_1 = \alpha + i\beta, b_1 = \alpha_1 + i\beta_1$ 为常数。而函数

$$\tilde{\phi}_{f_0}(z) = \sum_{-\infty}^{\infty} a_n z^{-n}, \qquad \psi_0(z) = \sum_{-\infty}^{\infty} b_n z^{-n} \tag{4-50}$$

是包含着无限远点的 C_0 外的全纯函数。若取 $\beta = 0$，则不会改变力张量，但可简化计算。

这样，在 $|z| \to \infty$ 时，可求得

$$\left.\begin{array}{l} \sigma_x^\infty + \sigma_y^\infty = 4\,\mathrm{Re}\,\phi_f'(z) = 4\alpha \\ \sigma_x^\infty - \sigma_y^\infty + 2i\tau_{xy}^\infty = 2b_1 = 2\alpha_1 + 2i\beta_1 \end{array}\right\} \qquad (4\text{-}51)$$

或

$$\sigma_x^\infty = 2\alpha - \alpha_1, \quad \sigma_y^\infty = 2\alpha + \alpha_1, \quad \tau_{xy}^\infty = \beta_1 \qquad (4\text{-}52)$$

即在无限远处，应力分布是均匀的。

分析式（4-33）和式（4-66），可以得出在无穷远 $|z| \to \infty$ 处，欲使位移等于零，必须有

$$p_x + ip_y = 0, \quad \alpha = 0, \quad \alpha_i + i\beta_i = 0 \qquad (4\text{-}53)$$

下面分析保角映射。设有两个复平面 $\xi = \xi + i\eta$ 和 $z = x + iy$（图 4-80），则单值复变函数 $z = \omega(\xi)$ 可理解为 ξ 平面上的 Ω' 域内的点 P' 映射到 z 平面 Ω 域内的 $P = \omega(P')$，这就是说函数 $z = \omega(\xi)$ 定义了一个映射。假定这一映射的反函数存在，且两个函数都是单值。若这一映射 $z = \omega(\xi)$ 将 ξ 平面上任意两线元映射到 z 平面后，其夹角 α 的大小和转向保持不变，则称为保角映射。若 $z = \omega(\xi)$ 在 Ω 域内为单值解析函数，且其导数 $\omega'(\xi) \neq 0$，则 $z = \omega(\xi)$ 为保角映射。

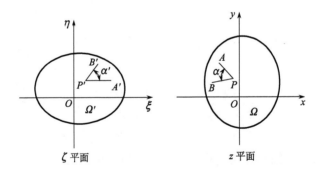

图 4-80　复平面图

经过上述保角映射

$$z = \omega(\xi) \qquad (4\text{-}54)$$

以后，K-M 函数取下列形式

$$\left.\begin{array}{l} \tilde\phi_f(z) = \tilde\phi_f[\omega(\xi)] = \tilde\phi_{f_1}(\xi) \\ \psi(z) = \psi[\omega(\xi)] = \psi_1(\xi) \end{array}\right\} \qquad (4\text{-}55)$$

为方便起见，$\tilde\phi_{f_1}$ 和 ψ_1 仍可写作 $\tilde\phi_f$ 和 ψ，于是有

$$\left.\begin{aligned}\tilde{\varphi}'_f(z) &= \frac{d\tilde{\varphi}_f(z)}{dz} = \frac{d\tilde{\varphi}_f(z)}{d\xi}\frac{d\xi}{dz} = \frac{\tilde{\varphi}'_f(\xi)}{\omega'(\xi)} \\ \psi'(z) &= \frac{\psi'(\xi)}{\omega'(\xi)}\end{aligned}\right\}$$ （4-56）

由此得位移边界条件

$$2G(u+iv) = \kappa\beta\tilde{\phi}_f(\xi) - \frac{\omega(\xi)}{\overline{\omega'(\xi)}}\overline{\tilde{\phi}'_f(\xi)} - \overline{\psi(\xi)}$$ （4-57）

对于正交曲线坐标系 ρ, ϕ，在保角映射的情况下，有

$$2G(u_\rho + iu_\theta) = \frac{\xi}{\rho}\frac{\overline{\omega'(\xi)}}{|\omega'(\xi)|}\left[\kappa\tilde{\phi}_f(\xi) - \frac{\omega(\xi)}{\overline{\omega'(\xi)}}\overline{\tilde{\phi}'_f(\xi)} - \overline{\psi(\xi)}\right]$$ （4-58）

在曲线坐标系中（图 4-81），应力分量之间的关系为

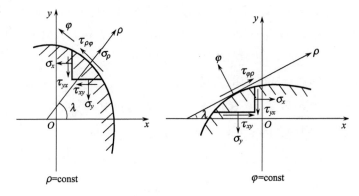

图 4-81　曲线坐标系

$$\left.\begin{aligned}\sigma_\phi + \sigma_\rho &= \sigma_x + \sigma_y \\ \sigma_\phi - \sigma_\rho + 2i\tau_{\rho\phi} &= (\sigma_y - \sigma_x + 2i\tau_{xy})e^{2i\lambda}\end{aligned}\right\}$$ （4-59）

注意到

$$\left.\begin{aligned}|\omega'(\xi)|^2 &= \omega'(\xi)\cdot\overline{\omega'(\xi)} \\ e^{2i\lambda} &= \frac{\xi^2\left[\omega'(\xi)\right]^2}{|\omega'(\xi)|^2} = \frac{\xi^2}{\rho^2}\frac{\omega'(\xi)}{\overline{\omega'(\xi)}}\end{aligned}\right\}$$ （4-60）

可得在曲线坐标系的应力分量表达式

$$\left.\begin{array}{l}\sigma_\phi + \sigma_\rho = 2\left[\tilde{\phi}'_f(\xi) + \overline{\tilde{\phi}'_f(\xi)}\right] = 4\mathrm{Re}\,\tilde{\phi}'_f(\xi) \\[2mm] \sigma_\phi - \sigma_\rho + 2i\tau_{\rho\phi} = 2\left[\xi\phi''_f(\xi) + \psi'(\xi)\right]\mathrm{e}^{2i\lambda} \\[2mm] \qquad\qquad\qquad = \dfrac{2\xi^2}{\rho^2\,\overline{\omega'(\xi)}}\left[\overline{\omega(\xi)}\tilde{\phi}'^*_f(\xi) + \psi'(\xi)\right]\end{array}\right\} \qquad (4\text{-}61)$$

式中，$\tilde{\phi}_f'^*(\xi) = \dfrac{d}{d\xi}\left[\dfrac{\phi'(\xi)}{\omega'(\xi)}\right]$

应力边界条件由式（4-38）并考虑式（4-56），可得

$$p_x + ip_y = \tilde{\phi}_f(\xi) + \frac{\omega(\xi)}{\omega'(\xi)}\overline{\phi_f'^*(\xi)} - \overline{\psi(\xi)} \qquad (4\text{-}62)$$

此处 ξ 是 $|\xi| < 1$ 圆周上的任一点，而 $p_x + ip_y$ 必须看作圆周 $\xi = \mathrm{e}^{i\theta}$ 上的给定函数。

在极坐标系中，若物体的圆周界为 C，圆心与极坐标的原点重合，则周边外法线上单位矢量 $\boldsymbol{n}$ 的分量为 $n_\rho = 1, n_\phi = 0$，于是由 $\sigma_{ij}n_j = p_i(i, j = \rho, \phi)$，有

$$\sigma_\rho = p_\rho, \qquad \tau_{\rho\phi} = p_\phi \qquad (4\text{-}63)$$

从式（4-61）的第一式减去第二式，得

$$\sigma_\rho - i\tau_{\rho\theta} = \phi'_f(\xi) + \overline{\tilde{\phi}'_f(\overline{\xi})} - \left[\overline{\xi}\tilde{\phi}''_f(\xi) + \psi'(\xi)\right]\mathrm{e}^{i2\phi} \qquad (4\text{-}64)$$

或在 $|\xi < 1|$ 的圆周 C 上的 χ 点，上式改为

$$\sigma_\rho - i\tau_{\rho\theta} = \tilde{\phi}'_f(\chi) + \overline{\tilde{\phi}'_f(\overline{\chi})} - \left[\overline{\chi}\tilde{\phi}''_f(\chi) + \psi'(\chi)\right]\mathrm{e}^{i2\phi} \qquad (4\text{-}65)$$

将式（4-57）和式（4-62）写成统一的形式：

$$\chi\tilde{\phi}_f(\xi) + \frac{\omega(\xi)}{\omega'(\xi)}\overline{\tilde{\phi}'_f(\xi)} - \overline{\psi(\xi)} = K(\xi) \qquad (4\text{-}66)$$

此处

$$\chi = 1, \qquad K(\xi) = p_x + ip_y \qquad (4\text{-}67)$$

为应力边界情况，而当

$$\chi = -\kappa, \qquad K(\xi) = -2G(u + iv) \qquad (4\text{-}68)$$

为位移边界条件情况。

对于本书研究的简化力学模型，为方便起见，采用极坐标。坐标原点设在半径为 a 的圆孔中心。在这种情况下，K-M 函数决定于式（4-29）。这些函数必须满足用极坐标表示的边界条件式（4-40）和式（4-47）。

考虑到式（4-46）和式（4-47），在孔周围 C 之外所有的区域上，有

$$\left.\begin{aligned}\tilde{\phi}'_f(z) &= -\frac{p_{xk}+ip_{yk}}{2\pi(1+\kappa)}\frac{1}{z}+a_1-\sum_{n=1}^{\infty}a_n n z^{-(n+1)}\\ \psi'(z) &= \kappa\frac{p_{xk}-ip_{yk}}{2\pi(1+\kappa)}\frac{1}{z}+b_1-\sum_{n=1}^{\infty}b_n n z^{-(n+1)}\end{aligned}\right\}\qquad(4\text{-}69)$$

或

$$\tilde{\phi}'_f(z)=\sum_{k=0}^{\infty}A_k z^{-k},\quad \psi'(z)=\sum_{k=0}^{\infty}B_k z^{-k}\qquad(4\text{-}70)$$

和

$$\tilde{\phi}''_f(z)=-\sum_{k=0}^{\infty}A_k k z^{-(k+1)}\qquad(4\text{-}71)$$

此处

$$\left.\begin{aligned}A_0 &= a_1=\alpha+i\beta,\quad B_0=b_1=\alpha_1+i\beta_1\\ A_1 &= -\frac{p_x+ip_y}{2\pi(1+\kappa)},\quad B_1=\kappa\frac{p_x-ip_y}{2\pi(1+\kappa)}\\ A_k &= -na,\quad B_k=-nb_n\end{aligned}\right\}\qquad(4\text{-}72)$$

并取 $z^{-(n+1)}=z^{-k}$，对于孔周边 C 上 $z=ae^{i\phi}$ 上的点，由式（4-70）和式（4-71）得

$$\left.\begin{aligned}\tilde{\phi}'_f(\overline{z})\Big|_{C_1} &= \sum_{k=0}^{\infty}A_k a^{-1}e^{-ik\phi}-\overline{z}e^{i2\phi}\phi''_f(z)\Big|_{C_1}\\ &= \sum_{k=0}^{\infty}A_k k a^{-k}e^{-ik\phi}-e^{i2\phi}\psi'(z)\Big|_{C_1}\\ &= \sum_{k=0}^{\infty}B_k a^{-k}e^{-i(k-2)\phi}\\ &= B_0 e^{i2\phi}-B_1 a^{-1}e^{i\phi}-\sum_{k=0}^{\infty}\frac{B_{k+2}}{a^{k+2}}e^{-ik\phi}\\ \psi'(z)\Big|_{C_1} &= \sum_{k=0}^{\infty}B_k a^{-1}e^{-ik\phi}\end{aligned}\right\}\qquad(4\text{-}73)$$

当周边上的外力给定时，函数 $(p_\rho-ip_\phi)$ 可写成傅里叶级数，即

$$p_\rho-ip_\phi=\sum_{k=-\infty}^{\infty}C_k e^{ik\phi}\qquad(4\text{-}74)$$

其中

$$C_k=\frac{1}{2\pi}\int_0^{2\pi}(p_\rho-ip_\phi)e^{-ik\phi}d\phi\qquad(4\text{-}75)$$

将式（4-73）和式（4-74）代入式（4-77），然后比较所得方程得两边 $e^{ik\phi}$ 和 $e^{-ik\phi}$ 的系数，可得

$$\left.\begin{aligned}
A_0 + \overline{A}_0 - \frac{B_2}{a^2} &= C_0 \\
\frac{\overline{A}_1}{a} - \frac{B_1}{a} &= C_1 \\
\frac{\overline{A}_2}{a^2} - B_0 &= C_2
\end{aligned}\right\} \tag{4-76}$$

当 $k \geqslant 3$ 时，有

$$\frac{\overline{A}_k}{a^k} = C_k \tag{4-77}$$

和

$$\frac{(1+\kappa)A_k}{a^k} - \frac{B_{k+2}}{a^{k+2}} = C_{-k} \tag{4-78}$$

若取 $\mathrm{Im}\, A_0 = \beta = 0$，则应力张量保持不变，因此 A_0 是实数

$$A_0 + \overline{A}_0 = 2A_0 = 2\alpha \tag{4-79}$$

假定由式（4-52）确定无限远处应力的系数，$A_0 = \alpha, B_0 = \alpha_1 + i\beta_1$ 为已知。为保证位移的单值性，必须满足条件式（4-43），于是可取

$$\kappa A_1 + \overline{B} = 0 \tag{4-80}$$

由式（4-76）第二式，求得

$$A_1 = \frac{\overline{C}_1 \alpha}{1+\kappa}, \quad B_1 = -\frac{\kappa C_1 \alpha}{1+\kappa} \tag{4-81}$$

由式（4-76）的第一式和第三式，得

$$A_2 = \left(\overline{B}_0 + \overline{C}_2\right)\alpha^2, \quad B_2 = \left(2A_0 - C_0\right)\alpha^2 \tag{4-82}$$

由式（4-77），得

$$A_k = \overline{C}_k \alpha^k \tag{4-83}$$

最后由式（4-78）得出

$$B_k = (\kappa-1)\alpha^2 A_{k-2} - a^k C_{-k+2} \qquad (k \geqslant 3) \tag{4-84}$$

至此，式（4-70）的全部系数均已求出。

现设孔周边 C 的作用力为均匀压力，即 $p_\rho = -p, p_\varphi = 0$，无限远处应力为零，于是有

$$\alpha = \alpha_1 = \beta_1 = 0 \tag{4-85}$$

及

$$A_0 = B_0 = 0 \tag{4-86}$$

由此有

$$p_\rho - i p_\phi = -p \tag{4-87}$$

于是，$k \ne 0$ 时，$C_0 = -p, C_k = 0$。

由式（4-81）～式（4-84），可得

$$A_1 = B_1 = A_2 = 0, \qquad B_2 = pa^2$$
$$A_k = B_k = 0 \qquad （当 k \geqslant 3） \tag{4-88}$$

由此，式（4-70）可写为

$$\tilde{\phi}'_f(z) = 0, \qquad \psi'(z) = \frac{pa^2}{z} \tag{4-89}$$

$$\sigma_\rho = -\frac{pa^2}{\rho^2}, \sigma_\theta = \frac{pa^2}{\rho^2}, \tau_{\rho\phi} = 0 \tag{4-90}$$

$$u_\rho = \frac{pa^2}{2G\rho}, u_\phi = 0 \tag{4-91}$$

孔周围的应力分布图如图 4-82 所示。

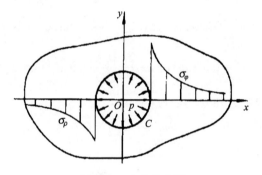

图 4-82　应力分布图

（二）球面多点加压适张的力学模型及应力分析

下面以在锯片两个圆周上加压适张为例进行分析，对于在 3 个圆周以上加压适张的残余应力计算也可得出相应表达式。

如图 4-83 所示，从圆锯片上截取研究单元体，因锯片上的塑性变形较小，其产生的残余应力范围也较小，所以认为在研究单元体内的一点 O 的残余应力只受其周围 4 个压点的影响，而忽略单元体以外其他各压点对 O 点应力的影响。

为了与目前有关理论中的符号一致，取 $r = \rho, \theta = \varphi$，在弹性范围内，根据式（4-90）及应力分解和应力叠加理论可以导出圆锯片径向及切向残余应力。

当 $r < r_1$ 时，

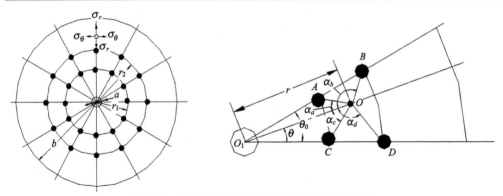

图 4-83　球面多点加压适张圆锯片应力分析模型

$$\left.\begin{aligned}\sigma_{or} &= \frac{p_a a_a^2}{OA^2}(\cos\alpha_a + \sin\alpha_a) + \frac{p_c a_c^2}{OC^2}(\cos\alpha_c + \sin\alpha_c) \\ &+ \frac{p_b a_b^2}{OB^2}(\cos\alpha_b + \sin\alpha_b) + \frac{p_d a_d^2}{OD^2}(\cos a_d + \sin a_d)\end{aligned}\right\}　（4-92）$$

$$\left.\begin{aligned}\sigma_{o\theta} &= \frac{p_a a_a^2}{OA^2}(\sin\alpha_a - \cos\alpha_a) + \frac{p_c a_c^2}{OC^2}(\sin\alpha_c - \cos\alpha_c) \\ &+ \frac{p_b a_b^2}{OB^2}(\sin\alpha_b - \cos\alpha_b) + \frac{p_d a_d^2}{OD^2}(\sin a_d - \cos a_d)\end{aligned}\right\}　（4-93）$$

若 A、B、C、D 四个压点的压力相同时，则

$$p_a = p_b = p_c = p_d = p, \qquad a_a = a_b = a_c = a_d = a_m$$

式（4-92）和式（4-93）可改写为

$$\left.\begin{aligned}\sigma_{or} &= \frac{p a_m^2}{OA^2}(\cos\alpha_a + \sin\alpha_a) + \frac{p a_m^2}{OC^2}(\cos\alpha_c + \sin\alpha_c) \\ &+ \frac{p a_m^2}{OB^2}(\cos\alpha_b + \sin\alpha_b) + \frac{p a_m^2}{OD^2}(\cos a_d + \sin a_d)\end{aligned}\right\}　（4-94）$$

$$\left.\begin{aligned}\sigma_{o\theta} &= \frac{p a_m^2}{OA^2}(\sin\alpha_a - \cos\alpha_a) + \frac{p a_m^2}{OC^2}(\sin\alpha_c - \cos\alpha_c) \\ &+ \frac{p a_m^2}{OB^2}(\sin\alpha_b - \cos\alpha_b) + \frac{p a_m^2}{OD^2}(\sin a_d - \cos a_d)\end{aligned}\right\}　（4-95）$$

当 $r_1 \geqslant r \leqslant r_2$ 时，

$$\left.\begin{aligned}\sigma_{or} &= \frac{p_a a_a^2}{OA^2}(\sin\alpha_a - \cos\alpha_a) + \frac{p_c a_c^2}{OC^2}(\sin\alpha_c + \cos\alpha_c) \\ &+ \frac{p_b a_b^2}{OB^2}(\cos\alpha_b + \sin\alpha_b) + \frac{p_d a_d^2}{OD^2}(\cos a_d + \sin a_d)\end{aligned}\right\}　（4-96）$$

$$
\left.\begin{array}{l}
\sigma_{o\theta} = \dfrac{p_a a_a^2}{OA^2}(\sin\alpha_a - \cos\alpha_a) + \dfrac{p_c a_c^2}{OC^2}(\sin\alpha_c - \cos\alpha_c) \\[3mm]
\quad + \dfrac{p_b a_b^2}{OB^2}(\sin\alpha_b - \cos\alpha_b) + \dfrac{p_d a_d^2}{OD^2}(\sin a_d - \cos a_d)
\end{array}\right\}
\qquad (4\text{-}97)
$$

若 A、B、C、D 四个压点的压力相同时，则

$$
p_a = p_b = p_c = p_d = p, \quad a_a = a_b = a_c = a_d = a_m
\qquad (4\text{-}98)
$$

式（4-96）和式（4-97）可改写为

$$
\left.\begin{array}{l}
\sigma_{or} = \dfrac{p a_m^2}{OA^2}(\sin\alpha_a - \cos\alpha_a) + \dfrac{p a_m^2}{OC^2}(\sin\alpha_c + \cos\alpha_c) \\[3mm]
\quad + \dfrac{p a_m^2}{OB^2}(\cos\alpha_b + \sin\alpha_b) + \dfrac{p a_m^2}{OD^2}(\cos a_d + \sin a_d)
\end{array}\right\}
\qquad (4\text{-}99)
$$

$$
\left.\begin{array}{l}
\sigma_{o\theta} = \dfrac{p a_m^2}{OA^2}(\sin\alpha_a - \cos\alpha_a) + \dfrac{p a_m^2}{OC^2}(\sin\alpha_c - \cos\alpha_c) \\[3mm]
\quad + \dfrac{p a_m^2}{OB^2}(\sin\alpha_b - \cos\alpha_b) + \dfrac{p a_m^2}{OD^2}(\sin a_d - \cos a_d)
\end{array}\right\}
\qquad (4\text{-}100)
$$

当 $r > r_2$ 时，

$$
\left.\begin{array}{l}
\sigma_{or} = \dfrac{p_a a_a^2}{OA^2}(\sin\alpha_a - \cos\alpha_a) + \dfrac{p_c a_c^2}{OC^2}(\sin\alpha_c - \cos\alpha_c) \\[3mm]
\quad + \dfrac{p_b a_b^2}{OB^2}(\sin\alpha_b - \cos\alpha_b) + \dfrac{p_d a_d^2}{OD^2}(\sin a_d - \cos a_d)
\end{array}\right\}
\qquad (4\text{-}101)
$$

$$
\left.\begin{array}{l}
\sigma_{o\theta} = \dfrac{p_a a_a^2}{OA^2}(\cos\alpha_a - \sin\alpha_a) + \dfrac{p_c a_c^2}{OC^2}(\cos\alpha_c - \sin\alpha_c) \\[3mm]
\quad + \dfrac{p_b a_b^2}{OB^2}(\cos\alpha_b - \sin\alpha_b) + \dfrac{p_d a_d^2}{OD^2}(\cos a_d - \sin a_d)
\end{array}\right\}
\qquad (4\text{-}102)
$$

若 A、B、C、D 四个压点的压力相同时，则

$$
p_a = p_b = p_c = p_d = p, \quad a_a = a_b = a_c = a_d = a_m
$$

式（4-101）和式（4-102）可改写为

$$
\left.\begin{array}{l}
\sigma_{or} = \dfrac{p a_m^2}{OA^2}(\sin\alpha_a - \cos\alpha_a) + \dfrac{p a_m^2}{OC^2}(\sin\alpha_c - \cos\alpha_c) \\[3mm]
\quad + \dfrac{p a_m^2}{OB^2}(\sin\alpha_b - \cos\alpha_b) + \dfrac{p a_m^2}{OD^2}(\sin a_d - \cos a_d)
\end{array}\right\}
\qquad (4\text{-}103)
$$

$$
\left.\begin{array}{l}
\sigma_{o\theta} = \dfrac{p a_m^2}{OA^2}(\cos\alpha_a - \sin\alpha_a) + \dfrac{p a_m^2}{OC^2}(\cos\alpha_c - \sin\alpha_c) \\[3mm]
\quad + \dfrac{p a_m^2}{OB^2}(\cos\alpha_b - \sin\alpha_b) + \dfrac{p a_m^2}{OD^2}(\cos a_d - \sin a_d)
\end{array}\right\}
\qquad (4\text{-}104)
$$

根据图 4-79，由余弦定理可知

$$\left.\begin{array}{l} OA = \sqrt{r_1^2 + r^2 - 2r_1 r \cos(\theta_0 - \theta)} \\ OC = \sqrt{r_1^2 + r^2 - 2r_1 r \cos\theta} \\ OB = \sqrt{r_2^2 + r^2 - 2r_2 r \cos(\theta_0 - \theta)} \\ OD = \sqrt{r_2^2 + r^2 - 2r_2 r \cos\theta} \end{array}\right\} \qquad (4\text{-}105)$$

由正弦定理可知

$$\left.\begin{array}{l} \sin\alpha_a = \dfrac{\sin(\theta_0 - \theta)}{OA} r_1 \\[2mm] \sin\alpha_c = \dfrac{\sin\theta}{OC} r_1 \\[2mm] \sin\alpha_b = \dfrac{\sin(\theta_0 - \theta)}{OB} r_2 \\[2mm] \sin\alpha_d = \dfrac{\sin\theta}{OD} r_2 \end{array}\right\} \qquad (4\text{-}106)$$

由上式（4-100）可导出

$$\left.\begin{array}{l} \cos\alpha_a = \sqrt{1 - \left[\dfrac{\sin(\theta_0 - \theta)}{OA} r_1\right]^2} \\[3mm] \cos\alpha_c = \sqrt{1 - \left[\dfrac{\sin\theta}{OC} r_1\right]^2} \\[3mm] \cos\alpha_b = \sqrt{1 - \left[\dfrac{\sin(\theta_0 - \theta)}{OB} r_2\right]^2} \\[3mm] \cos\alpha_d = \sqrt{1 - \left[\dfrac{\sin\theta}{OD} r_2\right]^2} \end{array}\right\} \qquad (4\text{-}107)$$

式中，σ_{or}、$\sigma_{o\theta}$ 为圆锯片上 O 点的径向及切向应力（N/mm^2）；p_a、p_b、p_c、p_d 分别为 A、B、C、D 各点圆孔周围均匀分布的压力（N/mm^2）；a_a、a_b、a_c、a_d 分别为 A、B、C、D 各点压痕的半径（mm）；α_a、α_b、α_c、α_d 分别为 O_1O 与 OA、O_1O 与 OB、O_1O 与 OC、O_1O 与 OD 之间的夹角（°）；θ_0、θ 分别 O_1O 与 OA、O_1O 与 OC 之间的夹角（°）；r、r_1、r_2 分别为在圆锯片上 O、C 与 A、B 与 D 各点到锯片中心的距离（mm）。

二、有限元法基本理论

有限元法（finite element method）是一种高效能、常用的数值计算方法。科学计算领域，常常需要求解各类微分方程，而许多微分方程的解析一般很难得到，使用有限元法将微分方程离散化后，可以编制程序，使用计算机辅助求解。有限元法在早期是以变分原理为基础发展起来的，所以它广泛地应用于以拉普拉斯方程和泊松方程所描述的各类物理场中（这类场与泛函的极值问题有着紧密的联系）。自 1969 年以来，一些学者在流体力学中应用加权余数法中的伽辽金法（Galerkin method）或最小二乘法等同样可获得有限元方程，有限元法可应用于以任何微分方程描述的各类物理场中，而不再局限于这类物理场和泛函的极值问题有所联系的条件。有限元法的基本思想是由解给定的泊松方程化为求解泛函的极值问题。

将连续的求解域离散为一组单元的组合体，用在每个单元内假设的近似函数来分片地表示求解域上待求的未知场函数，近似函数通常由未知场函数及其导数在单元各节点的数值插值函数来表达，从而使一个连续的无限自由度问题变成离散的有限自由度问题。

有限元法的计算步骤如下。

步骤 1：剖分

将待解区域进行分割，离散成有限个元素的集合，元素（单元）的形状原则上是任意的。二维问题一般采用三角形单元或矩形单元，三维空间可采用四面体或多面体等。每个单元的顶点称为节点（或结点）。

步骤 2：单元分析

进行分片插值，即将分割单元中任意点的未知函数用该分割单元中形状函数及离散网格点上的函数值展开，即建立一个线性插值函数。

步骤 3：求解近似变分方程

用有限个单元将连续体离散化，通过对有限个单元做分片插值求解各种力学、物理问题的一种数值方法。有限元法把连续体离散成有限个单元：杆系结构的单元是每一个杆件；连续体的单元是各种形状（如三角形、四边形、六面体等）的单元体。每个单元的场函数是只包含有限个待定节点参量的简单场函数，这些单元场函数的集合就能近似地代表整个连续体的场函数。根据能量方程或加权残量方程可建立有限个待定参量的代数方程组，求解此离散方程组就得到有限元法的数值解。有限元法已被用于求解线性和非线性问题，并建立了各种有限元模型，如协调、不协调、混合、杂交、拟协调元等。有限元法十分有效、通用性强、应用广泛，已有许多大型或专用程序系统供工程设计使用。结合计算机辅助设计技术，有限元法也被用于计算机辅助制造中。

有限单元法最早可追溯到 20 世纪 40 年代。Courant 第一次应用定义在三角区域上的分片连续函数和最小能量原理来求解 St. Venant 扭转问题。现代有限单元法的第一个成功的尝试是在 1956 年，Turner、Clough 等在分析飞机结构时，将钢架位移法推广应用于弹性力学平面问题，给出了用三角形单元求得平面应力问题的正确答案。1960 年，Clough 进一步处理了平面弹性问题，并第一次提出了"有限单元法"，使人们认识到它的功效。

　　20 世纪 50 年代末 60 年代初，中国的计算数学刚起步不久，在对外隔绝的情况下，冯康带领一个小组的科技人员走出了从实践到理论，再从理论到实践的发展中国计算数学的成功之路。当时的研究解决了大量的有关工程设计应力分析的大型椭圆方程计算问题，积累了丰富而有效的经验。冯康对此加以总结提高，取得了系统的理论结果。1965 年冯康在《应用数学与计算数学》上发表的论文《基于变分原理的差分格式》，是中国独立于西方、系统地创始了有限元法的标志。

　　（一）动力显式有限元法的基本理论

　　圆锯片多点加压适张工艺过程的加载过程是准静态加载过程，从理论上讲，应该应用静力隐式求解方法对加载过程进行数值模拟。然而，圆锯片多点加压适张过程的数值模拟，在求解上需要处理复杂的接触问题，隐式求解方法采用罚函数法施加接触摩擦边界条件，导致模型计算量庞大，计算效率非常低，并且可能出现计算不收敛的情况，很难通过参数的调整保证计算稳定的进行。因此，本书利用显示动力学求解方法，来近似获得准静态加载过程的求解，进而大幅度提高计算效率和计算稳定性。

　　在动力学问题中，系统的求解方程，即运动方程，如式（4-108）所示：

$$M\ddot{a}(t) + C\dot{a}(t) + Ka(t) = Q(t) \tag{4-108}$$

式中，$\ddot{a}(t)$、$\dot{a}(t)$ 和 $a(t)$ 分别是系统的节点加速度向量、节点速度向量和节点位移向量，M、C、K 和 $Q(t)$ 分别是系统的质量矩阵、阻尼矩阵、刚度矩阵和节点载荷向量，并分别由各自的单元矩阵和向量集成，即

$$\begin{aligned} M &= \sum_e M^e \\ C &= \sum_e C^e \\ K &= \sum_e K^e \\ Q &= \sum_e Q^e \end{aligned} \tag{4-109}$$

　　M^e、C^e、K^e 和 Q^e 分别是单元的质量矩阵、阻尼矩阵、刚度矩阵和载荷向量。动力显式有限元法的求解过程是基于中心差分算法的，其中加速度和速度可以用位移表示，即

$$\begin{aligned} \ddot{a}_t &= \frac{1}{\Delta t^2}(a_{t-\Delta t} - 2a_t + a_{t+\Delta t}) \\ \dot{a}_t &= \frac{1}{2\Delta t}(-a_{t-\Delta t} + a_{t+\Delta t}) \end{aligned} \tag{4-110}$$

将加速度和速度的表达式带入运动方程，即可得到中心差分法的递推公式

$$\left(\frac{1}{\Delta t^2}M + \frac{1}{2\Delta t}C\right)a_{t+\Delta t} = Q_t - \left(K - \frac{2}{\Delta t^2}M\right)a_t - \left(\frac{1}{\Delta t^2}M - \frac{1}{2\Delta t}C\right)a_{t-\Delta t} \quad (4\text{-}111)$$

为了保证上式计算的稳定性，计算时间步长 Δt 应该满足：

$$\Delta t \leqslant \Delta t_{cr} = \frac{T_n}{\pi} \quad (4\text{-}112)$$

式（4-112）中，Δt_{cr} 是系统临界时间步长，T_n 是有限元系统最小固有振动周期。

理论上可以证明，系统的最小固有振动周期 T_n 总是大于或等于最小尺寸单元的最小固有振动周期，单元网格划定以后，找出尺寸最小单元的最小边长 L，可以近似地估计 $T_n = \pi L / C$，其中 $C = (E/\rho)^{1/2}$ 是声波传播速度，E 为介质弹性模量，ρ 为介质密度。

（二）静力隐式有限元法的基本理论

利用显式动力学有限元求解方法针对圆锯片卸载过程进行模拟，需要大量的分析时间来获得稳态的结果，计算效率较低。由于圆锯片的卸载过程是线弹性力学行为，可以用显式动力学法得到的加载过程计算结果作为线性卸载过程的初始条件，通过静力隐式求解方法，进一步分析圆锯片卸载后内部的适张应力。

静力隐式有限元法不考虑系统的惯性力作用和阻尼作用，不受分析时间的影响，系统响应是固定的，系统的求解方程如式（4-113）所示：

$$Ka = P \quad (4\text{-}113)$$

式中，K 为引入强制（给定位移）边界条件后系统的总体刚度矩阵，a 为节点位移向量，P 为系统的总体等效载荷向量。P 的表达式如下：

$$P = \sum_e \left(P_f^e + P_S^e + P_{\sigma_0}^e + P_{\varepsilon_0}^e\right) + P_F \quad (4\text{-}114)$$

式中，P_F 是直接作用于节点的集中力，P_f^e、P_S^e、$P_{\sigma_0}^e$、$P_{\varepsilon_0}^e$ 分别是与作用于单元的体积力 f、边界 S_σ^e 的分布力 T、单元内的初应力 σ_0、单元内的初应变 ε_0 等效的节点载荷列阵。它们分别为

$$P_f^e = \int_{V_e} N^T f \mathrm{d}V$$

$$P_S^e = \int_{S_\sigma^e} N^T T \mathrm{d}V$$

$$P_{\sigma_0}^e = -\int_{V_e} B^T \sigma_0 \mathrm{d}V \quad (4\text{-}115)$$

$$P_{\varepsilon_0}^e = \int_{V_e} B^T D \varepsilon_0 \mathrm{d}V$$

式中，B 是应变矩阵，D 是材料弹性矩阵，V_e 是单元体积。

未引入强制（给定位移）边界条件之前，总体刚度矩阵由单元刚度矩阵集成表达，如下式所示

$$K = \sum_e K^e = \sum_e \int_{V_e} B^T D B dV \tag{4-116}$$

求解静力隐式有限元求解方程（4-113），得到节点位移 a，进而由式（4-117）获得单元应变和应力

$$\varepsilon = Ba^e, \sigma = D(\varepsilon - \varepsilon_0) + \sigma_0 \tag{4-117}$$

（三）有限元模态分析理论

利用模态分析理论可以求解圆锯片卸载过程后各阶固有频率及振型。

一般对于多自由度的结构系统而言，任何运动皆可以由其自由振动的模态来合成。有限元的模态分析就是建立模态模型并进行数值分析的过程。

模态分析的实质就是求解具有有限个自由度的无阻尼及无外载荷状态下的运动方程的模态矢量（因结构的阻尼对其模态频率及振型的影响很小，可以忽略），系统的无阻尼自由振动方程的矩阵表达式为

$$[M]\{\ddot{u}\} + [K]\{u\} = \{0\} \tag{4-118}$$

对线性结构系统，式（4-118）中 $[M]$、$[K]$ 均为实数对称矩阵，方程具有下列简谐运动形式的解，其形式为

$$\{u(x,y,z,t)\} = \{\Phi(x,y,z)\} e^{iw_n t} \tag{4-119}$$

式中，$\Phi(x,y,z)$ 为位移矢量的幅值，它定义了位移矢量 $\{u\}$ 的空间分布；w_n 为简谐运动的角频率。将式（4-119）代入式（4-118），得到下列 $\Phi(x,y,z)$ 和 w_n 有关的方程：

$$[K - w_n^2 M]\{\Phi\} \exp(iw_n t) = \{0\} \tag{4-120}$$

式（4-120）在任何时刻 t 均成立，故去除含 t 的项，得到：

$$[K - w_n^2 M]\{\Phi\} = \{0\} \tag{4-121}$$

式（4-121）成为典型的实特征值问题，$\Phi(x,y,z)$ 有非零解的条件是其系数行列式的值为零，即

$$\left| K - w_n^2 M \right| = 0 \tag{4-122}$$

或者

$$\left| K - \lambda M \right| = 0 \tag{4-123}$$

式中，$\lambda = w_n^2$。式（4-123）左边为 λ 多项式，可以解出一组离散根 $\lambda_i (i = 1, 2, \cdots, n)$，将式（4-123）带回式（4-121）可得对应的矢量 $\{\Phi_i\} (i = 1, 2, \cdots, n)$，使得式（4-124）成立。

$$[K - \lambda_i M]\{\Phi_i\} = \{0\}, i = 1, 2, \cdots, n \qquad (4\text{-}124)$$

式中，λ_i 为系统的第 i 个特征值，$\{\Phi_i\}$ 称为对应的第 i 个特征矢量。

三、圆锯片多点加压适张工艺过程的有限元建模

　　ABAQUS 是一套功能强大的工程模拟的有限元软件，其解决问题的范围从相对简单的线性分析到许多复杂的非线性问题。ABAQUS 包括一个丰富的、可模拟任意几何形状的单元库，并拥有各种类型的材料模型库，可以模拟典型工程材料的性能，其中包括金属、橡胶、高分子材料、复合材料、钢筋混凝土、可压缩超弹性泡沫材料及土壤和岩石等地质材料，作为通用的模拟工具，ABAQUS 除了能解决大量结构（应力/位移）问题，还可以模拟其他工程领域的许多问题，如热传导、质量扩散、热电耦合分析、声学分析、岩土力学分析（流体渗透/应力耦合分析）及压电介质分析。本书利用 ABAQUS 非线性有限元软件对圆锯片多点加压适张工艺过程进行仿真模拟。

　　（1）几何模型：由于是在圆锯片双面同时加载，考虑到模型的对称性，以圆锯片轴向中心面为对称面，建立 1/2 模型；建立具有相应尺寸的球形压头与圆锯片，如图 4-84 所示。

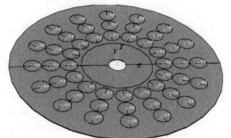

图 4-84　圆锯片多点加压适张过程的几何模型

　　（2）材料模型：不考虑球形压头的弹性变形，设置其为解析刚性体；由于圆锯片的塑性变形比较小，故设其材料属性为具有线性硬化的弹塑性，屈服强度 430MPa，应变硬化率 1000MPa，弹性模量 210GPa，泊松比 0.3。

　　（3）约束设置：约束圆锯片轴向中心面的 z 方向的位移；对圆锯片套装孔内壁施加耦合约束，约束点为坐标原点，约束其所有的自由度；约束球形压头 z 方向位移以外的所有自由度；给球形压头施加一定的加载力。

　　（4）网格划分：球形压头为刚性体，无需网格划分；由于存在接触运算，圆锯片的单元选择实体 8 结点减缩积分单元 C3D8R，网格划分后的模型如图 4-85 所示。

　　（5）模型验证：圆锯片的相关参数如下。材料为 65Mn；硬度为 HRC42；直径为 356mm；厚度为 2.2mm；套装孔直径为 30mm。球形压头的相关参数如下。硬度为 HRC60；半径为 70mm；加载压力为 100.0kN。利用 X 射线应力仪对适张后圆锯片指定路径上的切向适张应力进行实测，仿真计算结果与实验测量结果对比图如图 4-86 所示。仿真计算结果与实验实测结果表明，锯片切向适张应力分布趋势近乎相

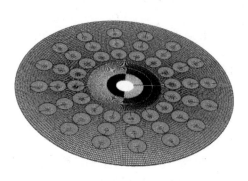

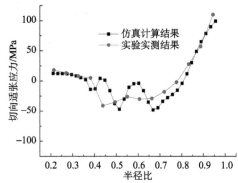

图 4-85　圆锯片多点加压适张过程的有限元　　图 4-86　仿真计算结果与实验实测结果对比图
　　　　　模型网格划分

同，在大部分区域内数值大小相近，证明了基于有限元法的圆锯片多点加压适张模型的正确性与可行性。

四、圆锯片多点加压适张边界切向适张应力的预测模型

（一）圆锯片多点加压适张过程的力学模型简化

针对超薄圆锯片多点加压适张工艺过程，对其力学模型做如下假设。

（1）由于压头形状为球面，假设超薄圆锯片内部的局部塑性变形区为圆柱形。

（2）不考虑三向应力沿锯片厚度方向的分布，忽略其影响。

（3）忽略圆锯片内不同压点位置所导致的局部塑性变形行为之间的差异，假设单点加压适张过程符合轴对称性。

（4）忽略圆锯片内不同压点所导致的局部塑性变形行为之间的互相影响。

（5）以圆锯片内部轴向通孔代替局部塑性变形区，假设通孔内壁承受均匀分布的径向压应力，将多点加压适张应力的形成过程转化为具有圆形孔道的圆盘体线弹性问题，通过弹性运算获得的应力场来近似等效圆锯片多点加压后其内部形成的适张应力场。

基于上述假设，圆锯片多点加压适张过程的力学模型如图 4-87 所示。其中，圆形孔道的半径 m 即为局部塑性变形区的半径，圆形孔道内壁受到的径向压应力 q_a 即局部塑性变形区边界处的平均径向压应力。

（二）圆锯片单点加压轴对称模型的建立及数值分析

通过前文的假设，以单点加压轴对称模型来描述圆锯片内任意一点的单点加压塑性变形过程，力学模型如图 4-88 所示。局部塑性变形区的半径 m、局部塑性变形区边界处的平均径向压应力 q_a 的数值可以通过二维轴对称弹塑性有限元法进行求解，可以建立压头球面半径 R_t、加载压力 P 与 m、q_a 关系的数学模型。

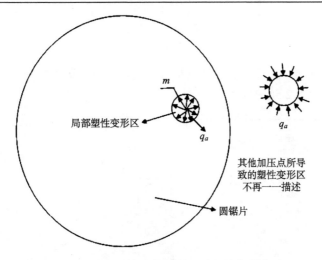

图 4-87　圆锯片多点加压适张过程的力学模型

有限元模型的几何示意图与网格划分示意图如图 4-89、图 4-90 所示，其中圆锯片的厚度为 2.2mm，假设圆锯片的材料模型为线性强化弹塑性模型，屈服强度为 430MPa，应变硬化率为 1000MPa，弹性模量为 210GPa，泊松比为 0.3。约束圆锯片轴向中心面垂直方向的位移，设置圆锯片圆心轴线为轴对称约束，圆锯片与球形压头局部接触区域的单元网格加密，选择 CAX4R 单元。

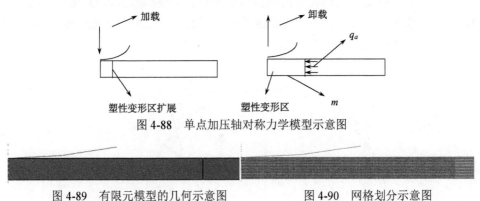

图 4-88　单点加压轴对称力学模型示意图

图 4-89　有限元模型的几何示意图　　　　图 4-90　网格划分示意图

针对单点加压轴对称塑性变形过程，主要的工艺参数包括加载压力与压头球面半径，因此设计工况如下：加载压力 35kN、40kN、45kN、50kN；压头球面半径 60mm、70mm、80mm、90mm。

如图 4-91 所示，随着加载压力的增大，塑性变形区半径近似线性等比例增加，随着压头半径的增加，塑性变形区半径随加载压力的变化曲线近似等间距向下平移，因此，可以建立塑性变形区半径、加载压力与压头半径间的数学模型。当压头半径在 60～90mm 变化、加载压力在 35～50kN 变化时，塑性区半径 m 表

达式如下:

$$m = 0.112(P-35) + 6.96 - 0.16(R_t - 60) \qquad (4-125)$$

如图 4-92 所示,随着压头半径与加载压力的改变,塑性变形区边界的径向压应力 q_a 近似恒等于 212.5MPa。

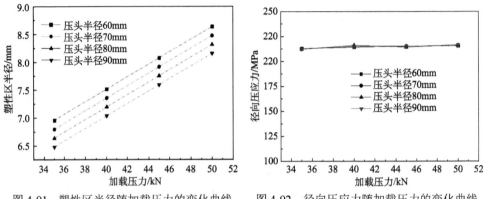

图 4-91　塑性区半径随加载压力的变化曲线　　　图 4-92　径向压应力随加载压力的变化曲线

(三)具有任意单一受压圆形孔道内壁的圆锯片线弹性有限元模型的建立及数值分析

具有任意单一受压圆形孔道内壁的圆锯片的力学模型如图 4-93 所示,以圆形孔道圆心作为极坐标系原点,圆锯片边缘的相对于圆形孔道圆心处极坐标系的切向应力 σ_θ' 是关注的重点,目标是建立 σ_θ' 与 θ 的数学关系。

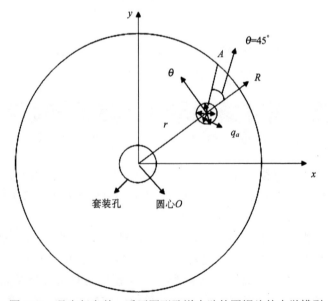

图 4-93　具有任意单一受压圆形孔道内壁的圆锯片的力学模型

　　考虑模型的对称性，建立平面应力的有限元模型，其中圆锯片半径为 178mm，套装孔半径为 15mm，几何模型与网格划分后的模型如图 4-94、图 4-95 所示。约束对称面垂直方向的位移；圆锯片套装孔的内壁施加耦合约束，耦合点为圆锯片圆心 O，约束耦合点的所有自由度；圆形孔道内壁施加径向压应力 212.5MPa；为提高计算精度，圆形孔道附近的网格划分比其他部位更密，选择 CPS4R 单元。

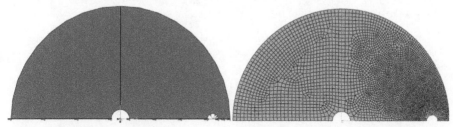

图 4-94　几何模型　　　　　　图 4-95　网格划分后的模型

　　如图 4-96 所示，圆锯片边缘的相对于圆形孔道圆心处极坐标系的切向应力 σ_θ' 和 θ 近似呈四次曲线的关系，如式（4-126）所示，其中系数 k_4、k_2、k_0 均是圆形孔道半径 m 与圆形孔道圆心位置在圆锯片中的半径 r 的函数。

$$\sigma_\theta' = k_4(m,r)\theta^4 + k_2(m,r)\theta^2 + k_0(m,r) \tag{4-126}$$

　　设计工况，目标为建立 $k_4(m,r)$、$k_2(m,r)$ 与 $k_0(m,r)$ 三函数的数学模型，塑性区半径 m 为 6mm、7mm、8mm、9mm，塑性区圆心位置在圆锯片中的半径 r 为 70mm、90mm、110mm、130mm、150mm，仿真计算结果如图 4-97~图 4-99 所示。

　　仿真计算结果表明，不管 r 值为多少，系数 k_4、k_2、k_0 的数值均随着 m 值的增大而线性改变，其对应斜率 $f_4(r)$、$f_2(r)$、$f_0(r)$ 因 r 值不同而不同。其中 k_4、k_0 随着 m 值的增大而线性增加，k_2 随着 m 值的增大而线性减小。因此，建立 $k_4(m,r)$、$k_2(m,r)$ 与 $k_0(m,r)$ 三函数的数学模型，如式（4-127）所示，其中 $f_4(r)$、$f_2(r)$、$f_0(r)$、$C_4(r)$、$C_2(r)$、$C_0(r)$ 只与 r 相关。

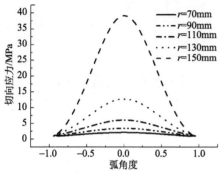

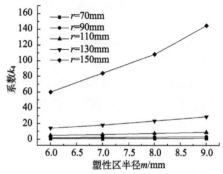

图 4-96　圆锯片边缘的相对于圆形孔道圆心处　　　图 4-97　k_4 随塑性区半径变化的曲线
极坐标系的切向应力分布

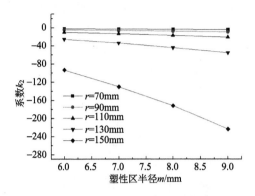

图 4-98 k_2 随塑性区半径变化的曲线

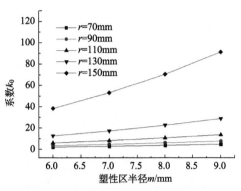

图 4-99 k_0 随塑性区半径变化的曲线

$$k_4(m,r) = f_4(r)(m-6) + C_4(r)$$
$$k_2(m,r) = f_2(r)(m-6) + C_2(r) \qquad (4\text{-}127)$$
$$k_0(m,r) = f_0(r)(m-6) + C_0(r)$$

$f_4(r)$、$f_2(r)$、$f_0(r)$、$C_4(r)$、$C_2(r)$、$C_0(r)$ 随 r 变化的曲线如图 4-100 和图 4-101 所示。

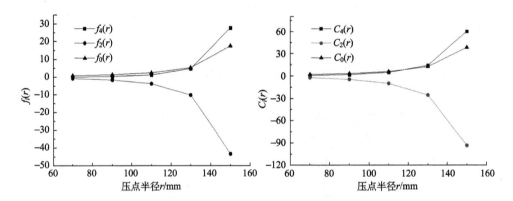

图 4-100 $f_i(r)$ 随压点半径的变化曲线　　　图 4-101 $C_i(r)$ 随压点半径的变化曲线

利用四次多项式函数，经过最小二乘拟合，最终获得了 $f_4(r)$、$f_2(r)$、$f_0(r)$、$C_4(r)$、$C_2(r)$、$C_0(r)$ 六个函数的表达式，如下式所示。

$$f_4(r) = 4 \times 10^{-6} r^4 - 0.0015 r^3 + 0.2138 r^2 - 13.549 r + 317.11$$
$$f_2(r) = -5 \times 10^{-6} r^4 + 0.0019 r^3 - 0.2771 r^2 + 17.522 r - 409.67$$
$$f_0(r) = 2 \times 10^{-6} r^4 - 0.0007 r^3 + 0.0953 r^2 - 6.0324 r + 141.66$$
$$C_4(r) = 7 \times 10^{-6} r^4 - 0.0026 r^3 + 0.3799 r^2 - 24.055 r + 563.05$$
$$C_2(r) = -9 \times 10^{-6} r^4 + 0.0036 r^3 - 0.5219 r^2 + 32.961 r - 770.16$$
$$C_0(r) = 3 \times 10^{-6} r^4 - 0.0013 r^3 + 0.1827 r^2 - 11.509 r + 269.29$$

（4-128）

（四）圆锯片边缘任意一点的切向适张应力计算模型

如图 4-102 所示，以圆锯片圆心 O 作为直角坐标系原点，圆锯片边界任意一点 A 的坐标为 $(R\cos\theta_1, R\sin\theta_1)$，锯片内任意压点 B 的坐标为 $(r_i\cos\theta_{2i}, r_i\sin\theta_{2i})$，$A$ 与 B 之间的距离 $d_i = \sqrt{(R\cos\theta_1 - r_i\cos\theta_{2i})^2 + (R\sin\theta_1 - r_i\sin\theta_{2i})^2}$，圆锯片圆心 O 与 A、B 形成一个三角形，其中 $\alpha_i = \arccos\left(\dfrac{R^2 + d_i^2 - r_i^2}{2Rd_i}\right)$，$\beta_i = \arccos\left(\dfrac{R^2 + r_i^2 - d_i^2}{2Rr_i}\right)$

当 $\theta_1 \leqslant \theta_{2i}$ 时，$\theta_i = \alpha_i + \beta_i$，当 $\theta_1 < \theta_{2i}$ 时，$\theta_i = -\alpha_i - \beta_i$，由上文可知，

$$\sigma_{\theta i}' = k_{4i}(m, r_i)\theta_i^4 + k_{2i}(m, r_i)\theta_i^2 + k_{0i}(m, r_i)$$

（4-129）

假设圆锯片边缘位置处的 $\sigma_{Ri}' = 0$，$\tau_{R\theta i}' = 0$，经过坐标转换得到式（4-130）：

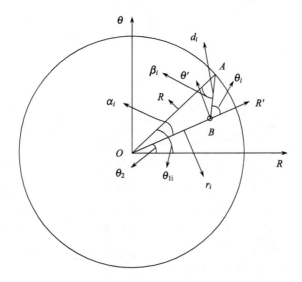

图 4-102　圆锯片边缘任意一点的切向适张应力计算模型示意图

$$\sigma_{xi}' = \frac{\sigma_{\theta i}'}{2} - \frac{\sigma_{\theta i}'}{2}\cos 2\theta_i$$

$$\sigma_{yi}' = \frac{\sigma_{\theta i}'}{2} + \frac{\sigma_{\theta i}'}{2}\cos 2\theta_i \tag{4-130}$$

$$\tau_{xyi}' = -\frac{\sigma_{\theta i}'}{2}\sin 2\theta_i$$

经过应力转换，得到

$$\sigma_{xi} = \frac{\sigma_{xi}' + \sigma_{yi}'}{2} + \frac{\sigma_{xi}' - \sigma_{yi}'}{2}\cos 2\theta_{2i} - \tau_{xyi}'\sin 2\theta_{2i}$$

$$\sigma_{yi} = \frac{\sigma_{xi}' + \sigma_{yi}'}{2} - \frac{\sigma_{xi}' - \sigma_{yi}'}{2}\cos 2\theta_{2i} + \tau_{xyi}'\sin 2\theta_{2i} \tag{4-131}$$

$$\tau_{xyi} = -\frac{\sigma_{xi}' - \sigma_{yi}'}{2}\sin 2\theta_{2i} + \tau_{xyi}'\cos 2\theta_{2i}$$

再转换为极坐标下的应力，得到

$$\sigma_{\theta i} = \frac{\sigma_{xi} + \sigma_{yi}}{2} - \frac{\sigma_{xi} - \sigma_{yi}}{2}\cos 2\theta_{1i} - \tau_{xyi}\sin 2\theta_{1i} \tag{4-132}$$

最终，经过线性叠加，圆锯片边缘处任意一点 A 的切向适张应力用式（4-133）表示，其中 i 表示第 i 个加压点。

$$\sigma_{\theta} = \sum_{i=1}^{num} \sigma_{\theta i} \tag{4-133}$$

五、圆锯片多点加压适张工艺压点分布对适张效果的影响

在圆锯片多点加压适张工艺过程中，压点分布形式的主要表征参数包括：周向压点数（A）、径向压点数（B）、压点直径（C）。其中，压点直径（C）是指最靠近锯片外缘的压点所在位置的直径，当径向压点数大于 1 时，不考虑径向压点之间间距的影响，统一间距为 30mm。图 4-103 为周向压点数（A）为 16、径向压点数（B）为 3、压点直径（C）为 280mm 的圆锯片多点加压压点分布示意图。压点分布形式的 3 种表征参数的水平表如表 4-38 所示。圆锯片多点加压适张过程的工艺参数主要包括：压头半径为 70mm、加载压力为 45.6kN、双面单次加压。

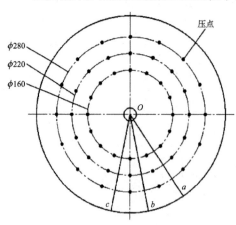

图 4-103　锯片压点分布图

表 4-38　压点分布的因素、水平表

水平	因素		
	A/个	B/个	C/mm
1	14	1	270
2	16	2	280
3	18	3	290
4	20	4	300

　　选择圆锯片边界切向适张应力的平均值 $\bar{\sigma}_\theta$ 及波动幅值 χ 作为指标，选用 $L_{16}(4^3)$ 设计仿真工况的正交表，如表 4-39 所示，未使用的因素所在列做空白处理。

表 4-39　仿真工况正交表及指标结果

试验号	因素				
	A/个	B/个	C/个	$\bar{\sigma}_\theta$ /MPa	χ /MPa
1	14	1	300	8.94	15.54
2	14	2	290	21.32	11.91
3	14	3	280	33.52	5.68
4	14	4	270	43.85	4.45
5	16	1	290	13.03	9.49
6	16	2	300	22.17	10.15
7	16	3	270	34.98	1.24
8	16	4	280	50.54	1.60
9	18	1	280	13.87	5.06
10	18	2	270	26.20	2.28
11	18	3	300	38.88	7.29
12	18	4	290	54.56	4.69
13	20	1	270	13.36	0.83
14	20	2	280	31.06	1.95
15	20	3	290	45.20	3.63
16	20	4	300	57.50	3.30

　　在表 4-40 中，K_i 为任意因素第 i 水平的指标 $\bar{\sigma}_\theta$ 仿真计算结果的平均值，R_1 为任意因素的指标 $\bar{\sigma}_\theta$ 仿真计算结果的极差。从表 4-40 各列的 R_1 值的结果可以看出，在对于圆锯片边界平均切向适张应力 $\bar{\sigma}_\theta$ 的影响程度上，径向压点数（B）是主要因素，其次是周向压点数（A），再次是压点直径（C）。从 K 值的示意图图 4-104 可以看出，周向压点数（A）、径向压点数（B）与圆锯片边界平均切向适张应力 $\bar{\sigma}_\theta$ 的影响规律近似，$\bar{\sigma}_\theta$ 随着周向压点数（A）、径向压点数（B）的增加而线性增加，说明圆锯片周向与径向加压点越多，圆锯片边界的平均切向适张应力 $\bar{\sigma}_\theta$ 越大，适张效果越好，锯片的动态性能越好。压点直径（C）对于圆锯片边界平均切向适张应力 $\bar{\sigma}_\theta$ 的影响呈非线性，在 270～300mm，当压点直径（C）为 290mm 左右时，圆锯片边界的平均切向适

张应力 $\bar{\sigma}_\theta$ 最大，适张效果最好。综上所述，针对圆锯片球面多点加压适张工艺过程，如果以圆锯片边界平均切向适张应力 $\bar{\sigma}_\theta$ 作为指标，$A_4B_4C_3$ 是最优的压点布置方式。

表 4-40　圆锯片边界平均切向适张应力的分析表

因素	A	B	C
K_1	26.9075	12.3	29.5975
K_2	30.18	25.18	32.24
K_3	33.3775	38.145	33.52
K_4	36.78	51.6125	31.87
R_1	9.88	39.31	3.92

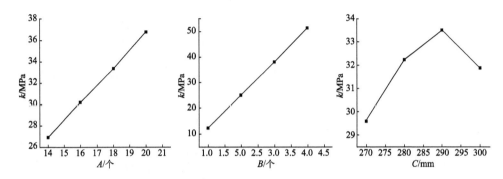

图 4-104　圆锯片边界平均切向适张应力与各因素之间的关系图

在表 4-41 中，P_i 为任意因素第 i 水平的指标 χ 仿真计算结果的平均值，R_2 为任意因素的指标 χ 仿真计算结果的极差。从表 4-41 各列的 R_2 值的结果可以看出，在对于圆锯片边界切向适张应力波动幅值 χ 大小的影响程度上，周向压点数（A）是主要因素，其次是压点直径（C），再次是径向压点数（B）。从 P 值的示意图图 4-105 可以看出，周向压点数（A）、径向压点数（B）与圆锯片边界切向适张应力波动幅值 χ 的影响规律近似，χ 随着周向压点数（A）、径向压点数（B）的增加而减小，说明圆锯片周向与径向加压点越多，圆锯片边界的切向适张应力越均匀，适张效果越好，锯片的动态性能越好。压点直径（C）对于圆锯片边界切向适张应力波动幅值 χ 的影响则相反，在一定范围内，χ 随着压点直径（C）的增加而增大，当压点直径（C）为 270mm 左右时，圆锯片边界的切向适张应力最均匀，多点加压适张工艺的适张效果最好。综上所述，针对圆锯片球面多点加压适张工艺过程，如果以圆锯片边界切向适张应力波动幅值 χ 作为指标，$A_4B_4C_1$ 是最优的压点布置方式。

表 4-41　圆锯片边界切向适张应力波动幅值的分析表

因素	A	B	C
P_1	9.395	7.73	2.2
P_2	5.62	6.57	3.57
P_3	4.83	4.46	7.43
P_4	2.43	3.51	9.07
R_2	6.96	4.22	6.87

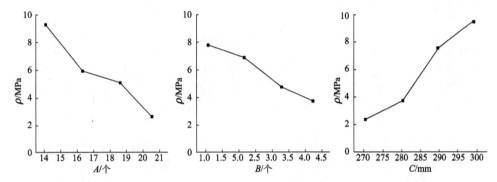

图 4-105　圆锯片边界切向适张应力波动幅值与各因素之间的关系图

六、圆锯片的屈服强度对适张效果的影响规律

压头的压力 F 分别为 40kN、60kN、80kN、100kN、120kN、140kN，圆锯片的屈服强度分别为 300MPa、600MPa、900MPa、1200MPa。假设圆锯片为线性应变硬化，它的应变硬化率为 500MPa。

如图 4-106 和图 4-107 所示，锯片减薄量和塑性区半径随着压力的增大而增大，随着屈服强度的增大而减小。

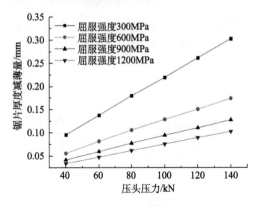

图 4-106　在不同屈服强度下，锯片减薄量与压头压力之间的关系曲线

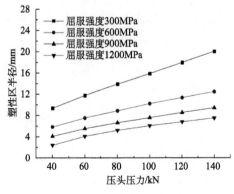

图 4-107　不同屈服强度下，塑性区半径与压头压力之间的关系曲线

如图 4-108 所示，在不同屈服强度下，径向压应力 q_a 几乎不变。

如图 4-109～图 4-111 所示，随着圆锯片屈服强度的提高，在较小的变形（减薄量）情况下，锯片更能够获得良好的适张效果，以此说明了高强度和超高强度圆锯片在适张工艺过程中的优越性。

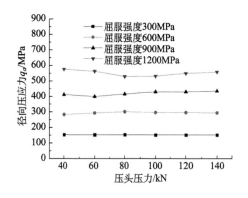

图 4-108　不同屈服强度下，径向压应力与压头压力之间的关系曲线

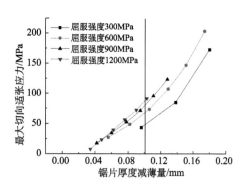

图 4-109　不同屈服强度下，最大切向适张应力与减薄量之间的关系曲线

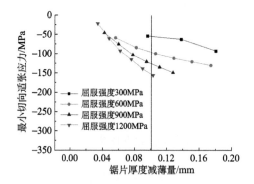

图 4-110　不同屈服强度下，最小切向适张应力与减薄量之间的关系曲线

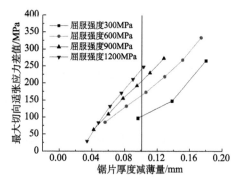

图 4-111　不同屈服强度下，最大切向适张应力差值与减薄量之间的关系曲线

七、小结

本节基于弹性力学理论，求解了圆锯片单点加压过程应力、应变的解析表达式，通过应力叠加算法，构建了圆锯片多点加压适张过程的适张应力求解模型。

本节基于弹塑性有限元算法，建立了圆锯片多点加压适张过程的有限元仿真模型，重点分析了圆锯片多点加压适张过程的适张应力生成机理，分析了多点加压适张的工艺参数、锯片基体材料屈服强度对于适张应力的影响规律。

第十节　本章小结

（1）首次提出对圆锯片进行精确适张的新概念。长期以来，人们对决定圆锯片适张程度的适张应力只是间接地进行测量，很难保证适张的准确度和一致性。随着实验设备及手段的逐步完善，对实现圆锯片适张作业的精确控制已经有了一定的条件，而且这样的条件会越来越好，所以精确适张应该成为圆锯片适张研究方面的主要研究课题之一。

（2）在对目前国内外圆锯片稳定性和适张理论深入分析的基础上，经过长时间深入圆锯片生产、使用、维修等部门的调查研究与实践，本书首次提出圆锯片多点加压适张的新方法。它在国际上，是继锤击适张、连续辊压适张、在线热适张、喷丸适张后提出的又一种非常有效的圆锯片适张方法。经过进一步的理论和实验分析研究，该适张方法能够同时继承锤击适张和辊压适张的优点，克服其不足。此外，这种适张方法使圆锯片适张与整平作业更有可能实现机械化及计算机自动控制，解决当前圆锯片生产及使用中的关键技术难题，为在圆锯片适张和整平研究方面赶超世界先进水平而奠定良好的基础。

（3）当用球面压头对锯片施加轴向压力时，不论用多大压力加压，第一次加压的塑性变形最显著，第三次加压以后变形量逐渐减小，这与晶体塑性变形的位错理论相吻合，即当塑性变形量增大时，位错的数量也增加并使进一步的变形更加困难。另外，随着塑性变形的增大，与球形压头的接触面增大，接触各点的压应力值则会减小。因此，在加压适张时为了提高适张效率，以加压 2～3 次为好。

压力大小对塑性变形程度影响较大，所以某一压力下加压 3 次依然达不到适张要求时，这说明适张压力不够，为了提高适张作业效率，应增大适张压力，而不是一味地增加加压次数。

（4）X 射线应力测试是一种对金属材料内部残余应力无损检测的方法，它在国内外应用比较普遍。但是，用它来对圆锯片锯板内适张前后的残余应力进行测量只在日本的学术文献中有少量报道。欧美相关方面的研究人员对圆锯片辊压适张，从理论及实验方面做了大量的研究，形成了一套比较完整的辊压适张理论。而就圆锯片内部应力的测定方面，主要还是采用电阻应变片测量。电阻法测量只能测出适张前后应力的变化量，而不能测定锯片因基板成型、机加工及热处理而产生的应力，无法对适张应力进行精确控制。

本书在用 X 射线测定圆锯片残余应力方面积累了一定的理论与实践经验，如用等强度梁和电解铁粉精确标定，其标定误差被控制在 5MPa 之内。测前锯片表面采用电解抛光或细砂纸精心打磨处理等，从而为实现对锯片适张应力精确测定和精确适张打下了一定的基础。

机加工对锯片表面 X 射线应力影响很大，而且会出现明显的 $\varPhi$ 分裂现象。实际测量时，应对锯片表面进行适当的处理，即用电解抛光或细砂纸打磨。采用电解抛光适合于抛光后短期内进行测量，时间延长后，抛光部位的金属材料会由于残留的氯化钠的继续腐蚀而使被测锯片表面的 X 射线应力发生变化，这种情况下，建议采用砂纸打磨法。为了提高 X 射线测量精度，采用了同一点多次测量取平均值的方法。

齿缘喷丸处理也会增大锯片相应部分的表面压应力，从稳定性的角度来看这是不利的，因此必须在该部分开径向槽以减小其产生的压应力值。

经对无适张、辊压适张、锤击适张、球面多点加压适张和柱面多点加压适张圆锯片的 X 射线应力测试表明，在辊压适张后辊压带外侧皆为切向拉应力，能够在一定程度上达到增加锯片工作稳定性的目的，但是由于它的切向应力分布随半径增大而减小，因此很难接近理想残余应力分布状态，而锤击适张后适张区域外侧的切向应力分布较为理想。

球面和柱面多点加压适张后的应力分布近似于锤击。因其压点位置和加压压力易于精确控制，应力分布的对称性也很好，适张应力分布比较接近理想应力分布，不会因适张而引起锯片变形。

柱面多点加压适张圆锯片在加压区，产生压应力，其最大压应力值随着适张时所加压力的增大而增大。在加压区外侧，有明显的拉应力增大区段，其最大拉应力值也随适张时所加压力的增大而增大。柱面多总加压适张比辊压适张产生的相应拉应力要大得多，而该拉应力增大有利于平衡因温度梯度在锯片这一部位引起的切向压应力，从而提高锯片的工作稳定性。

当圆锯片在工作中产生温度梯度时，柱面多点加压适张的径向应力分布也有利于使锯片边缘材料向外扩张，从而减小锯片的切向压应力，提高锯片的工作稳定性。

未适张的圆锯片由于一般都经过锤击整平作业，因此各点的初始应力值有一定的差异。为此，本实验检测了圆锯片适张前后各点的应力，用相应点的应力差反映适张对圆锯片应力分布的影响。

（5）通过对采用不同适张方法圆锯片的振动模态分析，结果表明：采用锤击适张、球面多点加压适张和柱面多点加压适张方法，圆锯片的二阶以上模态的固有频率的提高幅度都大于辊压适张圆锯片，更有利于提高锯片的动态稳定性。

（6）当锯片内外形成一定温度梯度时，未经适张的圆锯片的各阶固有频率下降得最为显著，辊压适张圆锯片与之相比稍有改善，但其各阶固有频率下降也很显著。

在相同温度梯度条件下，锤击适张圆锯片、球面多点加压适张圆锯片较之辊压适张圆锯片的各阶模态的固有频率下降程度明显减小，在特定适张条件下，低阶模态的固有频率还有待提高。

柱面多点加压适张圆锯片在一定温度梯度下，不仅高阶模态的固有频率下降很小，而且低阶模态的固有频率还有一定程度的提高。这说明在有温度梯度存在的情况下，柱面多点加压适张圆锯片和球面多点加压适张圆锯片有更好的稳定性。

（7）建立了球面多点加压适张应力分析的数学模型，根据弹性力学理论，推导出了其径向及切向残余应力计算表达式，这为今后的理论及实验研究奠定了一定的基础。

第五章　微量零锯料角锯齿木材锯切特性与机理的研究

第一节　圆锯锯切木材锯齿受力及锯路壁形成机理分析

切削力是木材切削最早的研究方向之一。切削力主要来源于切削层的木材、切屑和木材表面层的弹性力、塑性变形所产生的抵抗力和刀具与切屑、木材表面直接产生的摩擦力两部分。影响木材切削力的因素较多。第一，木材是各向异性材料，切削力受到木材纤维、年轮方向、早晚材、树种、含水率和切削温度等木材材性的影响；第二，刀具材料、刀具角度和刀具磨损影响切削力的大小；第三，切削厚度、切削宽度、切削速度和进给速度等切削参数影响切削力大小。木材锯切为闭式切削，锯齿侧刃也参与其中，成为形成锯路壁的主要因素，而现有的木材切削理论主要针对锯齿主刃及前、后刀面进行受力分析，忽略了锯齿侧刃的影响，因此，本章以现有的木材切削理论为基础，从分析锯齿主刃和侧刃受力的角度出发，针对木材圆锯锯切时的锯齿受力及锯路壁形成机理进行分析探讨，为后续关于锯齿侧刃参数对切削力和表面质量的影响研究奠定理论基础。

一、微量零锯料角锯齿锯切锯路壁形成机理分析

木材锯切为闭式切削，锯齿以 3 条刃口切削木材（一条主刃，两条侧刃），锯齿一次行程后完成 3 个切削面——锯路底和两侧锯路壁。锯切所形成的加工表面是由两条侧刃切削出来的。由于锯片或机床振动和锯齿中锯料角的存在，锯切表面（木材表面）会沿锯齿齿尖的运动轨迹形成锯痕，如图 5-1 所示。假设圆锯片在无横向振动和不偏摆的条件下稳定切削木材，在锯切表面就会形成无数条锯痕，这是决定锯切表面粗糙度的唯一因素。图 5-2a 所示为圆锯锯切示意图，图 5-2b 所示为具有锯料角的锯齿形成锯切表面原理图（M-M 方向），锯齿的廓形为 b-e-e′-b′，其中主刃为 b-b′，两条侧刃分别为 b-e 和 b′-e′，而两条侧刃中的一小部分形成锯切表面。锯痕深度是指锯齿主刃、侧刃形成的波峰和谷峰之间的距离，用 S_n 表示；锯痕宽度是指相邻齿尖形成的波谷之间的距离，用 S_b 表示。

锯痕

图 5-1　锯切表面锯痕示意图

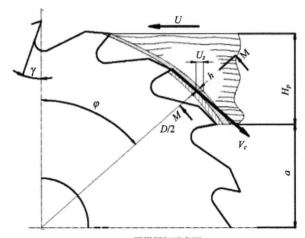

a 圆锯锯切示意图

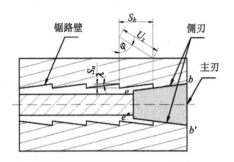

b 具有锯料角的锯齿形成锯切表面原理图

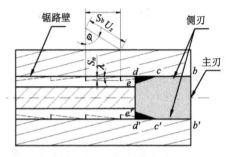

c 存在有零锯料角段和零锯料角锯齿的锯切原理图

图 5-2　圆锯片锯切锯路形成示意图

U_z. 每齿进给量；D. 圆锯片直径；h. 切屑厚度；H_p. 锯切深度；a. 工件位置高度；φ. 锯切位置角

根据木材切削原理可知，锯切时的每齿进给量 U_z 为

$$U_z = \frac{U}{n \cdot z} \tag{5-1}$$

式中，U 为进给速度（m/min）；n 为锯片转速（r/min）；z 为锯齿齿数。每齿进给量 U_z 与锯切表面粗糙度有关，每齿进给量越小，锯切表面粗糙度越低。

切屑厚度 h 为

$$h = f_z \sin \varphi \tag{5-2}$$

切屑厚度 h 是指齿尖在一定位置上相邻两轨迹的法向距离，它等于锯痕宽度 S_b，由图 5-2b 可知，圆锯片锯痕宽度 S_b 为

$$S_b = U_z \sin \varphi \tag{5-3}$$

锯切时，当锯齿刚进入木材时 φ 最小；随着锯齿深入木材，φ 值逐渐增大，直到锯齿离开锯路，当 φ 等于零度时，$\sin \varphi = 0$。此时，$h = S_b = U_z$。

锯痕深度 S_n 为

$$S_n = S_b \tan \lambda = f_z \sin \varphi \tan \lambda = \frac{U}{n \cdot z} \sin \varphi \tan \lambda \qquad (5-4)$$

由式（5-4）可知，若想降低锯痕深度，减少表面粗糙度，在齿数 Z 和锯切位置角 φ 一定的情况下，只有提高转速 n，降低进给速度 U 和减小锯料角 λ。在实际切削中，降低进给速度 U，必将影响切削效率，提高锯片转速 n 首先必须保证锯片使用安全，这就需要把锯片转速限制在一定范围内。对于现代化工业应用而言，从理论上存在改善加工质量和提高加工效率之间的矛盾。

图 5-2c 所示为存在有零锯料角段和零锯料角锯齿的锯切原理图（M-M 方向）。零锯料角锯齿的廓形为 b-d-d′-b′，当锯料角 λ=0 时，锯痕深度理论为 0 时，锯切表面就变成了一个理论平面。如果采用零锯料角锯齿锯切时，在增加每齿进给量以提高加工效率时不再会降低锯切表面的粗糙度。锯切过程中只有很小一部分锯齿侧刃参与木材切削，其参与的长度近似等于每齿进给量 U_z。因此，具有一定的零锯料角段长度的设计方案可以减小侧刃与木材间的摩擦。在图 5-2c 中，具有零锯料角段锯齿的廓形为 b-c-e-e′-c′-b′，直线段部分为 b-c 和 b′-c′，每个锯齿侧刃从开始接触木材到完成切削时与木材接触距离理论上等于切削时的每齿进给量，考虑到既要保证切削质量又要尽量减小木材与侧刃的摩擦，零锯料角直线段的长度通常要比每齿进给量略大并且越接近每齿进给量，效果越理想。

本章首先提出微量零锯料角锯齿的设计理念，微量零锯料角锯齿的侧刃是由零锯料角段 l 和非零锯料角段 $l′$ 组成，其中零锯料角段承担切削，也就是锯齿的局部侧刃是刨削刃。由于切削时每齿进给量一般很小，锯齿零锯料角段相对侧刃总长度极小（图 5-3）。相对于零锯料角锯齿来说，微量零锯料角锯齿只有侧刃的零锯料角段与锯路壁接触，因此，产生的摩擦力小，锯片温升更低，稳定性更高。

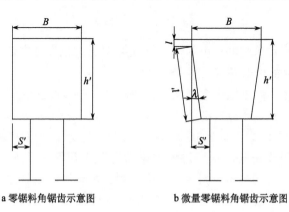

a 零锯料角锯齿示意图　　　　b 微量零锯料角锯齿示意图

图 5-3　零锯料角锯齿和微量零锯料角锯齿示意图

B. 锯齿宽度；*S′*. 锯料量；*l*. 零锯料角段；*λ*. 锯料角；*h′*. 锯料角段长度；*l′*. 非零锯料角度

二、微量零锯料角锯齿锯切切削受力理论分析

目前现有的切削力分析主要考虑主刃切削宽度和切削厚度的影响。实际上，木材锯切为闭式切削，参与切削的除主刃外，还有侧刃。以圆锯锯切为例，圆锯工作时，锯片做回转运动，而木材以一定的速度做进给运动，锯齿齿尖 A 点的相对轨迹为两运动的向量和，其轨迹为一摆线，图 5-4 所示为锯切时切削轨迹的简图。

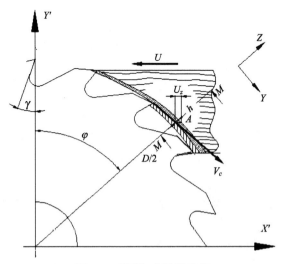

图 5-4　圆锯切削轨迹简图

对于切削轨迹上任意点 A 的方程为

$$X_A' = \frac{D}{2}\sin\varphi + \frac{U_z}{\varepsilon}\varphi \tag{5-5}$$

$$Y_A' = \frac{D}{2}(1 - \cos\varphi) \tag{5-6}$$

式中，D 为锯片直径（mm）；φ 为锯切位置角（°）；U_z 为每齿进给量（mm）；ε 为相邻两个锯齿所夹的中心角（°）。

为了讨论方便，假设锯齿主刃在不存在斜磨（即为直锯齿）的情况下，以锯齿齿尖 A 点为坐标原点，A 点运动的切线方向为 Y 向，A 点运动的法线方向为 Z 向，垂直于 ZY 平面的方向为 X 向建立坐标系，其受力坐标系示意图如图 5-5 所示。

由于锯切为闭式切削，锯切过程中锯齿主刃 b-b'和侧刃 b-e 和 b'-e'均参与切削，主刃沿切削平面切割木材纤维，形成切屑。切屑伴随刀具运动沿前刀面流出，侧刃 b-e 和 b'-e'切削过程中形成锯路壁。单个锯齿完成一次切削形成 3 个切削面，即由主刃 b-b'形成的锯路底及由侧刃 b-e 和 b'-e'形成的锯路壁。可见，单个锯齿受力来自两方面的合力，即主刃受力和侧刃受力的合力。图 5-5 表示锯齿主刃不存在斜磨的受力情况，由图可知，按受力方向，锯齿受力可分为切削力 F_y，法向

力 F_z，侧向力 F_x。

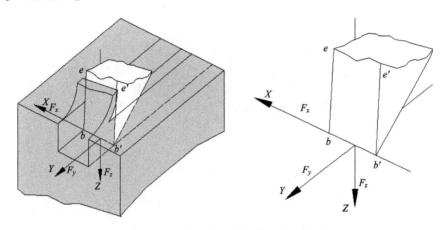

图 5-5 直锯齿锯切受力坐标系示意图

假设锯齿主刃不存在斜磨，主刃在切向方向产生的主刃切向力 F_{zy}，主刃在法向方向产生的主刃法向力 F_{zz}，此时受力分析主要考虑刀具前、后刀面所受力分别在切向（Y 向）和法向（Z 向）上的分力之和，并且大小与刀具切削厚度、切削宽度及刀具前角、后角等参数有关。

但对于刀具侧刃而言，与刀具主刃类似，侧刃刃口是刀具前、后刀面与刀具侧面相交形成，并且相交处是一个具有一定半径 ρ 的圆弧，其刃口圆弧半径 ρ 也有 10μm 左右，如图 5-6 所示。木材切削时，主刃将木材纤维割断，侧刃完成锯路壁的切削，在此过程中，尽管锯齿一般都存在有锯料角，侧刃还是会受到来自木材的摩擦、挤压作用，在侧刃与锯路壁接触的区域 S 产生弹塑性变形。由于切削是在短时间内完成，而木材又是一种黏弹性材料，在较小的应力范围和较短的时间内，木材的性能十分接近于弹性材料，因此会在已完成的加工表面形成回弹区对侧刃和刀具侧面形成挤压。挤压力 F_n 的大小除取决于材料本身的性质外，还与其挤压面积大小有关，而挤压面积大小又与锯齿的锯料角 λ 和作用长度 L 有关。其中，锯料角 λ 越小，挤压面积（受力面积）越大，挤压力越大。在挤压力 F_n 的作用下产生与侧刃运动方向相反的摩擦力 F_μ，在摩擦系数一定的条件下，摩擦力 F_μ 大小与挤压力 F_n 大小呈正比，即挤压力 F_n 增大，其产生的摩擦力 F_μ 也相应增大，同时，作用在切向方向和法向方向的力相应增大，进而切削力发生变化。侧刃在切削过程中的主要作用是形成锯路壁，同时，还会将主刃未完全切割掉的纤维割断，使锯路壁更加光滑，结果造成侧刃受力。与主刃受力坐标系表示方法相同，亦可将侧刃受力分为切向（Y 向）和法向（Z 向）两方向上的分力，即侧刃切向力 F_{cy} 和侧刃法向力 F_{cz}。

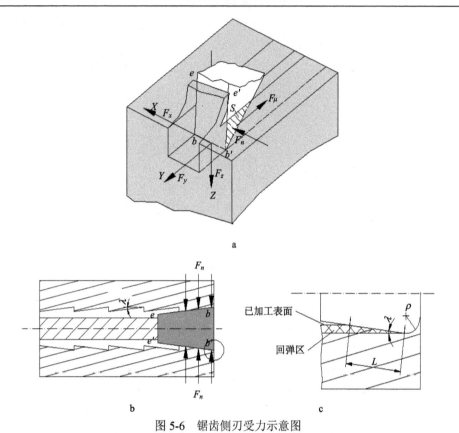

图 5-6 锯齿侧刃受力示意图

a. 单个锯齿切削三维示意图；b. 单个锯齿切削示意图；c. 锯齿侧刃局部切削受力示意图

此外，锯齿切削木材时产生的切屑，有一部分会存在于锯齿齿室内。齿室内锯屑与锯路壁之间产生摩擦力 F_d，成为锯切力的组成部分之一。锯料角越大，锯齿与木材间的空间越大，锯齿与木材间的空间越大越有利于锯室内切屑的排出，以减少这部分摩擦力。

我们可以将锯齿锯切时每齿所受的单齿作用力分为切向 P_y 和法向 P_z 两个方向，将前述主刃受力、侧刃受力及每齿克服切屑与锯路壁摩擦的力分别表示为

$$P_y = F_{zy} + F_{cy} + F_{dy} \tag{5-7}$$

$$P_z = F_{zz} + F_{cz} + F_{dz} \tag{5-8}$$

在式（5-7）和式（5-8）中，F_{zy} 为主刃切向方向受力（N）；F_{zz} 为主刃法向方向受力（N）；F_{cy} 为侧刃切向方向受力（N）；F_{cz} 为侧刃法向方向受力（N）；F_{dy} 为每齿克服切屑与锯路壁摩擦的切向方向受力（N）；F_{dz} 为每齿克服切屑与锯路壁摩擦的法向方向受力（N）。

由式（5-7）和式（5-8）可知，圆锯片在闭式切削过程中，每齿作用力与锯齿侧刃受力有关。而锯齿侧刃受力来自木材因挤压产生的摩擦力，锯料角的存在虽然

可以减小摩擦力，但又会影响表面质量。

　　本章我们将利用闭式切削与开式切削对比的方法进行单齿切削实验研究。由于采用单齿进行切削，为了便于研究侧刃在切削时产生的力，将闭式切削中锯齿受力与开式切削中锯齿受力的差值定义为侧刃切削力 F_c，即侧刃切削力 F_c=闭式切削力-开式切削力，根据木材切削理论，平行于切削运动方向的力称为侧刃切向力 F_{cy}，垂直于切削运动方向的力称为侧刃法向力 F_{cz}。

　　图 5-7 所示为零锯料角锯齿和微量零锯料角锯齿切削时侧刃与锯路壁的接触状态。从图中可知，当锯齿为零锯料角时，锯齿单侧的侧刃与锯路壁的作用长度 $L=bd$，当锯齿侧刃存在零锯料角段时，锯齿单侧的侧刃与锯路壁的作用长度 $L=bc$，后者作用长度明显小于前者。在保证锯切表面质量的同时，尽量缩短其作用长度可减小其侧刃在锯切过程中产生的摩擦力，保证锯片的锯切稳定性。

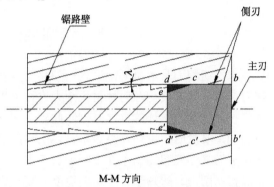

图 5-7　零锯料角锯齿和微量零锯料角锯齿与锯路壁

三、小结

　　本节结合木材闭式锯切特点，从理论上分析了锯切时锯齿侧刃在锯切过程中受力情况及锯路壁形成机理，并提出锯切时锯痕深度的理论公式。在此基础上分析比较非零锯料角锯齿、零锯料角锯齿和微量零锯料角锯齿的锯路壁形成机理，为后续章节的学习奠定理论基础，主要内容总结如下。

　　（1）在木材闭式切削时，对于锯齿主刃不存在斜磨的情况，锯齿受力应包括锯齿主刃受到的来自木材的抵抗力和摩擦力，侧刃受到的来自锯路壁的摩擦力和抵抗力，以及齿室内锯屑与锯路壁之间产生的摩擦力三部分。

　　（2）由于木材的黏弹性特性，伴随锯齿运动，侧刃受到来自锯路壁的摩擦力的作用。这部分摩擦力又来自锯齿侧面与锯路壁接触的区域因产生弹塑性变形而引起的挤压力，其大小除取决于材料本身的性质外，还与其受力面积大小有关，而受力面积大小又与锯齿的锯料角 λ 和作用长度 L 有关。其中，锯料角 λ 越小，侧刃受力面积越大，挤压力越大，在摩擦系数一定的条件下，其产生的摩擦力也相应增大，作用在切向方向和法向方向的力增大，进而使切削力发生变化。

　　（3）圆锯锯切时的锯痕深度公式为

$$S_n = S_b \tan\lambda = f_z \sin\varphi \tan\lambda = \frac{U}{n \cdot z} \sin\varphi \tan\lambda$$

若想降低锯痕深度，减小表面粗糙度，在齿数 Z 和锯切位置角 φ 一定的情况下，

只有提高转速 n，降低进给速度 U 和减小锯料角 λ。按照此公式，在有锯料角存在的情况下，提高进给速度 U 和提高加工表面质量具有一定的矛盾性。

（4）提出微量零锯料角锯齿的设计理念。侧刃是由零锯料角段 l 和非零锯料角段 l' 组成的，其中零锯料角段承担切削，也就是锯齿的局部侧刃是刨削刃，根据理论分析，微量零锯料角锯齿切削木材时，在增加每齿进给量以提高加工效率的同时不会再提高锯切表面的粗糙度，并且减少锯齿侧刃与木材的摩擦力，使锯切更加稳定。

第二节　切削力测试系统及方法

木材切削力是木材切削过程中刀具与木材直接的相互作用力。它反映了木材切削刀具所受到的负荷。对木材切削力进行准确有效的测量是完成对刀具和机床强度刚度设计、动力设计的重要基础。此外，在评定木材切削刀具的切削性能及切削表面的加工质量时，也均需测定木材切削时的切削力，加工各向异性材料的木材时，其切削刀具性能和切削条件不同于加工各向同性材料。在测定和研究木材切削力时，一般将切削力分解为平行于切削速度（或刀刃）方向的切削力和垂直于切削速度（或刀刃）方向的切削力，对于斜角切削，还存在侧向切削力分力。目前国内外关于木材切削力的测定方法有电功率法、轴功率法、应变片电测法和压电晶体电测法等多种，主要分为两大类。

（1）直接测量法。它是将传感器直接放置在刀具测量点上或者与固定夹具直接接触。应变片电测法和压电晶体电测法就属于直接测量法。这两种测量方法都因各自具备的显著优点而被广泛应用。应变片电测技术成本较低，但测量精确度不高，特别是测定木材切削力时经常会遇到对微弱切削力的测量，有时很难区分背景噪声和有用信号，应变片对环境温度和湿度变化较为敏感，对安装排线和使用环境要求较高。此外，应变片是基于拉伸或压缩变形而产生变化电信号的原理制成的，这样就会由于它较低的刚度而限制其在木材切削力测量方面的应用。压电传感器测量切削力的原理是基于压电晶体的压电效应特性，虽然价格相对较高，但其具有较好的刚度和一阶固有频率，易于维护，是切削力测试传感器中动态性能最好的一种，可以在较高的切削速度下测定木材切削力的瞬时值，并能反映切削力的波动情况。

（2）间接测量法。它是一种间接测量木材切削力的一类方法，电功率法和轴功率法属于此类方法。电功率法主要是利用功率计测定机床电动机消耗的电功率进而间接获得木材切削力的方法。其原理是利用切削力、切削速度及电功率之间的关系，通过计算获得切削力。这种方法的优点是简单、方便，但由于受到机床传动效率、机械效率等因素的影响，其准确性不高，且只能得到切削时切向方向的力，其他方向的切削力无法计算，因此应用不多。轴功率法是通过测定旋转轴的扭矩和转速来间接测得旋转轴上的机械功率和切削力的方法，一般是使用扭矩转速仪进行测量。这种方法不受机械效率等因素的影响，测量精度比电功率法高，操作较为简单，但该方法中的传动效率较难确定。为了提高测量精度，在使用轴功率法进行测量时，要求被测轴尽量靠近木材切削刀具，且尽可能地减少被测轴与切削刀具间的传递损失功率。本节在现有的试验仪器和方法的基础上，对切削力研究中使用的切削力测试系统、测试方法及数据分析处理方法进行介绍，为切削力测试提供技术支持。

一、切削力测试系统组成

本节采用压电晶体传感器，在经过改造的切削试验台上进行单齿切削力测量，切削力测试系统如图 5-8 所示。

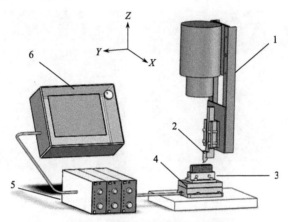

图 5-8　切削力测试系统示意图

1. 主轴支架；2. 刀具；3. 夹具；4. KISTLER 9257A 测力仪；
5. KISTLER 5806 电荷放大器；6. NEC Omniace ⅡRA2300

切削实验台由数控加工中心（NC-1325IP）改装。数控加工中心（NC-1325IP）由中国台湾恩德集团科技有限公司生产，进给速度为 0～15m/min，可实现无级调速和适用于不同的切削厚度。利用数控加工中心工作台 Y 方向进给速度无级调速的特点，将刀具固定在加工中心主轴安装臂的支架上，通过主轴 Z 方向运动，实现不同切削厚度；将测力仪固装在机床的工作台上，再把夹具固定在测力仪上，最后把加工工件固定在工装夹具上。刀具在切削过程中受力产生电荷，经电荷放大器放大并转为电压信号，电压信号通过 RA2300 信号分析仪分析处理后转换为数字信号，一路作为数据文件被保存到内部的存储器中，另一路被计算机采集后在计算机上进行分析处理，如图 5-9 所示。

切削实验台其他主要技术参数与实验系统相关仪器设备及参数介绍如下。

数控加工中心（NC-1325IP）在各方向上的运动行程分别为 X：2000mm（丝杆驱动），Y：3100mm（丝杆驱动），Z：1000mm（丝杆驱动），通过数控系统可调节 X、Y 和 Z 方向位置，位置精度达 0.01mm，控制台面板如图 5-10 所示。

图 5-9　切削力测试系统的组成

a. 实验台；b. 力传感器与刀具；c. KISTLER 5806 电荷放大器；d. RA2300 信号分析仪

压电晶体三维测力传感器（9257A）由瑞士 KISTLER 公司生产，测量范围为 FX：−5.00～5.00kN，FY：−5～10kN。

电荷放大器（5806）由瑞士 KISTLER 公司生产。

信号分析仪（NEC Omniace ⅡRA2300）由日本 NEC 公司生产。

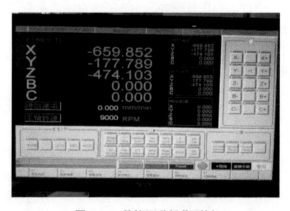

图 5-10　数控调节操作面板

二、切削力测定方法

（一）系统标定

在对切削力进行测量之前，首先需要对测力传感器所产生的电压信号值与力值之间的关系进行标定。为避免由于加重法引起的加速度对输出精度的影响，本节采用去重法对传感器进行标定，图 5-11 所示为系统标定示意图。

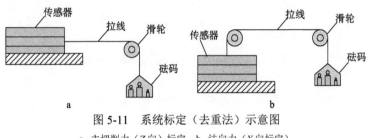

图 5-11　系统标定（去重法）示意图

a. 主切削力（Z 向）标定；b. 法向力（Y 向标定）

传感器与砝码通过拉线经过定滑轮进行连接，利用不同的滑轮组合改变传感器受力方向。拉线采用刚性材料为 20# 的钢丝，其直径为 0.9mm。标定时，分别使用 2kg（19.6N）、4kg（39.2N）、6kg（58.8N）、8kg（78.4N）的砝码进行配重，待标定系统保持稳定状态后快速剪断拉线，传感器在压力变化时会输出电荷至电荷放大器，电荷放大器将电荷信号放大并转换为电压信号，输出至信号分析仪显示并记录。在重量去除的瞬间，由于对压电晶体的压力由 G 突然降至 0，系统输出负电压 U，重量消失后，在短时间内压电晶体电荷随之减少，并出现反弹，然后逐渐消失至 0，如图 5-12 所示为采用 2kg（19.6N）砝码进行标定时，其切削力和法向力的电压信号值，以及其波峰位置对应的电压值即为所受力的值。每种重量的砝码分别进行 3 次标定后取平均值，将标定后的电压值和力值数据进行线性回归得出待测切削力与输出电压的关系（图 5-13）。

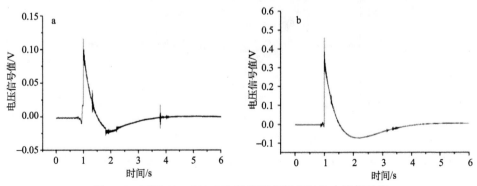

图 5-12　采用 2kg（19.6N）砝码进行标定时的电压信号值

a. 切削力电压信号；b. 法向力电压信号

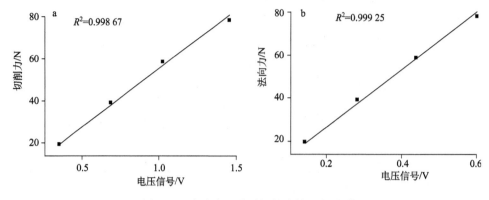

图 5-13　力和电压信号间的线性回归关系

$$F_y=55.46E$$

$$F_z=132.79E$$

式中，F_y 为切削力（N），F_z 为法向力（N），E 为电信号值（V）。

在试验中，切削力的测量方向和标定时的方向相同，所以在数据处理时，切削力和法向力对应的电压信号均为波峰值。

（二）切削力和法向力的数据处理

图 5-14 所示为木材纵向切削时使用奇石乐传感器测定获得的切削力和法向力电压信号随时间的变化情况，由图中可知，法向力相对于切削力要小很多，切削力和法向力的电压信号呈波动变化，其波动周期相同，且总体变化趋势一致。当木材刚与刀具接触时，切削力瞬间增大，并达到最大值，此后，随着刀具与木材不断接触移动，切削力逐渐减少并达到稳定。

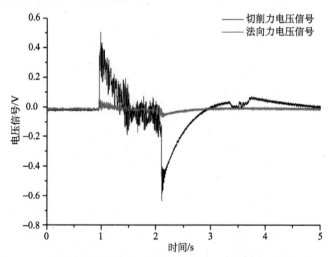

图 5-14　木材切削过程中的电压信号变化（彩图请扫封底二维码）

由图 5-14 得到的木材切削力电压信号可知，木材切削力是随着切屑的形成和刀具的进给呈起伏波动规律，造成切削力起伏波动的主要原因有两个：一是切屑破坏的交替作用，二是由于切屑受压弯曲而产生裂隙，二者相互作用，共同影响。木材本身材料破坏的传递方式与众不同。在切削时，由于木材在刀刃前端不断发生断续的撕裂，切屑的形成是个不连续的过程。随着切削的进行和刀具的移动，切屑从瞬间断裂开始形成，在刀刃前端产生裂隙，使切削力显著减小。而裂缝传播的速度大大超过了刀片的速度，导致裂纹萌生许多不连续的材料，之后便是组织的分离，也就是一个连续的裂缝。

这一现象反映木质材料的物理特性。从物理上讲，木材是一种黏弹性材料，在较小的应力范围和较短的时间内，木材的性能十分接近于弹性材料。当刀具作用在木材这类弹性材料上切削加工时，切屑可视为悬臂梁。在符合弹性材料的条件下利用经典断裂理论完全能够解释上述现象。在经典断裂理论中使用应力强度因子作为裂缝的标准，即裂纹传播发生在应力强度因子 KI 等于临界应力强度因子 KIC 时，切屑中的压应力比其抗压强度小，即 $\alpha x < \alpha u$，从而导致切屑崩溃并产生切屑段，如图 5-15 所示。在纵向切削、横向切削和端向切削时均可发生，其中在纵向切削时最为明显。

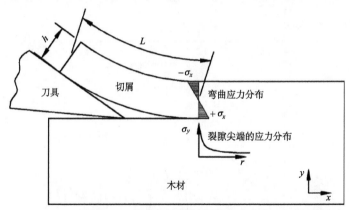

图 5-15　弯曲与裂隙间断的应力分布

图 5-16 所示为纵向切削时产生的切屑段，切屑段的长度 L 随切屑厚度的增加而增大。为了验证产生切削力波动的原因，在相同的切削条件下对两种不同的材料做了对比切削试验，一种是中密度纤维板（密度 0.66g/cm³），另一种是桦木（气干密度 0.65g/cm³），两种材料的密度相近。考虑到切削力和法向力的电压信号波动具有相同趋势，试验中只对切削力信号值进行测定，测定结果如图 5-17 所示。从图 5-17a 中可以看到两种材料对应的切削力电压信号均有波动，为了更好地观察切削力的波动

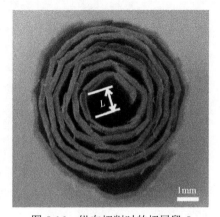

图 5-16　纵向切削时的切屑段 L

性，我们将电信号放大，如图 5-17b 所示。由图可见，切削时两种材料产生的切削力电压信号的波峰值（相应的切削力最大）非常接近，桦木的切削力电信号波动相比中密度纤维板切削力电信号波动性明显增大，这说明桦木在形成切屑时，由于木材本身纤维所具有的韧性，其切屑破坏的交替作用及由于切屑受压弯曲而产生裂隙共同影响更加明显。此外，两种材料对应的电压信号都存在一些较为明显的杂波，这是由切削时刀具和机床振动砂带而引起的。

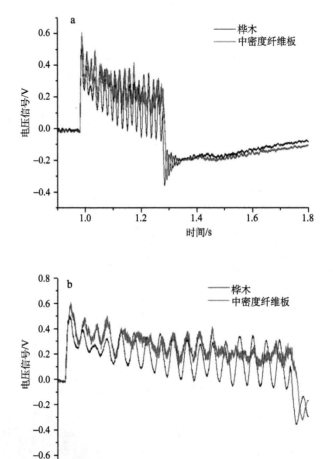

图 5-17　桦木与中密度纤维板切削力电压信号变化对比情况（彩图请扫封底二维码）

a. 测定的切削力信号波形图；b. 放大后的切削力信号波形图

　　处理数据时，首先要将电信号进行数字滤波，去除由刀具和设备振动所引起的噪声，然后保留木材切削阶段滤波后的波形图，使用 Origin9.0 软件对波形和波峰值进行多项式拟合处理，选取 30 个拟合点进行拟合，拟合置信度设定为≥95%，将各拟合点根据标定结果，进行力值与电压信号值之间的转换，求得最大值和平均值，作为试验数据，如图 5-18 所示。

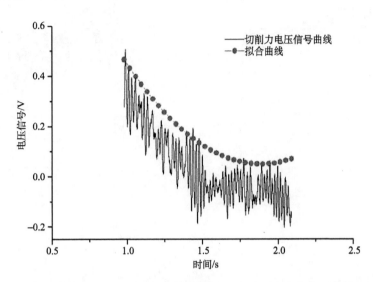

图 5-18　木材纵向切削时使用奇石乐传感器测定切削力时对应的电压信号变化情况

　　选择切削厚度为 0.12mm，进给速度为 10m/min 的工艺参数对桦木进行纵向、横向和端向切削，采集到的切削力信号如图 5-19 所示。图 5-19a 反映的是纵向、横向和端向切削时的切削力信号，通过比较 3 个方向的切削力信号，发现端向切削所需要的切削力最大，其次是纵向，横向最小。图 5-19b 为仅保留切削阶段并完成拟合后的波形图，由图中可知，就切削力变化的整体趋势而言，在木材与刀具相接触的瞬间所产生的切削力最大，此后，随着刀具与木材之间不断接触移动，切削力逐渐减少并趋于稳定，这是由于随着刀具的移动，木材纤维在刀具刃口处的破坏力更多的是来自前刀面的拉力，而刃口处平行于切削运动方向的力逐渐降低。图 5-19c 为独立的各切削方向的拟合曲线图，从图中能够清晰地看到，经过多项式拟合后的各切削方向的拟合曲线关于切削力信号值的变化规律同样是端向最大，纵向次之，横向最小。

　　采用这种方法对切削力和法向力进行处理运算，简单直观，拟合后的波形曲线保留了实际切削力和法向力波形曲线的变化规律，可较准确地反映切削力的信息特征，省去了复杂的运算过程，并且根据拟合后的波形曲线能够还原切削力和法向力的实时数据。

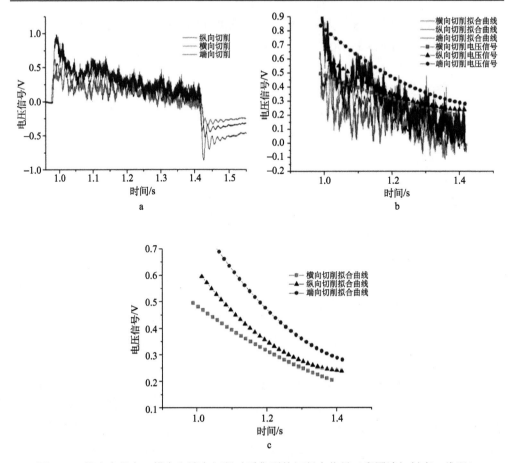

图 5-19　桦木在纵向、横向和端向切削时采集到的切削力信号（彩图请扫封底二维码）

a. 水曲柳在纵向、横向和端向切削时采集到的切削力信号；b. 仅保留切削阶段并完成拟合后的波形图；c. 独立的各切削方向的拟合曲线图

三、小结

本节主要讨论了本书所采用的切削力测试系统及切削力测定和分析方法，并对木材切削时产生的切削力波动进行分析，主要结论如下。

（1）采用压电晶体传感器进行单齿切削力测量，利用数控加工中心工作台 Y 方向进给速度在 $0\sim15\text{m/min}$ 可调的特点，实现不同的进给速度。通过主轴 Z 方向运动，实现不同切削厚度，测力仪受力后产生电荷，经电荷放大器放大并转化为电压信号，通过信号分析仪采集信号并做必要的分析。采集后的数据文件保存到计算机上并进行分析。切削实验台在各方向上的运动行程分别为 X 选 2000mm（丝杆驱动），Y 选 3100mm（丝杆驱动），Z 选 1000mm（丝杆驱动），通过数控系统可调节 X、Y 和 Z 方向位置，位置精度达 0.01mm。

（2）压电式力学传感器通过标定后，显示电压信号值和力值之间具有良好的线性关系，能够保证切削力和法向力测量结果的精确性。

（3）对切削力和法向力电压信号转化之后的数据处理，采用"多点峰值拟合"的分析方法，在简化处理手段的同时，保证了测试结果的准确性。

（4）通过对木材切削力电压信号起伏波动现象的分析，认为主要原因是切屑破坏的交替作用，以及由切屑受压弯曲而产生裂隙共同影响引起的，这些影响取决于木材本身的材料破坏的传递方式。

第三节　不同锯料角锯齿侧刃对切削力影响的研究

木材切削是刀具沿着切削平面，切开木材纤维之间的联系，从而获得符合工艺要求的具有一定形状和表面粗糙度制品的过程。在这一过程中，在追求高质量加工表面的同时应保证较低的能量消耗。切削力是刀具在切削层木材、切屑和工件表面的木材时，产生弹性变形和塑性变形的结果。木材锯切是木材切削中普遍使用的加工方式之一，影响木材锯切力的因素较多。由于木材具有各向异性的显著特点，锯切时切削力受到木材纤维、年轮方向、早晚材、树种、含水率和切削温度等木材材性的影响，刀具材料、刀具角度和刀具磨损也影响切削力。此外，切削厚度、切削宽度、切削速度和进给速度等切削用量也对切削力的大小产生影响。

木材锯切为闭式切削，在锯切中，木工锯齿具有 3 条切削刃，一条主刃（主切削刃）和两条侧刃，锯切所形成的加工表面来自两条侧刃的切削加工。目前的研究成果主要集中在对横刃长度（锯口宽度）和形状改变方面，而在锯齿侧刃长度对锯切表面质量和锯切能耗的影响方面还存在盲区。实际上，随着近年来木工超薄硬质合金圆锯片的广泛应用，锯齿主刃的宽度不断缩小，有的刃口宽度可达 1.2mm，在木材锯切过程中，侧刃几何参数的影响就显得尤为重要。

本节结合开式切削和闭式切削的对比试验，讨论不同锯料角锯齿侧刃对切削力的影响，分析切削过程的基本特征，为建立微量零锯料角锯齿切削力模型提供前提条件。

一、工件材料及刀具

（一）工件材料

木材为各向异性材料，研究切削力时必须考虑木材纤维方向的影响。按相对于纤维方向的切削方向不同，木材切削可分为 3 个主要切削方向，如图 5-20 所示。

（1）纵向切削∥（90°-0°）：切削刃垂直于纤维方向，且刀具或工件的运动方向平行于纤维长度方向。

（2）端向切削⊥（90°-90°）：切削刃和刀具或工件的运动方向均垂直于纤维长度方向的切削。

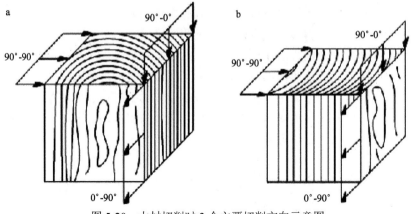

图 5-20　木材切削时 3 个主要切削方向示意图

（3）横向切削#（0°-90°）：切削刃平行于纤维长度方向，且刀具或工件的运动方向垂直于纤维长度方向。

其中，纵向切削分为在弦切面上的纵向切削和径切面上的纵向切削。横向切削分为在弦切面上的横向切削和径切面上的横向切削。端向切削分为在横切面上垂直于年轮的端向切削和平行于年轮的端向切削。除了 3 个主切削方向之外，还有过渡切削方向，分别为纵端向切削、横端向切削和纵横向切削。

本节拟从弦切面纵向、弦切面横向和垂直于年轮端向 3 个方向对锯齿切削木材时的切削力分别进行研究和讨论。

木材试样选取水曲柳（*Fraxinus mandschurica*），含水率 12%，气干密度 0.65g/cm³，规格（长×宽×高）70mm×25mm×50mm。

樟子松（*Pinus sylvestris* var. *mongolica*），含水率 12%，气干密度 0.45g/cm³，规格（长×宽×高）70mm×25mm×50mm。

待两种木材加工成上述规格尺寸后需要进行含水率调节处理。为保证含水率的一致性，首先将两种木材试材进行常温浸泡，当含水率大于 80% 以后，对木材进行干燥，分为三部分，一部分试件直接干燥到含水率接近 5%；一部分直接干燥到含水率接近 12%；剩下干燥至含水率接近 19%。这样可得到 3 个不同等级含水率的试件并可进行后期的切削力试验。为防止切削过程中含水率发生改变引起不必要的试验误差，当试件完成切削后需要用水分分析仪来测定木材的含水率并进行记录。

（二）刀具

1）刀具切削术语

木材锯切是通过刀具和木材的相互作用而实现的。锯齿的几何形状对木材切削过程、切屑形成及切削表面质量有重要影响。锯子通过锯身上的安装孔固定在锯机上，通过锯齿运动实现木材切削。它可视为具有若干刀齿的刀具，锯切时若干个刀齿同时参与切削，如图 5-21 所示为圆锯片结构参数与切削参数示意图。

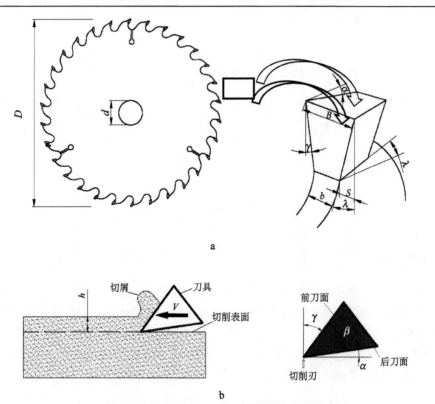

a

b

图 5-21　圆锯片结构参数与切削参数示意图

a. 圆锯片结构参数示意图；b. 切削参数示意图

圆锯片锯切特征及术语见表 5-1。

表 5-1　圆锯片锯切特征及术语

特征	呈圆板状，其周边开有锯齿。圆锯片依靠左、右法兰盘夹紧在锯轴上，做匀速回转运动而切削木材
锯料	为消除锯切木材时的夹锯现象，通常把锯齿的切削部分压宽（称为压料齿）或交错拨向两侧（称为拨料齿），从而使锯子有效地完成切削过程，该过程称为锯料
锯料量（S'）	锯齿刃尖到锯身平面的距离（mm）
锯料角（λ）	锯齿前齿面侧刃和与锯身平面的夹角（°）
后齿面锯料角（λ'）	锯齿后齿面侧刃和与锯身平面的夹角（°）
锯齿宽度（b）	锯齿主刃的直线宽度（mm）
切削厚度（h）	相邻两切削轨迹之间的垂直距离，切削厚度也随着锯齿在切削层木材中的位置而改变（mm）
前角（α）	刀具前刀面和基面之间的夹角（°）
后角（γ）	刀具后刀面和切削平面之间的夹角（°）
刀具角（β）	刀具前刀面和后刀面之间的夹角（°）

2）刀具材料

本节试验采用硬质合金作为试验用刀片的材料，锯片刀头材料牌号为 YG6X，锯身基体材料为 65Mn，切削刃宽度为 2.6mm，锯身厚度为 1.8mm，如图 5-22 所示。

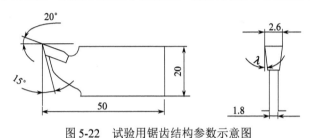

图 5-22　试验用锯齿结构参数示意图

二、试验方法

为了更准确地反映出锯齿侧刃在锯切中的作用力，本节拟通过开式切削与闭式切削对比的方法进行研究。闭式切削是指锯齿的 3 条切削刃：一条横刃（主切削刃）和两条侧刃均参与切削，切削完成后形成锯路壁，锯齿宽度 b 与切削宽度 B 相等（图 5-23a）。开式切削是指切削时只有一条横刃参加，切削完成后无锯路壁形成，锯齿宽度 b 可以等于或大于切削宽度 B（图 5-23b）。

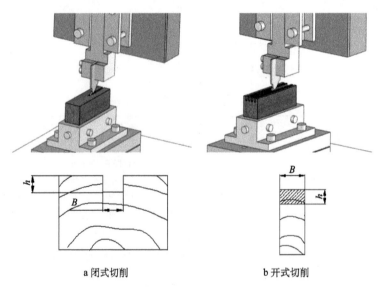

a 闭式切削　　　　　　　b 开式切削

图 5-23　开式切削与闭式切削示意图

h. 切削厚度；B. 切削宽度

本节讨论中使用具有不同锯料角的硬质合金锯齿单齿，采用单因素多水平进行试验方案设计，分别考虑切削厚度、切削速度、含水率及切削方向对切削力的影响。

通过数控编程，在同一位置进行连续的 20～30 次闭式切削，产生一个锯路，然后将锯齿错开该锯路再进行下一次连续闭式切削，产生另一个锯路。锯齿错开的距离即切削刃宽度的 2 倍（5.2mm），待两条锯路形成后，在锯路间的木材进行开式切削，这样尽量避免了因木材和木材部位的不同而产生的差异，减小试验误差。

试验中切削参数的设计如表 5-2 所示。

表 5-2　切削参数

试验系列	锯料角 λ/（°）	切削厚度 h/mm	切削速度 U/(m/min)	含水率 MC/%	切削方向 D
1	0，1.5，3	0.08，0.12，0.16	10	12	纵向 //
2	0，1.5，3	0.12	5，10，15	12	纵向 //
3	0，1.5，3	0.12	10	5，12，17	纵向 //
4	0，1.5，3	0.12	10	12	纵向 //，横向 #，端向 ⊥

在表 5-2 中，试验系列 1 主要研究锯齿的锯料角在不同切削厚度条件下对切削力的影响；试验系列 2 主要研究锯齿的锯料角在不同切削速度条件下对切削力的影响；试验系列 3 主要研究锯齿的锯料角在不同含水率条件下对切削力的影响；试验系列 4 主要研究锯齿的锯料角在不同切削方向对切削力的影响。

试验中的切削厚度选择在 0.08～0.16mm，这是因为在圆锯锯切时，每齿进给量 U_z 很小，一般为 0.04～0.16mm，高速锯切时的每齿进给量更小，为了更加真实地反映锯齿切削时侧刃的作用效果，本节在进行单齿切削试验中选择的切削厚度也较小。

三、不同切削厚度条件下的切削力

表 5-3 列出的是对水曲柳和樟子松切削时不同锯料角锯齿在不同切削厚度条件下的切削力和法向力平均值，图 5-24 为对水曲柳和樟子松切削时不同锯料角锯齿在不同切削厚度条件下的切削力和法向力的变化曲线。

表 5-3　锯料角锯齿在不同切削厚度条件下的切削力和法向力平均值

树种	切削厚度 h/mm	锯料角 λ/（°）	闭式切削/N		开式切削/N	
			切削力	法向力	切削力	法向力
水曲柳	0.08	0	28.074	9.216	25.986	8.715
		1.5	25.354	8.389	23.871	8.121
		3	25.138	8.015	23.986	7.623
	0.12	0	40.704	12.363	36.176	12.312
		1.5	37.470	10.754	34.159	10.371
		3	34.147	10.078	31.478	8.771

续表

树种	切削厚度 h/mm	锯料角 λ/（°）	闭式切削/N		开式切削/N	
			切削力	法向力	切削力	法向力
水曲柳	0.16	0	46.103	12.867	38.927	11.638
		1.5	41.879	12.471	36.300	11.451
		3	41.045	11.047	38.145	9.088
樟子松	0.08	0	24.457	7.626	21.885	7.054
		1.5	21.789	6.668	19.256	6.021
		3	20.007	6.045	18.854	5.623
	0.12	0	38.187	8.557	33.017	7.983
		1.5	34.986	8.224	31.133	7.587
		3	33.647	8.415	30.893	7.924
	0.16	0	42.729	9.975	36.996	8.963
		1.5	39.458	9.541	34.978	8.789
		3	36.887	8.024	34.628	7.668

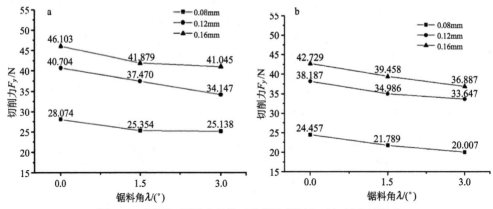

图 5-24　不同切削厚度条件下的锯齿锯料角对切削力的影响

a. 水曲柳；b. 樟子松

　　由表 5-3 和图 5-24 可知，随着锯料角的增大，切削力逐渐减小，且随着切削厚度的增加，切削力逐渐增大。

　　图 5-25 表示对水曲柳和樟子松切削时，锯料角在不同切削厚度条件下对法向力的影响，由图中可知，随着锯料角的增大，法向力逐渐减小，且随着切削厚度的增加，法向力逐渐增大，但锯料角的变化对切削时法向力的影响相对较小。通过对比可知，切削水曲柳时产生的切削力和法向力明显高于切削樟子松时产生的切削力和法向力，这主要是因为水曲柳的平均密度高于樟子松的平均密度。

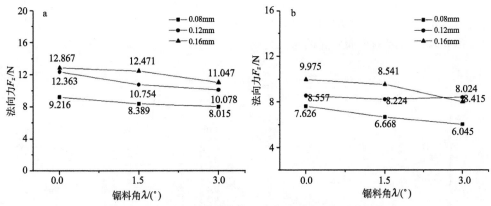

图 5-25　不同切削厚度条件下的锯齿锯料角对法向力的影响

a. 水曲柳；b. 樟子松

　　为了更好地研究侧刃在切削时产生的力，我们将闭式切削与开式切削在切向和法向产生的力的差值统称为侧刃力 F_c，即侧刃力 F_c=闭式切削-开式切削。为讨论方便，根据木材切削力分析原理，可将侧刃力 F_c 沿切向方向和法向方向分解为 F_{cy} 和 F_{cz}，此外，将侧刃力与切削力的比值称为侧刃占比 K（%），侧刃占比 K 主要反映的是侧刃力占总切削力的比值。

　　图 5-26 所示为切削厚度对侧刃切向力的影响。由图中可知，随着切削厚度的增加，切向方向上侧刃力 F_{cy} 增大，而且锯料角越小，所产生的侧刃切向力 F_{cy} 越大，当锯料角为 0° 时，所产生的侧刃力最大。

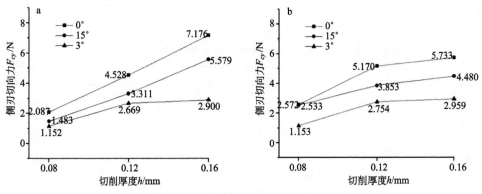

图 5-26　切削厚度对侧刃切向力的影响

a. 水曲柳；b. 樟子松

　　图 5-27 所示为切削厚度对侧刃法向力的影响。由图中可知，随着切削厚度的增加，法向方向上侧刃力 F_{cz} 的变化范围随着切削树种的不同而不同，当切削水曲柳时为 0.268～1.959N，当切削樟子松时为 0.442～1.012N，变化范围非常小，由此可见，木材切削时因侧刃而引起的法向力的变化很小。

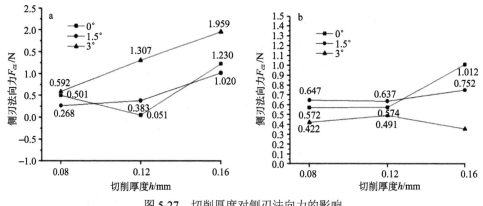

图 5-27　切削厚度对侧刃法向力的影响
a. 水曲柳；b. 樟子松

　　表 5-4 为锯料角锯齿在不同切削厚度条件下的侧刃力与侧刃占比，图 5-28 为不同锯料角对侧刃在切向产生的切削力与主刃切削力合成和侧刃占比情况。切向方向上的切削力可视作由侧刃切削力和主刃切削力组成，其中侧刃产生的切削力占总切削力很小一部分，由表 5-4 和图 5-28 可见，切削水曲柳时侧刃占比最大，为 15.6%，此时的锯料角为 0°，切削厚度为 0.16mm；切削樟子松时侧刃占比最大，为 13.5%，此时的锯料角为 0°，切削厚度为 0.16mm。随着锯料角的增大，切向方向的侧刃占比

表 5-4　锯料角锯齿在不同切削厚度条件下的侧刃力与侧刃占比

| 树种 | 切削厚度 h/mm | 锯料角 λ/(°) | 侧刃力 F_c=闭式-开式/N | | 侧刃占比 K/% | |
			切向 F_{cy}	法向 F_{cz}	切向 F_{cy}	法向 F_{cz}
水曲柳	0.08	0	2.087	0.501	7.435	5.431
		1.5	1.483	0.268	5.849	3.195
		3	1.152	0.592	4.583	7.206
	0.12	0	4.528	0.051	11.125	0.410
		1.5	3.311	0.383	8.836	3.562
		3	2.669	1.307	7.816	12.969
	0.16	0	7.176	1.230	15.565	9.557
		1.5	5.579	1.020	13.322	8.179
		3	2.900	1.959	7.066	17.733
樟子松	0.08	0	2.572	0.572	10.516	7.501
		1.5	2.533	0.647	11.627	9.703
		3	1.153	0.422	5.763	6.981

续表

树种	切削厚度 h/mm	锯料角 λ/（°）	侧刃力 F_c=闭式-开式/N		侧刃占比 K/%	
			切向 F_{cy}	法向 F_{cz}	切向 F_{cy}	法向 F_{cz}
樟子松	0.12	0	5.170	0.574	13.539	6.708
		1.5	3.853	0.637	11.013	7.746
		3	2.754	0.491	8.185	5.835
	0.16	0	5.733	1.012	13.417	10.145
		1.5	4.480	0.752	11.354	7.882
		3	2.959	0.356	6.124	4.437

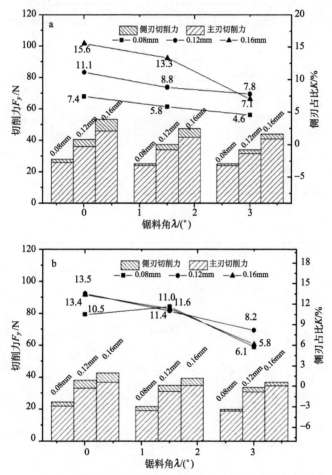

图 5-28 不同锯料角对侧刃切削力与主刃切削力在切向的影响

a. 水曲柳；b. 樟子松

呈逐渐减少的趋势，且随着切削厚度的减少，侧刃占比总体呈减少趋势，这一变化趋势对切削密度较高的水曲柳表现得尤为明显。分析产生这种变化规律的原因，主要是随着锯料角的增大，侧刃与木材的接触面积减少，产生的力亦减少，而随着切削厚度的减少同样也减少了侧刃与木材的接触面积，使侧刃占比减小。

图 5-29 所示为不同锯料角时，侧刃在法向产生的切削力与主刃切削力合成和侧刃占比情况。由图中可知，法向方向上侧刃产生的切削力和侧刃占比不高于 18%，但随着锯料角和切削厚度的改变，切削水曲柳和樟子松时，法向方向上侧刃产生的切削力和侧刃占比变化没有明显规律。这是由于木材切削本身产生的法向力相比切向力就较小，而引起法向力变化的主要原因是刀具的圆弧形主刃刃口，以及前、后刀面对切削平面和切屑的作用，侧刃对其影响较小。其次，通过上述分析可知，

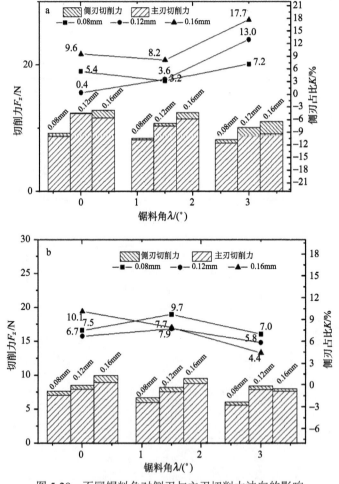

图 5-29　不同锯料角对侧刃与主刃切削力法向的影响

a. 水曲柳；b. 樟子松

侧刃力产生于已完成的加工表面所形成的回弹区对侧刃和刀具侧面的挤压，伴随侧刃的运动，这种挤压力 F_n 就会产生与运动方向相反的摩擦力。为克服这一摩擦力，与运动方向相同的侧刃切向力必然成为侧刃力的主要组成部分，而侧刃法向力受到刀具和工件振动等因素的影响较为不明显。

四、不同切削速度条件下的切削力

表 5-5 列出的是不同锯料角锯齿在不同切削速度条件下的切削力和法向力平均值，图 5-30 为不同锯料角锯齿在不同切削速度条件下的切削力和法向力的变化曲线。

表 5-5　锯料角锯齿在不同切削速度下的切削力和法向力平均值

树种	切削速度 U/（m/min）	锯料角 λ/（°）	闭式切削/N		开式切削/N	
			切削力	法向力	切削力	法向力
水曲柳	5	0	36.914	11.451	33.844	10.371
		1.5	34.124	10.854	31.135	10.08
		3	30.897	10.014	28.742	9.824
	10	0	40.704	12.363	36.176	11.312
		1.5	37.470	11.754	34.159	10.371
		3	34.147	10.078	31.478	8.771
	15	0	45.999	13.195	39.045	11.163
		1.5	40.224	12.457	36.769	12.214
		3	39.784	11.256	36.054	10.357
樟子松	5	0	35.796	8.231	31.245	7.874
		1.5	32.006	8.164	30.089	7.392
		3	28.147	7.922	28.042	7.289
	10	0	38.187	8.557	33.017	7.983
		1.5	34.986	8.224	31.133	7.987
		3	33.647	8.415	30.893	7.924
	15	0	41.241	9.917	36.388	9.541
		1.5	37.254	9.054	35.257	8.364
		3	35.511	8.889	34.054	8.088

由表 5-5 和图 5-30 可知，随着锯料角的增大，切削力逐渐减小，且随着切削速度的增加，切削力也逐渐增大。这是由于在切削过程中，运动的刀具切入木材后，刀具前的木材层被刀具带动，由静止状态瞬间变成高速运动状态，于是产生很大的加速度。虽然切屑本身的质量很小，但引起的惯性力却能够阻碍木材变形，结果加大了切屑力的消耗。随着切削速度的增加，需要抵抗木材变形的作用力便会增大，同样加大了切屑力的消耗。比较图 5-30a 和 5-30b 可见，水曲柳和樟子松的切削力具有相同的变化趋势，但在相同的条件下，切削水曲柳产生的切削力大于切削樟子

松产生的切削力。

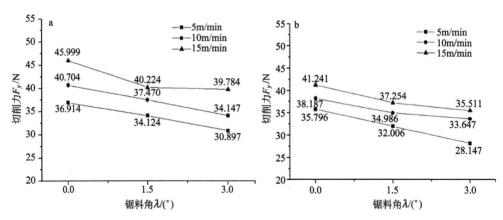

图 5-30　不同切削速度条件下的锯料角锯齿对切削力的影响

a. 水曲柳；b. 樟子松

　　图 5-31 所示为不同切削速度条件下的锯料角锯齿对法向力的影响。比较图 5-31a 和图 5-31b 可知，在不同的切削速度条件下，伴随锯料角的增加，法向力呈减小趋势，但变化不明显，特别是对切削密度较低的樟子松，其变化量更小。在 10m/min 的切削条件下，法向力是先减少而后增大，变化不明显。

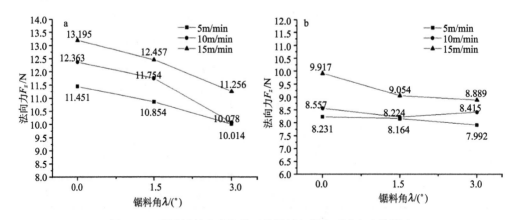

图 5-31　不同切削速度条件下的锯料角锯齿对法向力的影响

a. 水曲柳；b. 樟子松

　　图 5-32 所示为切削速度对侧刃切向力的影响，其中图 5-32a 所示为切削水曲柳时的切削力变化情况，图 5-32b 所示为切削樟子松时的切削力变化情况。由图 5-32a 可知，切削水曲柳时，随着切削速度的增加，侧刃切向力增大，且锯料角越小，所产生的侧刃切向力越大，当锯料角为 0°时，所产生的侧刃切向力最大。由图 5-32b 可知，切削樟子松时，随着切削速度的增加，侧刃切向力先增大后减小，同样，锯

料角为 0°时，所产生的侧刃切向力最大。显然，两种木材的侧刃切向力随切削速度的不同产生不同的变化规律，这与两种木材的材性和切削方向有关。本系列的切削试验是在纵向切削条件下进行的，当木材进行纵向切削时，主刃垂直于纤维长度方向，且刀具运动方向平行于纤维长度方向，对应切削时的侧刃亦相当于纵向切削，而纵向切削时的显著特点是产生超前裂隙。随着切削速度的增加，刀具前刀面对切屑的冲击作用增大，并呈现不断上升的趋势，结果在刀具刃口前产生超前裂隙的扩展速度变大，而这种扩展速度不仅与切削速度有关，还与木材纵向切削时木材本身的径向横纹抗拉强度有关。水曲柳在气干密度时的径向横纹抗拉强度为 88kgf/cm^2，而樟子松在气干密度时的径向横纹抗拉强度为 27kgf/cm^2，水曲柳的横纹抗拉强度远比樟子松的横纹抗拉强度要大，因此，随着切削速度的增加，水曲柳产生超前裂隙的扩展速度比樟子松要小，而切削樟子松时，当其超前裂隙的扩展速度大于切削速度时，其切向方向的切削力呈减小趋势。

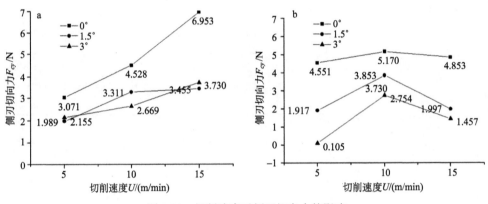

图 5-32　切削速度对侧刃切向力的影响

a. 水曲柳；b. 樟子松

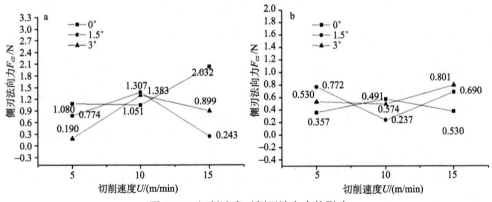

图 5-33　切削速度对侧刃法向力的影响

a. 水曲柳；b. 樟子松

　　图 5-33 所示为切削速度对法向方向上侧刃力的影响。由图中可知,无论是切削水曲柳还是樟子松,随切削速度的变化,法向方向上侧刃力的改变并无明显规律,而且切削时由侧刃引起的法向力的变化很小,特别是切削樟子松时,其变化范围还不到 1N。

　　表 5-6 所列为锯料角锯齿在不同切削厚度条件下的侧刃力与侧刃占比,图 5-34 所示为不同锯料角时侧刃在切向产生的切削力与主刃切削力合成和侧刃占比情况。

表 5-6　锯料角锯齿在不同切削速度条件下的侧刃力与侧刃占比

树种	切削速度 U/（m/min）	锯料角 λ/（°）	侧刃力 Fc=闭式−开式/N		侧刃占比 K/%	
			切向 F_{cy}	法向 F_{cz}	切向 F_{cy}	法向 F_{cz}
水曲柳	5	0	3.071	1.080	8.319	9.432
		1.5	1.989	0.774	6.005	7.131
		3	2.155	0.190	6.975	1.897
	10	0	4.528	1.051	11.125	8.499
		1.5	3.311	1.383	8.836	11.767
		3	2.669	1.307	7.816	12.969
	15	0	6.953	2.032	15.116	15.399
		1.5	3.455	0.243	8.589	1.951
		3	3.730	0.899	9.376	7.987
樟子松	5	0	4.551	0.357	12.714	4.337
		1.5	1.917	0.772	5.990	9.456
		3	0.105	0.530	0.373	6.690
	10	0	5.170	0.574	13.539	6.708
		1.5	3.853	0.237	11.013	2.882
		3	2.754	0.491	8.185	5.835
	15	0	4.853	0.376	11.767	3.792
		1.5	1.997	0.690	5.360	7.621
		3	1.457	0.801	4.103	9.011

　　图 5-34 可直观地反映侧刃切削力和主刃切削力在不同条件下的变化趋势。图 5-34a 为水曲柳切削时侧刃在切向产生的切削力与主刃切削力合成和侧刃占比情况。由图可知其中侧刃产生的切削力占总切削力很小部分,侧刃占比最大,为 15.1%,此时的锯料角为 0°,切削速度为 15m/min。随着锯料角的增大侧刃占比逐渐减小,随着切削速度的降低,侧刃占比呈减小趋势。当切削速度在较低范围时,其减小程度不大,例如,当锯切速度为 10m/min 时,侧刃占比由 11.1%下降到 7.8%;当锯切速度为 5m/min 时,侧刃占比由 8.3%下降到 7.0%;当锯切速度更低时,其侧刃占比随锯料角的变化不明显。图 5-34b 为樟子松切削时侧刃在切向产生的切削力与主刃切削力合成和侧刃占比情况。由图可知其侧刃占比最大,为 13.5%,此时的锯料角

为 0°，切削速度为 10m/min。随着锯料角的增大侧刃占比呈逐渐减小的趋势，随着切削速度的降低，侧刃占比的变化规律不是很明显。

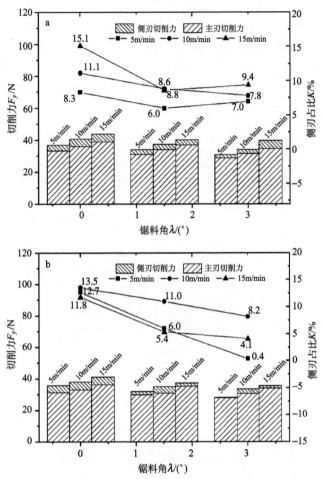

图 5-34　不同锯料角对侧刃切削力与主刃切削力切向的影响

a. 水曲柳；b. 樟子松

通过比较图 5-34a 和图 5-34b 的侧刃占比可知，水曲柳切削时侧刃占比要高于樟子松切削时的侧刃占比，速度改变对于切削水曲柳时的侧刃占比具有较为明显的规律，即随着锯料角的增大侧刃占比呈逐渐减小的趋势，随着切削速度的降低，侧刃占比的变化规律不是很明显，而由侧刃所产生的切削力，切削速度越大，其作用效果越明显。产生这种变化规律的主要原因与木材特性有关。木材属于弹塑性材料，切削时产生的锯路壁对侧刃有挤压作用，并产生与切削速度反方向的摩擦力，随着切削速度的增加，侧刃受挤压而产生的摩擦力增大，这势必需要较大的侧刃切削力来克服摩擦力产生的影响，而较低的切削速度，由锯料角引起的摩擦力不是很大，故在低速时，侧刃占比受其影响较小。樟子松与水曲柳在侧刃占比上的差别一定程度上也受到侧刃切削时产生的超前裂隙的影响。

图 5-35 所示为不同锯料角时侧刃在法向产生的切削力与主刃切削力合成和侧刃占比情况。由图中可知，法向方向上侧刃产生的切削力的侧刃占比低于 16%，但随锯料角和切削速度的改变，法向方向上侧刃产生的切削力和侧刃占比变化均没有明显规律。由于木材切削时，法向力相比切向力较小，能够引起法向力变化的主要原因是圆弧形主刃刃口，以及前、后刀面对切削平面和切屑的作用力，侧刃对其影响也很小。

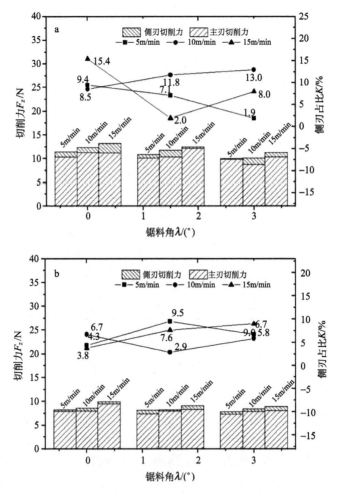

图 5-35　不同锯料角对侧刃与主刃切削力法向的影响

a. 水曲柳；b. 樟子松

五、不同含水率条件下的切削力

表 5-7 所示为不同锯料角锯齿在不同含水率条件下的切削力和法向力平均值，图 5-36 为水曲柳和樟子松在不同含水率件下的锯料角锯齿对切削力的影响，图 5-36 可直观地反映侧刃切削力和主刃切削力在不同条件下的变化趋势。由图 5-36a 和 5-36b 可知，随着锯料角的增大，切削力逐渐减少，在相同的锯齿锯料角和含水率条件下，

表 5-7　不同锯料角锯齿在不同含水率下的切削力和法向力平均值

树种	含水率 MC/%	锯料角 λ/（°）	闭式切削/N		开式切削/N	
			切削力	法向力	切削力	法向力
水曲柳	5	0	44.364	12.975	38.788	11.519
		1.5	40.974	11.879	36.357	11.200
		3	39.925	11.451	36.254	10.045
	12	0	40.704	12.363	36.176	11.312
		1.5	37.470	11.754	34.159	10.371
		3	34.147	10.078	31.478	8.771
	19	0	42.621	11.623	37.508	10.959
		1.5	39.548	11.004	34.521	9.840
		3	39.120	10.547	35.382	8.441
樟子松	5	0	40.245	9.478	36.224	8.748
		1.5	38.779	9.014	35.298	8.414
		3	36.714	8.870	33.968	8.047
	12	0	38.187	8.557	33.017	7.983
		1.5	34.986	8.224	31.133	7.987
		3	33.647	8.415	30.893	7.924
	19	0	37.017	7.478	31.778	7.047
		1.5	35.712	7.147	30.484	6.658
		3	32.447	7.014	29.331	6.414

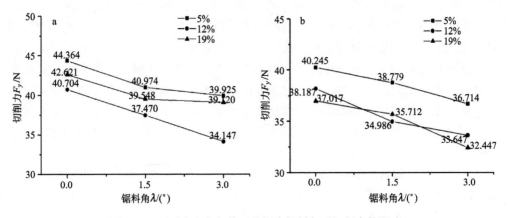

图 5-36　不同含水率条件下的锯齿锯料角对切削力的影响

a. 水曲柳；b. 樟子松

切削水曲柳产生的切削力要比切削樟子松时产生的切削力要大。图 5-37 为对水曲柳和樟子松切削时，锯齿锯料角在不同含水率条件下对法向力的影响，由图 5-37 可知，随着锯料角的增大，法向力逐渐减少。切削樟子松时产生的法向力也较切削水曲柳时小，但是锯料角对法向力的影响范围较小。

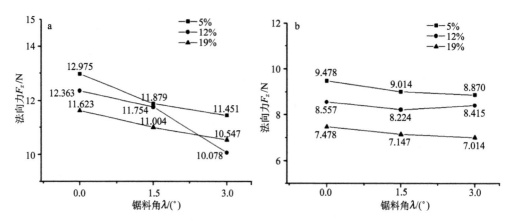

图 5-37　不同含水率条件下的锯齿锯料角对法向力的影响
a. 水曲柳；b. 樟子松

图 5-38 所示为对水曲柳和樟子松切削时，不同含水率对侧刃切向力的影响。图 5-38a 为切削水曲柳时的侧刃切向力变化，由图可知，当水曲柳的含水率由 5%增加到 19%，切削力先减小后逐渐增大，此时侧刃切向力的变化趋势与切削力相同；当含水率由 5%增加到 12%时，侧刃切向力逐渐减小；而当含水率由 12%增加到 19%时，其侧刃切向力力反而增大。发生这种变化规律的主要原因是含水率对木材材性产生一定影响。随着木材含水率的增加，木材强度降低，当木材含水率在纤维饱和度以下时，含水率每增加 1%，其抗拉强度降低约 3%，随着抗拉强度的降低，木材更加容易被破坏。但木材含水率的增减并不是引起切削力变化的唯一因素，因为木材切削力的大小还受木材变形的影响，即受到木材冲击韧性的影响。木材的冲击韧性是指木材受到冲击而抵抗变形的能力。在纤维饱和点以下时，大部分木材的冲击韧性随含水率的增加而增大，即木材塑性增大，木材细胞抵抗变形的能力增大。因此，随着木材含水率的增加，抵抗木材变形所需的力增大，需要产生比含水率低的木材还要大的变形才能破坏，所以当含水率大于 12%时，切削力和侧刃力都随含水率的增大而增加。

图 5-38b 所示为切削樟子松时的侧刃切向力变化，由图可知，当切削樟子松时，由侧刃产生的切向力较小，其变化趋势不明显，特别是当锯料角为 3°时，侧刃切向力随含水率变化在 2.746N 与 3.116N 之间波动，变化幅度不明显。出现这种现象的主要原因是含水率变化引起木材抗拉强度和韧性的改变，而木材抗拉强度和韧性的改变对切削力具有相反的作用效果，即抗拉强度和韧性越大，所需切削力越小；抗

拉强度和韧性越小，所需切削力越大。由于木材材种存在差异，这两种作用发生相互影响，相互抵消，由侧刃引起的侧刃切削力变化不是很明显。本节试验是在含水率为5%～19%的条件下进行的，在这一区间，侧刃相对于主刃又占切削时较小的一部分，致使樟子松在此区间上的切削力的变化较小。

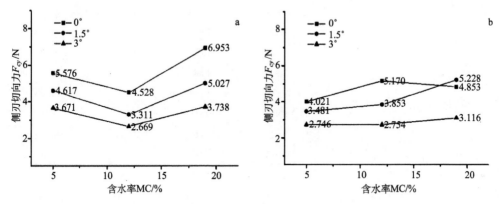

图 5-38   含水率对侧刃切向力的影响

a. 水曲柳；b. 樟子松

图 5-39 为对水曲柳和樟子松切削时，不同含水率对侧刃法向力的影响。由图中可知，无论是切削水曲柳还是樟子松，随着木材含水率的变化，切削时由于侧刃而引起的法向力的变化很小，切削水曲柳时，法向方向上侧刃力的改变并无明显规律，而切削樟子松时，法向方向上侧刃力整体呈减小趋势，但变化范围也在 1N 以内。

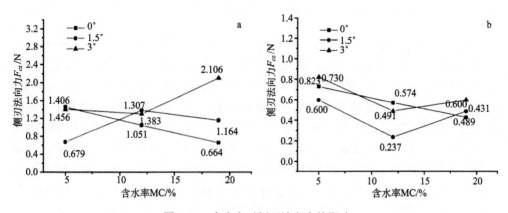

图 5-39   含水率对侧刃法向力的影响

a. 水曲柳；b. 樟子松

表 5-8 所示为锯料角锯齿在不同含水率条件下的侧刃力与侧刃占比，图 5-40 为不同锯料角时侧刃在切向产生的切削力与主刃切削力合成和侧刃占比情况。

表 5-8　锯料角锯齿在不同含水率条件下的侧刃力与侧刃占比

树种	含水率 MC/%	锯料角 λ/ (°)	侧刃力 F_c=闭式−开式/N		侧刃占比 K/%	
			切向 F_{cy}	法向 F_{cz}	切向 F_{cy}	法向 F_{cz}
水曲柳	5	0	5.576	1.456	12.570	11.220
		1.5	4.617	0.679	11.268	5.716
		3	3.671	1.406	9.195	12.278
	12	0	4.528	1.051	11.125	8.499
		1.5	3.311	1.383	8.836	11.767
		3	2.669	1.307	7.816	11.245
	19	0	6.953	0.664	16.315	5.712
		1.5	5.027	1.164	12.711	10.578
		3	3.738	2.106	9.555	19.968
樟子松	5	0	4.021	0.730	9.991	7.702
		1.5	3.481	0.600	8.977	6.656
		3	2.746	0.823	7.479	9.278
	12	0	5.170	0.574	13.539	6.708
		1.5	3.853	0.237	11.013	2.882
		3	2.754	0.491	8.185	5.835
	19	0	4.853	0.431	13.110	5.764
		1.5	5.228	0.489	14.639	6.842
		3	3.116	0.600	9.603	8.554

　　图 5-40 可直观地反映侧刃切削力和主刃切削力在不同条件下的变化趋势。图 5-40a 为水曲柳切削时侧刃在切向产生的切削力与主刃切削力合成和侧刃占比情况。由图中可知，侧刃产生的切削力占总切削力很小部分，侧刃占比最大，为 16.3%，此时的锯料角为 0°，含水率为 19%。随着锯料角的增大，侧刃占比逐渐减少，这主要是因为锯料角的不断增大，侧刃与木材的接触面积不断减小，所产生的切削力亦不断减小。而切削厚度的减小同样也减小了侧刃与木材的接触面积，使侧刃占比减小。当含水率由 5% 增加到 12% 时，侧刃占比逐渐减小，而当含水率由 12% 增加到 19% 时，其侧刃占比反而增大，这种变化规律是来自含水率对木材材性的影响。随着木材含水率的增加，木材强度降低，容易破坏。但木材含水率的增减并不是引起切削力变化的唯一因素，因为木材切削力的大小还受木材变形的影响，而木材变形却是随木材含水率的增加而增大的，当木材含水率增加时，木材的变形变大，其韧性增大。图 5-40b 为樟子松切削时侧刃在切向产生的切削力与主刃切削力合成和侧刃占比情况，由图中可知，其侧刃占比最大，为 14.6%，此时的锯料角为 1.5°，木材含水率为 19%。当含水率为 5% 和 12% 时，随着锯料角的增大，侧刃占比呈逐渐减少的趋

势，但当含水率为19%时，随着锯料角的增大，侧刃占比呈现先增大后减少的趋势。

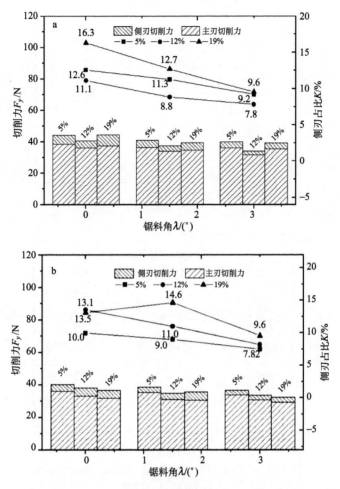

图 5-40　不同锯料角对侧刃与主刃切削力切向的影响

a. 水曲柳；b. 樟子松

图 5-41 为不同锯料角时侧刃在法向产生的切削力与主刃切削力合成和侧刃占比情况。由图中可知，法向方向上侧刃产生的切削力的侧刃占比低于 20%，但随锯料角和木材含水率的改变，法向方向上侧刃产生的切削力和侧刃占比变化均没有明显规律。由于木材切削时，法向力相比切向力较小，侧刃对其影响相对很小。

六、不同切削方向上的切削力

表 5-9 所示为不同锯料角锯齿在不同切削方向下的切削力和法向力平均值，图 5-42 所示为水曲柳和樟子松两种木材不同切削方向上的锯齿锯料角对切削力的影响。

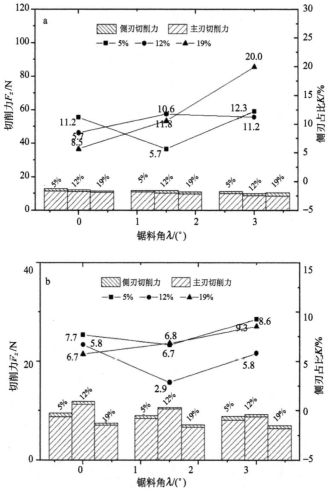

图 5-41　不同锯料角对侧刃与主刃切削力法向的影响

a. 水曲柳；b. 樟子松

表 5-9　不同锯料角锯齿在不同切削方向下的切削力和法向力平均值

树种	切削方向 D	锯料角 λ/（°）	闭式切削/N		开式切削/N	
			切削力	法向力	切削力	法向力
水曲柳	纵向//	0	40.704	12.363	36.176	11.312
		1.5	37.470	11.754	34.159	10.371
		3	34.147	10.078	31.478	8.771
	横向#	0	35.892	9.784	28.649	8.433
		1.5	32.451	8.447	26.632	7.558
		3	31.147	7.861	26.588	7.041
	端向⊥	0	45.127	14.877	41.988	12.028
		1.5	40.589	13.749	38.834	11.550
		3	36.668	12.714	35.359	10.731

续表

树种	切削方向 D	锯料角 λ/ (°)	闭式切削/N		开式切削/N	
			切削力	法向力	切削力	法向力
樟子松	纵向 //	0	38.187	8.557	33.017	7.983
		1.5	34.986	8.224	31.133	7.987
		3	33.647	8.415	30.893	7.924
	横向 #	0	32.457	7.254	26.947	6.847
		1.5	31.014	7.009	25.441	6.014
		3	30.014	5.947	25.021	5.429
	端向 ⊥	0	40.241	10.740	36.041	9.741
		1.5	38.885	9.701	35.741	9.370
		3	35.117	8.622	32.359	8.341

图 5-42 可直观地反映水曲柳和樟子松两种木材不同切削方向上的锯齿锯料角对切削力的影响。如图 5-42a 和图 5-42b 所示，水曲柳和樟子松具有相同的变化趋势，随着锯料角的增大，切削力逐渐减少，且在相同的条件下，切削水曲柳产生的切削力较樟子松大，在相同的锯料角条件下，端向切削力最大，其次是纵向产生的切削力，横向切削时，切削力最小，这种变化规律主要由木材切削时木材纤维的破坏方式和木材的各向异性所决定。

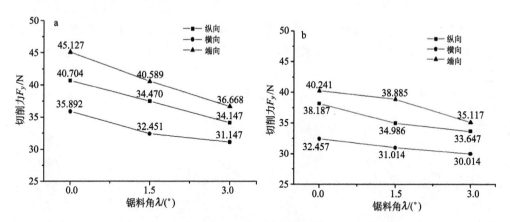

图 5-42　不同切削方向上的锯料角对切削力的影响

a. 水曲柳；b. 樟子松

图 5-43 所示为切削水曲柳和樟子松时，锯料角在不同含水率条件下对法向力的影响。由图 5-43a 可知，切削水曲柳时，在不同的切削方向上，随着锯料角的增大，法向力逐渐减少，但减小趋势变化不明显，最大的变化幅度是横向切削时法向力由 12.363N 减小到 10.078N，减小了 2.285N。由图 5-43b 可知，由于樟子松的密度较水曲柳低，在切削樟子松时产生的法向力较切削水曲柳时的法向力小，端向切削和横

向切削时，法向力随锯料角增大而减小，但纵向切削时，锯料角对法向力的影响变化不明显。通过比较图 5-43a 和 5-43b 可知，在相同的锯料角条件下，端向切削时的法向力最大，其次是纵向切削时产生的法向力，横向切削产生的法向力最小。产生这一结果的主要原因是切向切削力和法向切削力是总切削力分别在平行于刀具运动方向和垂直于刀具运动方向的分力，当总切削力增大时，在刀具角度和其他切削条件不变的情况下，两方向的分力均会增大，故法向力的变化趋势与切削力的变化趋势相同。

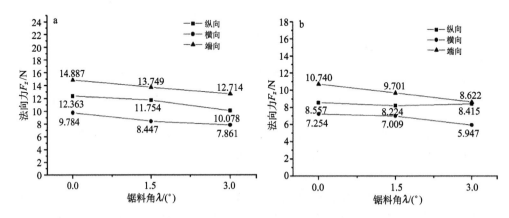

图 5-43　不同切削方向上的锯齿锯料角对法向力的影响

a. 水曲柳；b. 樟子松

图 5-44 所示为不同切削方向对侧刃切向力的影响。由图 5-44a 和图 5-44b 可知，切削水曲柳和樟子松时，横向切削时，侧刃产生的切削力最大；纵向切削时，侧刃产生的切削力次之；端向切削时，侧刃产生的切削力最小。根据木材切削方向的定义，当木材横向切削时，主刃平行于纤维长度方向，且刀具运动方向垂直于纤维长

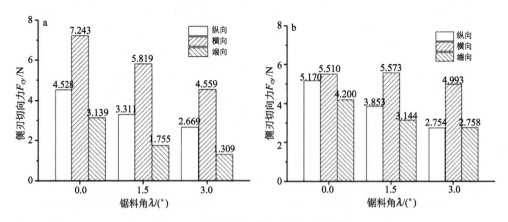

图 5-44　切削方向对侧刃切向力的影响

a. 水曲柳；b. 樟子松

度方向，此时，对侧刃而言，侧刃近似于垂直于纤维长度方向，其运动方向也垂直于纤维长度方向。因此，当木材进行横向切削时，其侧刃相当于进行端向切削。同理可知，当木材进行纵向切削时，侧刃相当于纵向切削；而当木材进行端向切削时，侧刃相当于进行横向切削。故纵向切削时，侧刃产生的切削力次之；端向切削时，侧刃产生的切削力最小。对于同一切削方向，随着锯料角的增大，其侧刃切向力逐渐减小，而侧刃法向力变化没有明显规律。

由图 5-45a 可知，切削水曲柳时，其在端向产生的侧刃法向力最大，但对比图 5-45b，无论是切削水曲柳还是樟子松，法向方向上侧刃力的改变并无明显规律，特别是切削樟子松时，法向方向上侧刃力变化很小。对于同一切削方向，随着锯料角的增大，其侧刃切向力逐渐减小，而侧刃法向力变化没有明显规律。

表 5-10 为锯料角锯齿在不同切削方向上的侧刃力与侧刃占比，图 5-46 为不同锯料角对侧刃与主刃切削力的影响。

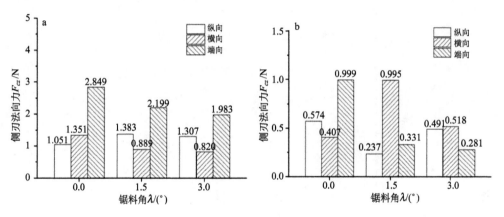

图 5-45　切削方向对侧刃法向力的影响

a. 水曲柳；b. 樟子松

表 5-10　锯料角锯齿在不同切削方向上的侧刃力与侧刃占比

树种	切削方向 D	锯料角 λ/(°)	侧刃力 F_c=闭式–开式/N		侧刃占比 K/%	
			切向 F_{cy}	法向 F_{cz}	切向 F_{cy}	法向 F_{cz}
水曲柳	纵向 //	0	4.528	1.051	11.125	8.499
		1.5	3.311	1.383	8.836	11.767
		3	2.669	1.307	7.816	12.969
	横向 #	0	7.243	1.351	20.180	13.808
		1.5	5.819	0.889	17.932	10.524
		3	4.559	0.820	14.637	10.431
	端向 ⊥	0	3.139	2.849	6.956	19.150
		1.5	1.755	2.199	4.324	15.994
		3	1.309	1.983	3.570	15.597

续表

| 树种 | 切削方向 D | 锯料角 λ/（°） | 侧刃力 F_c=闭式−开式/N | | 侧刃占比 K/% | |
			切向 F_{cy}	法向 F_{cz}	切向 F_{cy}	法向 F_{cz}
樟子松	纵向∥	0	5.170	0.574	13.539	6.708
		1.5	3.853	0.237	11.013	2.882
		3	2.754	0.491	8.185	5.835
	横向#	0	5.510	0.407	16.976	5.611
		1.5	5.573	0.995	17.969	14.196
		3	4.993	0.518	16.636	8.710
	端向⊥	0	4.200	0.999	10.437	9.302
		1.5	3.144	0.331	8.085	3.412
		3	2.758	0.281	7.854	3.259

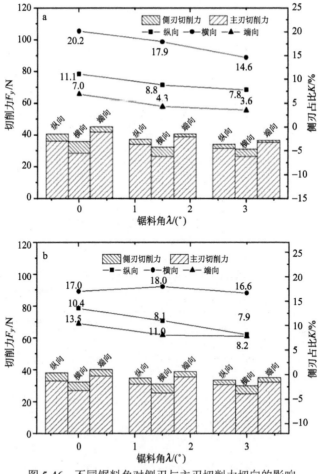

图 5-46　不同锯料角对侧刃与主刃切削力切向的影响

a. 水曲柳；b. 樟子松

图 5-46 可直观地反映不同锯料角对侧刃与主刃切削力切向的影响。由图 5-46a 可知，切削水曲柳时，其侧刃占比最大，为 20.2%，此时的锯料角为 0°，切削方向为横向切削。而端向切削时的侧刃占比最小，且与横向切削时差距最大，端向切削时其侧刃占比仅为 3.6%～7.0%，随着锯料角的增大，其侧刃占比均减小。由图 5-46b 可知，切削樟子松时，其侧刃占比最大，为 18%，此时的锯料角为 1.5°，切削方向为横向切削。端向切削时的侧刃占比最小，与横向切削时差距大，端向切削时其侧刃占比仅为 7.9%～10.4%，随着锯料角的增大，其侧刃占比整体呈减小趋势。这主要是由于在横向切削时，侧刃切削为端向切削，而端向切削的切屑主要是剪切破坏，屑瓣或连接较松或连接较紧。纤维是先挠曲而后破坏的，在刀刃圆半径接近或大于一对细胞壁平均厚度的切削条件下，刃口前的纤维在一开始切削时不是被刃口切开，而是被刃口压弯。纤维弯曲后，在刃口前方包括切削平面以下的纤维都产生拉应力，而拉应力在曲率半径最小的刃口附近，也就是切削平面上最大。当拉应力超过木材抗拉强度极限，刃口前的纤维就被拉断，刃口起到了切开纤维的作用。在破坏的瞬间，刃口前的木材，高度张紧的状况得到弛缓，接着切削平面上方的切屑被前刀面剪成屑瓣。切削平面以下，纤维弯曲拉裂面和切削平面上的切屑剪切面一致，即在切削阶段结束、新的压弯阶段开始之前，木材纤维的纵向抗拉强度大于横向，故其产生的切削力较大。

图 5-47 所示为不同锯料角对侧刃与主刃切削力法向的影响。由图中可知，法向方向上侧刃产生的切削力的侧刃占比低于 20%，但随着锯料角和切削方向的改变，法向方向上侧刃产生的切削力和侧刃占比变化均没有明显规律。由于木材切削时，法向力相比切向力较小，侧刃对其影响相对很小。

七、小结

本节针对木材锯切为闭式切削的主要特点，为寻找锯齿侧刃在闭式切削过程中对切削力的影响，研究讨论了在不同切削厚度、切削速度、木材含水率及切削方向上，锯料角对切削力的影响规律，总结如下。

（1）木材锯切为闭式切削时，在切向方向产生的切削力包括主刃产生的切削力和侧刃产生的切削力。其中，以主刃产生的切削力为主，在本节设置的切削条件下，主刃产生的切削力约占总切削力的 80%，而侧刃产生的切削力最高约占总切削力的 20%，甚至更低，主要以侧刃切向力为主。

（2）锯料角对主切削力和侧刃切向力均有影响，且对于不同树种，在不同切削厚度、切削速度、木材含水率及切削方向，随着锯料角的增加，主切削力和侧刃切向力均呈减小趋势。这主要是随着锯料角的增大，侧刃与木材的接触面积减少，与木材的摩擦力降低有关，而切削厚度的减少同样也减少了侧刃与木材的接触，使侧刃占比减少。

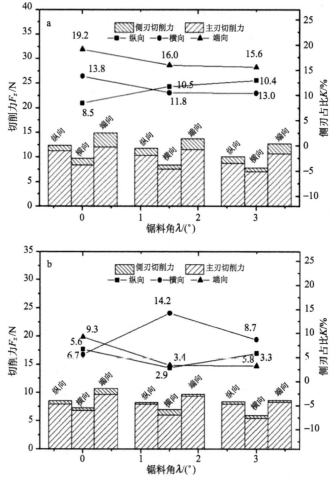

图 5-47　不同锯料角对侧刃与主刃切削力法向的影响

a. 水曲柳；b. 樟子松

（3）锯齿锯料角对切削时法向力有一定影响，且对于不同树种，在不同切削厚度、切削速度、木材含水率及切削方向，随着锯料角的增加，法向力总体呈减小趋势，但这种趋势不是很明显，减少幅度较小。

（4）随着切削厚度的增加，侧刃切向力随之增加，且锯料角越小，其产生的侧刃力越大，当锯料角为0°时，其产生的侧刃切向力最大。切削厚度越大，刀具克服切屑变形而消耗的力越大，故随着切削厚度的增大，其切削力和侧刃切向力均增大；此外，由于切削厚度的增加，侧刃与木材的接触面积增大，同样会增加锯齿的侧刃切向力。

（5）随着切削速度的增加，切削力也逐渐增大。这是因为随着切削速度的增加，需要抵抗木材变形的作用力亦会增大，从而使消耗的切削力变大。但切削不同的树种时，切削速度变化对刀具侧刃切向力的影响并不相同，与木材的抗拉强度和切削方向有关。当进行纵向切削时，如果超前裂隙的扩展速度大于切削速度，则刀具侧刃切向力呈减小趋势。

（6）含水率的增加会引起木材抗拉强度的降低，当含水率由 5%增加到 19%时，纵向切削的切削力随含水率的增大而减小，但是侧刃切向力的变化会随木材树种不同而有所差异。切削水曲柳时，其侧刃切向力先减小后逐渐增大，当切削樟子松时，其由侧刃产生的切向力较小，其变化趋势不明显。发生这种现象的主要原因是含水率变化会引起木材抗拉强度和韧性的改变，而木材抗拉强度和韧性改变对切削力有相反的作用效果，木材材种存在的差异导致这两种作用相互影响。

（7）在相同的锯料角条件下，端向切削力最大，其次是纵向产生的切削力，横向切削时，切削力最小。横向切削时，侧刃产生的切削力最大；纵向切削时，侧刃产生的切削力次之；端向切削时，侧刃产生的切削力最小。根据木材切削方向的定义，当木材横向切削时，主刃平行于纤维长度方向，且刀具运动方向垂直于纤维长度方向，此时，对侧刃而言，侧刃近似于垂直于纤维长度方向，其运动方向也垂直于纤维长度方向。所以，当木材进行横向切削时，其侧刃相当于进行端向切削。同理可知，当木材进行纵向切削时，侧刃相当于纵向切削；而当木材进行端向切削时，侧刃相当于进行横向切削。故纵向切削时，侧刃产生的切削力次之；端向切削时，侧刃产生的切削力最小。

（8）对于不同树种，在不同切削厚度、切削速度、木材含水率及切削方向上，锯齿锯料角的变化对切削时侧刃产生的法向力影响规律不明显。这是由于木材切削时，法向力相比切向力较小，而引起法向力变化的主要原因是圆弧形主刃刃口，以及前、后刀面对切削平面和切屑的作用力，侧刃对其影响较小，故在法向方向产生的法向侧刃占比变化也没有明显规律。此外，侧刃力的产生主要是因为在已完成的加工表面形成回弹区，回弹区对侧刃和刀具侧面形成挤压，伴随侧刃的运动，这种挤压力 F_n 会产生与运动方向相反的摩擦力，为克服这一摩擦力，与运动方向相同的侧刃切向力必然成为侧刃力的主要组成部分，而侧刃法向力受到刀具和工件振动等因素的影响并不明显。

第四节　微量零锯料角锯齿切削力模型

木材切削力模型的建立主要考虑的是影响切削力的各因子与切削力之间的关系。木材锯切为闭式切削，因此，在进行木材切削时，侧刃作用不可忽视。由本章第三节可知，侧刃对在切削力方向上产生的力有影响，但对在法向方向上产生的力影响并不明显，其中锯齿的锯料角不同时对侧刃参数也带来一定差异。当锯齿为微量零锯料角时，其侧刃参数对切削力也有一定影响，故在考虑切削力的因素中也应考虑侧刃参数，特别是锯料角和零锯料角段长度。

本节将利用响应面分析法，对锯料角、切削厚度、切削速度和含水率等影响切削力的因素进行综合分析，并建立包括锯料角在内的多元回归切削力数学模型。

一、多元回归模型分析概述

（一）多元线性回归模型及其矩阵表示

研究两个或两个以上自变量对一个因变量的数量变化关系，称为多元线性回归分析，表达这一数量关系的数学模型，称为多元线性回归模型，是一种基于最小二乘法和数理统计的数学原理的运用。

科学研究中，常常根据实际测得的多个变量的多组数据，找出它们之间的近似函数关系，把所获得的这种函数关系式称为经验公式，而经验公式的建立大都采用线性回归分析方法。

回归分析是确定两种或两种以上变量间相互依赖的定量关系的一种数理统计分析方法，其基本思想是，虽然自变量和因变量之间没有严格的、确定的函数关系，但是可以设法找出最能代表它们之间关系的数学表达式。回归分析可以解决以下几方面的问题。

（1）确定几个特定的变量之间是否存在相关关系，如果存在，找出它们之间合适的数学表达式。

（2）根据一个或几个变量的值，预测或控制另一个变量的取值，并且可以知道这种预测或控制能达到什么样的精确度。

（3）进行因素分析。例如，在对于共同影响一个变量的许多变量（因素）之间，找出主要因素和次要因素，以及这些因素之间的相互关系等。

多元回归分析是研究多个变量之间的回归分析方法，按照因变量和自变量的数量对应关系可划分为一个因变量对多个自变量的回归分析（一对多回归分析）和多个因变量对多个自变量的回归分析（多对多回归分析）；按照回归模型类型划分为线性回归分析和非线性回归分析。

设 y 是一个可观测的随机变量，它受到 p 个非随机因素 $x_1, x_2, \ldots, x_p$ 和随机因素 ε 的影响，则 y 与 $x_1, x_2, \ldots, x_p$ 有如下线性关系：

$$y = \beta_0 + \beta_1 x_1 + \cdots + \beta_p x_p + \varepsilon \qquad (5\text{-}9)$$

式中，$\beta_0, \beta_1, \ldots, \beta_p$ 是 $p+1$ 个未知参数，ε 是不可测的随机误差，且通常假定 $\varepsilon \sim N(0, \sigma^2)$。我们称式（5-10）为多元线性回归模型。称 y 为被解释变量（因变量），$x_i(i=1,2,\cdots,p)$ 为解释变量（自变量）。

$$E(y) = \beta_0 + \beta_1 x_1 + \cdots + \beta_p x_p \qquad (5\text{-}10)$$

对于一个实际问题,要建立多元回归方程,首先要估计出未知参数 β_0, β_1,..., β_p,为此我们要进行 n 次独立观测, 得到 n 组样本数据 $(x_{i1}, x_{i2}, \cdots, x_{ip}; y_i)$, $i = 1, 2, \cdots, n$, 它们满足式（5-11）, 即有

$$\begin{cases} y_1 = \beta_0 + \beta_1 x_{11} + \beta_2 x_{12} + \cdots + \beta_p x_{1p} + \varepsilon_1 \\ y_2 = \beta_0 + \beta_1 x_{21} + \beta_2 x_{22} + \cdots + \beta_p x_{2p} + \varepsilon_2 \\ \qquad\qquad\qquad \cdots \\ y_n = \beta_0 + \beta_1 x_{n1} + \beta_2 x_{n2} + \cdots + \beta_p x_{np} + \varepsilon_n \end{cases} \tag{5-11}$$

式中, $\varepsilon_1, \varepsilon_2, \cdots, \varepsilon_n$ 相互独立且都服从 $N(0, \sigma^2)$。

式（5-11）又可表示成矩阵形式:

$$\boldsymbol{Y} = \boldsymbol{X}\boldsymbol{\beta} + \boldsymbol{\varepsilon} \tag{5-12}$$

式中, $\boldsymbol{Y} = (y_1, y_2, \cdots, y_n)^{\mathrm{T}}$, $\boldsymbol{\beta} = (\beta_0, \beta_1, \cdots, \beta_p)^{\mathrm{T}}$, $\boldsymbol{\varepsilon} = (\varepsilon_1, \varepsilon_2, \cdots, \varepsilon_n)^{\mathrm{T}}$, $\boldsymbol{\varepsilon} \sim N_n(0, \sigma^2 I_n)$, $\boldsymbol{I}_n$ 为 n 阶单位矩阵。

$$\boldsymbol{X} = \begin{bmatrix} 1 & x_{11} & x_{12} & \cdots & x_{1p} \\ 1 & x_{21} & x_{22} & \cdots & x_{2p} \\ \vdots & \vdots & \vdots & & \vdots \\ 1 & x_{n1} & x_{n2} & \cdots & x_{np} \end{bmatrix} \tag{5-13}$$

$n \times (p+1)$ 阶矩阵 $\boldsymbol{X}$ 称为资料矩阵或设计矩阵, 并假设它是列满秩矩阵, 即 $\mathrm{rank}(X) = p + 1$。

由模型（5-12）及多元正态分布的性质可知, $\boldsymbol{Y}$ 仍服从 n 维正态分布, 它的期望向量为 $\boldsymbol{X}\boldsymbol{\beta}$, 方差和协方差阵为 $\boldsymbol{\sigma}^2 \boldsymbol{I}_n$, 即 $\boldsymbol{Y} \sim N_n(\boldsymbol{X}\boldsymbol{\beta}, \sigma^2 \boldsymbol{I}_n)$。

多元线性回归方程中的未知参数 $\beta_0, \beta_1, \cdots, \beta_p$ 可用最小二乘法来估计,最小二乘法又称最小平方法, 是估计未知参数的一种重要方法和优化技术, 其基本原理是通过使误差平方和最小来确定最佳参数, 利用最小二乘法可以使未知参数与实际数据偏差平方和最小。选择 $\boldsymbol{\beta} = (\beta_0, \beta_1, \cdots, \beta_p)^{\mathrm{T}}$ 使误差平方和达到最小。

$$\begin{aligned} Q(\boldsymbol{\beta}) &\triangleq \sum_{i=1}^{n} \varepsilon_i^2 = \vec{\varepsilon}^{\mathrm{T}} \vec{\varepsilon} = (\boldsymbol{Y} - \boldsymbol{X}\boldsymbol{\beta})^T (\boldsymbol{Y} - \boldsymbol{X}\boldsymbol{\beta}) \\ &= \sum_{i=1}^{n} (y_i - \beta_0 - \beta_1 x_{i1} - \beta_2 x_{i2} - \cdots - \beta_p x_{ip})^2 \end{aligned} \tag{5-14}$$

由于 $Q(\boldsymbol{\beta})$ 是关于 $\beta_0, \beta_1, \cdots, \beta_p$ 的非负二次函数, 因而必定存在最小值, 利用微积分的极值求法, 得

$$
\begin{cases}
\dfrac{\partial Q(\hat{\boldsymbol{\beta}})}{\partial \beta_0} = -2\sum_{i=1}^{n}(y_i - \hat{\beta}_0 - \hat{\beta}_1 x_{i1} - \hat{\beta}_2 x_{i2} - \cdots - \hat{\beta}_p x_{ip}) = 0 \\[2mm]
\dfrac{\partial Q(\hat{\boldsymbol{\beta}})}{\partial \beta_1} = -2\sum_{i=1}^{n}(y_i - \hat{\beta}_0 - \hat{\beta}_1 x_{i1} - \hat{\beta}_2 x_{i2} - \cdots - \hat{\beta}_p x_{ip})x_{i1} = 0 \\[2mm]
\qquad\qquad\qquad\qquad \cdots \\[2mm]
\dfrac{\partial Q(\hat{\boldsymbol{\beta}})}{\partial \beta_k} = -2\sum_{i=1}^{n}(y_i - \hat{\beta}_0 - \hat{\beta}_1 x_{i1} - \hat{\beta}_2 x_{i2} - \cdots - \hat{\beta}_p x_{ip})x_{ik} = 0 \\[2mm]
\qquad\qquad\qquad\qquad \cdots \\[2mm]
\dfrac{\partial Q(\hat{\boldsymbol{\beta}})}{\partial \beta_p} = -2\sum_{i=1}^{n}(y_i - \hat{\beta}_0 - \hat{\beta}_1 x_{i1} - \hat{\beta}_2 x_{i2} - \cdots - \hat{\beta}_p x_{ip})x_{ip} = 0
\end{cases}
\tag{5-15}
$$

这里 $\hat{\beta}_i(i = 0, 1, \cdots, p)$ 是 $\beta_i(i = 0, 1, \cdots, p)$ 的最小二乘估计。上述对 $Q(\beta)$ 求偏导，求得正规方程组的过程可用矩阵代数运算进行，得到正规方程组的矩阵表示：

$$
\boldsymbol{X}^{\mathrm{T}}(\boldsymbol{Y} - \boldsymbol{X}\hat{\boldsymbol{\beta}}) = 0
\tag{5-16}
$$

移项得

$$
\boldsymbol{X}^{\mathrm{T}}\boldsymbol{X}\hat{\boldsymbol{\beta}} = \boldsymbol{X}^{\mathrm{T}}\boldsymbol{Y}
\tag{5-17}
$$

称此方程组为正规方程组。

根据假定 $R(X) = p+1$，所以 $R(\boldsymbol{X}^{\mathrm{T}}\boldsymbol{X}) = R(\boldsymbol{X}) = p+1$，故 $(\boldsymbol{X}^{\mathrm{T}}\boldsymbol{X})^{-1}$ 存在。解正规方程组（5-17）得

$$
\hat{\boldsymbol{\beta}} = (\boldsymbol{X}^{\mathrm{T}}\boldsymbol{X})^{-1}\boldsymbol{X}^{\mathrm{T}}\boldsymbol{Y}
\tag{5-18}
$$

称 $\hat{y} = \hat{\beta}_0 + \hat{\beta}_1 x_1 + \hat{\beta}_2 x_2 + \cdots + \hat{\beta}_p x_p$ 为经验回归方程。

此外，多元线性回归方程中的未知参数也可使用误差方差 σ^2 的估计将自变量的各组观测值代入回归方程，可得因变量的估计量（拟合值）为

$$
\hat{\boldsymbol{Y}} = (\hat{y}_1, \hat{y}_2, \cdots, \hat{y}_p)^2 = \boldsymbol{X}\hat{\boldsymbol{\beta}}
\tag{5-19}
$$

向量 $\vec{e} = \boldsymbol{Y} - \hat{\boldsymbol{Y}} = \boldsymbol{Y} - \boldsymbol{X}\hat{\boldsymbol{\beta}} = [\boldsymbol{I}_n - \boldsymbol{X}(\boldsymbol{X}^{\mathrm{T}}\boldsymbol{X})^{-1}\boldsymbol{X}^{\mathrm{T}}]\boldsymbol{Y} = (\boldsymbol{I}_n - \boldsymbol{H})\boldsymbol{Y}$ 称为残差向量，其中 $\boldsymbol{H} = \boldsymbol{X}(\boldsymbol{X}^{\mathrm{T}}\boldsymbol{X})^{-1}\boldsymbol{X}^{\mathrm{T}}$ 为 n 阶对称幂等矩阵，$\boldsymbol{I}_n$ 为 n 阶单位阵。

称数 $\vec{e}^{\mathrm{T}}\vec{e} = \boldsymbol{Y}^{\mathrm{T}}(\boldsymbol{I}_n - \boldsymbol{H})\boldsymbol{Y} = \boldsymbol{Y}^{\mathrm{T}}\boldsymbol{Y} - \hat{\boldsymbol{\beta}}^{\mathrm{T}}\boldsymbol{X}^{\mathrm{T}}\boldsymbol{Y}$ 为残差平方和（error sum of squares，简写为 SSE）。

由于 $E(\boldsymbol{Y}) = \boldsymbol{X}\boldsymbol{\beta}$ 且 $(\boldsymbol{I}_n - \boldsymbol{H})\boldsymbol{X} = 0$，则

$$
\begin{aligned}
E(\vec{e}^{\mathrm{T}}\vec{e}) &= E\{\mathrm{tr}[\vec{\varepsilon}^{\mathrm{T}}(\boldsymbol{I}_n - \boldsymbol{H})\vec{\varepsilon}]\} = \mathrm{tr}[(\boldsymbol{I}_n - \boldsymbol{H})E(\vec{\varepsilon}\vec{\varepsilon}^{\mathrm{T}})] \\
&= \sigma^2\mathrm{tr}[\boldsymbol{I}_n - \boldsymbol{X}(\boldsymbol{X}^{\mathrm{T}}\boldsymbol{X})^{-1}\boldsymbol{X}^{\mathrm{T}}] \\
&= \sigma^2\{n - \mathrm{tr}[(\boldsymbol{X}^{\mathrm{T}}\boldsymbol{X})^{-1}\boldsymbol{X}^{\mathrm{T}}\boldsymbol{X}]\} \\
&= \sigma^2(n - p - 1)
\end{aligned}
\tag{5-20}
$$

从而 $\hat{\sigma}^2 = \dfrac{1}{n-p-1}\vec{e}^{\mathrm{T}}\vec{e}$ 为 σ^2 的一个无偏估计。

（二）回归方程和回归系数的显著性检验

给定因变量 y 和 $x_1, x_2,...,x_p$ 的 n 组观测值，利用前述方法确定回归方程是否有意义，进行回归方程显著性的 F 检验及衡量回归系数 t 和回归拟合程度的拟合优度检验。

拟合优度检验：

设数据的总平方和（total sum of squares）：

$$\mathrm{SST} = \sum_{i=1}^{n}(y_i - \overline{y})^2 \tag{5-21}$$

SST 反映数据的波动性的大小。

残差平方和

$$\mathrm{SSE} = \sum_{i=1}^{n}(y_i - \hat{y}_i)^2 \tag{5-22}$$

反映了除去 y 与 $x_1, x_2,...,x_p$ 之间的线性关系以外的因素所引起的数据 y_1, $y_2,...,\dfrac{\mathrm{SSE}}{\sigma^2} \sim \chi^2(n-p-1)$ 的波动。若 $\mathrm{SSE}=0$，则每个观测值可由线性关系精确拟合，SSE 越大，观测值和线性拟合值间的偏差也越大。

回归平方和（regression sum of squares）

$$\mathrm{SSR} = \sum_{i=1}^{n}(\hat{y}_i - \overline{y})^2 \tag{5-23}$$

故 SSR 反映了线性拟合值与它们的平均值的总偏差，SSR 越大，说明由线性回归关系所描述的 $y_1, y_2,...,\dfrac{\mathrm{SSE}}{\sigma^2} \sim \chi^2(n-p-1)$ 的波动性的比例就越大，即 y 与 x_1, $x_2,...,x_p$ 的线性关系就越显著。

拟合优度用于检验模型对样本观测值的拟合程度。在前面的方差分析中，我们已经指出，在总离差平方和中，若回归平方和占的比例越大，则说明拟合效果越好。于是，就用回归平方和与总离差平方和的比例作为评判一个模型拟合优度的标准，称为样本决定系数（coefficient of determination）（或称为复相关系数），记为 R^2。

$$R^2 = \frac{\mathrm{SSR}}{\mathrm{SST}} = 1 - \frac{\mathrm{SSE}}{\mathrm{SST}} \tag{5-24}$$

由 R^2 的意义来看，其越接近于 1，意味着模型的拟合优度越高。当因变量个数增多时，R^2 会变大，此时 R^2 并不能证明拟合程度的好坏，就需要改变 R^2，模型调整确定系数（adjusted coefficient of determination）记为 R^2_{adj}。

$$R_{\text{adj}}^2 = 1 - \frac{\text{MSE}}{\text{MST}}$$

$$= 1 - \frac{\text{SSE}\big/(n-p-1)}{\text{SST}\big/(n-1)} \tag{5-25}$$

式中，$n-p-1$ 为 SSE 的自由度，p 为 SSR 的自由度，$n-1$ 为 SST 的自由度。评价回归模型对采样数据拟合程度时通常考察修正的复相关系数。

方程显著性的 F 检验：

用 F 统计量检验回归方程的显著性，也可以用 P 值法（P-value）作检验。F 统计量是

$$F = \frac{\text{MSR}}{\text{MSE}} = \frac{\text{SSR}/p}{\text{SSE}/(n-p-1)} \tag{5-26}$$

当 H_0 为真时，$F \sim F(p, n-p-1)$，给定显著性水平 α，查 F 分布表得临界值 $F_\alpha(p, n-p-1)$，计算 F 的观测值 F_0，若 $F_0 \leqslant F_\alpha(p, n-p-1)$，则接受 H_0，即在显著性水平 α 之下，认为 y 与 $x_1, x_2, \ldots, x_p$ 的相关性关系就不显著；当 $F_0 \geqslant F_\alpha(p, n-p-1)$ 时，这种相关性关系是显著的。利用 P 值法作显著性检验性检验十分方便。这里的 P 值是 $P(F > F_0)$，表示第一自由度、第二自由度分别为 p、$n-p-1$ 的 F 变量取值大于 F_0 的概率，利用计算机很容易计算出这个概率。

如果检验的结果是接受原假设 H_0，就意味着，与模型的误差相比，自变量对因变量的影响是不重要的，这对应有两种情况。其一是模型的各种误差太大，即使回归自变量对因变量 y 有一定的影响，但相对于误差也不算大。对于这种情况，我们要想办法缩小误差，例如，检查是否漏掉了重要的自变量，或检查某些自变量与 y 是否有非线性关系等。其二是自变量对 y 的影响确实很小，这时建立 y 与诸自变量的回归方程没有实际意义。

回归系数的显著性检验：经过前面检验回归方程中全部自变量的总体回归效果，但总体回归效果显著并不代表每个自变量对因变量都是重要的，可能有的自变量对因变量不起作用或被其他的因变量所取代，我们希望把这种自变量从回归方程中剔除。这需要进行自变量的显著性检验，即 t 检验。

因为 β 服从正态分布，形式为

$$\hat{\beta}_j \sim N(\beta_j, \sigma^2 C_{jj}) \tag{5-27}$$

所以构造 t 统计量如下：

$$t = \frac{\hat{\beta}_j - \beta_j}{\sqrt{S_{\hat{\beta}_j}^2}} \sim t(n-p-1) \tag{5-28}$$

式中，$\sqrt{S_{\hat{\beta}_j}^2} = \sqrt{C_{jj}\hat{\sigma}^2} = \sqrt{C_{jj}\dfrac{\sum\limits_{i=1}^{n}(y_i - \hat{y}_i)^2}{n-p-1}}$

$$C_{jj}C = (X'X)^{-1}(j = 1, 2, L, m)\beta_j = 0 \tag{5-29}$$

式中，C_{jj} 为 $(X'X)^{-1}$ 中对角线上第 j 个元素 $C = (X'X)^{-1}(j = 1, 2, L, m)$，$m$ 为因变量的个数，n 为观测组数。

假设 $\beta=0$，在给定的显著性水平 α 下，查询 t 分布表可得到 $t_{\alpha/2}(n-p-1)$，样本可求出统计量 t 值。当 $|t| > t_{\alpha/2}(n-p-1)$ 时，拒绝原假设 $\beta_j = 0$，此时自变量对于因变量影响是显著的，必须包含在回归模型中，反之，则说明自变量对因变量影响不显著且不应该包含在回归模型中。

二、响应面优化法概述

响应面优化法，即响应曲面设计法（response surface methodology，RSM）是一种实验条件寻优的建模方法，适宜解决线性或非线性数据处理的相关问题。它囊括了试验设计、数学建模、检验数学模型的合适性、寻求最佳的组合条件等众多试验和计算技术。通过对过程的回归拟合和响应曲面及等高线的绘制，可方便地找出相应于各因素水平的响应值。在各因素水平的响应值的基础上，可以找出预测的响应最优值及相应的实验条件。响应面设计为一种研究多因素问题的强有力工具。

响应面优化法考虑了试验的随机误差。同时，响应面优化法可将复杂未知的函数关系在小范围内用简单的一次多项式或二次多项式模型进行拟合，计算简便，是解决实际问题的有效手段。用响应面优化法所求得的预测模型是连续的，与正交试验相比，其显著优势是在试验条件优化过程中，可以对试验的各个水平进行连续的分析，而正交试验设计仅能对一个个孤立的试验点进行分析。目前最常用的响应面优化法包括中心组合设计法（central composite design，CCD）、Box-Behnken Design（BBD）法等试验设计方法。

Box-Behnken 中心组合设计方法是由 Box-Behnken 于 1960 年提出拟合响应曲面的 3 水平设计，该设计是由 2 水平因子设计与不完全区组设计组合而成。每个因素取 3 个水平，分别以（-1,0,1）编码，然后根据试验表进行设计，运用响应面法对试验后的数据进行分析。Box-Behnken 中心组合设计法是利用 Box-Behnken 实验设计并通过实验得到一定数据，采用多元多次方程来拟合因素和响应值之间的函数关系，通过对回归方程的分析来寻求最优工艺参数，建立数学模型，以解决多变量之间的关系问题。近年来，随着应用数学、数理统计及建模技术等快速发展，这种方法在许多领域获得越来越多的应用。

Box-Behnken 中心组合设计方法是一种基于三水平的一阶或多阶试验设计建模方法。采用多元方程来拟合因素和响应值之间的函数关系，通过对回归方程的分析来寻求最优工艺参数。在优化过程中通过软件就拟合度、信噪比、方程各显著性因素对整个试验条件进行优化，以获取方程最佳值。在应用这种方法之前，首先需要定义自变量、因变量、响应面与响应面函数等概念。

用 $x_1, x_2, \cdots, x_n$ 来表示所要考察的因素，称为自变量；而所要考察指标称结果或响应（response），用 y 表示，称为因变量；响应面与响应面函数是指自变量与因变量之间的定量关系，可用函数 $y=f(x_1, x_2, \cdots, x_n)+E$ 进行表示（其中 E 为偶然误差），f 称为响应面函数，该函数所代表的空间曲面称为响应面。在实际操作中，常用近似函数 $y=f'(x_1, x_2, \cdots, x_n)+E$ 估计真实函数，f' 为所代表的空间曲面，即模拟响应面，也是优化法实际操作响应面。

通过设计和建立能够近似地模拟响应曲面函数 f 的数学模型 f'，并根据数学模型 f 描述响应面，从其中选择较优的响应区域，向回推导出自变量取值范围，即为最佳试验条件。Box-Behnken 是一种拟合一阶或多阶响应曲面的三水平设计，并不包括立方体区域的顶点，即各个变量的极值点，具有位于试验空间边缘中点处的处理组合，并要求至少包括 3 个因子。图 5-48 所示为含 3 个因子的 Box-Behnken 设计格，图上的星点表示进行的试验运行。

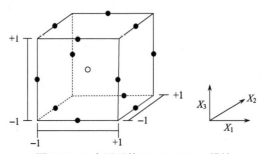

图 5-48   3 个因子的 Box-Behnken 设计

对试验所得的数据需要进行分析、统计、回归、拟合、优化等，需借助专用设计和分析软件。目前常用的软件有 Design-Expert、SPSS、Minitab、SAS 等，其数据处理功能均十分强大，各具特色。其中，Design-Expert 由于具有使用方便、操作容易、处理结果清晰直观等优点，近年来被越来越多地用于试验设计和分析。

Box-Behnken 试验设计具有以下特点：①可进行影响因素数的范围在 3～7 个的试验，同时还可以评估因素间的非线性影响；②试验次数一般为 15～62 次，与中心组合设计法（CCD）相比，在影响因素数相同的情况下其所需的试验次数更少；③无需多次连续试验；④无需将所有的试验因素同时安排为高水平设置的试验组合，对某些有安全要求或特殊需求的试验尤为适用；⑤与中心组合设计法（CCD）相比，因不存在轴向点，所以在实际操作时其水平设置都会在安全范围内。

三、工件材料及刀具

（一）材料

木材试样选取水曲柳，气干密度为 0.65g/cm³；红花梨（*Pterocarpus soyauxii*），气干密度为 0.72g/cm³；樟子松，气干密度为 0.48g/cm³，气干含水率为 12%，规格（长×宽×高）为 70mm×25mm×50mm。

待 3 种木材加工成上述规格尺寸后需要进行含水率调节处理，为保证含水率的一致性，首先将 3 种木材试材进行常温浸泡，当含水率大于 80%以后，对木材进行干燥，分为三部分，一部分试件直接干燥到含水率接近 5%；一部分直接干燥到含水率接近 12%；剩下的干燥至含水率接近 19%。这样可得到 3 个不同等级含水率的试件，用于后期的切削力试验。为防止切削过程中含水率发生改变引起不必要的试验误差，当试件完成切削后需要使用水分分析仪来测定木材的含水率并进行记录。本章拟从弦切面和纵向对锯齿切削木材时的切削力分别进行研究。

（二）刀具材料

本节试验用硬质合金作为试验用刀片的材料，锯片刀头材料为 YG6X。基体材料为 65Mn。切削刃宽度为 2.6mm，锯身厚度为 1.8mm，如图 5-49 所示。

（三）微量零锯料角段的计算与确定

图 5-50 所示为当锯料角存在时，锯齿侧刃作用长度 OC 在垂直于切削平面的基面上沿 Z 方向上的投影长度。

设投影长度为 OA，OA 与 OC 的关系为

$$OA = OC \cos\lambda \cos\gamma \qquad (5\text{-}30)$$

式中，λ 为锯齿锯料角；γ 为切削时的前角。

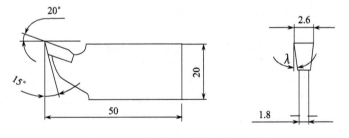

图 5-49 试验用锯齿结构参数示意图

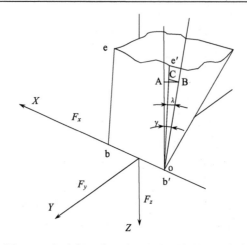

图 5-50　锯齿侧刃作用在切削基面上的投影长度

在实际切削中，锯料角 λ 的变化一般为 $1°\sim3°$，而前角 γ 一般为 $15°\sim30°$。当刀具选择确定后，锯料角 λ 和前角 γ 便是固定不变的。所以可以通过使用锯齿侧刃作用长度 OC 在垂直于切削平面的基面上沿 Z 方向上的投影长度 OA 来评价对锯齿侧刃作用长度 OC。此外，由于受到目前锯齿刃磨水平的限制，可加工的微量零锯料角的零锯料角段最小长度为 0.5mm，而本章的研究将采用锯齿单齿进行切削，切削厚度较小，为方便起见，本章试验中采用较小 OA 长度来代表微量零锯料角直线段的长度。

四、试验方法

以 Design-Expert 软件（版本：8.0.5b，生产商：Stat-Ease，Inc.）采用四因素三水平的 Box-Behnken Design（BBD）试验设计。以锯料角（λ）、切削厚度（h）、含水率（MC）、切削速度（U）的值为自变量，以切削力 F_y 为因变量，研究响应值及切削力模型。响应面试验因素与水平见表 5-11。整个试验设计在中心点共有 29 次试验，进行 5 次零点重复试验，以估算试验误差。

表 5-11　响应面试验因素与水平

因素水平	试验因素			
	锯料角 λ/（°）	切削厚度 h/mm	含水率 MC/%	切削速度 U/（m/min）
1	0	0.08	5	5
0	1.5	0.12	12	10
−1	3	0.16	19	15

五、响应面分析方案与试验结果

使用 Design-Expert 软件，依据 BBD 的中心组合试验设计原理，结合单因素影响试验的结果，对锯料角、切削厚度、含水率及切削速度四因素三水平进行响应面设计，3 种木材的切削力测试结果见表 5-12～表 5-14。

表 5-12　切削水曲柳时的响应面设计和切削力测试结果

试验编号	试验因素				切削力 F_y/N
	锯料角 λ/（°）	切削厚度 h/mm	含水率 MC/%	切削速度 U/（m/min）	
1	1.50	0.16	5.00	10.00	50.478
2	1.50	0.12	19.00	15.00	42.445
3	3.00	0.12	12.00	15.00	39.784
4	1.50	0.08	19.00	10.00	33.889
5	0.00	0.12	12.00	15.00	40.224
6	3.00	0.12	12.00	5.00	30.897
7	1.50	0.08	12.00	5.00	21.366
8	1.50	0.12	12.00	10.00	37.228
9	3.00	0.12	5.00	10.00	39.925
10	1.50	0.12	12.00	10.00	36.784
11	1.50	0.12	5.00	5.00	36.459
12	0.00	0.12	12.00	5.00	33.124
13	1.50	0.12	5.00	15.00	43.256
14	1.50	0.16	19.00	10.00	43.125
15	1.50	0.08	5.00	10.00	26.445
16	3.00	0.16	12.00	10.00	41.045
17	1.50	0.16	12.00	15.00	45.838
18	1.50	0.12	12.00	10.00	36.458
19	1.50	0.12	19.00	5.00	35.653
20	0.00	0.12	5.00	10.00	40.974
21	1.50	0.16	12.00	5.00	36.428
22	1.50	0.12	12.00	10.00	37.125
23	0.00	0.16	12.00	10.00	46.103
24	0.00	0.12	19.00	10.00	42.621
25	3.00	0.08	12.00	10.00	25.138
26	3.00	0.12	19.00	10.00	39.12
27	0.00	0.08	12.00	10.00	28.074
28	1.50	0.12	12.00	10.00	37.47
29	1.50	0.08	12.00	15.00	29.114

表 5-13　切削红花梨时的响应面设计和切削力测试结果

试验编号	试验因素				切削力 F_y/N
	锯料角 λ/（°）	切削厚度 h/mm	含水率 MC/%	切削速度 U/（m/min）	
1	1.50	0.16	5.00	10.00	56.485
2	1.50	0.12	19.00	15.00	42.874
3	3.00	0.12	12.00	15.00	44.547
4	1.50	0.08	19.00	10.00	35.063
5	0.00	0.12	12.00	15.00	46.374
6	3.00	0.12	12.00	5.00	35.140
7	1.50	0.08	12.00	5.00	30.220
8	1.50	0.12	12.00	10.00	44.127
9	3.00	0.12	5.00	10.00	42.879
10	1.50	0.12	12.00	10.00	42.817
11	1.50	0.12	5.00	5.00	40.147
12	0.00	0.12	12.00	5.00	37.471
13	1.50	0.12	5.00	15.00	49.552
14	1.50	0.16	19.00	10.00	50.956
15	1.50	0.08	5.00	10.00	35.117
16	3.00	0.16	12.00	10.00	50.147
17	1.50	0.16	12.00	15.00	54.674
18	1.50	0.12	12.00	10.00	43.874
19	1.50	0.12	19.00	5.00	36.849
20	0.00	0.12	5.00	10.00	45.214
21	1.50	0.16	12.00	5.00	46.732
22	1.50	0.12	12.00	10.00	43.120
23	0.00	0.16	12.00	10.00	49.261
24	0.00	0.12	19.00	10.00	42.178
25	3.00	0.08	12.00	10.00	33.228
26	3.00	0.12	19.00	10.00	37.470
27	0.00	0.08	12.00	10.00	36.147
28	1.50	0.12	12.00	10.00	43.178
29	1.50	0.08	12.00	15.00	38.214

表 5-14　切削樟子松时的响应面设计和切削力测试结果

试验编号	试验因素				切削力 F_y/N
	锯料角 λ/（°）	切削厚度 h/mm	含水率 MC/%	切削速度 U/（m/min）	
1	1.50	0.16	5.00	10.00	47.448
2	1.50	0.12	19.00	15.00	41.214
3	3.00	0.12	12.00	15.00	35.511
4	1.50	0.08	19.00	10.00	17.401

试验编号	试验因素				切削力 F_y/N
	锯料角 λ/（°）	切削厚度 h/mm	含水率 MC/%	切削速度 U/（m/min）	
5	0.00	0.12	12.00	15.00	37.254
6	3.00	0.12	12.00	5.00	28.147
7	1.50	0.08	12.00	5.00	16.748
8	1.50	0.12	12.00	10.00	33.987
9	3.00	0.12	5.00	10.00	36.714
10	1.50	0.12	12.00	10.00	34.087
11	1.50	0.12	5.00	5.00	30.748
12	0.00	0.12	12.00	5.00	32.006
13	1.50	0.12	5.00	15.00	45.517
14	1.50	0.16	19.00	10.00	40.021
15	1.50	0.08	5.00	10.00	25.127
16	3.00	0.16	12.00	10.00	36.887
17	1.50	0.16	12.00	15.00	43.965
18	1.50	0.12	12.00	10.00	34.897
19	1.50	0.12	19.00	5.00	27.422
20	0.00	0.12	5.00	10.00	38.779
21	1.50	0.16	12.00	5.00	38.874
22	1.50	0.12	12.00	10.00	35.214
23	0.00	0.16	12.00	10.00	42.729
24	0.00	0.12	19.00	10.00	37.017
25	3.00	0.08	12.00	10.00	20.007
26	3.00	0.12	19.00	10.00	32.447
27	0.00	0.08	12.00	10.00	24.457
28	1.50	0.12	12.00	10.00	34.986
29	1.50	0.08	12.00	15.00	27.147

六、模型的分析与建立

（一）水曲柳切削力数学模型

对试验数据进行多项式拟合回归，以切削力（F_y）为因变量、以锯料角 A（λ）、切削厚度 B（h）、含水率 C（MC）及切削速度 D（U）为自变量，初步得到切削水曲柳时的回归方程：

$$F_y=37.01-1.27A+7.89B+0.30C+3.89D-0.53AB-0.61AC+0.45AD-2.63BC$$
$$+0.42BD-1.250E-003CD+0.40A^2-2.63B^2+3.29C^2-1.15D^2$$

对该回归模型的方差进行分析，结果见表5-15。

表 5-15　切削水曲柳时的回归模型的方差分析

变异来源	平方和	自由度	均方	F 值	P 值（$P_r > F$）
模型	1280.1	14	91.44	173.80	<0.0001**
A	19.28	1	19.28	36.65	<0.0001**
B	816.6	1	816.6	1552.16	<0.0001**
C	0.45	1	0.45	0.85	0.3723
D	206.12	1	206.12	391.79	<0.0001**
AB	1.13	1	1.13	2.14	0.1656
AC	1.5	1	1.5	2.86	0.1131
AD	0.8	1	0.8	1.52	0.2383
BC	54.74	1	54.74	104.04	<0.0001**
BD	0.69	1	0.69	1.31	0.2711
CD	2.24	1	2.24	4.26	0.058
A^2	0.065	1	0.065	0.12	0.7301
B^2	37.3	1	37.3	70.9	<0.0001**
C^2	98.43	1	98.43	187.08	<0.0001**
D^2	7.56	1	7.56	14.38	0.002*
残差	7.37	14	0.53		
失拟项	6.74	10	0.67	4.29	0.0865
纯误差	0.63	4	0.16		
总和	1287.5	28			
模型确定系数 R^2	0.9943	CV%变异系数	1.95		
模型调整确定系数 R_{adj}^2	0.9886				

**表示极显著水平（$P<0.01$）；*表示显著水平（$0.01<P<0.05$）

　　由表 5-15 可知，当 $P<0.0001$ 时，方程达到极显著水平，说明该回归方程能够正确反映切削力与锯料角 A（λ）、切削厚度 B（h）、含水率 C（MC）及切削速度 D（U）之间的关系。失拟项检验 $P=0.0865>0.05$，没有显著性差异，说明该回归方程试验的拟合度较高，可以充分反映实际情况。响应值的变异系数 CV 值为 1.95%（较低），说明试验操作是可信的。

　　从对回归方程模型因变量的方差分析可知，模型的一次项锯料角 A（λ）、切削厚度 B（h）及切削速度 D（U）差异极显著，交互项 BC 差异极显著，二次项 B^2、C^2 差异极显著，D^2 差异显著。由此可见，各因素对切削力的影响不是简单的线性关系，它们之间存在交互作用。各变量一次项 F 值越大，说明对切削力的影响越显著。各因素对切削力的影响程度为：切削厚度 B＞切削速度 D＞锯料角 A＞含水率 C。

　　由于交互项 BC 差异极显著，而 AB、AC、AD、BD 和 CD 的交互作用不明显，因此可将方程进一步简化为

$$F_y = -28.47 - 0.98A + 724.47B - 0.29C + 1.69D - 13.21BC + 0.04A^2 - 1498.75B^2 + 0.08C^2 - 0.043D^2$$

该模型的调整确定系数 R_{adj}^2=0.9886，说明该模型的自变量与响应值之间的线性关系显著，与实际的试验拟合度比较高，如图 5-51 所示，所以可以用来计算切削水曲柳时的切削力的理论预测。

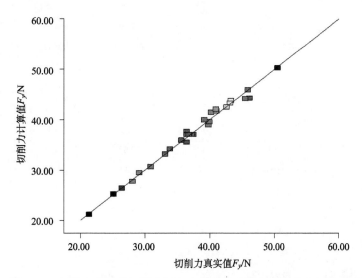

图 5-51　切削水曲柳时切削力回归方程的计算值与真实值之间的关系

（二）红花梨切削力数学模型

对试验数据进行多项式拟合回归，以切削力（F_y）为因变量、以锯料角 A（λ）、切削厚度 B（h）、含水率 C（MC）及切削速度 D（U）为自变量，初步得到切削红花梨时的回归方程：

$$F_y=43.42-1.10A+8.36B-2.00C+4.1D+0.9AB-0.59AC+0.13AD-1.37BC$$
$$-0.013BD-0.84CD-1.58A^2+0.45B^2+0.26C^2-1.23D^2$$

对回归模型的方差进行分析，结果见表 5-16。

表 5-16　切削红花梨时的回归模型的方差分析

变异来源	平方和	自由度	均方	F 值	P 值（$P_r>F$）
模型	1151.45	14	82.25	73.98	<0.0001**
A	14.59	1	14.59	13.13	0.0028*
B	837.77	1	837.77	753.57	<0.0001**
C	48.02	1	48.02	43.19	<0.0001**
D	205.64	1	205.64	184.97	<0.0001**
AB	3.62	1	3.62	3.26	0.0927

续表

变异来源	平方和	自由度	均方	F 值	P 值（$P_r > F$）
AC	1.41	1	1.41	1.27	0.2794
AD	0.064	1	0.064	0.057	0.8146
BC	7.49	1	7.49	6.74	0.0211*
BD	6.76×10^{-4}	1	6.76×10^{-4}	6.08×10^{-4}	0.9807
CD	2.86	1	2.86	2.57	0.1313
A^2	16.13	1	16.13	14.51	0.0019*
B^2	1.29	1	1.29	1.16	0.2991
C^2	0.45	1	0.45	0.41	0.5341
D^2	9.89	1	9.89	8.9	0.0099*
残差	15.56	14	1.11		
失拟项	14.35	10	1.43	4.71	0.0743
纯误差	1.22	4	0.3		
总和	1167.01	28			
模型确定系数 R^2	0.9867	CV%变异系数	2.48		
模型调整确定系数 R_{adj}^2	0.9733				

**表示极显著水平（$P < 0.01$）；*表示显著水平（$0.01 < P < 0.05$）

由表 5-16 可知，当 $P < 0.0001$ 时，方程达到极显著水平，说明该回归方程能够正确反映切削力与锯料角 A（λ）、切削厚度 B（h）、含水率 C（MC）及切削速度 D（U）之间的关系。失拟项检验 $P = 0.0743 > 0.05$，没有显著性差异，说明该回归方程试验的拟合度较高，可以充分反映实际情况。响应值的变异系数 CV 值为 2.48%（较低），说明试验操作是可信的。

从对回归方程模型因变量的方差分析可知，模型的一次项切削厚度 B（h）、含水率 C（MC）及切削速度 D（U）差异极显著，锯料角 A（λ）差异显著，交互项 BC 差异显著，二次项 A^2 和 D^2 差异显著。由此可见，各因素对切削力的影响不是简单的线性关系，它们之间存在交互作用。各变量一次项 F 值越大，说明对切削力的影响越显著。各因素对切削力的影响程度分别为：切削厚度 $B >$ 切削速度 $D >$ 含水率 $C >$ 锯料角 A。

由于交互项 BC 差异显著，而 AB、AC、AD、BD 和 CD 的交互作用不明显，因此可将方程进一步简化为

$$F_y = 43.42 - 1.10A + 8.36B - 2.00C + 4.14D - 1.37BC - 1.58A^2 + 0.45B^2 + 0.26C^2 - 1.23D^2$$

模型的调整确定系数 $R_{adj}^2 = 0.9733$，说明该模型的自变量与响应值之间的线性关系显著，与实际的试验拟合度比较高，如图 5-52 所示，所以可以用来计算切削红花梨时的切削力的理论预测。

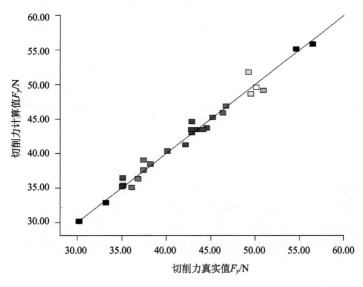

图 5-52　切削红花梨时切削力回归方程的计算值与真实值之间的关系

（三）樟子松切削力数学模型

对试验数据进行多项式拟合回归，以切削力（F_y）为因变量、以锯料角 A（λ）、切削厚度 B（h）、含水率 C（MC）及切削速度 D（U）为自变量，初步得到的切削樟子松时的回归方程：

$$F_y=34.63-1.88A+9.55B-2.03C+4.72D-0.35AB-0.63AC+0.53AD+1.19BC-1.33BD$$
$$-0.24CD-0.37A^2-3.57B^2+1.31C^2-0.045D^2$$

对回归模型的方差进行分析，结果见表 5-17。

表 5-17　切削樟子松时的回归模型的方差分析

变异来源	平方和	自由度	均方	F 值	P 值（$P_r>F$）
模型	1579.51	14	112.82	26.68	<0.0001**
A	42.3	1	42.3	10	0.0069*
B	1094.22	1	1094.2	258.74	<0.0001**
C	49.46	1	49.46	11.7	0.0041*
D	267.56	1	267.56	63.27	<0.0001**
AB	0.48	1	0.48	0.11	0.7401
AC	1.57	1	1.57	0.37	0.5522
AD	1.12	1	1.12	0.26	0.6149
BC	5.63	1	5.63	1.33	0.0267*
BD	7.04	1	7.04	1.67	0.2178
CD	0.24	1	0.24	0.056	0.8157

续表

变异来源	平方和	自由度	均方	F 值	P 值（$P_r > F$）
A^2	0.89	1	0.89	0.21	0.6537
B^2	82.63	1	82.63	19.54	0.0006*
C^2	11.15	1	11.15	2.64	0.1267
D^2	0.013	1	0.013	3.17×10^{-3}	0.0095*
残差	59.21	14	4.23		
失拟项	57.96	10	5.8	18.59	0.063
纯误差	1.25	4	0.31		
总和	1638.71	28			
模型确定系数 R^2	0.9639	CV%变异系数	6.13		
模型调整确定系数 R^2_{adj}	0.9277				

**表示极显著水平（$P < 0.01$）；*表示显著水平（$0.01 < P < 0.05$）

由表 5-17 可知，当 $P < 0.0001$ 时，方程达到极显著水平，说明该回归方程能够正确反映切削力与锯料角 A（λ）、切削厚度 B（h）、含水率 C（MC）及切削速度 D（U）之间的关系。失拟项检验 $P = 0.063 > 0.05$，没有显著性差异，说明该回归方程试验的拟合度较高，可以充分反映实际情况。响应值的变异系数 CV 值为 6.13%（较低），说明试验操作是可信的。

从对回归方程模型因变量的方差分析可知，模型的一次项切削厚度 B（h）、切削速度 D（U）差异极显著，锯料角 A（λ）和含水率 C（MC）差异显著，交互项 BC 差异显著，二次项 B^2 和 D^2 差异显著。由此可见，各因素对切削力的影响不是简单的线性关系，它们之间存在交互作用。各变量一次项 F 值越大，说明对切削力的影响越显著。各因素对切削力的影响程度分别为：切削厚度 $B >$ 切削速度 $D >$ 含水率 $C >$ 锯料角 A。

由于在交互项 BC 差异显著，而 AB、AC、AD、BD 和 CD 的交互作用不明显，因此可将方程进一步简化为

$$F_y = 34.63 - 1.88A + 9.55B - 2.03C + 4.72D + 1.19BC - 0.37A^2 - 3.57B^2 + 1.31C^2 - 0.045D^2$$

模型的调整确定系数 $R^2_{\text{adj}} = 0.9277$，说明该模型的自变量与响应值之间的线性关系显著，与实际的试验拟合度比较高，如图 5-53 所示，所以可以用来计算切削樟子松时的切削力的理论预测。

七、响应面结果分析

利用 Design-Expert 软件对回归结果做响应面和等高线，通过动态图即可对任何两因素之间的交互影响进行分析和评价。响应面是响应值对各因素所构成的三维曲面，因素对试验结果影响越大，表现为响应面落差越大。

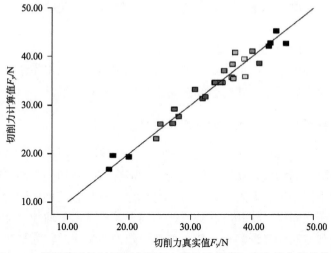

图 5-53 切削樟子松时切削力回归方程的计算值与真实值之间的关系

（一）锯料角与切削厚度之间的交互作用对切削力影响

图 5-54 所示为锯料角与切削厚度之间的交互作用对切削力影响的响应面。由图

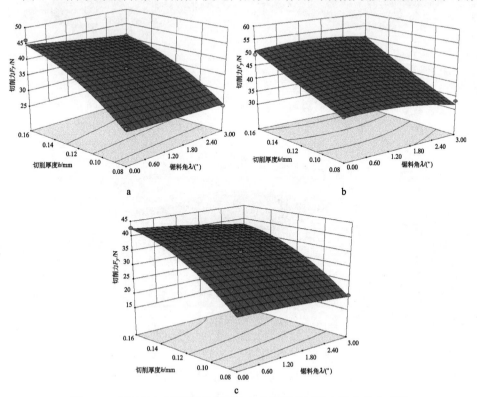

图 5-54 锯料角与切削厚度之间的交互作用对切削力影响的响应面
a. 水曲柳；b. 红花梨；c. 樟子松

中可知，随着锯切厚度的增加，切削力增大，而随着锯料角的增大，切削力下降。切削厚度变化引起的切削力响应值变化明显较锯料角变化所引起的切削力响应值变化要小。切削 3 种木材时最小的切削力均出现在锯料角 λ 为 3°，切削厚度为 0.08mm时，虽然此时切削力很小，但加工厚度的降低会增加切削的工作量，而锯料角的增大，根据锯痕深度的理论公式也会影响切削形成的表面质量。

（二）锯料角与含水率之间的交互作用对切削力影响

图 5-55 所示为锯料角与含水率之间的交互作用对切削力影响的响应面。由图中可知，随着锯料角的增大，切削力缓慢减小，但含水率对切削力的影响视木材材种的不同而有所不同。含水率在 5%～19%，切削水曲柳时，切削力随含水率的增加先减小后增大，而切削樟子松和红花梨时，切削力随含水率的增加逐渐减小。含水率与锯料角对切削力的交互影响相对较小，其切削力的响应面较为平缓。

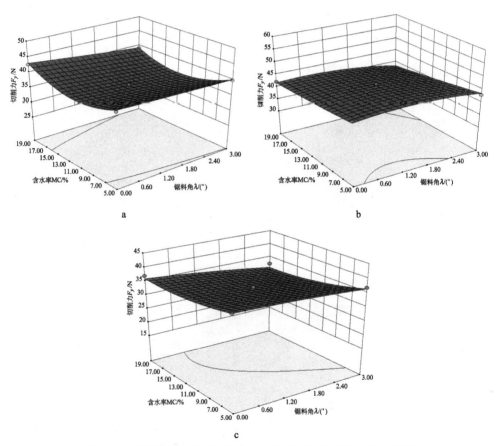

图 5-55　锯料角与含水率之间的交互作用对切削力影响的响应面

a. 水曲柳；b. 红花梨；c. 樟子松

（三）锯料角与切削速度之间的交互作用对切削力影响

图 5-56 所示为锯料角与切削速度之间的交互作用对切削力影响的响应面。由图中可知，随着锯料角的增大，切削力缓慢减小，随着切削速度的增加，切削力增大。速度改变引起的切削力变化相对于锯料角变化引起的切削力变化要大，而锯料角与切削速度之间的交互作用对切削力的影响所形成的响应面趋向于平缓的平面，这说明在不考虑其他因素的影响下，切削速度与锯料角对切削力的影响近似于线性关系。

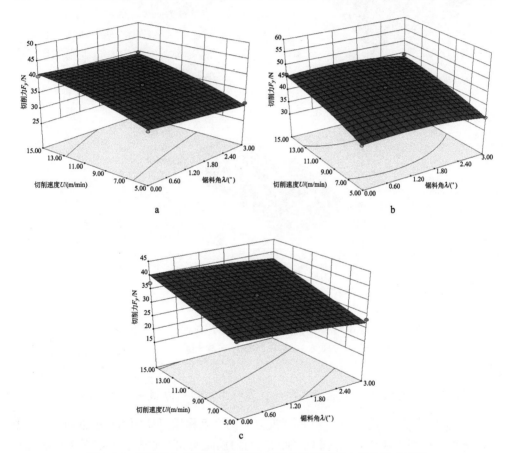

图 5-56　锯料角与切削速度之间的交互作用对切削力影响的响应面
a. 水曲柳；b. 红花梨；c. 樟子松

（四）含水率与切削厚度之间的交互作用对切削力影响

图 5-57 所示为含水率与切削厚度之间的交互作用对切削力影响的响应面。从图中可知，切削 3 种木材时含水率与切削厚度对切削力影响的交互作用最为明显，其作用反映在响应面上就是响应面落差较大，特别是随切削厚度的增加，切削力增加

幅度较为明显。而含水率对切削力的影响变化不大，切削 3 种不同木材时，其响应面的表现为下凹曲面。

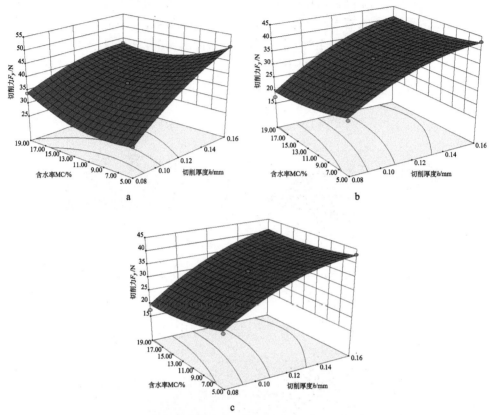

图 5-57　含水率与切削厚度之间的交互作用对切削力影响的响应面
a. 水曲柳；b. 红花梨；c. 樟子松

（五）切削厚度与切削速度之间的交互作用对切削力影响

图 5-58 所示为切削速度与切削厚度之间的交互作用对切削力影响的响应面。由图中可知，切削力随切削厚度和切削速度的增加而增大，通过比较切削 3 种木材时的响应面情况可见，切削水曲柳时响应面落差较小，变化较为平缓，切削花梨木和樟子松时切削速度与切削厚度之间的交互作用对切削力影响的响应面变化幅度较大，特别是切削樟子松时，其响应面落差最大，说明在切削樟子松时切削速度和与切削厚度之间的交互作用明显。

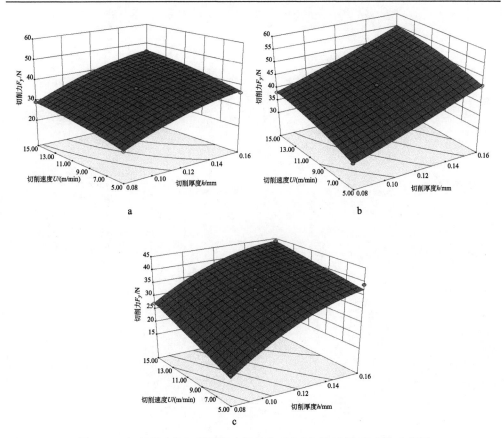

图 5-58　切削速度与切削厚度之间的交互作用对切削力影响的响应面

a. 水曲柳；b. 红花梨；c. 樟子松

（六）含水率与切削速度之间的交互作用对切削力影响

图 5-59 所示为含水率与切削速度之间的交互作用对切削力影响的响应面。由图中可知，切削力随切削速度的增加而增大，切削水曲柳时，随含水率由 5%增加到 19%，切削力先减小后增大，响应面呈下凹曲面状。但在切削红花梨和樟子松时，随含水率由 5%增加到 19%，切削力呈减小趋势，响应面变化相对平缓。

八、小结

本节在本章第三节单因素试验的基础上，利用 Design-Expert 软件，采用四因素三水平的 Box-Behnken Design（BBD）试验设计，分别对水曲柳、红花梨和樟子松 3 种木材进行了切削试验，建立出 3 种木材的多元回归响应面模型，并分析了锯料角、切削厚度、含水率和切削速度等因素对切削力的交互影响，小结如下。

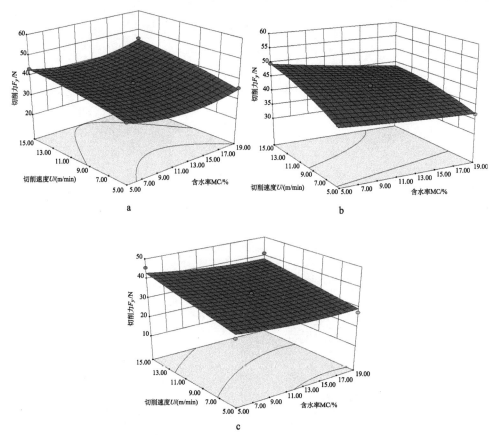

图 5-59　含水率与切削速度之间的交互作用对切削力影响的响应面

a. 水曲柳；b. 红花梨；c. 樟子松

（1）在切削过程中当综合考虑切削厚度、含水率、切削速度和锯料角等参数对切削力的影响时，其与切削力的关系并不是简单的线性关系，而是呈二次多项式关系，并建立了水曲柳、红花梨和樟子松 3 种木材切削力多元响应面回归模型。

切削水曲柳：

$$F_y=-28.47-0.98A+724.47B-0.29C+1.69D-13.21BC+0.04A^2-1498.75B^2$$
$$+0.08C^2-0.043D^2$$
$$R_{adj}^2=0.9886$$

切削红花梨：

$$F_y=43.42-1.10A+8.36B-2.00C+4.14D-1.37BC-1.58A^2+0.45B^2+0.26C^2-1.23D^2$$
$$R_{adj}^2=0.9733$$

切削樟子松：

$$F_y=34.63-1.88A+9.55B-2.03C+4.72D+1.19BC-0.37A^2-3.57B^2+1.31C^2-0.045D^2$$
$$R_{adj}^2=0.9277$$

由此得到在考虑锯料角的情况下，其切削力回归方程可归结为

$$F_y=A-B\lambda+Ch-DMC+EU+FhMC+G\lambda^2+Hh^2+IMC^2+JU^2$$

式中，A、B、C、D、E、F、G、H、I 和 J 均为试验确定的系数。

（2）通过对不同切削力回归方程模型因变量的方差分析可知，模型的一次项切削厚度 B（h）、切削速度 D（U）在 3 个模型中差异均极显著，锯料角 A（λ）在水曲柳切削力模型中差异极显著，而在红花梨和樟子松切削力模型中差异显著。交互项 BC 在 3 个模型中均为差异显著，二次项差异在各模型中略有不同。各因素对切削力的影响不是简单的线性关系，它们之间存在交互作用。

（3）切削不同木材时，锯料角、切削厚度、切削速度和含水率各因素对切削力的影响程度略有不同，切削水曲柳时，各因素对切削力的影响程度为切削厚度 B>切削速度 D>锯料角 A>含水率 C。切削红花梨时，各因素对切削力的影响程度为切削厚度 B>切削速度 D>含水率 C>锯料角 A。切削樟子松时，各因素对切削力的影响程度为切削厚度 B>切削速度 D>含水率 C>锯料角 A。由此可见，切削厚度、切削速度对切削力的影响最为明显，含水率在 5%～19%，其对切削力的影响较小，且在切削不同木材时影响程度不同，这是由于含水率在较小范围内变化时，其对木材力学性能的影响有所不同。

第五节　微量零锯料角锯齿圆锯片对锯切木材表面粗糙度影响的研究

圆锯锯切主要用于木材制材和木制品加工等过程中，是木材切削使用最为广泛的加工方式之一。木材的切削过程被认为是一个综合了若干相互关联元素构成的技术方案，如图 5-60 所示，主要包括工件、切削刀具、切削机理及切削条件等要素，这些要素在切削过程中相互作用，共同影响切削加工的作用结果。

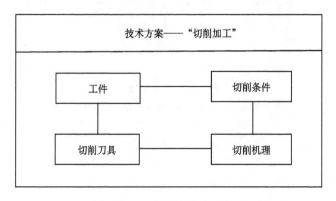

图 5-60　切削技术方案示意图

切削加工表面的表面粗糙度（R_a）是评价切削加工的重要指标之一，同时木材及木质复合材料的表面粗糙度是影响涂饰和胶合等后续工序的重要特性。国内外许多木材加工领域的学者开展了对于表面粗糙度的研究，认为锯切形成的表面粗糙度受到多方面因素的影响，包括加工条件（如进给速度等）、刀具参数（如刀具角度等）及木材特性（如木材含水率、密度和各向异性等）的影响。这些因素主要归结为两类。

（1）与材料相关，包括木材在结构、物理、化学和力学等方面的因素都在其考虑范围之内。例如，针叶材主要由管胞构成，而阔叶材主要由木纤维和导管构成，这使得其呈现的表面粗糙度也有所不同。

（2）与加工过程相关，包括机床振动和稳定性，刀具磨损和切削条件等因素。例如，一些学者通过研究发现，对于回转运动切削刀具切削，选择较高的刀具转速可以较有效地降低加工表面粗糙度。此外，使刀具的几何参数与切削材料做到很好的匹配也可改善切削表面的粗糙度。

近年来，围绕木材优质、高效、节能、降耗锯切加工，世界各国木材加工领域的学者都进行了大量研究，通过优化锯齿参数改善锯切表面质量是其中的重要方面之一。传统圆锯片锯齿齿形与角度示意图如图 5-61 所示。

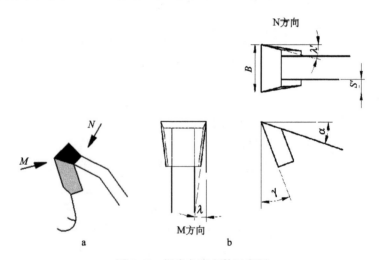

图 5-61　锯齿角度参数示意图

B. 锯齿宽度；*S′*. 锯料量；*λ*、*λ′*. 锯料角；*γ*. 前角；*α*. 后角

纵观目前已有的研究成果，在零锯料角锯齿锯切能耗降低的主要因素分析中只强调了横刃长度（锯口宽度）的减少，而忽视了锯齿零锯料角段侧刃长度对锯切表面质量和锯切能耗的影响。通过本章第三节和第四节的研究和讨论发现，具有零锯料角的锯齿锯切木材时产生的切削力要比有锯料角的锯齿产生的切削力大，而零锯料角段的长度又对切削时的切削力有显著影响。实际上，随着近年来木工超薄硬质

合金圆锯片的广泛应用，锯齿主刃的宽度不断缩小，有的刃口宽度仅达 1.2mm，在木材锯切过程中，侧刃几何参数的影响就显得尤为重要。本节通过采用不同侧刃参数的圆锯片进行表面粗糙度切削试验，研究和讨论微量零锯料角锯齿圆锯片对锯切表面粗糙度的影响，对于丰富木材锯切理论，提高木材加工表面质量具有重要意义，也为设计新型木工圆锯片提供参考和指导。

一、试验材料与方法

（一）试验材料

水曲柳，环孔材，气干密度为 0.67g/cm³，含水率为 12%，规格（长×高×宽）为 750mm×120mm×25mm。

高密度纤维板（HDF），平均密度为 0.812g/cm³，含水率为 5.9%，规格（长×高×宽）为 750mm×120mm×25mm。

硬质合金圆锯片，规格为 250mm×2.6mm×1.8mm×30mm×36P。锯片刀头材料为 YG6X，基体材料为 65Mn，锯片由蓝帜（南京）工具有限公司加工制造，锯片端面圆跳动小于 0.10mm，如图 5-62 所示。

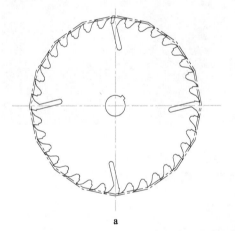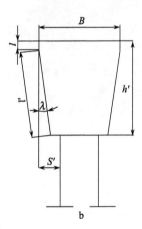

图 5-62　试验用锯片示意图

a. 锯片规格：250×2.6×1.8×30×36P；b. 前齿面示意图；B. 锯齿宽度；S'. 锯料量；l. 零锯料角段；λ. 锯料角；l'. 非零锯料角段；h'. 锯料角段

为获得试验中所需的齿形参数，保证试验的准确性，需要对硬质合金锯齿进行刃磨。传统的硬质合金锯齿修磨工艺顺序为：①斜磨侧齿面（锯料角）—②后角（后刀面）—③前角（前刀面）。为保证在相同的刀头宽度的基础上在侧刃修磨出不同零锯料角段，防止刃磨时与锯齿侧面发生干涉，在刃磨微量零锯料角锯齿时，将修磨工艺顺序调整为：①磨侧齿面（直线）—②后角（后刀面）—③前角（前刀面）—

④斜磨侧齿面（锯料角），这样既可以保证刃口宽度，又可以保证零锯料角段长度，并采用体式显微镜，对修磨后的锯齿形貌进行微观观察。由于受到目前机床刃磨加工精度的限制，在现有工艺基础上，微量零锯料角段的最小长度为 0.5mm。

（二）试验装置

锯切试验在 NC-1325IP 数控加工中心上进行，可实现进给速度，切削转速的无级可调，切削方向为弦切面纵向切削。采用英国泰勒公司生产的 SURTRONIC25 型接触式表面粗糙度仪，对木材锯切表面粗糙度进行测量（取样长度为 2.5mm），采用 GB/T 12472—2003《产品几何量技术规范（GPS）表面结构轮廓法木制件表面粗糙度参数及数值》中的轮廓算术平均偏差 Ra 作为评定参数，如图 5-63 所示。在每个锯切表面相应的位置处选取 10 个点作为测量点进行测量，去除最大值和最小值后，取其平均值作为实验测定值，测量时应避开木射线部位。

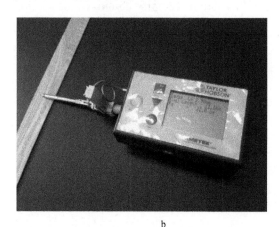

a　　　　　　　　　　　　　　　　　　b

图 5-63　试验示意图

a. 锯切示意图；b. 表面粗糙度测试示意图

（三）试验设计

试验设计切削参数如表 5-18 所示。

表 5-18　切削参数

参数	设定值
前角	20°
后角	15°
切向侧后角 λ'	3°
锯料角（径向侧后角）λ	0°，1.5°，3°

续表

参数	设定值
零锯料角段长度	0mm，0.5mm，1mm，2mm
锯料量 S'	0.4mm
锯切深度 H_p	25mm
锯片转速 n	3500r/min
进给速度 U	5m/min，10m/min，15m/min
每齿进给量 U_z	0.04mm，0.08mm，0.12mm

二、试验结果及分析

表 5-19 和表 5-20 所示为使用不同锯齿参数圆锯片锯切水曲柳和 HDF 时的表面粗糙度情况。

表 5-19   不同锯齿参数切削水曲柳时的表面粗糙度 R_a

规格[①]	进给速度/ (m/min)	测试点								平均值 /mm	标准偏差
		1	2	3	4	5	6	7	8		
0°	5	20.0	17.6	20.8	18.6	17.9	21.8	18.9	23.0	19.8	1.93
	10	23.4	18.8	19.6	21.3	20.4	17.2	20.9	19.4	20.1	1.85
	15	24.0	19.7	17.6	21.4	21.2	23.8	19.7	22.9	21.3	2.23
1.5°	5	23.3	23.1	22.1	27.5	28.4	29.7	29.3	22.4	25.7	2.23
	10	29.6	26.4	25.4	28.6	27.6	29.8	23.7	31.8	27.9	2.63
	15	27.5	28.5	30.2	29.9	32.6	32.1	34.1	25.7	30.1	2.80
1.5°-0.5mm	5	21.8	23.4	26.8	28.3	21.5	20.6	25.5	21.9	23.7	2.81
	10	23.4	24.0	29.5	24.6	21.4	23.2	20.7	28.4	24.4	3.10
	15	24.4	21.3	27.9	24.4	23.6	21.4	26.4	21.1	23.8	2.50
1.5°-1mm	5	22.6	19.8	27.2	26.0	21.1	24.6	26.1	21.6	23.6	2.72
	10	21.8	23.2	24.8	23.6	25.4	23.9	26.3	21.1	23.8	1.75
	15	23.6	24.1	23.2	21.3	22.5	26.4	24.1	22.9	23.5	1.48
1.5°-2mm	5	21.4	22.4	22.8	24.6	22.6	24.7	25.9	20.6	23.1	1.80
	10	21.6	24.2	23.2	27.9	26.4	28.0	26.1	24.3	25.2	2.27
	15	23.9	21.7	27.9	25.3	21.3	26.1	27.8	21.2	24.4	2.80
3°	5	28.0	25.6	24.6	32.4	30.1	21.7	28.2	26.4	27.1	3.32
	10	23.2	27.2	31.6	36.4	29.6	30.3	31.2	28.1	29.7	3.82
	15	29.6	29.9	36.7	29.4	37.6	36.8	36.4	29.8	33.3	3.87
3°-0.5mm	5	22.6	24.6	25.0	27.6	25.4	21.2	26.8	22.2	24.4	2.26
	10	22.0	23.8	22.4	25.8	28.9	26.4	26.4	23.7	24.9	2.35
	15	24.1	23.5	24.1	28.4	29.5	27.8	28.2	24.1	26.2	2.47
3°-1mm	5	22.4	20.4	26.8	25.6	28.1	21.4	22.7	25.7	24.1	2.78
	10	23.4	23.6	18.4	24.1	25.8	26.4	24.3	23.1	23.6	2.41
	15	23.0	21.8	19.1	27.5	28.6	24.1	25.2	23.0	24.0	3.06

续表

规格①	进给速度/ （m/min）	测试点								平均值 /mm	标准偏差
		1	2	3	4	5	6	7	8		
3°-2mm	5	20.4	21.6	21.4	24.6	24.6	27.4	24.3	22.4	23.3	2.30
	10	21.6	22.4	23.2	24.1	25.6	24.1	26.2	20.8	23.5	1.88
	15	22.4	20.3	21.9	28.4	24.1	29.8	25.7	23.1	24.5	3.29

注：①锯片规格中的第 1 个数字代表锯料角角度，第 2 个数字代表零锯料角段长度。例如，1.5°-0.5mm 代表具有锯料角为 1.5°，零锯料角段长度为 0.5mm 的锯齿圆锯片

表 5-20　不同锯齿参数切削 HDF 时的表面粗糙度 R_a

规格①	进给速度/ （m/min）	测试点								平均值 /mm	标准偏差
		1	2	3	4	5	6	7	8		
0°	5	12.2	16.4	11.4	14.2	13.0	14.1	16.1	12.4	13.7	1.82
	10	15.6	13.8	12.7	13.7	14.8	14.2	12.4	14.8	14.0	1.09
	15	18.6	15.4	17.1	15.2	14.9	15.8	15.4	16.8	16.2	1.26
1.5°	5	16.6	19.7	18.9	19.2	16.2	21.3	18.4	15.6	18.2	1.26
	10	19.5	18.4	20.1	19.4	20.2	20.9	20.4	22.3	20.2	1.15
	15	23.5	21.6	22.9	22.1	19.3	22.4	24.2	23.3	22.4	1.50
1.5°-0.5mm	5	15.2	13.6	14.5	17.6	16.4	15.5	17.1	16.3	15.8	1.34
	10	16.1	15.8	17.8	18.6	19.3	18.2	12.2	16.2	16.8	2.25
	15	18.3	16.5	18.9	18.4	16.2	18.9	18.5	15.6	17.7	1.33
1.5°-1mm	5	17.3	16.6	16.1	15.3	15.7	16.8	14.2	17.4	16.2	1.08
	10	16.8	15.6	14.5	18.4	16.6	18.7	18.2	18.2	17.1	1.51
	15	16.2	18.4	16.5	17.2	17.1	19.3	19.6	19.2	17.9	1.35
1.5°-2mm	5	15.1	17.2	14.4	17.6	14.2	16.6	18.8	16.1	16.3	1.62
	10	17.8	18.4	19.6	18.7	19.3	17.6	18.6	17.3	18.4	0.81
	15	18.9	19.6	19.1	15.6	18.7	19.6	16.5	16.3	18.0	1.63
3°	5	20.1	20.4	19.6	20.4	18.9	21.6	21.6	22.4	20.6	1.16
	10	22.1	22.8	25.3	23.4	21.1	26.6	23.7	25.6	23.8	1.88
	15	26.4	25.4	26.1	25.4	24.1	28.1	21.3	26.1	25.4	1.99
3°-0.5mm	5	18.3	19.2	20.5	18.4	16.2	17.3	15.3	16.9	17.8	1.68
	10	19.3	20.1	16.3	15.6	17.6	18.9	20.1	16.1	18.0	1.84
	15	20.1	19.5	18.3	17.2	16.3	20.4	18.1	17.6	18.4	1.45
3°-1mm	5	19.2	16.3	16.3	17.6	18.6	17.9	19.1	20.1	18.1	1.37
	10	20.4	18.2	21.3	20.4	19.6	20.1	19.3	16.4	19.5	1.54
	15	19.6	20.1	17.2	18.3	17.1	20.8	19.3	20.8	19.2	1.48
3°-2mm	5	16.4	17.3	15.5	16.2	18.8	17.6	17.1	16.2	16.9	1.03
	10	18.3	17.2	16.3	18.6	15.2	16.7	20.4	18.0	17.6	1.60
	15	16.3	18.2	17.1	18.4	16.2	20.1	18.4	19.3	18.0	1.38

注：①锯片规格中的第 1 个数字代表锯料角角度，第 2 个数字代表零锯料角段长度。例如，1.5°-0.5mm 代表具有锯料角为 1.5°，零锯料角段长度为 0.5mm 的锯齿圆锯片

（一）进给速度对表面粗糙度的影响

图 5-64 所示为在不同锯料角和零锯料角段情况下，进给速度对锯切水曲柳和高密度纤维板的表面粗糙度 R_a 的影响规律。由图 5-64a 可知，当圆锯片锯齿存在锯料

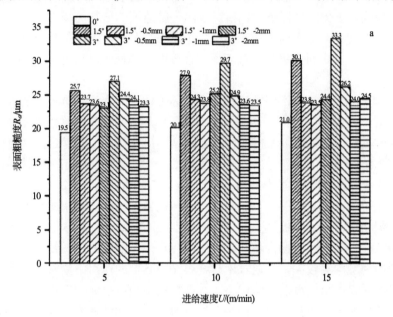

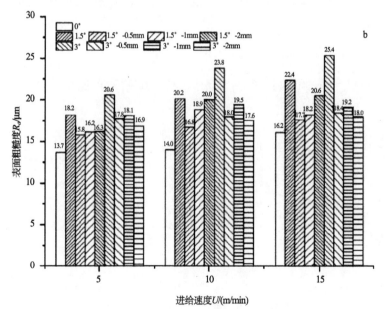

图 5-64　进给速度对表面粗糙度的影响

a. 水曲柳表面粗糙度；b. 高密度纤维板表面粗糙度

角的情况下，锯切水曲柳的表面粗糙度 R_a 随着进给速度的增加而增加，分别由25.7μm 增加到 30.1μm 和由 27.1μm 增加到 33.3μm；且当锯料角越大，其增加程度呈稍稍增大趋势；当锯料角为 0° 时，表面粗糙度 R_a 随进给速度变化程度不大，由19.5μm 增加到 21.0μm。这主要是由于锯切表面粗糙度值一定程度上取决于锯痕深度，在其他因素不变的情况下，锯痕深度随进给速度的增加而增大，从而提高了锯切表面的粗糙度。但是当锯齿存在零锯料角段的情况下，无论是其锯料角为 1.5° 还是 3°，相对于非零锯料角锯齿，其表面粗糙度明显降低，且当进给速度越大时，其作用越明显。

图 5-64b 所示为具有不同锯齿参数的圆锯片锯切高密度纤维板后的表面粗糙度 R_a 的变化规律。由图中可知，在相同的锯切条件下，当锯料角分别为 1.5° 和 3° 时，高密度纤维板表面粗糙度 R_a 的变化规律基本与水曲柳相同，随着进给速度的增加而增加，分别由 18.2μm 增加到 22.4μm 和由 20.6μm 增加到 25.4μm；当锯料角为 0° 时，表面粗糙度 R_a 随进给速度变化程度不大，由 13.7μm 增加到 16.2μm。

综合比较图 5-64a 和图 5-64b 可知，在相同条件下，锯切水曲柳产生的表面粗糙度要比锯切高密度纤维板产生的表面粗糙度 R_a 高，这是由于水曲柳和高密度纤维板的结构存在差异。水曲柳为环孔材，结构较粗，有明显的木射线和纹理，而高密度纤维板的密度相对较高，是通过木材纤维在胶黏剂的作用下紧密结合而成，结构致密均匀，对表面粗糙度的影响较小。水曲柳的结构特点从一定程度上增加了锯切后其表面产生的表面粗糙度 R_a。此外，通过对水曲柳和高密度纤维板锯切后所做的表面粗糙度测试及测试后所计算出的标准偏差可知，高密度纤维板的标准偏差要比水曲柳低，这说明高密度纤维板的表面粗糙度和离散程度低，其材料的均匀性更好。

（二）锯料角对表面粗糙度的影响

图 5-65 所示为不同锯料角锯齿锯切水曲柳和高密度纤维板时的表面粗糙度情况。

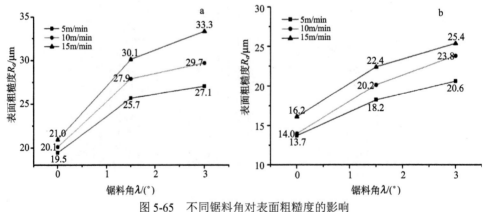

图 5-65　不同锯料角对表面粗糙度的影响
a. 水曲柳表面粗糙度；b. 高密度纤维板表面粗糙度

由图 5-65a 可知，在相同的锯切条件下，锯切水曲柳的表面粗糙度 R_a 随锯料角的增加而增大，进给速度为 5m/min 时，表面粗糙度值由 19.5μm 增加到 27.1μm；进给速度为 10m/min 时，表面粗糙度值由 20.1μm 增加到 29.7μm；进给速度为 15m/min 时，表面粗糙度值由 21.0μm 增加到 33.3μm；且当锯齿存在锯料角的情况下，其表面粗糙度 R_a 亦随进给速度的增加而增大。由图 5-65b 可知，在相同的锯切条件下，锯切高密度纤维板的表面粗糙度 R_a 亦随锯料角的增加而增大，进给速度为 5m/min 时，表面粗糙度值由 13.7μm 增加到 20.6μm；进给速度为 10m/min 时，表面粗糙度值由 14.0μm 增加到 23.8μm；进给速度为 15m/min 时，表面粗糙度值由 16.2μm 增加到 25.4μm。此外，当锯齿的锯料角分别为 1.5° 和 3° 时的情况下，其高密度纤维板表面粗糙度 R_a 亦随进给速度的增加而增大。

根据木材锯切理论和实际应用的经验，锯料角的存在主要起锯切过程中防止产生"夹锯"，避免产生过大的摩擦力，保证锯切顺利进行的作用。由式（5-4）可知，锯痕深度 S_n 为

$$S_n = S_b \tan \lambda = f_z \sin \varphi \tan \lambda = \frac{U}{n \cdot z} \sin \varphi \tan \lambda \qquad (5\text{-}31)$$

锯料角的存在直接影响木材锯切时在锯切表面产生的锯痕深度，而锯切木材所产生的表面粗糙度是指木材表面经锯切加工后形成的具有较小间距和峰谷所组成的微观几何形状特征。这一特征从一定程度上受到机床、刀具及木材特性的影响，其中表现出来的锯痕深度从一定程度上影响着表面粗糙度 R_a 的大小。随着锯料角的增加，锯痕深度变大，表面粗糙度亦会增加。但当锯料角为 0° 时，表面粗糙度随进给速度增加变化幅度较小。例如，水曲柳的表面粗糙度 R_a 值由 19.5μm 增加到了 21.0μm，高密度纤维板的表面粗糙度 R_a 由 13.7μm 增加到了 16.2μm。这说明使用具有零锯料角锯齿的圆锯片进行木材或木质材料切削时，可以有效缓解由于进给速度增加而引起表面粗糙度增大的矛盾。

（三）不同零锯料角段对表面粗糙度的影响

图 5-66 和图 5-67 所示为锯料角分别为锯切水曲柳和高密度纤维板时，在锯料角为 1.5° 和 3° 条件下不同零锯料角段长度对表面粗糙度 R_a 的影响。

由图 5-66 可知，由具有零锯料角段锯齿的锯片锯切得到水曲柳表面粗糙度均低于无零锯料角段锯齿，特别是当零锯料角段由 0mm 增加到 0.5mm 时，表面粗糙度下降得最为明显；且由图中可知，随着进给速度的增加，其表面粗糙度变化的差值增大，当进给速度为 15m/min 时，表面粗糙度分别由 30.1μm 降低到 23.8μm 和由 33.3μm 降低到 26.2μm。但当零锯料角段大于 0.5mm 时，其表面粗糙度受零锯料角段增加的影响不明显。

由图 5-67 可知，当锯切高密度纤维板时，锯切表面粗糙度的变化趋势与锯切水曲柳时的变化趋势相同。当锯齿的锯料角为 1.5° 和 3° 时，其表面产生的表面粗糙度

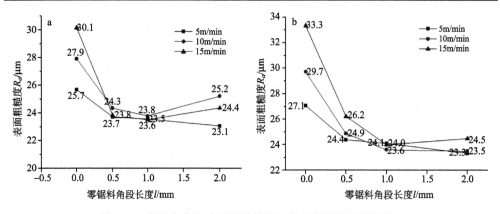

图 5-66　锯切水曲柳时零锯料角段长度对表面粗糙度的影响

a. 锯料角 1.5°；b. 锯料角 3°

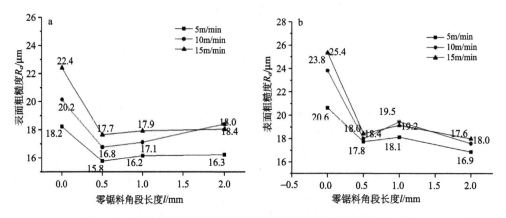

图 5-67　锯切高密度纤维板时零锯料角段长度对表面粗糙度的影响

a. 锯料角 1.5°；b. 锯料角 3°

均较大，不同进给速度下产生的表面粗糙度差也相对较大，进给速度越大，其表面粗糙度值 R_a 也越大；但当锯齿的零锯料角段长度增加到 0.5mm 时，其表面粗糙度 R_a 呈明显降低趋势；当锯齿的零锯料角段在由 0.5mm 增加到 2mm 的过程中，锯切表面的表面粗糙度 R_a 变化并不明显。此外，由于零锯料角段的存在，随着进给速度的提高，表面粗糙度 R_a 增加的幅度并不是很明显，或者是没有增加。

　　产生上述现象的原因应该与锯齿结构参数有关。本节试验设计是在锯片转速 n 和齿数 z 不变的条件下，通过改变进给速度来实现对每齿进给量的改变。通过计算可知，试验中的每齿进给量 U_z 最小为 0.04mm，最大为 0.12mm，而本节试验中采用的锯齿对应零锯料角段长度的最小值为 0.5mm，大于试验中设定的每齿进给量，故试验中所采用的侧刃对应的最小零锯料角段在切削过程中已起到刨削木材的作用，与具有零锯料角锯齿相比同样可起到改善木材锯切表面质量的作用。

三、小结

本节采用具有 9 种不同锯齿侧刃参数的锯片进行锯切试验，主要考察不同锯料角、零锯料角段长度对锯切木材和相对均匀的高密度纤维板后表面粗糙度 R_a 的影响，并对试验结果和相关试验现象进行理论分析，小结如下。

（1）圆锯锯切时锯齿在锯切表面产生锯痕，锯痕的理论深度 S_n 为

$$S_n = S_b \tan \lambda = f_z \sin \varphi \tan \lambda = \frac{U}{n \cdot z} \sin \varphi \tan \lambda$$

锯切表面粗糙度一定程度上取决于锯痕深度，在其他因素不变的情况下，锯痕深度随进给速度的增加而增大，从而提高了锯切表面的粗糙度。

（2）在相同条件下，锯切水曲柳产生的表面粗糙度要比锯切高密度纤维板产生的表面粗糙度 R_a 要高。这是由于水曲柳和高密度纤维板的结构特征不同。水曲柳为环孔材，结构较粗，有明显的木射线和纹理，而高密度纤维板的密度相对较高，是通过木材纤维在胶黏剂的作用下紧密结合而成，结构致密均匀，对表面粗糙度的影响较小，水曲柳的结构特点从一定程度上增加了锯切后其表面粗糙度 R_a。此外，由水曲柳和高密度纤维板粗糙度标准偏差可知，高密度纤维板的标准偏差要比水曲柳低，说明高密度纤维板的表面粗糙度和离散程度较低，其材料的均匀性更好。

（3）圆锯片纵向锯切木材和高密度纤维板时，锯片锯齿的锯料角越小，其锯切的表面粗糙度越小，零锯料角锯齿圆锯片在锯切表面产生的表面粗糙度最小，这说明零锯料锯齿可以有效缓解由于进给速度增加而引起锯切表面粗糙度增大的矛盾。

（4）具有微量零锯料角段锯齿的圆锯片，在零锯料角段大于 0.5mm 的情况下，侧刃的零锯料角段已起到刨削木材的作用，与零锯料角锯齿相比同样可起到改善木材锯切表面质量的作用，且在保持其他切削参数不变的条件下，进给速度越大，每齿进给量越大，微量零锯料角锯齿产生的表面粗糙度越低，越有优势。

第六节　本 章 小 结

本章通过理论分析和试验验证的方法，重点围绕木材闭式锯切过程中锯齿侧刃对切削力和锯路壁形成的影响规律方面开展一系列研究和讨论，提出微量零锯料角锯齿锯切的概念，分析了木材切削时切削力电信号起伏波动的原因，确定切削力测试和分析方法，通过开式切削和闭式切削对比试验，研究在不同树种、不同切削厚度、不同切削速度、不同木材含水率及不同切削方向等条件下，由锯齿侧刃产生的切向力和法向力的变化规律，以及锯料角对切向力和法向力的影响；利用响应面分析方法，建立微量零锯料角锯齿切削水曲柳、红花梨和樟子松 3 种木材时的切削力多元响应面回归模型；使用 9 种不同锯齿齿形进行圆锯锯切表面粗糙度试验，最终分析得出最佳的微量零锯料角锯齿的齿形参数，主要结论总结如下。

（1）当锯齿主刃不存在斜磨的情况下，木材闭式切削时，锯齿受力应包括锯齿主刃受到来自木材的抵抗力和摩擦力的作用，侧刃受到来自锯路壁的摩擦力和抵抗力，以及齿室内锯屑与锯路壁之间产生的摩擦力三部分的作用。

（2）由于木材的黏弹性特性，伴随锯齿运动，侧刃受到来自锯路壁的摩擦力的作用。由于锯齿侧面与锯路壁接触的区域产生弹塑性变形，弹塑性变形产生挤压力，在挤压力的作用下产生摩擦力。摩擦力的大小除取决于材料本身的性质外，还与挤压面积大小有关，而挤压面积的大小又与锯齿的锯料角 λ 和作用长度 L 有关。其中，锯料角小，其受力面积增大，挤压力增大，在摩擦系数一定的条件下，其产生摩擦力也相应增大，作用在切向方向和法向方向的力增大，进而影响切削力变化。

（3）结合木材圆锯锯切特点，从理论上分析了锯切时侧刃对锯切过程中切削力变化和锯路壁形成的影响，提出圆锯锯切时锯切表面粗糙度与锯痕理论深度有关，锯痕的理论深度 S_n 为

$$S_n = S_b \tan \lambda = f_z \sin \varphi \tan \lambda = \frac{U}{n \cdot z} \sin \varphi \tan \lambda$$

锯切表面粗糙度一定程度上取决于锯痕深度，在其他因素不变的情况下，锯痕深度随进给速度的增加而增大，从而提高锯切表面的粗糙度。所提出的微量零锯料角锯齿，侧刃是由零锯料角段 l 和非零锯料角段 l' 组成，其中零锯料角段承担切削，也就是锯齿的局部侧刃是刨削刃。根据理论分析认为，微量零锯料角锯齿切削木材时，在增加每齿进给量以提高加工效率时不再会降低锯切表面的粗糙度，同时减少锯齿侧刃与木材的摩擦，使锯切更加稳定。

（4）通过分析发现，木材切削时切削力电信号起伏波动的主要原因是切屑破坏的交替作用，以及由于切屑受压弯曲而产生裂隙共同影响的作用。这是由木材本身的材料破坏的传递方式所决定，并对切削力和法向力电信号转化力值后的数据处理采用"多点峰值拟合"的方法进行分析，简化了数据处理方法，保证了测试结果的准确性。

（5）在对锯齿侧刃产生的切削力的研究方法上，本书首次采用开式和闭式切削对比方式研究侧刃切削力，定义单齿切削时的锯齿切削力应为主刃切向力与侧刃切向力之和，锯齿法向力应为主刃法向力与侧刃法向力之和。锯齿侧刃产生的力主要以侧刃切向力为主，本书采用锯齿刀头宽度 2.6mm 的硬质合金锯片单齿分别对樟子松和水曲柳两种木材进行纵向、横向和端向切削。当在锯料角为 0°～3°，切削厚度为 0.08～0.16mm，含水率为 5%～19% 和切削速度为 5～15m/min 的情况下，侧刃产生的侧刃切向力占总切削的 4.6%～20.2%。

（6）锯料角对主切削力和侧刃切向力均有影响，且对于不同树种，在不同切削厚度、不同切削速度、不同木材含水率及不同切削方向，随着锯料角的增加，切削力和侧刃切向力均呈减小趋势，这主要与锯路摩擦力的变化有关。随着锯料角的增大，侧刃与木材的接触面积减小，从而导致与木材的摩擦力降低；而切削厚度的减

少同样也减小了侧刃与木材的接触，使侧刃占比减小。

（7）锯齿锯料角对切削时法向力有一定影响。对于不同树种，在不同切削厚度、不同切削速度、不同木材含水率及不同切削方向上，随着锯料角的增加，法向力总体呈减小趋势，但这种趋势不是很明显，减少幅度较小。

（8）随着切削厚度的增加，侧刃切向力随之增加，且锯料角越小，其产生的侧刃力越大，当锯料角为 0° 时，其产生的侧刃力最大。切削厚度增大，刀具克服切屑变形而消耗的力越大，故随着切削厚度的增大，其切削力和侧刃力均增大。此外，由于切削厚度的增加，侧刃与木材的接触面积增大，同样会增加切向侧刃产生的切削力。

（9）随着切削速度的增加，切削力也逐渐增大，这与木材变形有关。随着切削速度的增加，需要抵抗木材变形的作用力亦会增大，从而使消耗的切削变大。但切削不同树种时，切削速度的变化对刀具侧刃切向力的影响并不相同，受到木材的抗拉强度和切削方向的影响，当进行纵向切削时，如果超前裂隙的扩展速度大于切削速度，刀具侧刃切向力呈减小趋势。

（10）含水率的增加会引起木材抗拉强度的降低。当含水率由 5% 增加到 19% 时，纵向切削的切削力随含水率的增大而减小，但是侧刃切向力的变化会随木材树种不同而有所差异。切削水曲柳时，刀具侧刃切向力先减小后逐渐增大，当切削樟子松时，刀具由侧刃产生的切向力较小，变化趋势不明显，出现这种现象的主要原因在于木材含水率的变化。由于含水率变化引起木材抗拉强度和韧性的改变，而木材抗拉强度和韧性的改变对切削力有相反的作用效果，同时木材材种存在差异，导致这两种作用发生交互影响。

（11）在相同的锯料角条件下，端向切削力最大，其次是纵向产生的切削力，横向切削时，切削力最小。横向切削时，侧刃产生的切削力最大；纵向切削时，侧刃产生的切削力次之；端向切削时，侧刃产生的切削力最小。

（12）对于不同树种，在不同切削厚度、不同切削速度、不同木材含水率及不同切削方向上，锯齿锯料角的变化对切削时侧刃产生的法向力影响规律不明显。这是由于木材切削时，法向力相比切向力较小，而引起法向力变化的主要原因是圆弧形主刃刃口，以及前、后刀面对切削平面和切屑产生作用力，侧刃对切削平面和切屑影响较小，故在法向方向产生的法向侧刃占比变化也没有明显规律。此外，侧刃力的产生主要与挤压有关。由于在已完成的加工表面形成回弹区，它对侧刃和刀具侧面必然形成挤压，伴随侧刃的运动，这种挤压力 F_n 作用的结果必然会产生与运动方向相反的摩擦力，为克服这一摩擦力，与运动方向相同的侧刃切向力必然成为侧刃力的主要组成部分，而侧刃法向力受到刀具和工件振动等因素的影响并不明显。

（13）切削过程中当综合考虑切削厚度、含水率、切削速度和锯料角等参数对切削力的影响时，这些因素与切削力的关系并不是简单的线性关系，而是呈二次多项式关系，所建立的水曲柳、红花梨和樟子松 3 种木材切削力多元响应面回归模型归结为

$$F_y=A-B\lambda+Ch-DMC+EU+Fh\mathrm{MC}+G\lambda^2+Hh^2+I\mathrm{MC}^2+JU^2$$

式中，A、B、C、D、E、F、G、H、I 和 J 均为试验确定的系数。

（14）切削不同木材时，锯料角、切削厚度、切削速度和含水率各因素对切削力的影响程度略有不同，切削力多元响应面回归模型的一次项切削厚度 B（h）、切削速度 D（U）在 3 个模型中均差异极显著，锯料角 A（λ）在水曲柳切削力模型中差异极显著，而在红花梨和樟子松切削力模型中差异显著。交互项 BC 在 3 个模型中均差异显著，二次项差异在各模型中略有不同。各因素对切削力的影响不是简单的线性关系，它们之间存在交互作用。

（15）具有微量零锯料角段锯齿的圆锯片，在零锯料角段大于 0.5mm 的情况下，侧刃的零锯料角段已起到刨削木材的作用，与零锯料角锯齿相比同样可起到改善木材锯切表面质量的作用，且在保持其他切削参数不变的情况下，进给速度越大，每齿进给量越大，微量零锯料角锯齿产生的表面粗糙度越低，越显现优势性。

第六章 木质材料锯切圆锯片温度在线检测与控制技术

第一节 圆锯片温度差的理论分析

圆锯片在高速旋转锯切木材的过程中，锯身温度的变化会受到多种不同因素的影响，分析起来较为复杂。为了能更加形象化地描述圆锯片温度场的分布情况，本章引入等温面的概念来对圆锯片的温度场分布进行分析。众所周知，圆锯片在锯切时，锯身上的每一个点都围绕主轴做高速旋转的圆周运动，虽然只在切削区内产生切削热，但是因为圆的中心对称性，可以将与锯片中心即轴心同心的圆看作圆锯片上的等温圆，又因为锯片存在一定的厚度，所以在同一半径下的等温圆就组成了一个等温面。

本节通过对圆锯片热传递的 3 种方式即热传导、热对流、热辐射的理论分析，推导出 3 种方式下圆锯片热量传递的一般公式及其对应解表达式，并给出数值计算结果，为下文锯片温度在线检测实验提供理论依据。

一、热传导条件下圆锯片温度变化分析

热传导是指某物质系统（可以是气态、液态或固态）由温度梯度所造成的密度差而产生自然对流的传热现象，即热能从物体的高温部分传至低温部分或从高温物体传给低温物体的过程。热传导的本质是因为物体内部或物体之间的分子、原子或电子的相互碰撞，使物体温度较高部分的热能传到温度较低部分的过程。热传导是固体内部及固体与固体间热量传递的主要方式，其本质是热能的迁移。各种物质的热传导性能不同，一般导电性能好的物体其导热性能也较好。热传导过程的基本定律是由法国物理学家傅里叶在 19 世纪 20 年代首先提出的，称为傅里叶定律。

在木材锯切过程中，锯齿与木材工件摩擦及锯切变形产生热量，热量以热传导的方式通过齿尖向锯片锯身传递，使锯片温度升高。根据傅里叶定律

$$q = -\lambda \mathrm{grad} t \tag{6-1}$$

式中，q 为热流密度（$\mathrm{W/m^2}$）；λ 为导热系数；$\mathrm{grad} t$ 为传热的温度梯度。

在三维热传导的情况下，该式在 X、Y、Z 3 个方向上的热流密度为对 x、y、z 的偏导数，即

$$q_x = -\lambda_x \frac{\partial t}{\partial x};\ q_y = -\lambda_y \frac{\partial t}{\partial y};\ q_z = -\lambda_z \frac{\partial t}{\partial z} \tag{6-2}$$

又根据热量传导公式有

$$\Phi = Q \times A \tag{6-3}$$

式中，Φ 为单位时间传递的热量（W）；Q 为热源输入的总热量（J）；A 为单位时间内通过的面积（m^2）。

从式（6-3）可知，影响锯片热传导的因素有热源输入的总热量、接触面单位时间传递的热量、接触面的面积、热量传递的时间。对于锯切中的圆锯片而言，通过建立严格的数学模型来准确计算锯片在锯切过程中的热传导非常困难，因此，本节首先将超薄硬质合金圆锯片简化成均质的圆盘，在此基础上通过建立数学模型求出通解，建模和求解只在静态并以热传导方式下进行，最后对圆锯片温度分布规律进行研究和讨论。

首先建立静态下圆盘内热传导模型，设圆盘为均质薄圆盘，半径为 R，厚度忽略不计。圆盘边界温度为 0，初始时圆盘内任一点与圆心的距离为 r，温度为 T，忽略因锯片热处理及加压适张对导热系数 λ 产生的影响，在三维笛卡尔坐标系下由能量守恒定律可知，在 λ 为常量时圆盘稳态方程为

$$q = -\lambda \left(\frac{\partial^2 T}{\partial x^2} + \frac{\partial^2 T}{\partial y^2} + \frac{\partial^2 T}{\partial z^2} \right) \tag{6-4}$$

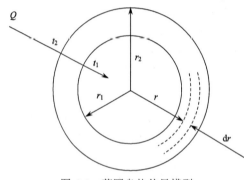

由于是在圆域内求解问题，可以将圆锯片 xy 平面上的二维热传导问题看作在极坐标条件下沿半径 r 上的一维传热问题。同时，由于锯片厚度 δ 远小于锯片的半径 r，且锯片为均质薄圆盘，因此沿锯片半径方向温度的变化远大于锯片厚度方向上温度的变化，可以将锯片导热问题简化成锯片中圆环微元体上热传导问题，如图 6-1 所示。

图 6-1　薄圆盘热传导模型

Q. 总热量；t_1、t_2. 温度；r_1、r_2、r. 半径

根据图 6-1，可以将单层圆盘热传导能量守恒方程简化为

$$q_{r+dr} = q_r + dq_{cont} \tag{6-5}$$

根据傅里叶定律

$$q_r = -\lambda A_c \frac{dT}{dr} \tag{6-6}$$

$$\frac{dq_r}{dr} = -\lambda \left(\frac{dA_c}{dr} \cdot \frac{dT}{dr} + A_c \frac{d^2 T}{dr^2} \right) \tag{6-7}$$

式（6-6）中，A_c 为微元体的截面积，且 A_c 是关于 r 的函数。所以在点（$r+dr$）处热传导的速率公式为

$$q_{r+dr} = q_r + \frac{\mathrm{d}q_r}{\mathrm{d}r} \tag{6-8}$$

$$q_{r+dr} = -\lambda A_c \frac{\mathrm{d}T}{\mathrm{d}r} + \frac{\mathrm{d}q_r}{\mathrm{d}r} = -\lambda A_c \frac{\mathrm{d}T}{\mathrm{d}r} - \lambda \left(\frac{\mathrm{d}A_c}{\mathrm{d}r} \cdot \frac{\mathrm{d}T}{\mathrm{d}r} + A_c \frac{\mathrm{d}^2T}{\mathrm{d}r^2} \right) \tag{6-9}$$

考虑到微元体与空气对流换热的影响，设锯片与锯片表面空气的对流换热系数为 h，锯片表面空气温度为 T_∞，锯片表面温度为 T，锯片上微元体表面与空气接触的表面面积为 A_s，则对流换热方程可写为

$$\mathrm{d}q_{\mathrm{cont}} = h(T - T_\infty)\frac{\mathrm{d}A_s}{\mathrm{d}r} \tag{6-10}$$

将式（6-6）～式（6-10）分别带入圆盘热传导能量守恒方程式（6-5）中，可得

$$\frac{\mathrm{d}^2T}{\mathrm{d}r^2} + \frac{\mathrm{d}A_c}{A_c}\frac{\mathrm{d}T}{\mathrm{d}r^2} - \frac{h}{\lambda} \cdot \frac{\mathrm{d}A_s}{A_c\mathrm{d}r}(T - T_\infty) = 0 \tag{6-11}$$

由于锯片在锯切过程中锯片表面温度 T 和空气温度 T_∞ 都会随着时间 t 不断变化，因此，圆锯片热传导方程式（6-11）为圆盘瞬态导热模型方程，需要使用数值分析的方法来求解计算，并借助计算机辅助 CFD 设计软件来计算和分析传热与流体流动的过程。

根据以往研究成果，当木材锯切过程保持稳定，锯齿因锯切木材产生的热量与热传导散失的热量保持平衡时，锯齿温度和夹盘边缘温度在一定时间内变化相对较小，可以将锯片表面温度 T 和空气温度 T_∞ 的差值视为一个恒量，即 ΔT 为常数。这样就可以把瞬态导热模型简化成稳态导热模型，则锯片温度场分布的微分方程可表示为

$$\frac{\mathrm{d}^2T}{\mathrm{d}r^2} + \frac{\mathrm{d}A_c}{A_c}\frac{\mathrm{d}T}{\mathrm{d}r^2} - \frac{h}{\lambda} \cdot \frac{\mathrm{d}A_s}{A_c\mathrm{d}r}\Delta T = 0 \tag{6-12}$$

式（6-12）中，A_c 表示微元体的截面积，A_s 表示微元体的表面积，都是关于半径 r 的函数，其中 $A_c = 2\pi r\delta$，$A_s = \pi r^2 - \pi r_1^2$，所以式（6-12）可简化为

$$\frac{\mathrm{d}^2\Delta T}{\mathrm{d}r^2} + \frac{1}{r} \cdot \frac{\mathrm{d}\Delta T}{\mathrm{d}r} - \frac{h}{\lambda\delta} = 0 \tag{6-13}$$

式（6-13）为贝塞尔微分方程，根据零阶常微分方程的表示形式，需由两个独立函数来表示该方程标准解函数，其通解为

$$\Delta T(r) = c_1 J_\alpha(r) + c_2 Y_\alpha(r) \tag{6-14}$$

其中关于 r 的函数用级数表示形式可表示为

$$J_\alpha(r) = \sum_{m=0}^{\infty} \frac{(-1)^m}{m!\Gamma(m+n+1)} \left(\frac{r}{2} \right)^{n+2m} \tag{6-15}$$

$$Y_\alpha(r) = \sum_{m=0}^{\infty} \frac{(-1)^m}{m!\Gamma(m-n+1)} \left(\frac{r}{2} \right)^{-n+2m} \tag{6-16}$$

二、热对流条件下圆锯片温度变化分析

流动介质在非接触条件下将热量从空间中的一处传递到另一处的过程称热对流，热对流中能够反映流体与固体表面之间换热能力的物理量称为对流换热系数，

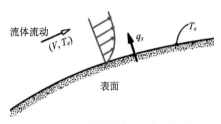

图 6-2　对流换热的影响因素图

如图 6-2 所示。在对流换热过程中，流体的物理性质、换热表面的形态与位置、换热面与流体之间的温度差，以及流体流动的速度等因素都会对换热系数有影响。

研究表明，靠近物体表面的流体（空气、水等）的流速与对流换热系数呈正比。巴兹公式是描述对流换热系数的常用公式。牛顿在 18 世纪初提出了对流换热系数计算的基本公式，人们称为牛顿冷却定律。牛顿冷却定律表明，流体与固体表面的温度差正比于两者之间对流换热的热流，如式（6-17）和式（6-18）所示。

$$q = h \times (t_w - t_f) \tag{6-17}$$

$$Q = h \times (t_w - t_f) \times A \tag{6-18}$$

式（6-17）和式（6-18）中，q 为热流密度，指单位时间内单位面积固体表面与周围流体之间交换的热量，单位为 W/m²；t_w 为固体表面的温度，单位为 K；t_f 为流体的温度，单位为 K；A 为壁面面积，单位为 m²；Q 为面积 A 上的传热热量，单位为 W；h 为对流换热系数，单位为 W/（m²·K）。

从流体流动规律的角度分析，锯片表面空气流动状态可以分为层流区、过渡区和湍流区 3 个区域。层流区中空气质点沿着与板面平行的方向做平滑直线运动；湍流区中质点发生湍动，对流换热能力明显增强；层流底层中空气贴近板面基本处于静止状态，热量只能通过热传导的方式进行，即当黏性流体（如空气）在壁面上流动时，由于黏性的作用，流体的流速在靠近壁面处随着与壁面距离的减小而逐渐降低，在贴壁处滞止，处于无滑移状态。

牛顿冷却公式的微分方程式可表示为

$$h_x = -\frac{\lambda}{(t_w - t_f)}\left(\frac{\partial t}{\partial y}\right)_{w,x} = -\frac{\lambda}{\Delta t_x}\left(\frac{\partial t}{\partial y}\right)_{w,x} \tag{6-19}$$

流体的连续性方程为

$$\frac{\partial u}{\partial x} + \frac{\partial v}{\partial y} = 0 \tag{6-20}$$

理想流体的运动微分方程，如式（6-21）所示：

$$\frac{\partial u}{\partial t} + u\frac{\partial u}{\partial x} + v\frac{\partial u}{\partial y} = X - \frac{1}{\rho}\frac{\partial p}{\partial x}$$

$$\frac{\partial v}{\partial t} + u\frac{\partial v}{\partial x} + v\frac{\partial v}{\partial y} = Y - \frac{1}{\rho}\frac{\partial p}{\partial y} \qquad (6\text{-}21)$$

$$\frac{\partial t}{\partial t} + u\frac{\partial t}{\partial x} + v\frac{\partial t}{\partial y} = Z$$

式（6-21）中，u、v、t 为 x、y、z 三个方向的流体速度；p 为压强；ρ 为流体密度；X、Y、Z、t 为时间。

再根据伯努利方程

$$-\frac{\mathrm{d}p}{\mathrm{d}x} = \rho u_\infty \frac{\mathrm{d}u_\infty}{\mathrm{d}x} \qquad (6\text{-}22)$$

若加上边界约束条件壁面水平，即对流换热只在 y 方向上存在，则

$$\frac{\mathrm{d}u_\infty}{\mathrm{d}x} = 0 \qquad (6\text{-}23)$$

$$\frac{\mathrm{d}p}{\mathrm{d}x} = 0 \qquad (6\text{-}24)$$

根据努塞尔准则，将式（6-19）做如下变换

$$\frac{h_x L}{\lambda} = -L\frac{\partial}{\partial y}\left(\frac{t - t_w}{t_f - t_w}\right)_{w,x} \qquad (6\text{-}25)$$

令无因次温度 $\Theta = \dfrac{t - t_w}{t_f - t_w}$，则

$$Nu_x = \frac{h_x L}{\lambda} = -\left[\frac{\partial \Theta}{\partial\left(\dfrac{y}{L}\right)}\right] \qquad (6\text{-}26)$$

式（6-26）中，努塞尔数 Nu_x 等于边界层内无因次过余温度对于无因次坐标的变化率在固体边界面上的值，努塞尔数可以表征物体之间对流换热的能力，其大小直接反映了对流换热的强弱。

三、热辐射条件下圆锯片温度变化分析

热辐射是物体由于具有温度而辐射电磁波的现象，是一种物体用电磁辐射的形式把热能向外散发的热传方式。从本质上讲热辐射是一种电磁波，是自然界中各类物质所固有的基本属性，其无需依靠介质传播；从微观上分析，热辐射通常是由暴露表面约 1μm 距离内的分子所辐射出的能量，热辐射量的大小与物体表面性质有关。

在自然界，只要物体的温度高于绝对零度，物体总是不断地把热能转化为辐射

能，向外发出热辐射。在某温度下，黑体的全波长辐射力 E_b 可记为

$$E_b = \int_0^\infty E_b \lambda \mathrm{d}\lambda = \int_0^\infty \frac{C_1 \lambda^{-\delta}}{e^{\frac{C_2}{\lambda T}}} \mathrm{d}\lambda = \sigma_0 T^4 \tag{6-27}$$

式中，E_b 为黑体辐射力（W/m²）；T 为黑体的绝对温度（K）；σ_0 为斯特藩-玻尔兹曼常数，数值为 5.67×10^{-8} W/（m²·K⁴）。

利用红外测温仪配套的 Data Temp Multidrop 软件在线测量圆锯片的温度，锯片工作状态参数为：锯片转速 6000r/min，进料速度 6m/min，锯切工件中密度纤维板（MDF）厚度为 30mm。测量结果表明，锯片锯齿部分的温度最高，最高温度为 32℃，取 $T=305$K，带入式（6-27）中可求出该温度下黑体辐射力的大小为

$$E_b = \sigma_0 T^4 = 5.67 \times 10^{-8} \times 305^4 = 490.66 (\mathrm{W}/\mathrm{m}^2) \tag{6-28}$$

取直径为 200mm 的锯片面积为该温度下辐射的面积，经计算可得 $E=61.63$W，且实际上锯片发射率 $\varepsilon < 1$，因此热辐射方式对圆锯片温度场影响很小。

四、小结

本节详细分析了圆锯片温度场的影响因素，并分别从热传导、热对流、热辐射 3 种传热方式上对圆锯片的传热方式进行理论分析和公式推导。在热传导和热辐射的理论分析中都建立了相应的数学模型，并给出通解的一般表达式。圆锯片温度场影响因素分析及 3 种传热方式的理论分析及公式推导为下文使用红外测温仪测量锯片在线锯切不同种类的木材时锯片上各点温度变化与锯片温度场分布及数据分析奠定了理论基础，同时也为设计低切削量锯切圆锯片组在线冷却系统提供了基本的设计思路。

第二节　红外测温仪的标定

一、红外测温仪标定的原理及方法

常用的测量刀具温度的方法是将测温元件热电偶或热电阻粘贴或者焊接在刀具上，并将其接入温度测量仪表中，热电偶将温度信号转换成热电动势信号，从而测量出刀具的瞬时温度值。在金属切削中，这种方法用于测量刀具与工件接触面的温度，具有结构简单、价格低廉、测量结果比较准确的特点，但是，在木材切削中，锯切的对象——木材是绝缘体，无法使用金属切削中刀具-试件热电偶法来测定刀具与工件接触面的温度，测量温度时必须使刀具停止运动。由于在木材锯切过程中锯片做高速旋转运动，锯片温度上升的部位又是在锯齿刃口区域，因此，利用刀具-试件热电偶法直接快速准确地测量出锯切过程中锯齿和锯身温度的瞬时值是非常困难的。

利用物体热辐量原理实现对锯齿和锯身温度的间接测量是一种必然的选择。由于采用非接触方式测量，在温度测量过程不会改变刀具温度场的分布，但选择正确

的标定方法是辐射测温的一项非常关键的技术。本节实验选择雷泰（Raytek）公司生产的 MI3 红外测温仪来在线测量锯切时圆锯片锯齿及锯身的温度情况。MI3 系列红外测温仪传感器是新一代成熟的"MI 级"传感器平台，它能够覆盖各种应用。MI3 系列传感器具备网络通信功能、外部可操作的用户接口和显示器，并以经济合理的价位提供良好的温度测量技术指标和完善的功能。

　　MI3 系列传感器具有以下主要优点：①传感头可以承受 120℃ 的环境温度，在环境温度测量范围内通过温度校准使测量性能进一步优化；②使用多传感头系统架构，多个传感头多路复用单个通信盒，实现多路同时检测温度的目的；③光学分辨率为 10：1，响应时间为 10ms；④标准的 USB 数字接口，用户可以配置模拟输出；⑤探头配有 Data Temp Multidrop 软件，可用于配置传感器和温度监测，并且可以通过计算机实时显示并记录多路传感器检测到的温度。

　　本节分别利用 K 型热电偶与红外测温仪，在相同条件下测量锯片表面同一点温度随时间变化情况，通过比较红外测温仪在不同发射率下与 K 型热电偶温度曲线的差异，最终确定雷泰 MI3 红外测温仪测量该锯片最合适的发射率。

（一）确定红外测温仪发射率的基本原理

　　自然界中存在的物体，当其温度高于绝对零度（$K= -273.15℃$）时，由于其内部存在分子热运动，因此会不断地向周围辐射电磁波。红外辐射是电磁波中的一部分，波段位于电磁频谱中 0.75～100μm。红外光在电磁波谱中的范围如图 6-3 所示。与其他射线相比，红外线最突出的优点是，在特定的温度和波长下，物体发出的辐射能有且仅有一个最大值，红外测温仪就是根据在特定波长下测出的辐射能量值来确定物体对应的实际温度，所有温度高于绝对零度的物体辐射出的红外能量都可被红外测温仪捕捉到。

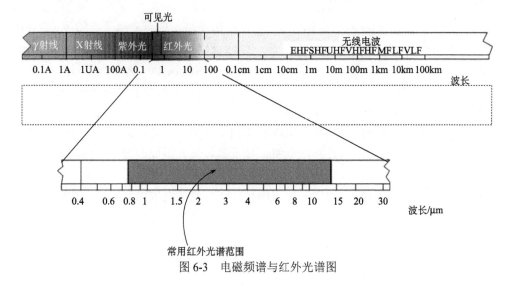

图 6-3　电磁频谱与红外光谱图

定义反射系数等于 1 的物体为黑体，反射系数小于 1 的物体为灰体。黑体的辐射能量与绝对温度 T 之间满足普朗克定律，即

$$M_\lambda = \frac{C_1}{\lambda^5} \times \frac{1}{e^{C_2/\lambda T} - 1} \qquad (6\text{-}29)$$

式（6-29）反映 M_λ 与绝对温度 T、波长 λ 之间的对应关系，其中 M_λ 是 T 温度下 λ 波长处单位面积黑体的辐射功率，C_1、C_2 为辐射常数，也是热力学温度。

式（6-29）中，第一辐射常数

$$C_1 = 2\pi hc^2 = 3.7418 \times 10^{-6} (\mathrm{W \cdot m^2})$$

第二辐射常数

$$C_2 = ch/k = 1.4388 \times 10^{-2} (\mathrm{m \cdot K})$$

红外光谱波长与辐射能量关系如下图 6-4 所示。

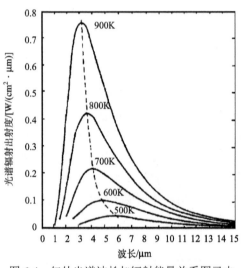

图 6-4　红外光谱波长与辐射能量关系图已去除扫描痕迹

从图 6-4 中曲线中可知：随着温度升高，物体的辐射能量增加，辐射峰值向短波方向移动，其规律符合维恩位移定律，即 $T \cdot \lambda_m = 2897.8 (\mu \mathrm{m \cdot K})$，其中 T 为热力学温度，λ_m 为峰值处的波长，图中虚线为不同绝对温度下辐射能量峰值的连线，可以看出峰值处绝对温度越高其对应的波长越短。根据这一规律，红外测温仪按波长划分测量范围，一般用于高温测量的红外测温仪工作在短波处，而用于低温测量的红外测温仪工作在长波处，由于温度越高，光谱辐射能力越大，因此高温测温仪灵敏度高于低温测温仪灵敏度，并且高温测温仪抗干扰能力较强。因此，在实际测量中测温仪都尽量选择工作在峰值波长处，尤其是测量温度较低的小目标时，选择合适的红外测温仪非常重要。

图 6-5 所示为红外测温系统的组成。从图中可见，红外测温系统主要由光学系统、探测器、信号处理电路及补偿电路、显示器等部分组成。光学系统汇聚其视场内的目标红外辐射能量，视场的大小由测温仪的光学零件及其位置确定。红外能量聚焦在光电探测器上并转变为相应的电信号。该信号经过放大器进行线性化信号处理和补偿电路信号补偿，并按照仪器内置的算法和目标发射率校正后转变为被测目标的温度值，最终以模拟信号方式 4～20mA、0～5V 或数字信号方式在显示器上显示出测得的温度值。一般情况下红外测温仪与被测物体间的介质为空气，但是如果

空气中含有水蒸气或者灰尘等物质，将会对测量的精度产生影响。

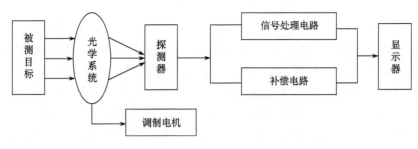

图 6-5 红外测温系统的组成

表 6-1 显示了被测物体温度与环境温度变化对能量误差的影响，环境温度越高产生附加辐射影响就越大，误差也就越大。

表 6-1 被测物体温度与环境温度变化对能量误差的影响

能量误差/%		环境温度 T_2/K						
		270	280	290	300	310	320	330
	300	20.37	23.50	26.74	30.00	33.23	36.45	39.59
	400	7.29	8.63	10.09	11.65	13.28	15.00	16.77
	500	3.64	4.35	5.12	5.96	6.86	7.82	8.83
目标温度	600	2.23	2.66	3.15	3.68	4.25	4.86	5.52
T_1/K	700	1.53	1.84	2.17	2.54	2.94	3.37	3.84
	800	1.14	1.37	1.62	1.90	2.20	2.53	2.88
	900	0.93	1.12	1.33	1.55	1.80	2.07	2.35
	1000	0.75	0.90	1.07	1.25	1.45	1.66	1.90

根据材料和表面属性的不同，物体发射的红外线波长为 1～20μm。红外辐射（热辐射）的强度也与材料有关。对于许多物质来说，这种与材料相关的常数是已知的，称该常数为"发射率"，它也是红外测温仪的一个重要参数。

红外温度计本质上是光-电传感器，这些传感器对红外辐射非常敏感。红外温度计中的滤谱器用于选择测温所需的波长谱，由于物体所发射的红外线强度与材料特性有关，因此可在传感器上选择所需的发射率。红外温度计的最大优势是非接触式测量，利用红外测温仪可以方便地测量移动或难以触及的目标温度，但设定合理的发射率是实现准确测量目标温度的必要前提条件。

对木材锯切加工来讲，设定合理的发射率值对测量锯片温度的准确性具有非常重要的意义。发射率是指物体吸收和辐射红外能量的能力，其取值范围为 0～1.0。越为光亮的表面其发射率越低，镜面的发射率小于 0.1，而理论上的"黑体"的发射率则达到 1.0。若设置的发射率高于实际值，在被测物体温度高于其环境温度的情况下，红外测温仪输出的温度值将偏低。例如，若设置值为 0.95，而实际发射率为 0.9，温度读数将低于真实温度，确定被测材料发射率有以下几种常用方法。

（1）首先利用 RTD（PT100）、热电偶，或者其他任何稳定的接触测温方法确定被测材料的实际温度，然后，利用红外测温仪测量被测材料的温度并调整发射率设置，直到获得正确的温度值，最后确定被测材料的发射率。

（2）对于相对较低的温度（最高 260℃/500℉），首先在被测对象上放一块塑料标签，该标签应该大到足以覆盖目标光点；然后，利用红外测温仪采用 0.95 的发射率设置测量标签的温度；最后测量目标上邻近区域的温度并调整发射率设置，直到测量获得相同的温度，此时所确定的发射率值就是被测材料的发射率。

（3）在条件允许的情况下，可将被测对象表面上的某一部分喷涂无光黑漆，无光黑漆的发射率为 0.95；然后，采用 0.95 的发射率测量喷漆区域；最后，测量目标上相邻区域的温度并调整发射率，直到获得相同的温度，此时所确定的发射率值就是被测材料的发射率。

（二）红外测温仪发射率的影响因素

在被测材料相同的情况下，影响材料发射率的因素主要包括温度、测量角、测量面的几何结构（平面、凹面、凸面）、厚度、表面质量（精细、粗糙、生锈、喷砂）、测量的光谱范围、透射率等。为了优化红外测温仪对表面温度的测量，在实际应用中有五点需要注意的事项：①借助高精度温度测量仪器确定被测对象的发射率，如热电偶等；②采取必要的屏蔽措施将被测对象与周围的热源进行屏蔽，防止周围热源对被测对象的干扰，同时避免反射；③因为短波长的测温仪适合在高温区测量，所以对于温度较高的被测对象，尽可能采用较短波长的仪器；④对于塑料片或玻璃等透明材料，必须保证被测物体所处环境背景温度均匀并且低于被测对象；⑤在测量过程中，尽量使红外测温仪探头轴线垂直于被测材料表面，在任何情况下测温探头的入射角都不得超过 30°。

本节实验是在实验室无其他热源干扰的情况下进行的，热电偶测温点粘贴于锯片表面，红外测温探头固定在测温点正上方 50mm 处，并垂直于被测材料表面，以使实验结果更加准确。

二、红外测温仪标定所需的实验仪器及设备

（一）超薄硬质合金圆锯片

本节温度测试实验中所使用的圆锯片均为日本进口特材高强度超薄圆锯片，锯片厚度 1.0mm，锯路损失小，超薄省料，锯路精准，锯板稳定性强，高切削精度的同时有着几近完美的切削光洁度，适用于百叶片、实木复合地板表板部分、竹地板等贵重木材的加工领域。本节实验采用红外测温仪与热电偶同时对升温和降温过程

中的圆锯片上同一点的温度进行测量，寻找到最合适的红外测温仪发射率参数值，为下一步红外测温仪在线测量圆锯片温度做准备。

锯片的基本参数为：锯片直径 182mm、锯片孔径 40mm、齿数为 36 齿、前角15°、后角 15°、基体厚度 1.0mm、锯齿宽度 1.3mm。

（二）雷泰 MI3 红外测温仪

本节实验要求在线测量锯切工作状态下的圆锯片温度，根据这一要求，实验选用雷泰（Raytek）公司 MI3 红外测温仪作为温度检测工具，该测温仪由传感头、通信盒、232 转 485 通信串口转换盒及 Raytek 多探头软件组成。MI3 红外测温仪的主要技术参数如下。

型号：Raytek MI3LTF（低温）

光谱响应：8～14μm

光学分辨率：10：1

温度范围：0～1000℃

系统准确度：±1%读数或±1℃，取较大值

系统重复性：±0.5%读数或±0.5℃，取较大值

温度系数：0.05K

温度分辨率：0.1℃

系统响应时间：20ms

发射率：0.100～1.100 数字可调增量 0.001

透过率：0.100～1.000 数字可调增量 0.001

信号处理：峰值保持、谷值保持、可变平均滤波、可调至高达 998s

温度补偿范围可调整度：＜500℃

雷泰 MI3 红外测温仪各组成部分的主要技术参数介绍如下。

1）传感头

传感头是测温仪的核心部件，传感头的好坏直接影响温度测量的准确性与精度。传感头的具体环境技术指标参数如下。

环境温度：−10～120℃

储存温度：−20～120℃

环保等级：IP65（NEMA-4）/IEC60529

相对湿度：10%～95%，无凝结

EMC：EN61326-1（2006）

材料：传感头（不锈钢）

传感头电缆：PUR（聚亚安酯），不含卤素、不含硅酮

2）通信盒（金属）

环境温度：−10～65℃

储存温度：–20～85℃

环保等级：IP65（NEMA-4）/IEC60529

图6-6　红外测温通信盒实物图

相对湿度：10%～95%，无凝结

EMC：EN61326-1：2006

振动：11～200Hz，3g，高于 25Hz

工作，3 轴/EC60068-2-6

冲击：50g，11ms

重量：370g

材料：压铸锌外壳

通信盒配有 3 个电缆端口：两个配有 IP65 兼容密封盖，一个带 M12×1.5 螺纹的膨胀塞。如图 6-6 所示。

3）雷泰多探头控制软件

Raytek 多探头软件（Data Temp Multidrop）是一款专门用于 Raytek 测温仪的远程通信控制软件，它能实现单个或多个（最多 32 个）红外测温仪的远程温度显示和参数设置，测温仪探头主要参数设置界面如图 6-7 所示。

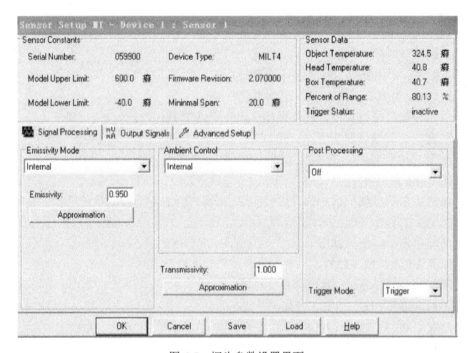

图6-7　探头参数设置界面

测温仪参数设置面板如图6-7 所示，主要分为 3 个功能区域。

"1"区域显示的是测温仪探头的基本属性，其中包括产品序列号，测温仪温度上限，测温仪温度下限，设备型号信息。

Firmware Revision：探头程序版本。

Minimal Span：可调的最小测温范围（允许用户在默认量程范围和20°范围内调节）。

"2"区域显示的是目标信息，包含被测目标的温度、MI探头的温度信息、MI电路盒温度信息。

Percent of Range：（目标温度–温度设置下限）/（温度设置上限–温度设置下限）

Trigger Status：外部触发状态显示。

"3"区域用于主要的探头参数设置，包括"Signal Processing""Output Signals""Advanced Setup"。

（三）K型热电偶

本节红外测温仪发射率标定实验使用K型热电偶，其正极为镍铬（Ni：Cr=90：10），负极为镍硅（Ni：Si=97：3）。热电偶的测温原理基于热电效应，所谓热电效应是指将两种不同材料的导体或半导体A和B串接成一个闭合回路，当两个接点的温度不同时，在回路中就会产生热电动势，实现将温度的变化转变成电动势的变化。K型热电偶是最常用的一种接触式的温度传感器，通常与显示仪表、记录仪表及电子调节器配套使用。一般情况下，K型热电偶测温范围为0～1300℃，使用温度为–200～1300℃，本节实验中测量锯片温度范围为0～600℃，所以选择K型热电偶完全满足实验要求。K型热电偶应用范围也很广，可以测量固体、液体、液体蒸气和气体等多种不同介质的温度。使用K型热电偶测量锯片表面的温度具有热电动势大、灵敏度较高、与被测物体温度线性相关性好、稳定性与均匀性较好、抗氧化性能强等优点。

本节实验热电偶选择的配套仪表为MS Pro红外测温仪，使用时将K型热电偶的正负极接入测温仪的输入接口，再将测温仪通过USB数据线与电脑相连接，通信状态下会在电脑上实时显示并记录热电偶测量的温度值并绘制温度曲线。通过将红外测温仪绘制的温度值曲线与热电偶测得的温度曲线进行对比，把测温仪曲线与热点偶测温曲线最一致时的测温仪发射率的值设置成被测材料的发射率。

三、红外测温仪标定的实验方案

如图6-8所示，先把锯片安放在专用支架上，再将1号红外测温探头固定在距离锯片50mm的同一支架上，锯片上光斑直径为5mm。在探头轴线与正下方锯片上的交点处标记为"点SP01"，把热电偶测温头通过胶粘的方式固定在"点SP01"上，然后用电热片对圆锯片进行加热，同时测量并记录红外测温仪与热电偶显示的温度值。改变红外测温仪的发射率的值，比较红外测温仪与热电偶温度曲线的差异，最终确定测量圆锯片最合适的红外测温仪发射率的值。

经过查询常见材料发射率对照表可知，超薄硬质合金圆锯片具有光亮的金属表面，发射率值一般为 0.25～0.4。为使 MI3 红外测温仪能够准确地测量在线锯切时圆锯片的温度，分别设定其发射率为 0.25、0.28、0.29、0.30、0.31、0.32、0.35、0.38，比较红外测温仪与热电偶测得的锯片表面 SP01 点的温度随时间变化的规律，同时设定红外测温仪发射率为 0.9 时测得的温度，以及发射率在 0.9 时将光亮的锯片表面涂黑测得的温度作为对照组，与前面测得的温度曲线进行比较。

加热源采用从市场上购买的电热片，最高温度可达到 300℃，置于圆锯片下表面。实验时给电热片通电，当 K 型热电偶测得锯片表面温度达到 110℃时，切断电源，使圆锯片在实验室环境下自然冷却，比较这段时间内红外测温仪与热电偶测得的温度曲线差异。

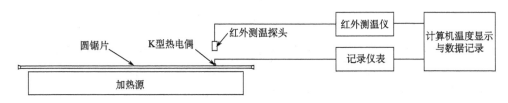

图 6-8　红外测温仪温度标定实验示意图

四、实验结果与分析

红外测温仪与热电偶测得的温度曲线如图 6-9～图 6-16 所示，蓝色的曲线表示测温仪测得的温度随时间变化的曲线，橙色曲线为热电偶测得的温度值随时间变化的曲线。本实验是在实验室无其他影响因素的情况下进行的，室内环境温度为 20℃，测量的红外测温探头发射率分别为 0.25、0.28、0.29、0.30、0.31、0.32、0.35、0.38。

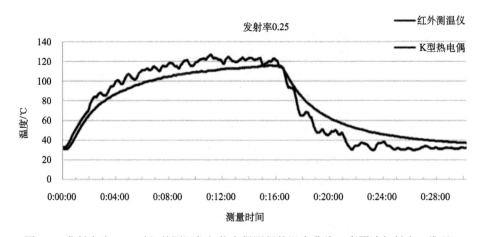

图 6-9　发射率为 0.25 时红外测温仪与热电偶测得的温度曲线（彩图请扫封底二维码）

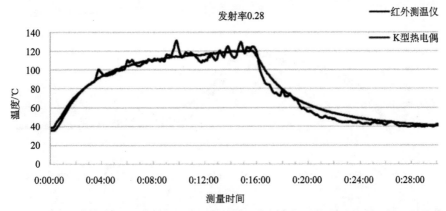

图 6-10　发射率为 0.28 时红外测温仪与热电偶测得的温度曲线（彩图请扫封底二维码）

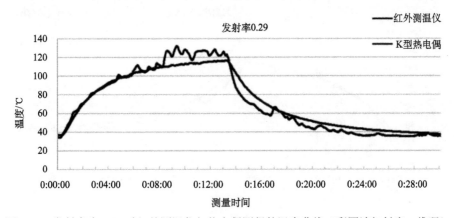

图 6-11　发射率为 0.29 时红外测温仪与热电偶测得的温度曲线（彩图请扫封底二维码）

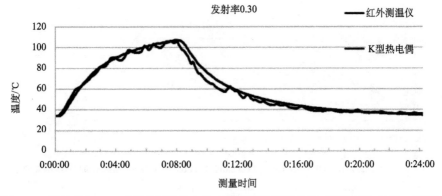

图 6-12　发射率为 0.30 时红外测温仪与热电偶测得的温度曲线（彩图请扫封底二维码）

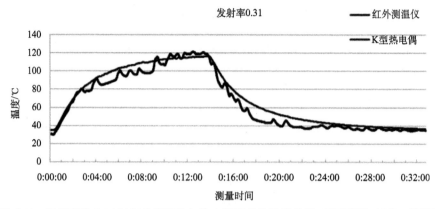

图 6-13　发射率为 0.31 时红外测温仪与热电偶测得的温度曲线（彩图请扫封底二维码）

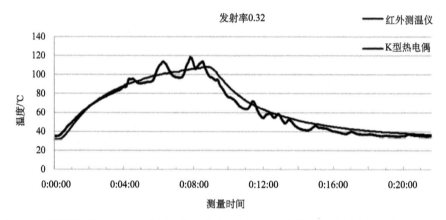

图 6-14　发射率为 0.32 时红外测温仪与热电偶测得的温度曲线（彩图请扫封底二维码）

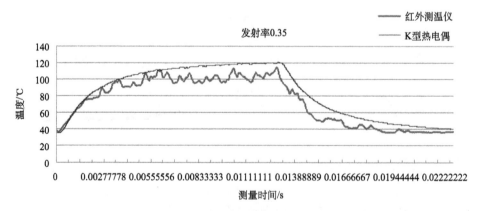

图 6-15　发射率为 0.35 时红外测温仪与热电偶测得的温度曲线（彩图请扫封底二维码）

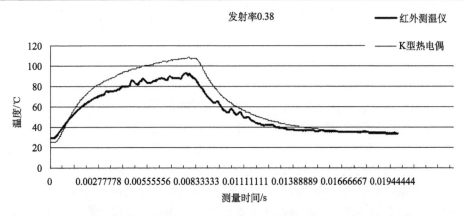

图 6-16　发射率为 0.38 时红外测温仪与热电偶测得的温度曲线（彩图请扫封底二维码）

本节测量实验用的超薄硬质合金圆锯片具有光亮表面，对不同发射率下红外测温仪显示温度与 K 型热电偶显示温度值计算差值的平方和，如图 6-17 所示。

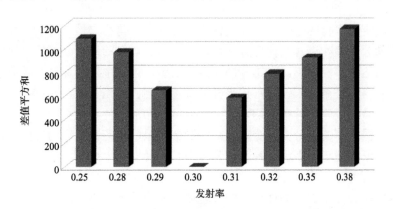

图 6-17　不同发射率下红外测温仪显示温度与 K 型热电偶显示温度方差分析图

通过对红外测温仪测出的温度曲线与热电偶测出的温度曲线（图 6-9～图 6-16）进行比较，可以得出如下结论。

（1）对同一被测目标温度，红外测温仪测量出的温度值随着发射率值的减小而增大。减小红外测温探头的发射率实际上是增大了收到红外辐射的修正系数，所以相应的噪声等干扰也会变大。

（2）在同一发射率下，随着物体表面温度的升高，红外测温仪显示的温度与物体实际表面温度的差值变大。但当设置的红外测温仪发射率等于或接近于物体实际发射率时，红外测温仪显示的温度与物体表面实际温度差值较小。

（3）从图 6-17 可以看出，发射率设置在 0.30 时，红外测温仪显示的温度与热电偶显示的温度差值平方和最小，即在 0～150℃，红外测温仪测出的温度曲线与热电偶测出的温度曲线一致性最好，红外测温仪测得的温度值与 K 型热电偶测得的温度值的最大差值为 9℃，平均温度差值为 2.46℃，因此，在后续实验中测量圆锯片在线锯切的温度时设置红外测温仪发射率均为 0.30。

五、小结

本节通过使用 K 型热电偶与红外测温仪在相同条件下测量锯片上同一点温度变化的方式，对红外测温仪的发射率进行校准。首先通过查表获得光亮表面的金属圆锯片发射率的一般范围，然后通过改变红外测温探头发射率的值，比较不同发射率下 K 型热电偶与测温仪测得的温度曲线的吻合程度。实验结果表明，当发射率在 0.30 时，红外测温仪测出的圆锯片温度变化曲线与热电偶测得的锯片温度随时间变化曲线方差最小，相关性最大，所以在下文的圆锯片在线锯切温度检测实验中设置红外测温仪发射率为 0.30。

第三节　超薄圆锯片在线温度检测

锯片在锯切木材的过程中，要能保证锯切的精度与稳定性，必要条件是锯齿及锯身边缘部分能够和锯片其他部分一样，依靠金属自身的结合力保持足够的张紧，使锯身平面达到弹性平衡。在锯片高速旋转的锯切过程中，锯片温度场分布呈外高内低的趋势，即在锯片工作时，锯齿部分温度升高，体积膨胀，而锯身远离锯齿的部分温度上升较慢。锯片在锯切过程中其温度分布沿锯片半径方向呈现外部高内部低趋势，而温度高的部分由于金属受热膨胀的关系，热应力在切向方向上也是呈现外部高内部低的趋势。夹盘边缘和锯片外边缘的径向应力为零，半径中部径向应力最大，为压应力。

超薄硬质合金圆锯片高速锯切的过程中，在锯片转速不变的情况下，随着锯切工件材料的变化，锯片锯齿与锯身上各点的温度也会随之发生变化，同时锯片的平均温度、锯片上温度最高点与最低点的温度差即锯片的温度梯度也都会发生变化。本节实验通过锯切 4 种不同的木质材料工件（MDF、松木、红花梨、重组竹）测量锯切过程中锯片上不同特征位置点的温度的变化，以及锯切不同材料时锯片温度的变化，分析锯切材料密度对锯片温度场的影响。

本节研究的内容是在进料速度为 6m/min、11m/min、16m/min 的条件下分别锯切 MDF 和红花梨各 20min，比较不同进给速度对锯片温度场的影响；然后，在进给速度为 6m/min 的条件下锯切松木和重组竹，通过比较锯切 MDF、红花梨、松木和重组竹 4 种不同材料时锯片温度场分布变化及锯切出工件的厚度，分析锯切工件材料密度对锯片温度的影响。

一、实验设备

为了在锯片锯切加工过程中能够实时在线测量圆锯片上不同点的温度情况，必须对现有的木工机床设备进行改装并安装红外测温探头。在现有的木材加工机械设备中，利用锯片锯切加工的设备主要有推台锯、电子裁板锯和实木多锯片锯。推台锯锯片直径较大，但是锯身大部分都在工作台以下不便于安装测温探头；电子裁板锯结构密封，虽可自动进料，但同样不便于测量锯片的温度；实木多锯片锯是由多锯片组成，在实际生产中，两端往往选用较厚的圆锯片，而中间选用超薄硬质合金圆锯片，中间的锯片容易发生变形失稳，因此红外测温探头无法直接测量。显然，上述几种锯床无法满足本实验要求的条件，必须对其他机床进行改装。

　　本实验首先对威力 P23EC 四面刨进行改装，将用于刨切上表面的刨刀拆下然后装上实验用的超薄硬质合金圆锯片，锯片直径为 182mm，夹持盘直径为 60mm，夹持比为 0.33。再将自行设计的一个测温专用支架固定在机床上，在支架一端安装 5 个红外测温仪探头，在支架另一端与机床固定部位的接触面上垫入橡胶垫，然后用螺丝将支架与机床紧固，橡胶垫的作用是防止机床因漏电而对红外测温仪探头产生干扰。支架固定后，5 个探头距离锯片目标测试点的垂直距离均为 50mm，红外测温仪探头的光学分辨率 D：S=10：1，这样每个探头在锯片上的光斑直径为 5mm，即每个测温探头实际在锯片上的测量区域为探头在锯片上的圆形投影，圆形投影的中心与探头圆心重合，圆形投影的直径为 5mm。

　　1）威力 P23EC 四面刨

　　本节实验选用德国威力公司生产的 P23EC 四面刨改装后的设备，如图 6-18 所示，将实验所用的超薄硬质合金圆锯片安装在四面刨刨刀的主轴上，主要技术参数为：主轴转速 6000r/min，压辊进料速度为无级调速，可调范围为 5～24m/min，进料宽度为 20～230mm。实验时只开启四面刨的进料机构并安装锯片的主轴，其他 3 个主轴关闭。

图 6-18　威力 P23EC 四面刨

2）雷泰 MI3 红外测温仪 5 台

实验使用 5 台雷泰 MI3 红外测温仪作为温度在线检测设备，探头的具体参数如前所述，5 台测温仪探头固定方法如图 6-19 所示。由于锯片半径较小，无法将 5 个探头沿锯片半径紧密布置在半径范围内，因此采用双列布置。红外测温探头固定支架设计图见图 6-20，红外测温探头测温点与锯片中心距离位置示意图见图 6-21，红外测温实验示意图见图 6-22。

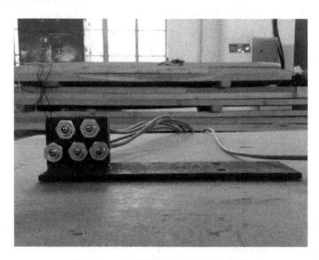

图 6-19　红外测温探头与固定支架

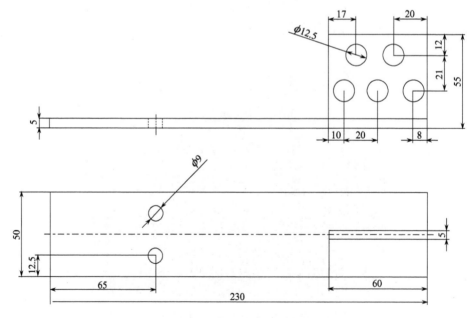

图 6-20　红外测温探头固定支架设计图

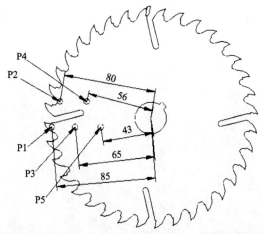

图 6-21 红外测温探头测温点与锯片中心距离位置示意图

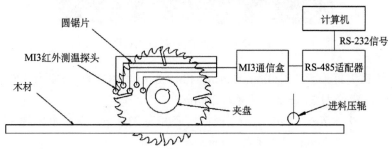

图 6-22 红外测温实验示意图

二、实验材料与准备

（一）实验材料

实验用圆锯片参数为：锯片直径 182mm、锯片孔径 40mm、齿数为 36 齿、前角 15°、后角 15°、基体厚度 1.0mm、锯路宽度 1.3mm，结构如图 6-23 所示，实物图如图 6-24 所示。

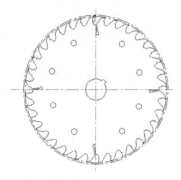

图 6-23 锯片结构示意图

图 6-24 圆锯片实物图

实验锯切材料分别为中密度纤维板、白松、红花梨、重组竹，如图 6-25 所示，具体参数如下。

图 6-25　锯切实验材料实物图

（1）中密度纤维板（medium density fiberboard，MDF），密度为 500kg/m^3，长度为 2.44m，宽度为 240mm，厚度为 30mm。

（2）白皮松（*Pinus bungeana*）板材，密度为 232kg/m^3，含水率为 17%，长度为 2.1m，宽度为 250mm，厚度为 30mm。

（3）红花梨（*Pterocarpus soyauxii*）板材，密度为 670kg/m^3，含水率为 13%，长度为 2.2m，宽度为 200mm，厚度为 30mm。

（4）重组竹板材，密度为 800kg/m^3，含水率为 12%，长度为 2.0m，宽度为 150mm，厚度为 30mm。

（二）方案设计

利用雷泰 MI3 红外测温仪，对在线锯切工作状态下圆锯片上 5 个点的温度进行采集，如图 6-22 所示，选用直径为 182mm 的超薄木工圆锯片，其锯切厚度 1.3mm，基体材料为 65Mn，锯片固定转速为 6000r/min，压辊式进料，进料速度分别为 6m/min、11m/min、16m/min，连续锯切每种木材各 20min，则锯切总长度分别为 120m、220m 和 320m。利用 Reytek 多探头软件（Data Temp Multidrop）实时记录在线锯切时圆锯片上对应 5 个点的温度值，绘制出锯片表面上各点温度随时间变化的曲线并分析沿圆锯片半径方向温度场变化规律。

实验中的环境温度为 6～8℃，实验过程均在车间内完成。

三、实验结果与分析

（一）锯切 MDF 实验

锯切实验测得在不同进料速度下锯切 MDF 时锯片表面 5 个点的温度随时间变化规律。

在进料速度为 6m/min 的条件下，对比锯片上 5 个点 P1～P5 可知，在整个锯切过程中，锯齿温度上升最高，即点 P1 温升最大，与锯片初始温度相比上升了 25℃，温升最低点为锯片靠近夹盘的点 P5，温度上升了 2℃。锯身靠近锯齿位置点 P2 由于热传导和与工件摩擦的原因温升仅次于锯齿，温度上升约 20℃。锯片上越靠近夹盘的点锯片温升越低。从理论上分析，由于锯片锯切时锯屑变形及摩擦产生的热量大部分会传到锯齿上，再由锯齿向锯片中心传导，因此锯齿应该是锯片上温度最高的部分，但同时由于锯片高速旋转，相对于其他部分，锯齿部分的线速度最大，空气流速最快，且齿间存在间隙更导致了空气流动的紊乱，对流换热系数也最大，因此锯齿部分的散热也是最大的。在这两个因素之中，由于摩擦和锯屑形变产生的热量对锯片影响更大，因此锯齿部分相对于锯身部分温升更明显。

锯齿温度 P1 与锯身边缘温度 P2 的温度差曲线如图 6-26 所示。从图中可以看出，在锯切过程中锯齿温度一般均高于锯身边缘的温度，且两者间温度差波动较小，平均温度差为 3.52℃，由于密度板质地均匀且硬度较低，因此锯切时锯齿 P1 点的温度、锯身边缘 P2 点的温度，以及两者的温度差 P1–P2 均没有明显的波动变化。

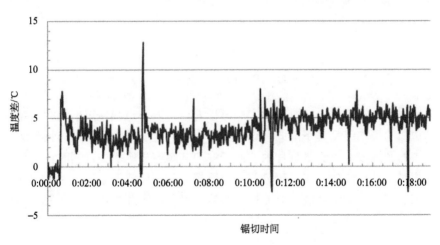

图 6-26　锯齿温度 P1 与锯身边缘温度 P2 的温度差曲线

通过比较红外测温仪测出的不同进料速度下锯切 MDF 的温度曲线可得如下结论。

（1）随着进给速度的增加，锯片的最高温度即锯齿的温度呈下降的趋势。当 MDF 进给速度为 6m/min 时，锯齿最高温度为 32.1℃，锯切 20min 锯齿的平均温度为 25.87℃；当进给速度为 11m/min 时，锯齿最高温度为 28.4℃，锯切 20min 锯齿平均温度为 24.41℃；当进给速度为 16m/min 时，锯齿最高温度为 28.9℃，锯切 20min 锯齿的平均温度为 22.78℃。

（2）当锯片锯切工件的瞬间，锯片锯齿和锯齿边缘温度迅速上升，靠近夹盘部分温度上升缓慢。在同一进料速度下，由于是连续进料，锯切状态趋于稳定后，锯片与空气的对流换热也趋于稳定，锯片锯齿与靠近锯齿部分温度保持稳定且略有下降，而靠近锯齿部分即点 P4 和 P5 温度曲线基本重合且保持稳定，比环境温度高 4℃，表明锯片靠近夹盘部分温度变化受到锯切的影响较小。因此，在后续冷却系统的设计中，应重点针对锯齿及锯身边缘进行冷却。

（3）从图 6-27 可以看出，在不同进料速度下锯片的温度梯度随着与锯片中心距离的减小而降低，测温点在锯齿及锯身边缘处温度梯度较大，在夹盘边缘处温度梯度接近于零。因此，在冷却系统的设计中需要针对锯片温度梯度特点对锯片进行冷却。

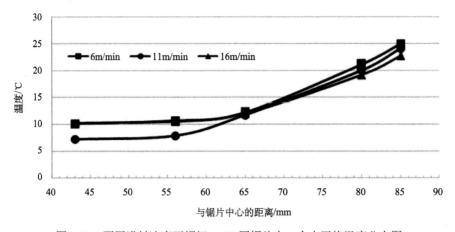

图 6-27　不同进料速度下锯切 MDF 圆锯片上 5 个点平均温度分布图

（4）从整个锯切 MDF 的 3 组实验可以看出，随着进料速度的增大，锯片锯齿及锯身边缘的平均温度是下降的，这是因为当进料速度增大时锯齿与锯身边缘锯切木材产生的摩擦减小，于是锯片因摩擦产生的热量也相应减少，同时由于锯片高速旋转，相对于其他部分，锯齿部分的线速度最大，空气流速最快，且齿间存在间隙更是导致了空气流动的紊乱，对流换热系数也最大，因此锯齿部分的散热也是最大的。

（二）锯切红花梨实验

锯切实验测得在不同进料速度下锯切红花梨时锯片表面 5 个点的温度随时间的变化规律。

在进料速度为 6m/min 的条件下，锯切 20min 内测得的锯片最高温度点为锯齿

P1，最高温度为 53.1℃，锯切过程中锯齿平均温度为 29.8℃。从温度差方面来看，锯齿上的温度 P1 与锯身边缘温度 P2 的温度差（P1–P2）如图 6-28 所示，除刚开始锯切时锯齿温升较快，温度差达到 33℃外，在之后的连续锯切中，温度差都在 22℃以下，且大部分在 5～15℃，平均温度差为 7.91℃，与锯切密度板时相比较，温度差的波动也较大，这主要是由于中密度纤维板密度均匀，静曲强度、内结合强度、弹性模量相对红花梨较小，更易于锯片锯切，因此由摩擦产生的热量及切屑挤压变形产生的热量大于锯切密度板时产生的热量。

从图 6-28 和图 6-29 中可以看出，锯齿温度与夹盘边缘温度形成的温度差即为圆锯片的最大温度差，如图所示锯齿温度 P1 与夹盘边缘温度 P5 的温度差均在 10℃以上，最高温度差在刚开始锯切时出现，达到了 44.1℃，平均温度差为 19.78℃。这

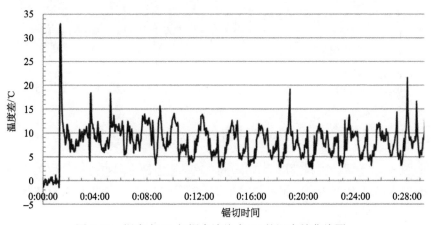

图 6-28　锯齿点 P1 与锯身边缘点 P2 的温度差曲线图

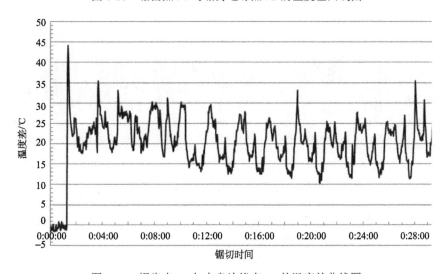

图 6-29　锯齿点 P1 与夹盘边缘点 P5 的温度差曲线图

是因为当锯片变形量增大时，锯片的动态稳定性下降，必然导致锯齿与锯身摩擦加大，使锯切产生的热量增加。但同时，当锯片温度升高，锯片齿尖和锯身边缘与空气的温度差增大，锯片与空气的对流换热也随之增大，又使锯片温度下降。

在锯切红花梨板材进料速度为 11m/min 的情况下，锯齿的最高温度为 49.3℃，锯齿在锯切过程中的平均温度为 21.6℃。如图 6-30 所示，从锯齿与锯身边缘的温度差来看，最大温度差为 30.8℃，平均温度差 6.9℃。

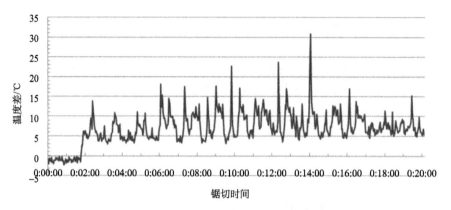

图 6-30　锯齿点 P1 与锯身边缘点 P2 的温度差曲线图

如图 6-31 所示，进料速度为 16m/min 时，锯齿最高温度达到 38.6℃，在锯切过程中的平均温度为 25.6℃，锯身边缘平均温度为 21.4℃。锯齿与锯身边缘最大温度差为 23.1℃，平均温度差为 8.39℃。

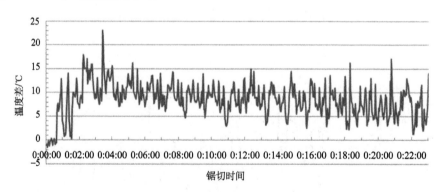

图 6-31　锯齿点 P1 与锯身边缘点 P2 的温度差曲线图

通过比较 3 组不同进料速度下圆锯片锯切红花梨时的温度曲线可以看出，圆锯片锯切密度板时锯齿和锯身边缘的温度随着锯切过程有着明显的温度变化。在连续进料锯切过程中，锯齿温度急剧上升，锯片上 5 个点的平均温度与进料速度没有明显的对应关系。在锯切过程中由于受空气对流换热因素的影响，锯齿温度会有所下降，当锯切第二块红花梨木材时锯齿温度又会上升。与锯切 MDF 相比，锯切每块红花梨木材时锯齿的温度会有明显的变化，锯身边缘温度也随着锯切的过程有明显的温度升降变化。

从图 6-32 可看出，在锯切红花梨板材时，锯片温度梯度呈外高内低的趋势，即沿半径方向越靠近锯身外部温度差越大，越靠近夹盘部分温度差越小。

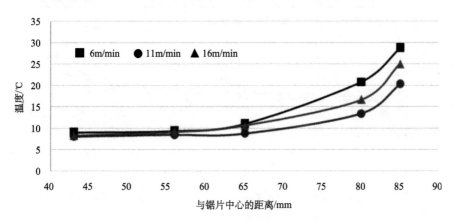

图 6-32　不同进给速度下锯切红花梨圆锯片上 5 个点平均温度分布图

（三）锯切松木实验

锯切实验测得在进料速度为 6m/min 时锯切松木时锯片表面 5 个点的温度随时间的变化规律。

锯切松木实验时，环境温度为 10℃，锯齿点 P1 的温度高于锯身其他位置的温度，锯齿最高温度为 60.3℃。锯齿在锯切过程中的平均温度达到 34.35℃。

（四）锯切重组竹实验

锯切实验测得在进料速度为 6m/min 时锯切重组竹时锯片表面 5 个点的温度随时间的变化规律。

在锯切重组竹实验中，环境温度为 6℃，在进料速度为 6m/min 的情况下，锯齿最高温度达到 71.1℃，这是因为重组竹密度较大，锯切时因摩擦生热和锯屑变形产生的热量也高，所以锯齿温度与锯身边缘温度比锯切其他材料时温度高，锯切过程中锯齿平均温度为 55.4℃，锯身边缘平均温度为 40.9℃，靠近夹盘处锯片温度上升较小。在锯切过程中锯齿与夹盘边缘最大温度差达到 56.3℃。

比较进给速度为 6m/min 时锯切 4 种不同材料工件圆锯片上 5 个点的平均温度，如图 6-33 所示。锯切重组竹时，点 P1、P2、P3 的温度均高于锯切另外 3 种材料的温度，这是因为重组竹密度大于其他 3 种材料工件的密度，锯切时锯齿与锯身外部温升最高。从总体上来看，锯片上点 P2、P3 的温度均随锯切材料密度增大而升高，

P4、P5 点温度差别很小，但是在锯切白松时锯齿处点 P1 温度高于锯切红花梨时点 P1 的温度，这是因为白松是树脂丰富的木材，其材质轻柔、韧性好，在锯切时锯屑不易被带走，所以与锯齿摩擦产生的热量更多。

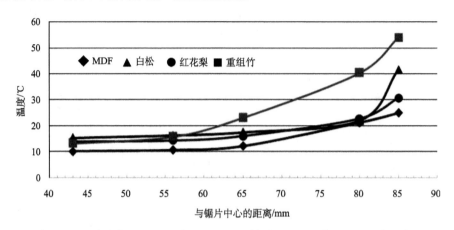

图 6-33　进给速度 6m/min 下锯切 4 种不同材料锯片上 5 个点平均温度分布图

　　从图 6-33 可看出，在进料速度为 6m/min 时锯切不同材料，圆锯片温度梯度沿锯片半径方向均为外高内低，越靠近锯身外部温度梯度越高，越靠近锯身中心温度梯度越低。由于重组竹密度比其他材料大，在锯切过程中产生的热量大，且锯身外部温度梯度也大于锯切其他材料时的温度梯度，这说明在锯切加工密度较大的木材时，更需要对锯齿和锯身外侧部分进行冷却。

　　从图 6-34 中可看出，在进给速度为 6m/min 稳态下锯切 4 种不同材料，锯切重组竹时锯齿的稳态平均温度最高，而锯切 MDF 稳态平均温度最低，总体上随着材

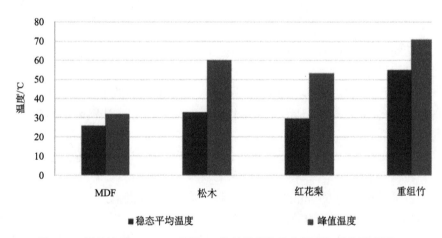

图 6-34　进给速度 6m/min 时锯切 4 种材料锯齿稳态温度与峰值温度图

料密度的增加，锯切时锯齿的稳态平均温度也是增加的。从峰值温度上看，锯切重组竹峰值温度最高，达到 71.1℃。由于 MDF 和重组竹都是均质材料，不存在各向异性，因此锯齿的峰值温度与稳态平均温度相差较小，而松木和红花梨木是存在各向异性的木材，锯切时锯齿的峰值温度明显高于稳态平均温度。

四、小结

由于锯片的温度场直接关系到锯片的热应力和热变形，进而影响锯片的动态稳定性，而锯片的温度场与锯切状况存在密切联系，因此，本节在不同进给速度下分别对 MDF、红花梨、松木和重组竹进行锯切实验，从实验中可以得到以下几点结论。

（1）从整体上看，环境温度对锯片的温升也有影响。当环境温度较低时，锯片在锯切过程中高速旋转，由于锯片的温度与环境温度所形成的温度差较大，锯片周围的空气会以对流换热的方式带走锯片锯切时产生的大部分热量；而当环境温度较高时，锯片的温度与环境温度所形成的温度差变小，锯片与周围空气对流换热的速率会降低，所以环境温度较高时工作锯片的温度会升高。

（2）分析锯片上 5 个不同的测温点，在转速为 6000r/min 的条件下，对于 3 种不同的进料速度及锯切不同密度的材料，实验结果显示，在锯切过程中锯齿与锯身边缘的温度变化最明显，锯齿温升最高，锯身边缘到夹盘边缘温升逐渐减小，夹盘边缘处温度基本没有变化。在进给速度为 6m/min 的条件下，锯切重组竹时锯齿与夹盘边缘温度差达到最大值，为 56.3℃。

（3）超薄硬质合金圆锯片在不同进料速度下锯切不同密度的木质材料时，圆锯片上温度梯度沿锯片半径方向均呈外高内低的分布，即靠近锯齿及锯身外侧部分温度梯度大，靠近锯身中部和夹盘边缘部分温度梯度小。根据圆锯片锯切加工时的这一特点，应设计圆锯片在线冷却系统，针对锯齿及锯身外侧部分进行重点冷却。

（4）因为试验时环境温度为 6℃左右，在较低的环境温度下，锯片因摩擦产生的热量会很快被锯片周围空气以热对流的方式带走，所以在锯切过程中未出现锯片失稳变形的情况。在较高环境温度下长时间锯切，并且没有加装在线冷却系统，锯片温升变化及锯片是否会发生失稳的现象还有待在后续的实验中得到验证。

第四节　超薄硬质合金圆锯片在线雾化冷却系统设计

圆锯片组可用于木材加工中的多层复合实木地板的表板剖分加工。在圆锯片组锯切加工时，锯片的温度对生产的表板质量有很大的影响，因此，开发适用于圆锯片组的锯片在线冷却技术具有十分重要的意义。在木材锯切加工中，选用适当的切削介质和合适的冷却方式可以对锯片起到冷却、润滑、清洗及防锈作用，从而提高刀具的使用寿命，改善加工表面质量，提高生产效率。

使用超薄圆锯片组剖分木地板表板时，必须配置针对超薄圆锯片组的冷却系统，而目前类似冷却系统存在冷却效率低、效果差，容易造成锯片稳定性降低、加工表板质量差、能耗高、锯片使用寿命短等问题。当前生产企业普遍采用油雾外部润滑方式来降低切削热，其工作原理是将切削液送入高压喷射系统并与气体混合雾化，然后通过单喷头或多喷头将气雾喷射到加工刀具表面，对刀具进行冷却和润滑。外部润滑系统一般由空气压缩机、油泵、控制阀、喷头及管路附件组成，可以安装在机床上。但外部润滑的雾粒颗粒小，容易四处飞散，污染工作环境，所以需要配备必要的防护设施。

针对超薄圆锯片组的冷却系统采用低切削量制冷雾化冷却技术，对冷却介质压缩后进行冷却，提高其冷却效能，通过开发具有润滑作用的高效冷却介质和冷却介质精确供给装置，解决现有超薄圆锯片组冷却系统存在的冷却效率低、效果差等问题，同时解决了由此带来的锯切能耗高、锯切表面质量差和超薄圆锯片使用寿命短等问题。

低切削量制冷雾化冷却技术是一种充分考虑资源和环境问题的先进冷却技术，它在木材锯切的整个加工过程中实现环境污染最小化和资源利用最大化，是解决冷却液污染问题、实现清洁化生产的最为有效的手段。目前国内外对绿色加工技术的研究主要集中在低温切削方面，本节就实现低温切削相关的木材低切削量锯切冷却介质制冷雾化冷却技术展开讨论。

一、木材锯切冷却介质制冷雾化冷却系统的组成和工作原理

（一）系统组成

木材锯切冷却介质制冷雾化冷却系统是针对超薄圆锯片组高速锯切时，锯片受热变形、失稳，导致加工工件质量差、能耗高、锯片使用寿命短、油雾冷却润滑易产生污染等问题，采用高效冷却介质温度控制技术和冷却介质精确供给技术等都是目前先进的解决方案。

木材锯切冷却介质制冷雾化冷却系统主要由空气压缩机、压缩空气制冷机、耐压液态介质储罐、冷却系统与多片锯锯组的联动控制系统、两路或多路雾化喷头均衡供给系统、锯片组均匀制冷系统、液态冷却介质自冷系统、气动液动元件及各管路组成，如图 6-35 所示，冷却介质制冷雾化冷却系统的技术参数，如表 6-2 所示。

表 6-2　木材锯切冷却介质制冷雾化冷却系统的技术参数

冷却系统技术参数	数值
空压机额定功率/kW	22
系统工作压力/MPa	0.4～1.0
空气制冷量/（m³/h）	600
制冷机额定功率/kW	3.5

续表

冷却系统技术参数	数值
冷却介质制冷温度/℃	5～8（可调）
冷却介质出口温度/℃	8～10（可调）
冷却宽度/mm	0～1000（可调）
锯片边缘温度降/℃	≥80
各锯片间温度差/℃	≤3

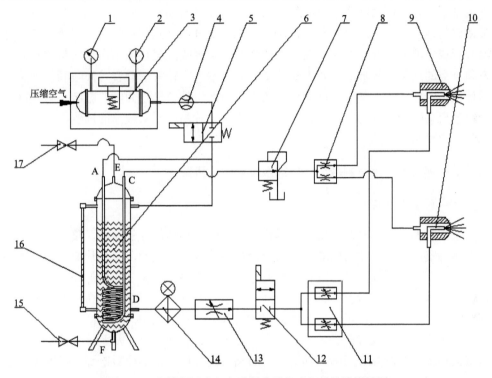

图 6-35　木材锯切冷却介质制冷雾化冷却系统结构简图

1. 压力表；2. 温度计；3. 压缩气体冷却装置；4. 气体流量计；5. 电磁阀；6. 耐压液态介质储罐；7. 气体减压阀；8. 分流阀；9. 喷头；10. 喷头；11. 液体平衡调节阀；12. 电磁阀；13. 节流阀；14. 液体精滤器；15. 排液阀；16. 液位计；17. 排气阀

（二）工作原理

　　木材锯切冷却介质制冷雾化冷却系统的基本原理：首先是将工厂中目前使用的压缩空气通入空气制冷机中进行制冷，制冷后的压缩空气温度为 2～5℃，从制冷机出来后分成两路，一路从耐压液态介质储罐上端进入，经冷却管道将耐压液态介质储罐内的冷却液冷却后进入系统的气路，另一路直接进入耐压液态介质储罐内，增加储罐内液态介质的压力，增压后的液态冷却液进入系统的液路，气路中的压缩空气需要经过调压阀减压，以保证气路中的压力适当。经过冷却后的液态介质管路和减压后的压缩空气管路分别分成两路进入雾化喷头，在雾化喷头中两路充分混合雾化后，从窄缝式喷头中喷出。

进入雾化喷头前液路需经过分流阀，控制各喷头液体流量的大小，以保证多路雾化喷头均衡供给系统的正常工作。该系统可与多片锯锯组实现联动控制，控制气路的常闭电磁阀和液路的常闭电磁阀与多片锯主轴电机接在同一个供电柜上。当电源开关闭合，机床上锯片开始运转时，常闭电磁阀通电打开接通管路，在减压阀的作用下，水路的压力略高于气路的压力，从而使气路和水路同时进入喷头。由于喷头特殊的结构设计，水路中有一定压力的水被充分的打碎和雾化，并与冷空气充分混合形成气液混合冷却介质，在压力的作用下从窄缝式喷头喷出，形成与锯片旋转方向垂直的扇形喷洒域。混合雾化冷却介质以垂直于锯片的旋转方向喷洒，并且在锯片旋转锯切木材之前，受高速旋转的锯片所产生的空气动力学的影响，雾化冷却介质会自动喷向锯片与木材的接合处，这正是锯片温度相对较高的部位，从而达到充分有效冷却锯片的目的。

二、木材锯切冷却介质制冷雾化冷却系统的结构原理

（一）雾化喷头

喷头是木材锯切冷却介质制冷雾化冷却系统中雾化部分的核心，喷头设计的好坏直接决定了雾化及喷射的效果。由于冷却系统冷却的是超薄圆锯片组，如果冷却系统的冷却效果不好，超薄圆锯片在高速锯切过程中会产生受热变形和失稳，导致锯切出的木材工件质量差、锯切能耗高、锯切效率低、锯片使用寿命短等一系列问题的发生。超薄圆锯片组多用于地板表板的剖分，锯片组中间散热慢、温度高，而边缘散热快、温度较低，针对这些特点，冷却介质制冷雾化冷却系统设计采用非均衡雾化喷头，其冷却介质喷射强度为中间高、边缘低，使雾化后冷却介质的喷射强度分布与锯片组温度场分布相对应，实现冷却介质对锯片组的均匀冷却。

木材锯切冷却介质制冷雾化冷却系统采用的是气液两相冷却介质混合喷雾冷却，因此喷头应有进气口和进液口两个入口，同时需要保证气液两相介质在一定压力下能够在喷头内腔中充分混合，混合介质在该压力下从一定直径的小孔中喷出。同时，为了限制从喷头喷出的雾化冷却介质在水平方向上的喷雾角度，在小孔前端设计一条定宽的窄缝，从而使从小孔喷射出的雾化介质通过窄缝将水平方向的雾化角度限制在一定的范围内。

结合市场上现有的雾化喷头结构原理与木材锯切冷却介质制冷雾化冷却系统需要达到的预期要求，该系统雾化喷头的设计如图 6-36 和图 6-37 所示。

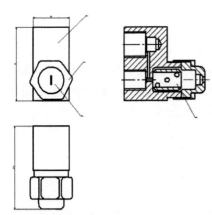

图 6-36　雾化喷头设计工程图

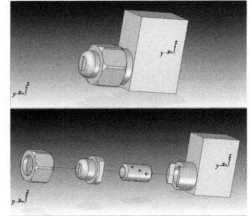

图 6-37　雾化喷头设计立体装配图和爆炸图

（二）耐压液态介质储罐

耐压液态介质储罐是木材锯切冷却介质制冷雾化冷却系统的重要部件，该储罐为钢制，可承受大于 1MPa 的压力，如图 6-38 所示，储罐上方为压缩空气进气口 A，经空气制冷后的压缩空气通过盘旋在储罐内的管道通过出气口 C 流出，进气口 B 进入的压缩空气为液态冷却介质提供压力，以保证储罐与管路形成一定压力使得液态介质可传送到喷头，加压后的液态介质通过出液口 D 流出。E 为进液口，F 为排液口。液位计可以显示耐压液态介质储罐中液态介质的量。

（三）冷却系统与多片锯锯组的联动控制系统

冷却系统可与多片锯锯组实现联动控制。应用电气联动控制技术，对冷却系统与多片锯组进行联动控制，实现锯切运动与锯片冷却同步。

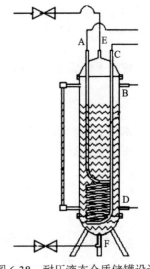

图 6-38　耐压液态介质储罐设计原理图

A. 进气口；B. 供压气口；C. 出气口；
D. 出液口；E. 进液口；F. 排液口

控制气路的常闭电磁阀和液路的常闭电磁阀与多片锯主轴电机连接在同一电源上，当机床上锯片开始运转时，常闭电磁阀通电打开，在减压阀的作用下，气路和水路同时进入喷头，喷出雾化后的冷却气液混合介质，形成扇形喷洒区域，以垂直于圆锯片旋转方向喷洒到锯片上，保证工作时锯片得到及时冷却，停机时结束喷洒，从而节约冷却介质，降低锯切成本。

（四）雾化喷头均衡供给系统

雾化喷头均衡供给系统主要用于实木地板表板剖分的多片锯锯组剖分锯上。一台剖分锯通常配有两组剖分锯组，冷却系统需要对一台剖分锯中的两组多片锯锯组或多台多组多片锯锯组同时进行喷雾冷却。两路或多路雾化喷头均衡供给系统主要是通过调节液路中的平衡阀，实现控制系统中管路的压力和液态冷却介质的流量，达到各喷头间冷却介质供给一致及各锯片组的冷却速率一致的目的。

（五）液态冷却介质自冷系统

液态冷却介质自冷系统可对气态冷却介质和液态冷却介质进行冷却。首先制冷机会对进入该系统的压缩气体进行冷却，冷却的气态冷却介质进入耐压液态介质储罐，通过盘绕在储罐中的管路，利用气态冷却介质对液态冷却介质进行制冷，从而简化了冷却系统结构，降低了冷却系统成本，提高了冷却效率。另外，各管路和储气罐周围表面都包上了隔热材料，阻碍与周围空气的热交换，进一步减少了冷却介质制冷温度的损失。

三、控制系统组成与工作原理

（一）系统组成

木材锯切冷却介质制冷雾化冷却系统的控制部分主要由红外测温探头、通信盒、Raytek多探头软件、雾化冷却系统控制电路组成。

（二）工作原理

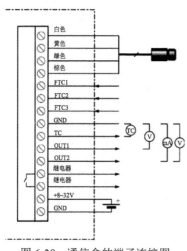

图6-39　通信盒的端子连接图

如图6-39所示为雷泰MI3红外测温仪通信盒的端子连接图，图中12、13号引脚为继电器输出端引脚，引脚两端接入木材锯切冷却介质制冷雾化冷却系统控制电路，继电器闭合时系统上电工作，继电器断开时系统断电停止工作。在雷泰多探头控制软件Data Temp Multidrop中可设置报警温度为T（报警温度根据锯片失稳时的临界温度与工厂中环境温度而定），若设置死区为10℃，当红外测温仪测得的温度达到$T+10$℃时，通信盒中继电器闭合，继电器所连接的木材锯切冷却介质制冷雾化冷却系统上电工作，对锯片进行冷却；当测温仪测得的温度低于$T-10$℃时，继电器断开，冷却系统停止工作。

四、小结

锯片冷却在木材锯切加工中占有重要的位置。选取恰当的冷却介质并合理地设计冷却系统，有利于锯切加工中锯片的冷却，从而达到提高木材锯切的质量、延长锯片的使用寿命、减少对木材污染和资源有效利用的目的。为了使圆锯片组在锯切加工过程中各锯片能得到均匀的冷却且获得较好的冷却效果，本节设计出一个以冷却空气为主并含有少量雾化水的喷雾冷却系统，并且通过对喷头结构进行改进设计，将喷口头部设计成窄缝的形式。由于窄缝的长度和宽度对喷雾宽度及喷雾扇形域有很大的影响，因此在下一节中将对设计的喷头的内部流场及喷出的扇形域进行仿真分析。实践证明，采用新型冷却系统对圆锯片组进行在线冷却能有效地降低圆锯片组在锯切加工时的工作温度，窄缝式喷头喷出的含雾化水的冷空气形成一个近似的扇形域，张角为 30°左右，能够将冷却介质集中在圆锯片组有效工作区域内，减少了冷却介质的浪费，从而使圆锯片组的使用寿命和木材锯切的加工质量得到显著提高。

木材锯切加工锯片在线冷却技术具有重要的应用价值，它的设计与研制主要针对多层实木复合地板表板的珍贵木材剖分和重组竹地板锯切加工，可直接与锯切机床配套使用，具有减小锯片发热变形、节约加工能耗、减少木材锯切损耗、延长锯片使用寿命、改善加工质量等许多优点。在该系统的设计中，通过优化设计冷却介质喷头及合理配置冷却供给系统，实现冷却介质的精确供给，从而使超薄圆锯片组中各锯片得到均匀冷却。仅通过这两项技术的综合运用，可使超薄圆锯片组锯片边缘温度降低 30℃以上，各锯片间同部位温度差小于 5℃。

第五节　圆锯片在线雾化冷却系统仿真分析

在低切削量锯切圆锯片组在线冷却系统的设计开发中，喷头的设计是最为重要的部分。喷头雾化效果直接影响到喷雾量和锯片的冷却效果。喷雾量过高会浪费冷却液，增加生产成本，对锯切的木材也会产生污染，喷雾量过低又会影响锯片冷却的效果，因此对喷头雾化效果的仿真分析是非常必要的。本节通过 ANSYS FLUENT 软件对低切削量锯切圆锯片组在线冷却系统的喷头雾化效果进行仿真分析，通过给定的压力值与边界条件，模拟出喷头内部冷却液的流体分布状态，计算出冷却液喷出时的出口流速与出口流量，通过改变不同的参数，寻找到使喷头达到最佳雾化状态时的参数值，为优化设计喷头结构提供理论依据。

一、圆锯片在线雾化冷却系统雾化喷头内部压力场分析

由于喷头的气液入口压力和内部结构都会对喷头内腔的流场产生影响，从而对最终喷出的雾化冷却介质的雾化状态产生作用，因此，通过对雾化喷头内腔流场进行虚拟分析，可以计算出雾化冷却介质经过喷头时的出口压力和出口流量，为后期

喷头雾化效果分析与锯片冷却效果分析提供理论参数支持。

本节选用 ANSYS FLUENT 软件对喷头内部流场及雾化效果进行仿真分析。ANSYS FLUENT 主要利用计算流体动力学进行分析（computational fluid dynamics，CFD），其基本原理是通过计算机进行数值计算，模拟流体流动时的各种相关物理现象，包含流动、热传导、声场等。计算中采用的数学模型为标准 k-ε 紊流模型，标准 k-ε 紊流模型通过求解湍流动能（k）方程和湍流耗散率（ε）方程，得到 k 和 ε 的解，然后再用 k 和 ε 的值计算湍流黏度，最终通过 Boussinesq 假设得到雷诺应力的解，模型设置如图 6-40 所示。

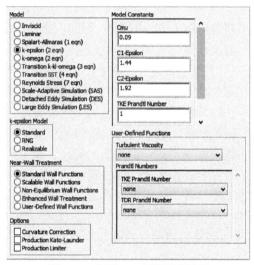

图 6-40　标准 k-ε 紊流模型设置

首先对雾化喷头进行相关参数的设定，以满足仿真分析所需的约束要求。由于喷头内腔结构较为复杂，为便于在 ANSYS FLUENT 中进行仿真分析，对喷头做一些必要的简化。现将喷头内腔流场区域简化成如图 6-41 所示的圆柱体模型，划分网格并进行 part 处理，标注入口边界与出口边界。

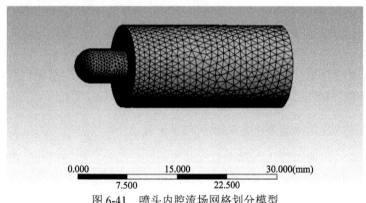

图 6-41　喷头内腔流场网格划分模型

　　定义求解器并设置材料和边界条件，其中输入入口压力为 1MPa，出口与外界环境相连，为标准大气压，相对压力为0MPa，计算求解分析得到压力分布如图 6-42所示。从压力分布图可以看出，喷头内腔形成高压区，压力为 1MPa，从喷头内腔到出口处压力逐渐减小，直到与外界环境相连达到标准大气压。

图 6-42　喷头内腔压力分布图（彩图请扫封底二维码）

二、圆锯片在线雾化冷却系统雾化喷头内部流场分析

　　喷头内部流体流速分布如图 6-43 所示，从流速分布图分析结果可以看出，冷却介质在喷头内腔中流动比较均匀，从内腔进入喷射腔时流速明显加快，喷头出口处速度达到最大值，从喷头喷出后雾化效果均匀，喷射区域垂直于窄缝，呈扇形区域分布，出口处最大速度达到 132m/s，满足木材锯切冷却介质制冷雾化冷却系统的设计要求，能够达到冷却介质雾化效果，实现将冷却介质均匀快速地喷洒到锯片锯齿边缘，保证锯片在锯切地板表板过程中温度的稳定性。

图 6-43　喷头内部流体流速分布图（彩图请扫封底二维码）

三、雾化喷头内部流态分析与出口流量分析

喷头内部流体流态分布如图 6-44 所示，由于受到重力的影响，喷头内腔冷却介质路径上半部分形成了一定的紊流现象。仿真计算出的出口流量约为 0.009kg/s，如图 6-45 所示。喷头喷出的冷却介质易于形成微小的雾化颗粒喷洒到高速旋转的圆锯片组的锯齿部分与锯身边缘，提高冷却介质的利用效率，为下一步锯片冷却温度场分析提供参考依据和数据支持。

图 6-44　喷头内部流体流态分布图（彩图请扫封底二维码）

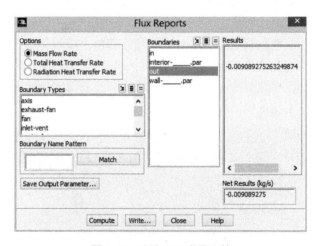

图 6-45　喷头出口流量计算

四、小结

本节通过应用 ANSYS FLUENT 软件对圆锯片组在线冷却喷头在使用过程中内部流体状况进行仿真分析，模拟了喷头混合腔内的压力分布情况、冷却介质在喷头内部的流速分布及冷却介质的流态，计算出喷头出口流量约为 0.009kg/s。在入口压

力为 1MPa 的条件下，132m/s 的流速值与 0.009kg/s 的流量值可将冷却介质雾化成细小的颗粒，从而验证冷却介质制冷雾化冷却喷头结构设计的合理性，在实际应用中可以达到节约冷却液和冷空气用量，提高实木复合地板表板的加工质量，降低人造板生产成本的目的。

第六节　本章小结

本章研究和讨论的木材低切削量锯切圆锯片温度在线检测与控制技术主要分为两大部分。一部分是利用红外测温仪研究锯切过程中超薄硬质合金圆锯片的温度场特性。在前人研究成果的基础上，本章从理论上进一步分析圆锯片热传递的 3 种方式，通过实验方法确定红外测温仪发射率，针对锯片不同转速及锯切不同材料的各种测温条件进行多项实验研究，分析比较锯片上从锯齿到夹盘处 5 个点在锯切时的温度变化规律，总结出在同一进给速度下锯切不同材料时的锯切厚度差异变化规律。另一部分是根据实验的结果设计出木材低切削量锯切圆锯片组在线冷却系统，并利用 ANSYS FLUENT 软件仿真分析了喷头的雾化效果。主要研究成果小结如下。

（1）本章从超薄硬质合金圆锯片在锯切木材时易发生失稳的现象入手进行分析，发现锯片失稳的主要原因是锯片在锯切木材过程中产生的热应力。于是，本章从传热学的基本理论出发，首先分析热传导、热对流、热辐射 3 种不同方式下对圆锯片上热量传递的影响，深入探讨旋转圆盘温度变化机理，最后归纳出圆锯片在线锯切时热传导和对流换热是锯片温度场的主要影响因素，并通过分析计算得到热辐射对锯片温度场影响较小的结论。

（2）本章首次对红外测温仪提出测温准确性校核的思想和实验方案。对同一目标测温点利用 K 型热电偶与红外测温仪同时进行测量，通过改变红外测温仪发射率获得一组温度曲线，把用红外测温仪测得的温度曲线与用 K 型热电偶测得的温度曲线进行比较，选择二者最接近的红外测温仪温度曲线，则它所对应的发射率即为实际发射率设定值。本章通过利用 K 型热电偶进行校核，获得的红外测温仪发射率值为 0.30。

（3）在锯切试验中，使用同一超薄硬质合金圆锯片分别对进料速度为 6m/min、11m/min 和 16m/min 条件下，锯切 MDF 和红花梨时锯片上 5 个点的温度进行测量，分析得出沿锯片半径方向由外向内锯片温度由高到低的变化规律。在 6m/min 的进给速度下，分别比较了锯切 MDF、白松、红花梨和重组竹时锯片上 5 个点的温度，通过分析在锯切不同材料时圆锯片温度场分布的差异，得到锯切材料密度高时锯齿平均温度高，锯切材料密度低时锯齿平均温度低的结论。

（4）本章设计出以冷却空气为主并含有少量雾化水的喷雾冷却系统，同时对喷头结构进行改进设计，将喷口头部设计成窄缝的形式。采用新型冷却系统对圆锯片组进行冷却能有效地降低圆锯片组在锯切加工时的工作温度，喷头的改进设计能够将冷却介质集中在圆锯片组有效的工作区域内，可减少冷却介质的浪费，同时使超薄硬质合金圆锯片组的使用寿命及木材锯切的加工质量得到显著提高。

（5）本章利用 ANSYS FLUENT 软件对冷却系统喷头工作状态下内部流体状况进行分析，模拟了喷头混合腔内冷却介质的压力及流速分布情况。在入口压力与流量确定的情况下，可预测出喷头处的流速分布，从而验证雾化冷却系统设计的合理性。

在中国经济不断繁荣发展的大好形势下，创新驱动成为引领行业与企业发展的强大动力，也是行业与企业发展的重要条件，超薄硬质合金圆锯片在木材加工领域的应用必将会越来越广泛。由于超薄硬质合金圆锯片价格较贵，我国优质木材资源又比较紧缺，因此通过采用对超薄圆锯片的在线冷却技术，可以提高锯片稳定性、提高锯片使用寿命、提高木材锯切效率、提高加工质量、节省生产成本、节约木材资源，这些方面也是木工机械行业不断探索与改进的研究课题。本章在前人研究的基础上，通过进一步分析影响圆锯片温度及温度梯度分布的因素，设计出低切削量木材锯切在线冷却系统。这项研究成果，能够为改善超薄硬质合金圆锯片锯切稳定性，优化锯片冷却方式提供一定的参考依据，也为企业提高锯切质量和生产效率提供理论支持。下一步将把低切削量锯切圆锯片组在线冷却与控制系统应用于企业的生产中，为木地板生产企业在生产过程中发生烧锯、卡锯等问题提供一个可行的解决方案，达到提高企业生产效率与产品合格率、减少资源浪费、降低生产成本的目的。

第七章　木工硬质合金锯齿磨损变钝规律及切削力研究

第一节　硬质合金锯齿磨损变钝规律研究

刀具的磨损是指刀具切削部分的材料由于切削过程中磨蚀而造成的损耗。刀具的变钝是指刀具切削性能的恶化，表现为进给困难、切削温度上升、噪声和功率消耗增加及加工件表面质量下降等。刀具变钝的原因主要是磨损使得刀具切削部分的微观几何形状变得不利于继续切削。木工刀具磨损的主要原因分为机械磨损、化学腐蚀磨损和电腐蚀磨损。刀具磨损过程可分为 3 个阶段。第一阶段，刀具在开始切削后，在较短的一段时间里很快磨损，处于初期磨损阶段；第二阶段，经过初期磨损阶段后，刀具磨损缓慢，切削比较稳定，磨损值随时间逐渐增大，处于正常磨损阶段；第三阶段，经过正常磨损阶段后，刀具磨损达到一定数值，切削力增大，切削温度升高，使刀具进入急剧磨损阶段。在急剧磨损阶段，刀具的切削性能急剧下降，导致刀具大幅度磨损，形成恶性循环，最终使刀具失去切削能力。在刀具急剧磨损期间，工件已加工表面恶化，并伴随振动、噪声和切削表面变色等不良现象。因此应当避免刀具出现急剧磨损，及时重磨刀具或更换新的刀具。影响刀具磨损的因素有很多，也很复杂，如刀具和工件的材料、刀具几何形状和切削条件等，本节仅就最常见的刀具因机械磨损变钝的规律进行实验研究。

一、实验设备、材料及方法

（一）实验设备

本节实验选用的主要设备有如下几种。

（1）冷压机 1 台。

（2）CW6163C 车床 1 台，床身最大工件回转直径为 630mm，刀架最大工件回转直径为 350mm，主电机功率为 11kW。

（3）Vision 公司生产的 KESTREL MONO 型二维显微测量系统，测量精度为 0.001mm，KESTREL MONO 型非接触式二维显微测量系统如图 7-1 所示。

（二）实验材料

本章实验采用单齿切削，锯齿由硬质合金圆锯片经线切割加工而成，单个锯齿形状及尺寸如图 7-2 所示，角度参数示意图见图 7-3。锯片由天津林业工具厂加工，基体材料为 65Mn，刀头材料为 YG6X，锯身厚度为 2.2mm，锯齿宽度为 3.0mm。

刀头材料性能参数见表 7-1，锯齿角度参数见表 7-2。

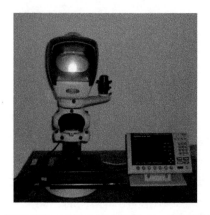

图 7-1　KESTREL MONO 型非接触式二维显微测量系统

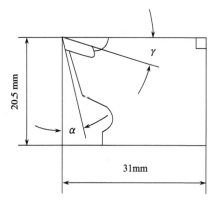

图 7-2　锯齿形状及尺寸

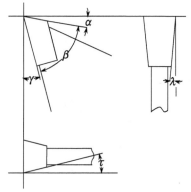

图 7-3　锯齿角度参数示意图

表 7-1　刀头材料性能

牌号	化学成分/%		硬度/HRA	抗弯强度/GPa	相当于 ISO
	Co	WC			
YG6X	6	94	91	1.32	K10

表 7-2　锯齿角度参数

前角 γ/(°)	后角 α/(°)	锯料角 λ/(°)	侧面后角 τ/(°)	齿形
10	15	1.5	3	P

　　实验所用的中密度纤维板规格为 2440mm×1220mm×18mm，平均密度为 0.759g/cm³，含水率为 5.9%，静曲强度为 25.2MPa，弹性模量为 2825MPa。

　　实验所用的双组分合成乳胶的基本性质见表 7-3。

表 7-3　双组分合成乳胶的基本性质

型号	色泽	布氏黏度	pH	固含量	固化剂
BS-DN60	淡黄色乳液	20mPa·S	6～8	约 50%	异氰酸脂类固化剂，棕色液体

（三）实验方法

实验前将板材剖分为 306mm×1220mm 和 285mm×1220mm 两种规格，每 5 张 306mm× 1220mm 的板材和 10 张 285mm×1220mm 的板材由双组分合成乳胶黏结冷压为一个柱体，柱体长度为 1220mm，截面组合方式如图 7-4 所示。双组分乳胶调胶时主剂与固化剂比例为 100：15，采用手工辊涂的方式涂胶，施胶量为 250～300g/m²，开放时间小于 10min，使用冷压机进行冷压，板面压强 1MPa，施压时间 1h，陈放 24h。

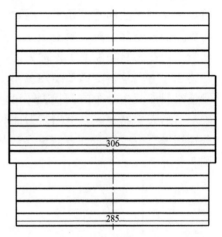

图 7-4　柱体组合方式

切削时将中纤维密度板黏结而成的柱体装夹在车床卡盘上，先由车刀加工成 Φ306mm 的圆柱，然后卸下车刀，将单个锯齿由夹具装夹在刀架上，切削时柱体做回转运动，锯齿做横向进给运动。

切削时锯齿采用丝杠进给，车削螺纹的方式，螺距 3.75mm，切削线速度通过调节主轴转速控制在 0.915～1.218m/s，切削厚度为 0.2mm。沿柱体长度方向上每切削一次，产生 325 个螺纹，然后开始新一轮的切削，直到柱体横截面直径减小到 190mm 左右。每轮切削的半径组成公差为 0.2mm 的等差数列。切削长度计算如下：

$$L = (325 \times 2 \times \pi \times R_1 + 325 \times 2 \times \pi \times R_2 + 325 \times 2 \times \pi \times R_3 + \cdots + 325 \times 2 \times \pi \times R_n)/1000$$
$$= 325 \times 2 \times \pi \times (R_1 + R_2 + R_3 + \cdots + R_n)/1000$$
$$= 325 \times 2 \times \pi \times [2R_1 + (n-1) \times d] \times n/(2 \times 1000) \tag{7-1}$$
$$= 325 \times \pi \times [2R_1 + (n-1) \times d] \times n/1000$$

式中，L 为切削总长度（m）；R_1 为切削第一轮时的半径（mm）；R_n 为切削第 n 轮时的半径（mm）；d 为半径组成的等差数列的公差，为 0.2mm。

本实验共采用 5 个锯齿进行切削，切削总长度分别为 5000m、10 000m、30 000m、50 000m、70 000m。每个锯齿完成切削后，卸下锯齿，在显微测量系统下对锯齿磨损变钝情况进行拍照及测量。每个锯齿的两个侧面各测量 3 次，取 6 次的平均值。

二、测量指标

经过综合分析，本实验中锯齿的磨损变钝程度由负间隙、刃口缩短量、后刀面磨损区宽度、前刀面磨损量、后刀面磨损量作为评价指标。负间隙表示切削时刀具后刀面压入切削表面的深度，有两种测量方法：一种是测量刃口沿切削方向上的最前点与切削平面的垂直距离，用 C 表示；另一种是测量刃口沿后刀面方向上最前点与后刀面的垂直距离，用 C' 表示。刃口缩短量表示磨损刀具的刃口自初始位置的位移量，可在刀具横断面上沿前刀面、后刀面或楔角平分线方向测量。同一刀具上沿上述 3 个方向量得的刃口缩短量不同，但它们随切削路程增加的变化趋势大体相似，测量时只取其中一个方向代表即可，本实验中刃口缩短量沿后刀面方向测量，用 A_α 表示。后刀面磨损区宽度沿后刀面测量，用 E' 表示。前刀面磨损量及后刀面磨损量分别用 M_γ、M_α 表示。各测量参数都是在刃口横截面上测量，锯齿磨损变钝参数如图 7-5 所示。

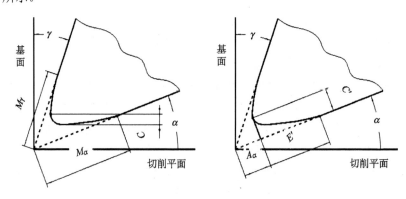

图 7-5 锯齿磨损变钝参数

三、结果与分析

各锯齿磨损后参数测量结果见表 7-4。

表 7-4 锯齿磨损变钝测量结果

锯片编号	切削长度/m	C/μm	C'/μm	A_α/μm	M_γ/μm	M_α/μm	E'/μm
1	5 000	23	35	13	41	89	76
2	10 000	31	41	21	55	131	110
3	30 000	37	54	21	57	175	154
4	50 000	40	56	24	78	184	160
5	70 000	57	79	35	126	243	208

各锯齿经磨损后的显微照片如图 7-6 所示，图中锯齿侧面照片中与水平面平行的是前刀面。由表 7-4 和图 7-6 可以看出随着切削长度的增加锯齿磨损变钝程度不断增加。

图 7-6　锯齿磨损照片

（一）切削长度对负间隙的影响

刚刚刃磨过的刀具，在肉眼下观察刃口似乎是理想的一条边，实际上在高倍显微镜下观察就是一条带状，使用过的刀具就更明显。因此无论锐刀还是钝刀，切削层木材不是沿刃口底面分开，而是沿刃口最前点 Q 分开，如图 7-7 所示。当刀具切入木材时，在 Q 点以下的木材受到刃口底面的挤压作用发生弹塑性变形。

负间隙 C 表示在刀具切削木材过程中，后刀面将切削平面以下木材压洼的程度。对于绝对锐利的刀具，负间隙 C 可视为零。由表 7-4 和图 7-8 可知，随着切削长度的增加，负间隙 C 的值也不断增加。在切削长度从 5000m 增加到 10 000m 时，负间隙从 23μm 增加到 31μm，切削长度增加了 1 倍，负间隙 C 增加了 35%。而当切削长度从 10 000m 增加到 50 000m 时，切削长度增加了 4 倍，负间隙 C 从 31μm 增加到 40μm，仅增加了 29%。切削长度从 50 000m 增加到 70 000m 时，负间隙 C 从 40μm增加到 57μm，增加了 43%。可见在切削长度为 10 000m 以前时，负间隙 C 增加得比较迅速，锯齿磨损变钝的速度比较快，当切削长度在 10 000～50 000m 时，负间隙 C 增加得很缓慢，锯齿的磨损变钝已进入比较稳定的阶段，而切削长度超过50 000m 以后，负间隙又迅速增加。

刃口沿后刀面方向上最前点与后刀面的垂直距离 C' 的值，也随切削长度的增加而不断增加。且在切削长度相同的情况下，C' 的值都比 C 的值大。但是在切削长度为 5000～30 000m，C'增加得都比较迅速，当切削长度从 30 000m 增加到 50 000m时，C'才变化得比较平缓。与 C 相似，当切削长度从 50 000m 增加到 70 000m 时，C'的值也迅速增加。可见 C 与 C'测量方式不同，但随切削长度变化的规律类似。

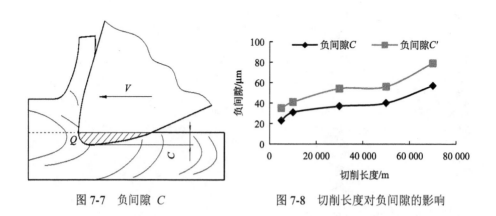

图 7-7　负间隙 C　　　　　　　图 7-8　切削长度对负间隙的影响

（二）切削长度对刃口缩短量和后刀面磨损区宽度的影响

刃口缩短量能较好地表征刀具磨损程度。由表 7-4 和图 7-9 可知，在切削长度从 5000m 增加到 10 000m 时刃口缩短量 A_α 迅速增加，这说明锯齿在这一区域内磨损速度很快，之后锯齿的磨损进入一个比较平缓的阶段，在切削长度从 50 000m 开始 A_α 又增加得比较快。切削长度从 5000m 增加到 70 000m，A_α 从 13μm 增加到 35μm，增加了 169%。

　　由表 7-4、图 7-9 和图 7-10 可知，对于后刀面磨损区宽度 E' 而言，其变化规律与 C' 比较相似，在切削长度从 5000m 增加到 30 000m 时，E' 增加得比较迅速，在 30 000m 到 50 000m 阶段 E' 增加缓慢，切削长度从 50 000m 增加到 70 000m 时，E' 又开始迅速增加，且从数值上来看，E' 的值比 C、C' 和 A_α 都大，测量起来相对容易，这也是许多人主张用后刀面磨损区宽度表示刀具磨损变钝程度的原因。

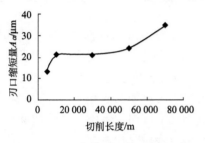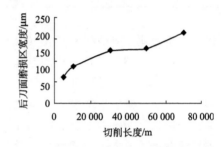

图 7-9　切削长度对刃口缩短量的影响　　　图 7-10　切削长度对后刀面磨损区宽度的影响

（三）切削长度对前后刀面磨损量的影响

　　图 7-11 表明，锯齿前刀面磨损量 M_γ 和后刀面磨损量 M_α 也都随切削长度的增加而增加，且 M_α 的值始终大于 M_γ 的值。由表 7-5 可知，在切削长度从 5000m 增加到 70 000m 的过程中，M_α/M_γ 的值先增大，然后开始逐渐减小，但后刀面的磨损量接近前刀面磨损量的 2 倍甚至更高，远大于前刀面的磨损量。这说明在本节实验条件下

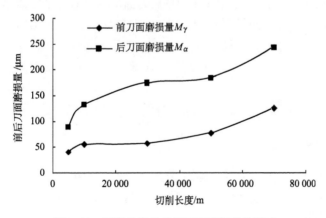

图 7-11　切削长度对前后刀面磨损量的影响

锯齿的磨损以后刀面磨损为主，前刀面的磨损主要由切屑与前刀面之间的摩擦引起，后刀面的磨损主要由切削表面的纤维弹性恢复后对后刀面的摩擦引起。由于实验切削的材料是中密度纤维板，制造过程中添加的胶黏剂固化后形成对刀具起磨料作用的物质，因此造成对后刀面的强烈磨损。在本节实验中，当切削长度从 5000m 增加到 10 000m 和从 30 000m 增加到 70 000m 时 M_γ 增加的速度比较快，而当切削长度从 10 000m 增加到 30 000m 时 M_γ 增加很小；M_a 随切削长度的变化规律则与 C' 和 E' 相似。

表 7-5　M_a 与 M_γ 的比值

切削长度/m	5 000	10 000	30 000	50 000	70 000
M_a/M_γ	2.17	2.38	3.07	2.36	1.93

以上分析表明，在切削长度从 5000m 增加到 70 000m 的过程中，各参数都基本经过了迅速增加，然后保持平稳的过程，锯齿明显经历了初期磨损阶段和正常磨损阶段。初期磨损时，新刃磨的刀具十分锋利，但刃磨表面粗糙不平，所以磨损较快；正常磨损期由于刀具表面的微观不平度已被磨去，刀具表面承受的压力较为均匀，因此磨损较慢。当切削长度从 50 000m 增加到 70 000m 时，各参数都迅速增加，但这是否意味着锯齿进入了急剧磨损阶段，还需进一步研究探讨。

四、小结

本节首先按实验要求选择实验设备、实验材料及实验方法，通过综合分析确定衡量锯齿磨损变钝程度的五项评价指标，通过对实验现象及结果进行分析，得到锯齿磨损变钝程度随切削长度的变化规律，现小结如下。

（1）硬质合金锯齿的负间隙 C、C'、刃口缩短量 A_a、后刀面磨损区宽度 E'、前刀面磨损量 M_γ、后刀面磨损量 M_a 都随切削长度增加而增加。

（2）沿后刀面方向测量的负间隙 C' 与后刀面磨损区宽度 E'，以及后刀面磨损量 M_a 随切削长度变化的规律很相似，都在切削长度为 5000～30 000m 迅速增加，从 30 000m 到 50 000m 时较为平稳，从 50 000m 以后又迅速增加。

（3）后刀面磨损量 M_a 远大于前刀面磨损量 M_γ，锯齿以后刀面磨损为主。

第二节　切削力测试平台搭建

一、切削力测试系统

综合分析国内外木材切削力的测定方法，可归纳为机械法、电功率法、轴功率法、应变片电测法和压电晶体电测法 5 种，并且在切削力的测定中引入计算机技术，提高了测试效率和精度。

本节采用压电晶体进行测量，切削力测试系统如图 7-12 所示。

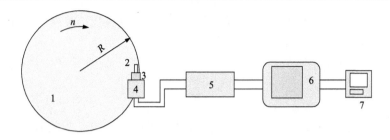

图 7-12　测试系统

1. 夹盘；2. 试件；3. 刀具；4. KISTLER 3257A 测力仪；5. KISTLER 5806 电荷放大器；

6. RA1100 信号分析仪；7. 磁盘

切削实验台由车床改装。改装方法是去除原车床动力，运动和动力由电机经一级带传动传至夹盘，再经过一级锥齿轮传动传至车床主轴。利用车床变速箱可以得到刀架横向进给的不同速度，即可实现不同的切削厚度，实验设备见图 7-13。

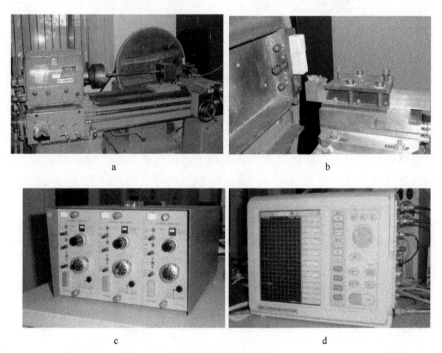

图 7-13　测试仪器

a. 实验台；b. 力传感器；c. KISTLER 5806 电荷放大器；d. RA1100 信号分析仪

利用电磁调速控制电机转速，经带传动将运动和动力传至夹盘，带动试件旋转，每转一周切削试件一次。同时，由夹盘驱动车床主轴旋转，利用小刀架变速齿轮箱调整刀架的进给量，实现不同的切削量。试件在夹盘上固定，刀具固定在测力仪上，测力仪固装在小刀架上，受力后产生电荷，经电荷放大器放大并转为电压信号，由信号分析仪采集信号并做必要的分析。采集后的数据文件用磁盘转存到计算机上进行分析。试件的旋转半径 R 较大（$R=375mm$），可以近似为直线运动。驱动夹盘的电机可调速，以实现不同的切削速度。

二、系统标定

KISTLER 3257A 传感器为三维测力仪，与切削刀具固接。根据研究内容，需标定平行于切削速度方向的主切削力 F_z 及与之垂直的法向力 F_y 与输出电压的关系。标定时，加力点应在测试切削力时的切削阻力受力点，即刀刃上，如图 7-14 所示。

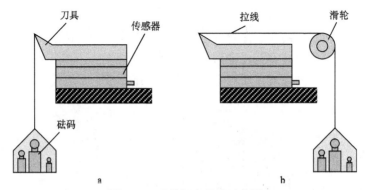

图 7-14　系统标定配重示意图

a. 主切削力（z 向标定）；b. 法向力（y 向标定）

为避免加重法引起的加速度影响输出精度，采用去重法，即加配重后，待系统稳定后快速剪断拉线，传感器在压力变化时输出电荷至电荷放大器，电荷放大器将电荷信号放大并转换为电压信号，输出至信号分析仪显示并记录。在去重的瞬间，由于对压电晶体的压力由 G 突然降至 0，系统输出负压 U，力消失后，在短时间内压电晶体电荷随之减少，并出现反弹，然后逐渐消失至 0，如图 7-15 所示。

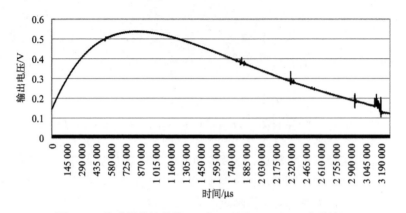

图 7-15　传感器特性曲线（y 向，配重 $G=49N$，去重法）

对 y、z 两个方向分别加力，将标定数据进行线性回归得出待测切削力与输出电压的关系为

$$G_y = 49.3U_y$$
$$G_z = 45.5U_z \tag{7-2}$$

式中，G_y 为 y 向配重（N）；G_z 为 z 向配重（N）；U_y 为 y 通道输出电压（V）；U_z 为 z 通道输出电压（V）。

三、切削力的定义

上述测试系统的测力仪测得的实为切削阻力。因为切削力与切削阻力数值相等，方向相反，故本文一概用切削力代之。与切削速度方向平行的切削力为主切削力，用 F_z 表示，正方向为切削速度正向；与之垂直方向的力为法向力，以 F_y 表示，正方向为远离试件母材方向。在刀具切削木材过程中，切削区的材料不是沿刀具刃口的底面分开的，而是沿刃口的最前点分开。以该点为界，划分刀具前刀面的切削力和后刀面的切削力。在刀具前刀面上，切削层的材料对前刀面会产生正压力和摩擦力，这两个力的合力用 F_y 表示。F_y 沿切削速度方向（用 z 表示）和垂直切削速度方向（用 y 表示）进行分解，得到了前刀面的切向分力 F_{yz} 和法向分力 F_{yy}。在刃口最前点以下的材料受到后刀面的挤压作用，发生了弹塑性变形，从而形成了挤压力，这个力和后刀面沿切削速度方向挤压材料及摩擦造成的力就构成了刀具后刀面上的作用力，用 F_α 表示。F_α 沿切削速度方向和垂直切削速度方向进行分解，得到了切向分力 $F_{\alpha x}$ 和法向分力 $F_{\alpha y}$。对于锯齿，在侧刃上还受到木材的挤压力和摩擦力的作用。刀具前、后刀面及侧刃沿切削速度方向的合力就称为主切削力，用 F_z 表示；沿与切削速度垂直方向的合力就称为法向力，用 F_y 表示。

四、试件及数据处理方式

（一）试材及试件

切削力实验分为实木和人造板两部分。实验用杉木、樟子松、水曲柳 3 种实木，气干，含水率约为 9%。杉木平均密度为 0.315g/cm^3，樟子松平均密度为 $0.422/\text{cm}^3$，水曲柳平均密度为 0.532g/cm^3。实验时首先将木材加工成 40mm×40mm×20mm 的试件，装夹在夹盘上进行切削。

实验所用中密度纤维板，平均密度为 0.759g/cm^3，含水率为 5.9%，厚度为 18mm。刨花板含水率为 5.8%，平均密度为 0.800g/cm^3，厚度为 16mm。中纤板试件尺寸为 40mm×18mm×20mm，刨花板试件尺寸为 40mm×16mm×20mm。

（二）数据处理方式

每个实验点采用一个试件，夹盘转速稳定后每个试件在同一位置进行连续的

8～10 次切削，产生一个锯路，然后将锯齿错开该锯路再进行下一次连续切削，产生另一个锯路，每个试件切削 3 个锯路，共切削 24～30 次。每切削一个锯路，将锯路数据存储为一个 CSV 文件，可以在 EXCEL 环境中直接读取，部分原始数据格式如图 7-16 所示。

	A	B	C	D
5316	531500	−0.022	−0.012	
5317	531600	−0.0248	−0.0119	
5318	531700	−0.0256	−0.0136	
5319	531800	−0.0258	−0.0142	
5320	531900	−0.0253	−0.0052	
5321	532000	−0.0186	0.0181	
5322	532100	−0.0027	0.0247	
5323	532200	0.0191	0.0266	
5324	532300	0.0477	0.0603	
5325	532400	0.0869	0.0617	
5326	532500	0.1325	0.0516	
5327	532600	0.1778	0.0847	
5328	532700	0.2255	0.0833	
5329	532800	0.2723	0.0577	
5330	532900	0.3086	0.0708	
5331	533000	0.3394	0.0558	
5332	533100	0.367	0.0227	
5333	533200	0.3853	0.0306	
5334	533300	0.3987	0.0172	
5335	533400	0.41	−0.0031	
5336	533500	0.4156	0.0089	

图 7-16　原始数据格式

在 EXCEL 环境中，删除大部分空切时的数据（理论上为 0，输出数据约为 0），并用系统标定的力与输出电压的关系对原始数据进行处理，得到切削力的曲线图。

第三节　硬质合金锯齿切削木材时的切削力研究

影响切削力的因素众多，主要有木材的树种、含水率、温度、密度及切削的方向性，另外刀具的切削角、后角及锋利度也对切削力有影响。本节分别以切削方向、锯齿前角、切削速度、切削厚度、含水率及刀具磨损变钝程度为变量，对杉木、樟子松、水曲柳分别进行单因素分析，以获得硬质合金锯齿对这 3 种实木进行闭式切削时 6 种变量（因素）对切削力影响的规律。

一、切削方向对 3 种实木切削力的影响

（一）实验条件

木材是具有纤维的各向异性材料，在研究木材切削时，必须考虑纤维方向对切削过程的影响。按相对于纤维方向的切削方向不同，木材切削可分为 3 个主要切削方向。

（1）纵向切削（∥）：切削刃垂直于纤维方向，并且刀具或工件的运动方向平行于纤维长度方向。

（2）横向切削（#）：切削平行于纤维长度方向，并且刀具或工件的运动方向垂直于纤维长度方向。

（3）端向切削（⊥）：切削刃和刀具或工件的运动方向均垂直于纤维长度方向的切削。

除了 3 个主切削方向之外，还有过渡切削方向，分别为纵端向切削、横端向切削和纵横向切削。在木材纵锯过程中，主刃接近于端向切削木材，侧刃接近于横向切削木材。

本节拟从端向垂直年轮、端向平行年轮、弦切面纵向、径切面纵向、弦切面横向、径切面横向 6 个方向对硬质合金锯齿切削 3 种实木时的切削力分别进行研究，实验时其他参数为定值。本节中的切削方向均指主刃的切削方向；端向切削中，垂直年轮和平行年轮均指切削速度与年轮垂直或平行。锯齿前角 γ 为 10°，后角 α 为 15°；刀口锋利；试件气干，含水率约为 9%；切削厚度 $d=0.250\text{mm}$；切削速度 $V=5.89\text{m/s}$（夹盘转速 $n=150\text{r/min}$）。

（二）不同切削方向时的切削力曲线

杉木、樟子松和水曲柳 3 种实木在端向垂直年轮、端向平行年轮、弦切面纵向、径切面纵向、弦切面横向、径切面横向 6 个方向上的切削力曲线如图 7-17～图 7-19 所示。

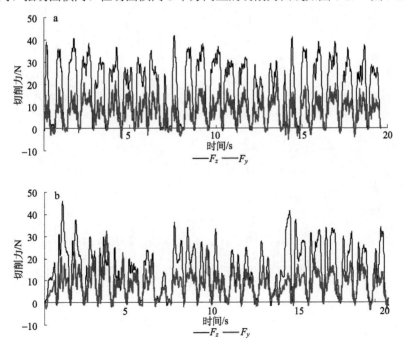

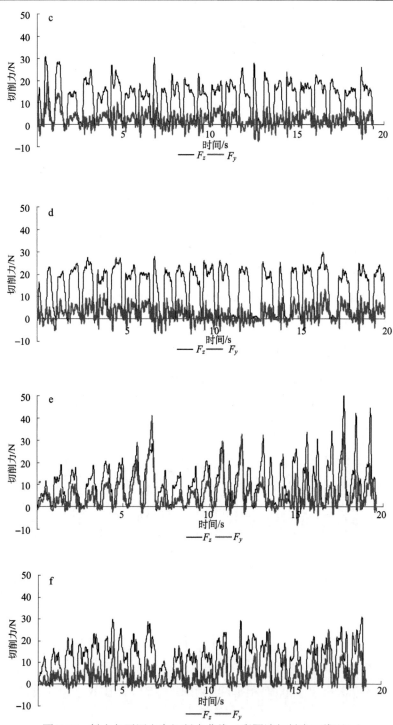

图 7-17　杉木各不同方向切削力曲线（彩图请扫封底二维码）

a. 杉木端向垂直年轮切削；b. 杉木端向平行年轮切削；c. 杉木弦切面纵向切削；d. 杉木径切面纵向切削；e. 杉木弦切面横向切削；f. 杉木径切面横向切削

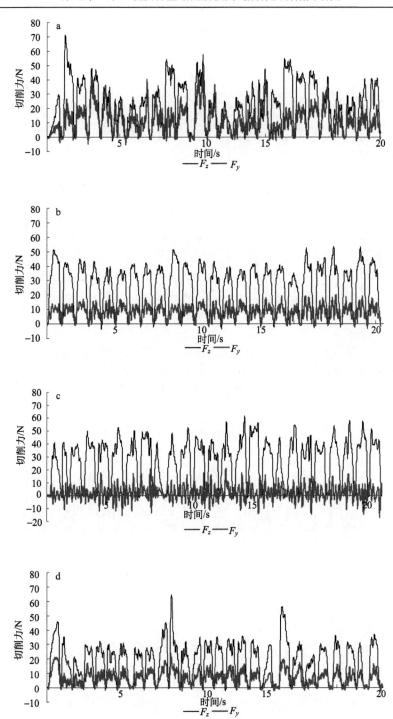

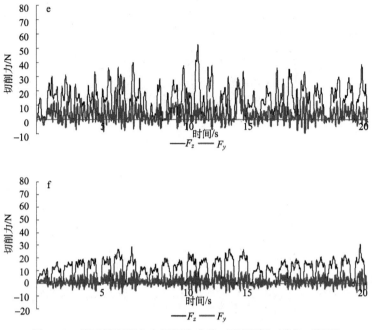

图 7-18　樟子松不同方向切削力曲线（彩图请扫封底二维码）

a. 樟子松端向垂直年轮切削；b. 樟子松端向平行年轮切削；c. 樟子松弦切面纵向切削；d. 樟子松径切面纵向切削；
e. 樟子松弦切面横向切削；f. 樟子松径切面横向切削

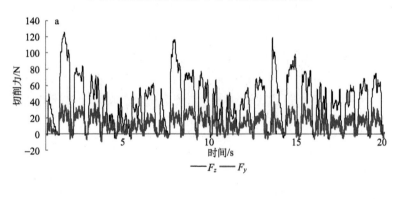

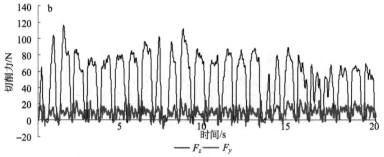

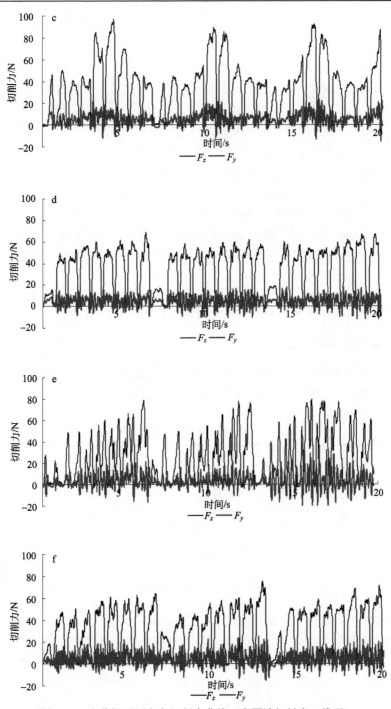

图 7-19　水曲柳不同方向切削力曲线（彩图请扫封底二维码）

a. 水曲柳端向垂直年轮切削；b. 水曲柳端向平行年轮切削；c. 水曲柳弦切面纵向切削；d. 水曲柳径切面纵向切削；
e. 水曲柳弦切面横向切削；f. 水曲柳径切面横向切削

在实验过程中，每个锯路的第一次切削的切削厚度通常比设定的切削厚度小，刀头接触试件的实际长度通常也比试件的长度（40mm）小，因此在切削力曲线图中出现比较窄小的波，说明不属于正常切削，计算切削力的平均值时可舍去不计。

在图 7-18a 和图 7-19a 所示的樟子松和水曲柳端向垂直年轮的切削力曲线中，每个锯路中初始几次切削的主切削力峰值较大，然后减小，后来又缓慢增大，主要是由切削过程中的劈裂所致。每个锯路初时的几次切削会使木材发生劈裂，从而使切削平面形成一些凹坑，接下来的几次切削中，锯齿实际切削的材料比初始几次切削时的少，造成主切削力下降；随着切削的进行，锯齿会将切削平面逐渐削平，使凹坑减少，后续切削进行时被切削的材料略增，因此切削力有所回升。这种规律在杉木切削时不明显，这是由于杉木的材质较软，与樟子松和水曲柳相比不易发生劈裂。

如图 7-19c 所示，在水曲柳弦切面纵向切削过程中，每个锯路中的不同次切削的波形差异比较大，这是由于水曲柳早晚材差异比较大，锯齿切削到早材部分切削力就比较小，切削到晚材部分切削力就相对大。

（三）不同切削方向时的切削力平均值分析

1. 杉木切削力平均值

将切削力曲线每次进入正常切削后的矩形波进行整理，取该实验点中各次切削的平均值，得到各切削方向切削力的平均值，如表 7-6 所示。

表 7-6　杉木不同切削方向切削力平均值

切削方向	主切削力 F_z/N	法向切削力 F_y/N
端向垂直年轮	29.337	11.215
端向平行年轮	21.404	11.461
弦切面纵向	16.563	2.471
径切面纵向	20.955	3.420
弦切面横向	16.068	7.762
径切面横向	16.842	4.862

不同切削方向切削力平均值的比较见图 7-20。

由表 7-6 及图 7-20 可知，杉木端向切削时的主切削力较大，这主要是由于端向切削时锯齿主刃横向截断木材纤维，需要较大的截断力。在端向切削时，垂直年轮方向的主切削力比平行年轮方向的主切削力较大，而法向力二者差异不大，都比纵向切削和横向切削时的法向力大。纵向切削是对纤维的纵向劈裂，弦切面纵向切削的主切削力较小，是因为实验所用的杉木年轮较宽，约为 7mm，且晚材率较低，在进行弦面纵向切削时，每次切削厚度为 0.25mm，每个锯路共切削近 10 次，切削的总厚度远小于年轮宽度,且正好切到早材部分,而径切面纵向切削时则早材晚材都有切削,因此弦切面纵切时的主切削力比径切面纵切时的主切削力小。纵向切削时弦切面和径切面的法向力差异不大,且都比较小,说明锯齿所受 y 正向的法向力与 y 负向的法向力相互抵消较多,正向法向分力略大于负向法向分力。横向切削时弦切面和纵切面主切削力差异不大,而弦切面法向力大于径切面法向力。可见杉木在不同方向时的切削力变化比较复杂。

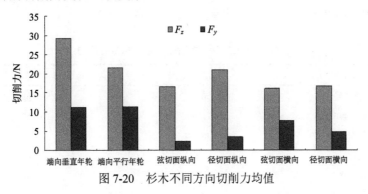

图 7-20　杉木不同方向切削力均值

2. 樟子松切削力平均值

樟子松各方向的切削力平均值见表 7-7 和图 7-21 所示。

表 7-7　樟子松不同切削方向切削力平均值

切削方向	主切削力 F_z/N	法向切削力 F_y/N
端向垂直年轮	33.949	16.101
端向平行年轮	37.037	10.198
弦切面纵向	38.449	1.605
径切面纵向	27.368	9.494
弦切面横向	19.975	4.060
径切面横向	16.423	1.550

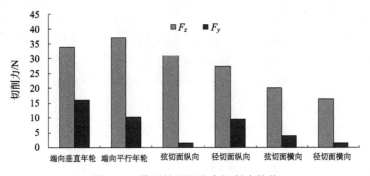

图 7-21　樟子松不同方向切削力均值

如表 7-7 和图 7-21 所示,樟子松端向主切削力均值最大,纵向次之,横向最小,这与杉木主切削力在各方向的均值变化基本一致;而法向力变化比较复杂,在端向较大,横向较小,纵向切削时弦切面和径切面差异很大,这主要与工件材质及纤维方向有关,具体原因还需深入探讨。

3. 水曲柳切削力平均值

水曲柳各切削方向的切削力平均值见表 7-8 及图 7-22。

表 7-8　水曲柳不同切削方向切削力平均值

切削方向	主切削力 F_z/N	法向切削力 F_y/N
端向垂直年轮	56.601	15.614
端向平行年轮	72.208	10.605
弦切面纵向	52.068	6.343
径切面纵向	50.512	4.845
弦切面横向	38.312	4.000
径切面横向	47.277	5.007

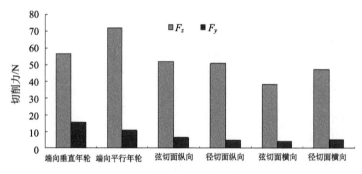

图 7-22　水曲柳不同方向切削力均值

如表 7-8 及图 7-22 所示,水曲柳端向平行年轮时主切削力最大,端向垂直年轮时主切削力次之,纵向切削时主切削力比端向切削时略小,横向切削时主切削力又比纵向切削时小,但径面横向切削时主切削力比弦面横向切削时主切削力大。水曲柳端向、纵向、横向总体来看主切削力变化与杉木和樟子松相似,但每个方向内不同切削面之间有差异,这主要与早晚材及管孔分布有关。法向力的平均值在端向切削时较大,在纵向和横向切削时较小,可见在水曲柳纵向和横向切削时所受 y 正向的法向力只比负向法向力略小。

在实验所用的 3 种木材中,水曲柳各方向的主切削力均较大,樟子松次之,杉木总体最小,这主要由 3 种木材密度的差异造成。在不同切削方向中,杉木、樟子松及水曲柳的切削力具有明显的各向异性，总体来看 3 种木材端向切削的主切削力均较大，纵向次之，横向较小；但同向不同面的主切削力在不同树种中变化规律并不一致，种间差异较大，法向力变化比较复杂。

二、锯齿前角对 3 种实木切削力的影响

锯齿前角发生变化时，对杉木、樟子松、水曲柳 3 种实木的切削力可通过实验的方法进行分析和总结。

（一）实验条件

在考察不同刀具前角 γ 对切削力的影响时，可取其他参数为定值。3 种实木切削方向均为端向垂直年轮切削；锯齿后角 α 为 15°；刃口锋利；试件气干，含水率 9%；切削量 d=0.250mm；切削速度 V=5.89m/s（夹盘转速 n＝150r/min）。刀具前角 γ 选择 10°、15°、20°三个等级进行切削力实验。

（二）不同锯齿前角时的切削力曲线

将信号分析仪记录的输出电压转存到计算机，在 EXCEL 环境中转化为切削力并进行整理，得到不同前角时切削力曲线，如图 7-23～图 7-25 所示。

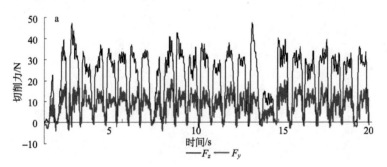

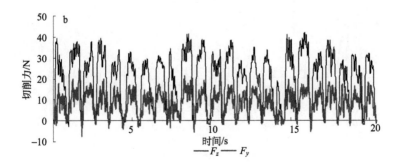

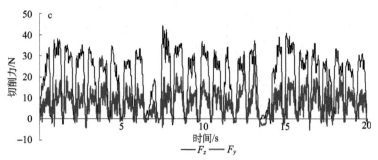

图 7-23　不同刀具前角时杉木的切削力曲线（彩图请扫封底二维码）

a. $\gamma=10°$；b. $\gamma=15°$；c. $\gamma=20°$

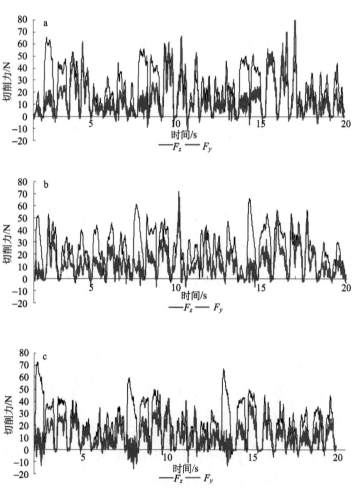

图 7-24　不同刀具前角时樟子松的切削力曲线（彩图请扫封底二维码）

a. $\gamma=10°$；b. $\gamma=15°$；c. $\gamma=20°$

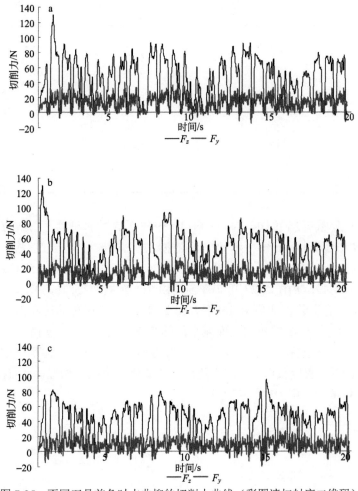

图 7-25　不同刀具前角时水曲柳的切削力曲线（彩图请扫封底二维码）

a. $\gamma=10°$；b. $\gamma=15°$；c. $\gamma=20°$

在切削过程中，由于樟子松较其他两种木材更容易劈裂，因此樟子松的切削力曲线较为杂乱。

（三）不同锯齿前角时的切削力平均值分析

对 3 种木材在不同前角下的切削力曲线进行整理，取平均值，见表 7-9。

刀具前角与主切削力的关系见图 7-26，刀具前角与法向力的关系见图 7-27。

表 7-9　不同锯齿前角时的切削力平均值

材种	前角 $\gamma/(°)$	主切削力 F_z/N	法向力 F_y/N
杉木	10	29.769	11.094

续表

材种	前角 γ/ (°)	主切削力 F_z/N	法向力 F_y/N
杉木	15	28.376	11.098
	20	27.775	10.430
樟子松	10	33.064	15.518
	15	31.037	15.229
	20	30.002	13.942
水曲柳	10	56.917	15.695
	15	55.741	13.197
	20	50.701	9.802

由表 7-9 及图 7-26 可知，前角 γ 在 10°～20°，3 种木材的主切削力平均值均随前角 γ 的增大而减小，其中杉木和樟子松主切削力的减小趋势较缓慢，水曲柳在 γ 由 10°增大到 15°时主切削力 F_z 减小幅度也较小，F_z 均值在 γ 由 15°增大到 20°时减小的趋势比较明显。由图 7-27 可知在前角由 10°增大到 15°时，杉木和樟子松的法向力 F_y 几乎没有变化，前角由 15°增大到 20°时这两个树种的法向力才略有降低，而水曲柳的法向力 F_y 随前角增大而减小的趋势比较明显。

可见在本实验条件下，前角对于切削力的影响针对不同树种存在差异，杉木和樟子松为针叶材，密度较低，切削力随前角的变化规律比较相似，水曲柳为阔叶材，密度较大，前角对切削力的影响较大。

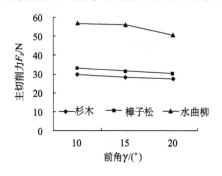

图 7-26　刀具前角与主切削力的关系

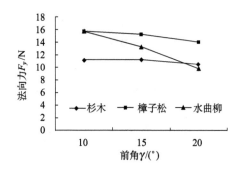

图 7-27　刀具前角与法向力的关系

三、切削速度对 3 种实木切削力的影响

为了考查切削速度对切削力的影响，实验中以切削速度为变量，深入研究切削速度对硬质合金锯齿切削 3 种实木过程中切削力影响的规律。

（一）实验条件

在考查不同切削速度 V 对切削力的影响时，取其他参数为定值。端向垂直年轮切削；锯齿前角 γ 为 10°，后角 α 为 15°；刃口锋利；试件气干，含水率 9%；切削厚度 $d=0.250\text{mm}$。根据电机稳定变速范围，调整夹盘转速从 100～300r/min，分 100r/min、150r/min、200r/min、250r/min、300r/min 5 个等级，对应的线速度分别为 3.925m/s、5.888m/s、7.850m/s、9.813m/s、11.775m/s。

（二）不同切削速度时的切削力曲线

对不同切削速度时各实验点的电压数据进行整理，转化为切削力，得到杉木、樟子松及水曲柳的切削力曲线，分别如图 7-28～图 7-30 所示。在切削速度较低时，每完成一次切削所需的时间相对较长，因此每次切削的波较宽，而每个数据文件所能记录的时间长度一定，故切削速度较低时每个文件记录的波的个数相应减少，在切削速度升高时，每个文件记录的波的个数相应增多。

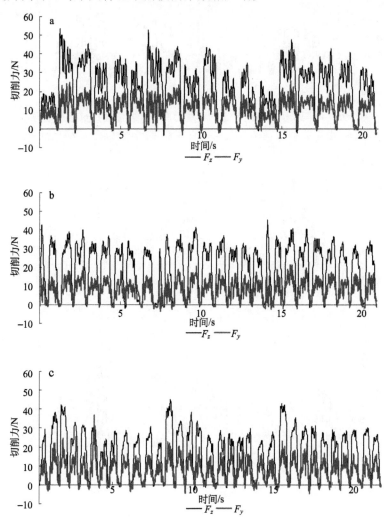

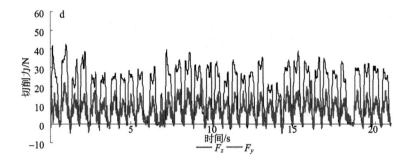

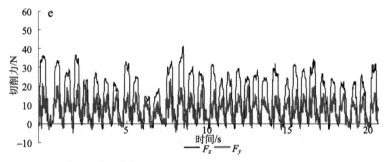

图 7-28　不同切削速度时杉木的切削力曲线（彩图请扫封底二维码）

a. $V=3.925\text{m/s}$；b. $V=5.888\text{m/s}$；c. $V=7.850\text{m/s}$；d. $V=9.813\text{m/s}$；e. $V=11.775\text{m/s}$

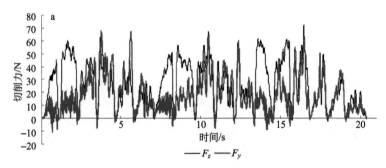

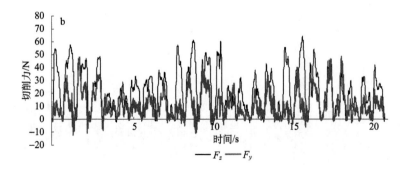

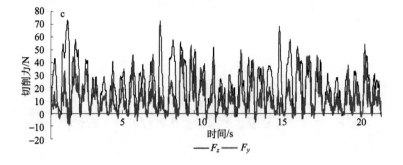

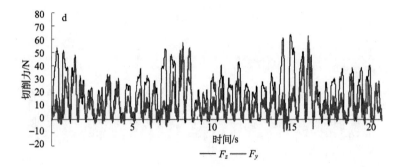

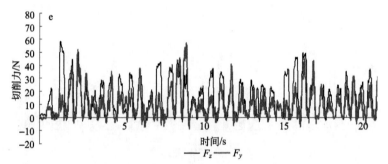

图 7-29　不同切削速度时樟子松的切削力曲线（彩图请扫封底二维码）

a. $V=3.925$m/s；b. $V=5.888$m/s；c. $V=7.850$m/s；d. $V=9.813$m/s；e. $V=11.775$m/s

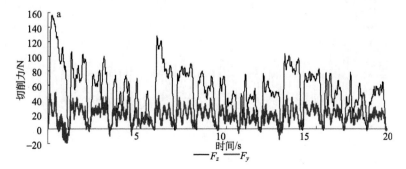

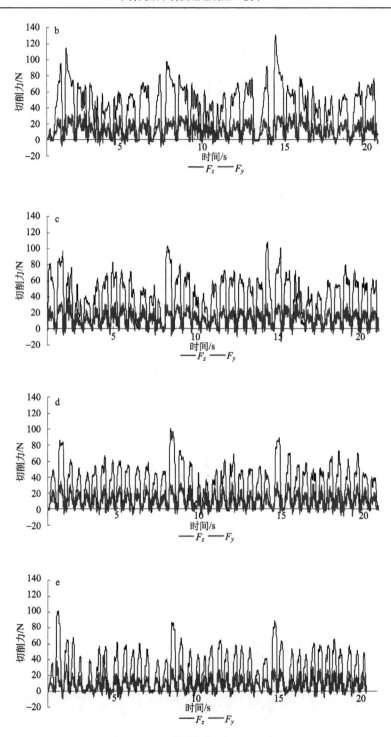

图 7-30 不同切削速度时水曲柳的切削力曲线（彩图请扫封底二维码）

a. $V=3.925$m/s；b. $V=5.888$m/s；c. $V=7.850$m/s；d. $V=9.813$m/s；e. $V=11.775$m/s

（三）不同切削速度时的切削力平均值分析

将不同切削速度下的切削力曲线进行整理,得到3种实木切削力的平均值,见表7-10。

表 7-10　不同切削速度时的切削力平均值

材种	切削速度/（m/s）	主切削力 F_z/N	法向力 F_y/N
杉木	3.925	29.875	13.786
	5.888	29.586	10.937
	7.850	26.470	11.191
	9.813	27.756	10.596
	11.775	26.618	10.713
樟子松	3.925	33.644	16.857
	5.888	30.081	15.444
	7.850	29.939	17.060
	9.813	28.109	15.044
	11.775	25.307	16.171
水曲柳	3.925	63.528	20.683
	5.888	56.310	15.880
	7.850	55.480	16.563
	9.813	48.664	15.430
	11.775	48.630	14.512

将切削速度与主切削力进行线性回归得曲线，如图 7-31 所示，回归方程为

杉木　　$F_z = -0.4252V + 31.398$（$R^2 = 0.6744$）

樟子松　$F_z = -0.9502V + 36.875$（$R^2 = 0.935$）

水曲柳　$F_z = -1.9079V + 69.499$（$R^2 = 0.9088$）

式中，F_z 为主切削力（N）；V 为切削速度（m/s）。

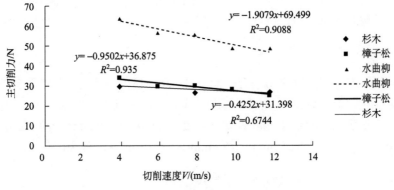

图 7-31　切削速度对主切削力的影响

由图7-31可知,在硬质合金单齿对3种实木进行闭式切削时,在 $V=3\sim12$（m/s）,主切削力随切削速度呈下降趋势,水曲柳的主切削力受切削速度影响比较大,杉木

和樟子松相对不明显。

将切削速度与法向力进行多项式回归得曲线，如图 7-32 所示，樟子松相关系数 $R^2=0.1032$，拟合度差，杉木和水曲柳的回归方程如下：

杉木　　$F_y=0.0942V^2-1.8102V+19.121$（$R^2=0.8575$）

水曲柳　$F_y=0.1104V^2-2.3857V+27.685$（$R^2=0.8246$）

式中，F_y 为法向力（N）；V 为切削速度（m/s）。

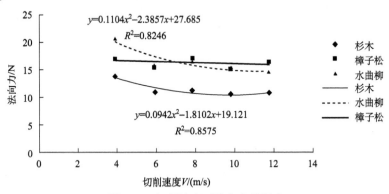

图 7-32　切削速度对法向力的影响

由表 7-10 和图 7-32 可知，切削速度在 $V=3\sim12$（m/s）时，樟子松法向力浮动范围为 15～17N，而杉木和水曲柳法向力在切削速度 V 由 3.925m/s 增加到 5.888m/s 时降低的幅度比较明显，之后降低幅度减缓。

四、切削厚度对 3 种实木切削力的影响

已有的文献表明，切削厚度对于木材切削力影响较大，但对于闭式切削时切削力随切削厚度变化规律的研究甚少。本实验以切削厚度为变量，深入研究切削厚度对切削力影响的规律。

（一）实验条件

在考察不同切削厚度对切削力的影响时，其他参数为定值。端向垂直年轮切削；锯齿前角 γ 为 10°，后角 α 为 15°；刃口锋利；试件气干，含水率 9%；切削速度 $V=5.89$m/s（夹盘转速 $n=150$r/min）。切削厚度 d 为 0.0625～0.5mm，分别取 0.0625mm、0.0938mm、0.125mm、0.250mm、0.375mm、0.500mm 6 个等级。

（二）不同切削厚度时的切削力曲线

对 6 个等级的切削厚度进行切削力实验，将信号分析仪记录的输出电压转存到计算机，在 EXCEL 环境中用系统标定的力与输出电压的关系对原始数据进行整理，得到不同切削厚度 d 时杉木、樟子松、水曲柳切削力曲线，如图 7-33～图 7-35 所示。

　　由图 7-33～图 7-35 可以看出，在切削厚度较小时，3 种实木每次切削的切削力曲线较稳定，而切削厚度较大时，由于发生劈裂，每个锯路内不同次的切削力曲线差异较大。

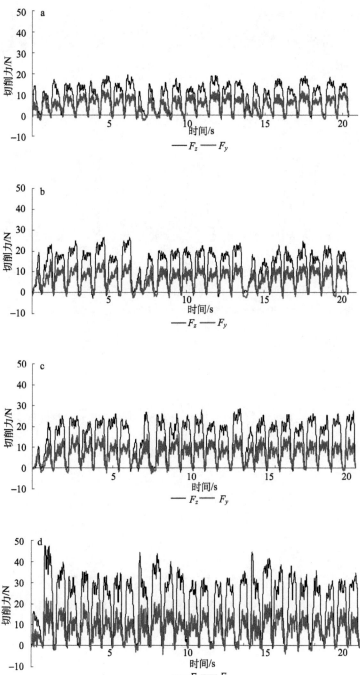

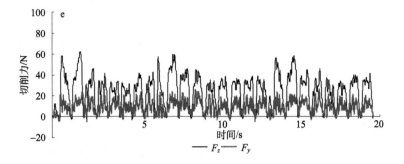

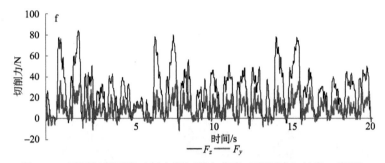

图 7-33 不同切削厚度时杉木的切削力曲线（彩图请扫封底二维码）

a. d=0.0625mm；b. d=0.0938mm；c. d=0.125mm；d. d=0.250mm；e. d=0.375mm；f. d=0.500mm

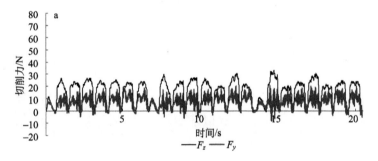

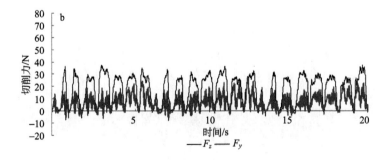

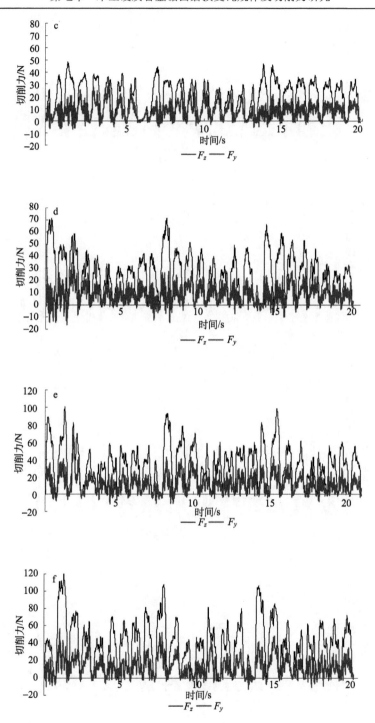

图 7-34　不同切削厚度时樟子松的切削力曲线（彩图请扫封底二维码）

a. d=0.0625mm；b. d=0.0938mm；c. d=0.125mm；d. d=0.250mm；e. d=0.375mm；f. d=0.500mm

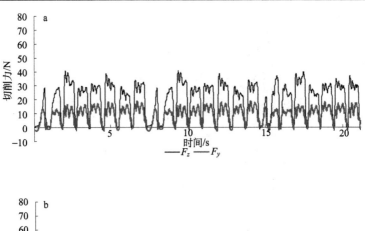

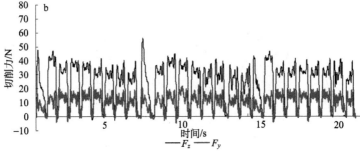

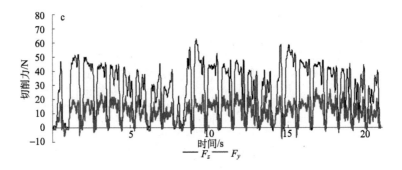

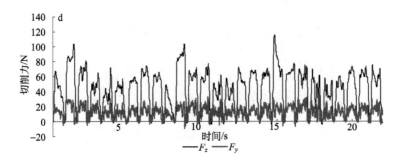

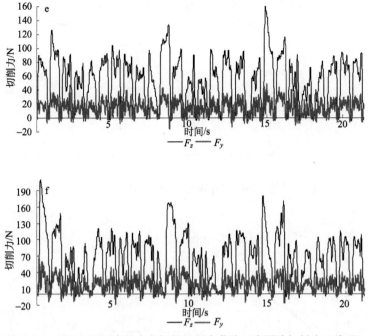

图 7-35　不同切削厚度时水曲柳的切削力曲线（彩图请扫封底二维码）

a. d=0.0625mm；b. d=0.0938mm；c. d=0.125mm；d. d=0.250mm；e. d=0.375mm；f. d=0.500mm

（三）不同切削厚度时的切削力平均值分析

对 3 种木材的切削力曲线进行整理可得到在不同切削厚度时切削力平均值，见表 7-11。

表 7-11　不同切削厚度时的切削力平均值

材种	切削厚度 d/mm	主切削力 F_z/N	法向力 F_y/N
杉木	0.0625	13.887	7.367
	0.0938	18.982	9.319
	0.125	20.919	9.726
	0.250	29.603	11.239
	0.375	33.944	11.856
	0.500	39.569	13.178
樟子松	0.0625	22.243	9.737
	0.0938	27.295	10.008
	0.125	30.162	10.975
	0.250	34.672	15.325
	0.375	45.332	16.519
	0.500	52.861	16.790

续表

材种	切削厚度 d/mm	主切削力 F_z/N	法向力 F_y/N
水曲柳	0.0625	28.796	12.485
	0.0938	32.792	12.752
	0.125	38.174	14.187
	0.250	57.391	15.283
	0.375	71.474	17.461
	0.500	87.583	20.096

将表 7-11 中 3 种木材的切削力分别进行数学回归，可得回归曲线，如图 7-36～图 7-38 所示。

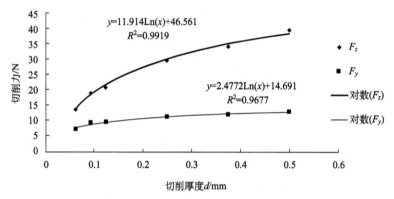

图 7-36　切削厚度对杉木切削力的影响

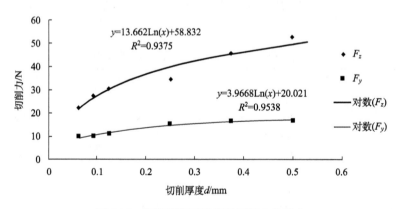

图 7-37　切削厚度对樟子松切削力的影响

由图 7-36 和图 7-37 可知，杉木和樟子松的切削力与切削厚度呈对数关系，且主切削力和法向力都与切削厚度呈正相关。

杉木和樟子松切削力与切削厚度回归方程为

杉木　$F_z = 11.914 \mathrm{Ln}(d) + 46.561$（$R^2 = 0.9919$）

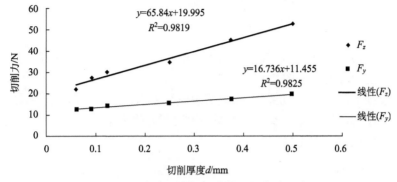

图 7-38　切削厚度对水曲柳切削力的影响

$$F_y=2.4772\mathrm{Ln}(d)+14.691（R^2=0.9677）$$
$$樟子松\ F_z=13.662\mathrm{Ln}(d)+58.832（R^2=0.9375）$$
$$F_y=3.9668\mathrm{Ln}(d)+20.021（R^2=0.9538）$$

式中，F_z 为主切削力（N）；F_y 为法向力（N）；d 为切削厚度（mm）。

如图 7-38 所示，水曲柳的切削力与切削厚度呈比较好的线性关系，回归方程为

$$F_z=65.84d+19.995（R^2=0.9819）$$
$$F_y=16.736d+11.455（R^2=0.9825）$$

式中，F_z 为主切削力（N）；F_y 为法向力（N）；d 为切削厚度（mm）。

五、含水率对 3 种实木切削力的影响

含水率对于平面直角自由切削过程中的切削力影响显著，本实验就含水率对硬质合金锯齿在对杉木、樟子松、水曲柳进行闭式切削过程中的切削力影响进行研究。

（一）实验条件

以含水率为变量考察其对切削力的影响时，其他条件不变，即端向垂直年轮切削锯齿前角 γ 为 10°，后角 α 为 15°；刃口锋利；切削厚度 $d=0.250\mathrm{mm}$；切削速度 $V=5.89\mathrm{m/s}$（夹盘转速 $n=150\mathrm{r/min}$）。

3 种木材的试件加工完成后，每种木材的试件都分为 3 部分，一部分试件保持气干；另一部分直接干燥到含水率接近 5%；剩下的进行常温浸泡，含水率大于 80% 以后，对试件进行干燥，分别干燥至含水率接近 15%、25%、45%、85%，

图 7-39　水分分析仪

这样共得到 6 个等级含水率的试件，进行切削力实验。每个试件切削完成后立即取切削部位的木材用水分分析仪测定其准确含水率并记录，图 7-39 为水分分析仪。

（二）不同含水率时的切削力曲线

对原始数据在 EXCEL 环境中转化为切削力并进行整理，得到在不同含水率时 3 种木材的切削力曲线，见图 7-40～图 7-42。

切削过程中发现含水率越大，劈裂现象越少发生。在图 7-40～图 7-42 中可以看到，含水率越高，每个实验点中不同锯路的切削力曲线越相似，这在樟子松和水曲柳的切削力曲线中更为明显。

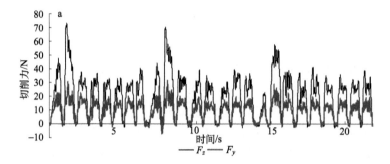

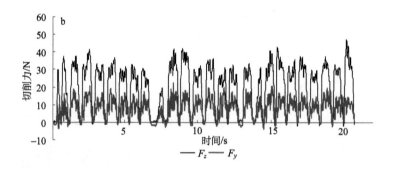

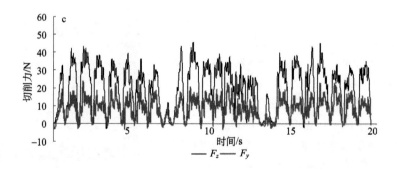

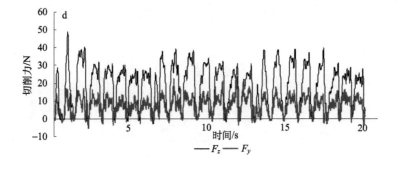

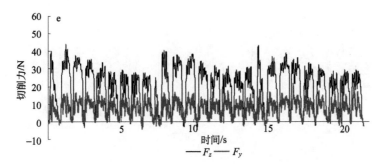

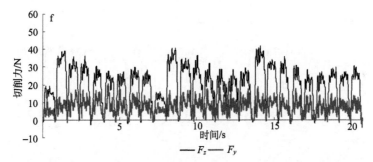

图 7-40　不同含水率时杉木的切削力曲线（彩图请扫封底二维码）

a. 含水率 m=6.04%；b. 含水率 m=8.57%；c. 含水率 m=13.34%；d. 含水率 m=27.63%；e. 含水率 m=47.82%；f. 含水率 m=81.46%

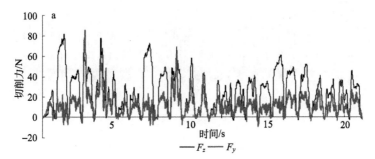

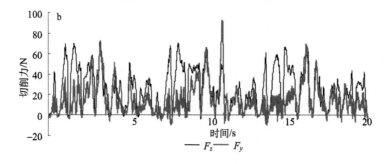

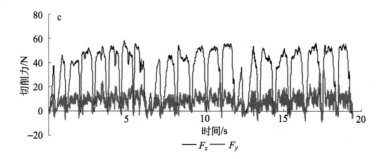

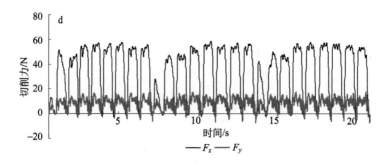

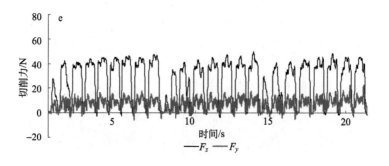

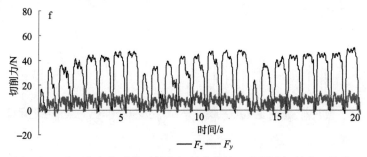

图 7-41　不同含水率时樟子松的切削力曲线（彩图请扫封底二维码）

a. 含水率 m=5.31%；b. 含水率 m=8.66%；c. 含水率 m=13.46%；d. 含水率 m=21.01%；e. 含水率 m=45.88%；f. 含水率 m=89.89%

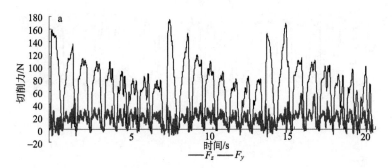

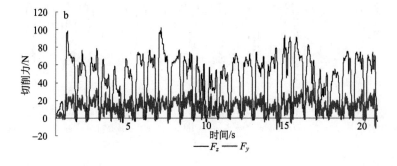

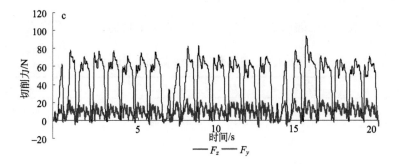

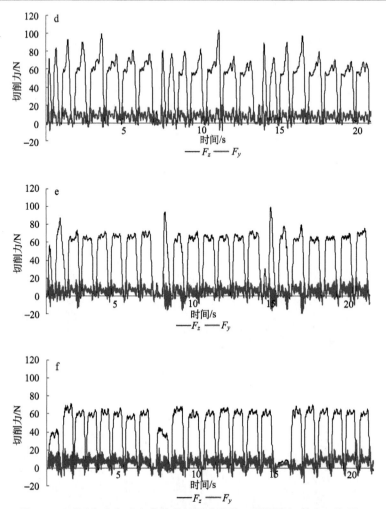

图 7-42　不同含水率时水曲柳的切削力曲线（彩图请扫封底二维码）

a. 含水率 m=6.58%；b. 含水率 m=8.90%；c. 含水率 m=16.16%；d. 含水率 m=22.01%；e. 含水率 m=38.27%；f. 含水率 m=88.01%

（三）不同含水率时的切削力平均值分析

对不同含水率对应的曲线进行整理，获得 3 种木材切削力的平均值，见表 7-12。

表 7-12　不同含水率时的切削力平均值

材种	含水率 m/%	主切削力 F_z/N	法向力 F_y/N
杉木	6.04	31.781	14.326
	8.57	29.732	11.560
	13.34	29.357	11.164
	27.63	28.126	9.667

续表

材种	含水率 m/%	主切削力 F_z/N	法向力 F_y/N
杉木	47.82	26.109	9.310
	81.46	24.732	8.781
樟子松	5.31	33.464	13.593
	8.66	33.671	15.548
	13.46	46.204	10.088
	21.01	50.730	10.429
	45.88	40.648	9.376
	89.89	39.461	7.895
水曲柳	6.58	81.658	19.896
	8.90	56.965	15.034
	16.16	62.794	11.240
	22.01	64.003	6.969
	38.27	66.290	5.495
	88.01	61.395	7.408

根据表 7-12 分别绘制 3 种木材在不同含水率下的切削力变化曲线，见图 7-43～图 7-45。

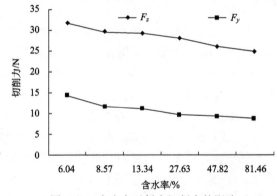

图 7-43　含水率对杉木切削力的影响

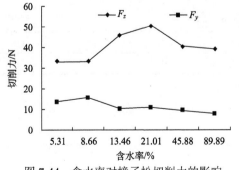

图 7-44　含水率对樟子松切削力的影响

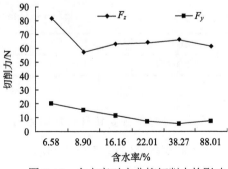

图 7-45　含水率对水曲柳切削力的影响

由表 7-12 和图 7-43 可知，在含水率增大时，杉木的主切削力均值和法向力均值都不断减小。图 7-44 和图 7-45 则表明，在气干到 90％含水率范围内，樟子松和水曲柳在含水率接近纤维饱和点含水率时主切削力比较大。这说明在气干到纤维饱和点含水率之间，随着含水率增加，木材纤维韧性也随之增加，因而所需的切削力也增大；而当含水率超过纤维饱和点含水率后，含水率继续增大，吸附水含量却不再增加，只有自由水含量增加，但对纤维强度和韧性基本没有影响，自由水反而起润滑作用，可以降低刀具与木材纤维之间的摩擦力，因此在纤维饱和点以后主切削力会下降。水曲柳主切削力在含水率为 6.85％时很高，达到 81.658N，这是因为水曲柳的含水率低于实验时的平衡含水率，木材强度有所增加。法向力方面，樟子松的法向力在气干处较高，之后随含水率增加而减小，水曲柳法向力则随含水率增加总体呈下降趋势。

六、锯齿磨损变钝对 3 种实木切削力的影响

实验主要采用经过不同切削长度后而达到不同磨损变钝程度的硬质合金锯齿对杉木、樟子松、水曲柳这 3 种木材进行闭式切削的方法，以研究锯齿磨损变钝对于切削力的影响。

（一）实验条件

在研究锯齿磨损变钝对木材切削力的影响时，其他条件作为固定因子保持不变，即端向垂直年轮切削；锯齿前角 γ 为 10°，后角 α 为 15°；试件气干，含水率接近 9％；切削速度 V=5.89m/s（夹盘转速 n=150r/min）；切削厚度 d=0.250mm。

实验所用的锯齿为经过中密度纤维板磨损的锯齿，切削总长度分别为 5000m、10 000m、30 000m、50 000m、70 000m，另外再装设一个未经磨损的锋利锯齿，即切削长度为 0m。本章第一节的研究结果表明，锯齿磨损变钝程度随切削长度的增加而增加，且表征锯齿磨损变钝程度的各参数变化规律很相似，为方便起见，用负间隙 C 来代表这 6 个锯齿的磨损变钝程度。参照本章第一节，切削长度与负间隙 C 的对应关系见表 7-13。切削长度为 0m 的锯齿，认为其负间隙 C 为 0。

表 7-13　切削长度与负间隙 C

切削总长度/m	0	5 000	10 000	30 000	50 000	70 000
负间隙 C/μm	0	23	31	37	40	57

（二）锯齿磨损变钝时的切削力曲线

对不同磨损变钝程度的锯齿用于切削杉木、樟子松、水曲柳时所得的原始数据进行整理，再还原为切削力，得到的曲线见图 7-46～图 7-48。

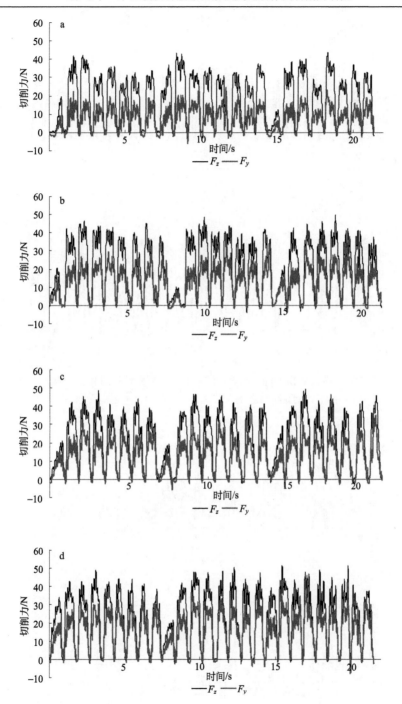

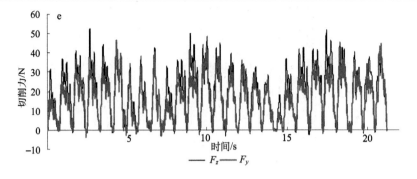

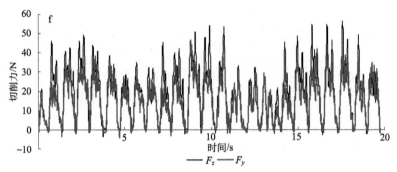

图 7-46　锯齿磨损变钝时杉木切削力曲线（彩图请扫封底二维码）

a. $C=0\mu m$；b. $C=23\mu m$；c. $C=31\mu m$；d. $C=37\mu m$；e. $C=40\mu m$；f. $C=57\mu m$

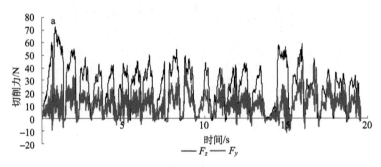

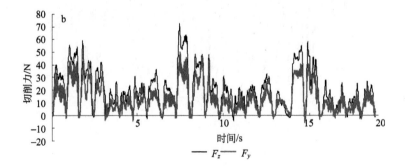

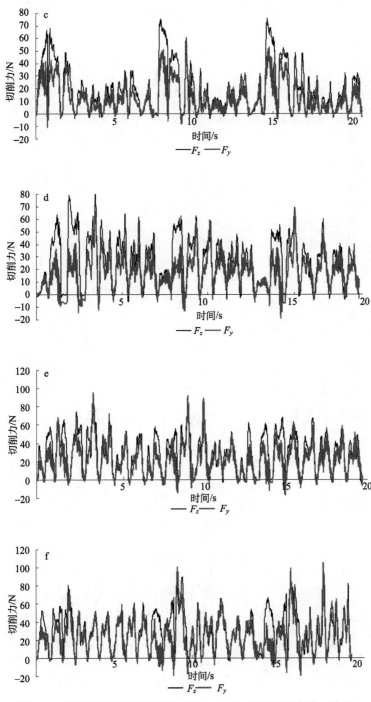

图 7-47　锯齿磨损变钝时樟子松切削力曲线（彩图请扫封底二维码）

a. $C=0\mu m$；b. $C=23\mu m$；c. $C=31\mu m$；d. $C=37\mu m$；e. $C=40\mu m$；f. $C=57\mu m$

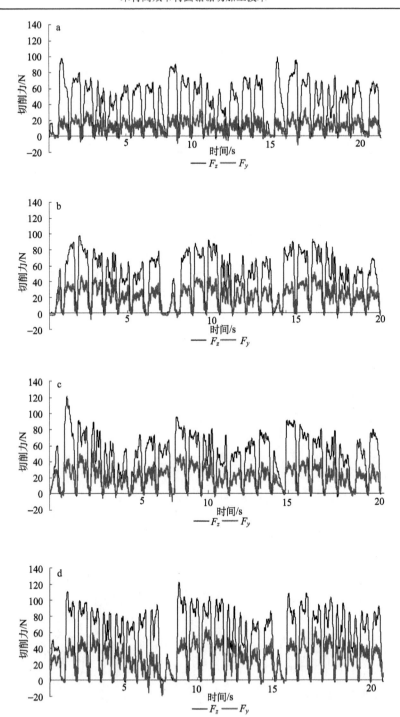

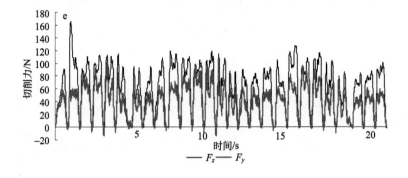

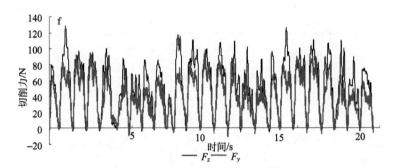

图 7-48　锯齿磨损变钝时水曲柳切削力曲线（彩图请扫封底二维码）

a. $C=0\mu m$；b. $C=23\mu m$；c. $C=31\mu m$；d. $C=37\mu m$；e. $C=40\mu m$；f. $C=57\mu m$

（三）锯齿磨损变钝时的切削力平均值分析

对不同磨损变钝程度的锯齿用于切削杉木、樟子松和水曲柳时的切削力曲线进行整理，得到平均值，见表 7-14。

根据表 7-14，得到主切削力与法向力随负间隙 C 变化的曲线，见图 7-49 和图 7-50。

表 7-14　锯齿磨损变钝时的切削力平均值

材种	负间隙 $C/\mu m$	主切削力 F_z/N	法向力 F_y/N
杉木	0	29.675	11.863
	23	33.572	18.808
	31	33.027	18.989
	37	34.371	22.693
	40	29.949	24.017
	57	30.484	23.261
樟子松	0	34.650	15.488
	23	28.347	18.343
	31	29.930	18.783

续表

材种	负间隙 C/μm	主切削力 F_z/N	法向力 F_y/N
樟子松	37	40.158	24.964
	40	42.251	31.080
	57	42.850	34.858
水曲柳	0	56.831	15.732
	23	61.845	26.468
	31	61.861	26.525
	37	76.372	35.627
	40	82.509	52.274
	57	70.265	50.799

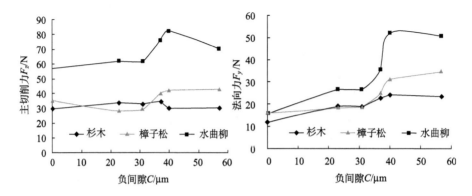

图 7-49　负间隙对主切削力均值的影响　　　　图 7-50　负间隙对法向力均值的影响

　　由图 7-50 可以看出，3 种木材的法向力 F_y 在负间隙 C 由 0μm 增加到 23μm 时迅速增加，而在负间隙 C 由 23μm 增加到 31μm 时 F_y 变化不大，负间隙 C 从 31μm 继续增加到 40μm 时，F_y 又迅速增加。对于主切削力，从理论上分析，锯齿磨钝之后，前角会减小，切削角随之增大，切屑的变形增大，导致切削阻力增大；另外随着锯齿的磨损，后角会减小，后刀面与切削表面之间的摩擦力会增大，也会引起切削阻力增大；此外刀尖变秃后使该部分的应力集中性能大大削弱，切屑的分离发生困难，因此随着锯齿磨损变钝程度的增加，主切削力也应该随之增加。但实验结果显示主切削力均值变化比较复杂，这主要是由于锯齿磨损变钝后，实验过程中试件发生劈裂，从而影响了力的平均值。

　　另一种取均值的方法是取单次连续锯切实验中锯切主切削力的最大值，重复实验 3 次最大值的平均值为纵坐标，以负间隙作为横坐标作图，就可以发现最大值的平均值随负间隙 C 的增大而明显呈增加趋势，且法向力按照同样的方法作图后，其最大值的平均值也随负间隙 C 的增加而增加，且增加幅度较大，分别见表 7-15、图 7-51 和图 7-52。

表 7-15　锯齿磨损变钝时各锯路最大切削力均值

材种	负间隙 C/μm	主切削力 F_z/N	法向力 F_y/N
杉木	0	42.998	20.537
	23	47.875	27.475
	31	48.213	29.994
	37	50.296	32.324
	40	50.403	36.063
	57	53.026	40.252
樟子松	0	62.151	33.483
	23	63.377	44.386
	31	72.501	48.638
	37	73.225	65.732
	40	73.672	80.275
	57	86.561	93.908
水曲柳	0	94.226	32.678
	23	94.315	48.592
	31	102.751	49.366
	37	113.736	63.303
	40	118.374	94.783
	57	123.927	97.234

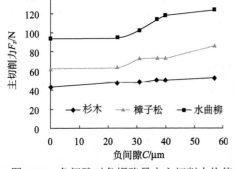 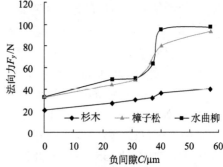

图 7-51　负间隙对各锯路最大主切削力均值的　图 7-52　负间隙对各锯路最大法向力均值的
影响　　　　　　　　　　　　　　　影响

　　不论选择哪种取均值的方式，都可以发现，法向力随锯齿变钝增加十分明显，由此可见法向力对于刀具变钝十分敏感。

七、小结

　　（1）在各实验所用的 3 种木材中，总体来看水曲柳的主切削力和法向力最大，樟子松次之，杉木最小，说明 3 种木材的密度和硬度对主切削力和法向力影响最大。

　　（2）在不同切削方向中，杉木、樟子松及水曲柳的切削力具有明显的各向异性。总体来看 3 种木材端向切削的主切削力均较大，纵向切削力次之，横向切削力较小，但在端向、纵向、横向 3 个大方向中，不同切削面的主切削力在不同树种中变化规律并不一致，种间差异较大，法向力变化比较复杂。

（3）当锯齿前角 γ 为 10°～20°时，3 种木材的主切削力和法向力平均值均随前角 γ 的增大而减小；随着前角增加，杉木和樟子松切削力降低得较缓慢，水曲柳切削力下降明显；前角对于切削力的影响在不同树种中存在差异，杉木和樟子松为针叶材，切削力随前角的变化规律比较相似，水曲柳为阔叶材，前角对切削力的影响较大。

（4）利用硬质合金单齿对 3 种实木进行闭式切削，当夹盘转速 $V=3\sim12$（m/s）时，主切削力随切削速度呈下降趋势，水曲柳的主切削力受切削速度影响比较大，杉木和樟子松相对不明显。主切削力与切削速度呈线性关系，回归方程为

杉木　$F_z=-0.4252V+31.398$（$R^2=0.6744$）

樟子松　$F_z=-0.9502V+36.875$（$R^2=0.935$）

水曲柳　$F_z=-1.9079V+69.499$（$R^2=0.9088$）

樟子松法向力在 15～17N 浮动，杉木和水曲柳的法向力与切削速度呈二次多项式关系，回归方程为

杉木　　$F_y=0.0942V^2-1.8102V+19.121$（$R^2=0.8575$）

水曲柳　$F_y=0.1104V^2-2.3857V+27.685$（$R^2=0.8246$）

（5）切削厚度对切削力有明显影响，切削力随切削厚度增大呈增加趋势。杉木和樟子松的切削力与切削厚度呈对数关系，回归方程为

杉木　$F_z=11.914\mathrm{Ln}(d)+46.561$（$R^2=0.9919$）

　　　$F_y=2.4772\mathrm{Ln}(d)+14.691$（$R^2=0.9677$）

樟子松　$F_z=13.662\mathrm{Ln}(d)+58.832$（$R^2=0.9375$）

　　　　$F_y=3.9668\mathrm{Ln}(d)+20.021$（$R^2=0.9538$）

水曲柳的切削力与切削厚度呈较好的线性关系，回归方程为

$F_z=65.84d+19.995$（$R^2=0.9819$）

$F_y=16.736d+11.455$（$R^2=0.9825$）

（6）含水率对切削力影响显著。含水率增大时，杉木的主切削力均值和法向力均值及水曲柳法向力均值都不断减小；在气干到 90% 含水率范围内，樟子松和水曲柳的主切削力都是先增大然后减小，在含水率接近纤维饱和点含水率时，主切削力比较大；樟子松法向力变化比较复杂；随含水率增加，试件劈裂现象减少。

（7）杉木、樟子松、水曲柳的切削力随负间隙的增加呈增加趋势，法向力受刀具磨损变钝影响较大；锯齿磨损变钝增加时，3 种木材劈裂现象均有增加。

第四节　硬质合金锯齿切削两种人造板时的切削力研究

人造板在装饰、家具、包装等行业中有着广泛的应用，虽然人造板属于木质材料，但切削区材料的变形、切削力、切削温度、刀具磨损等物理现象不同于木材，有其本身的特性，因而切削加工时的动力消耗也不同于木材。本节以中密度纤维板

（简称中纤板）和刨花板这两种最为常用的人造板为研究对象，考察硬质合金锯齿前角、切削速度、切削厚度、含水率及刀具磨损变钝程度对刀具切削力的影响。

一、锯齿前角对中纤板和刨花板切削力的影响

实验以锯齿前角为变量，以其他因素为固定因子来对中纤板和人造板的切削力进行研究。

（一）实验条件

研究锯齿前角对中纤板和刨花板切削力的影响时，其他因素保持不变，即切削方向为沿人造板厚度方向；后角 α 为 15°；切削速度为 5.89m/s；切削厚度为 0.25mm；中纤板含水率为 5.92%，密度为 0.759g/cm³，刨花板含水率为 5.80%，密度为 0.800g/cm³；锐利刀具；锯齿前角 γ 取 10°、15°、20°三个等级。

（二）不同锯齿前角时中纤板和刨花板的切削力曲线

对不同前角时锯齿切削中纤板和刨花板的原始数据进行整理，得到切削力曲线，见图 7-53 和图 7-54。

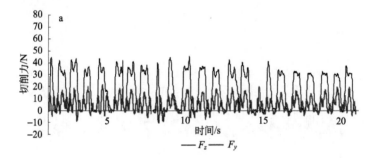

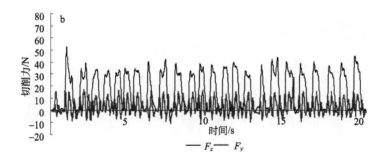

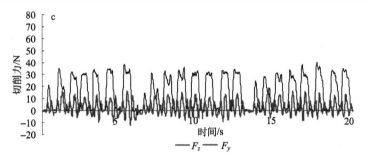

图 7-53　不同前角时中纤板切削力曲线（彩图请扫封底二维码）

a. γ=10°；b. γ=15°；c. γ=20°

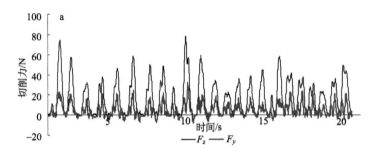

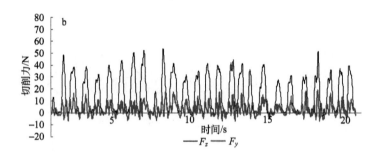

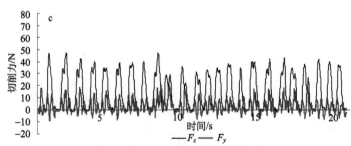

图 7-54　不同前角时刨花板切削力曲线（彩图请扫封底二维码）

a. γ=10°；b. γ=15°；c. γ=20°

（三）不同锯齿前角时中纤板和刨花板切削力平均值分析

对中纤板和刨花板在前角不同时的切削力曲线进行整理，得到切削力均值，见表 7-16、图 7-55 和图 7-56。

表 7-16　不同刀具前角时人造板切削力平均值

材种	前角 $\gamma/$（°）	主切削力 F_z/N	法向力 F_y/N
中纤板	10	34.091	8.678
	15	32.561	4.409
	20	29.392	2.840
刨花板	10	34.488	9.600
	15	31.229	5.750
	20	30.997	4.295

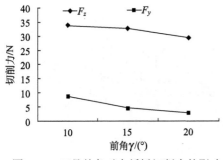

图 7-55　刀具前角对中纤板切削力的影响

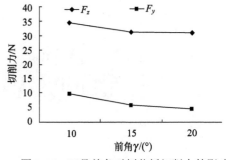

图 7-56　刀具前角对刨花板切削力的影响

由表 7-16 可知，中纤板和刨花板切削力差别不大。图 7-55 和图 7-56 表明，这两种人造板的主切削力和法向力都随前角的增大而减小，与 3 种实木的趋势相同。在前角 γ 由 10°增大到 20°时，中纤板主切削力减小了 13.8%，刨花板主切削力减小了 10%，而中纤板和刨花板的法向力分别减小了 67.3%和 55.3%。可见，锯齿前角对这两种人造板法向力影响更明显。

二、切削速度对中纤板和刨花板切削力的影响

（一）实验条件

研究切削速度对中纤板和人造板切削力的影响时，其他因素保持不变，即切削方向为沿人造板厚度方向；前角 γ 为 10°，后角 α 为 15°；切削厚度为 0.250mm；中纤板含水率 5.92%，刨花板含水率 5.80%；锐利刀具。根据电机稳定调速范围，可调整夹盘转速为 100～300r/min，分 100r/min、150r/min、200r/min、250r/min、300r/min 五个等级，对应的线速度分别为 3.925m/s、5.888m/s、7.850m/s、9.813m/s、11.775m/s。

（二）不同切削速度时中纤板和刨花板的切削力曲线

对不同切削速度时切削中纤板和刨花板的原始数据进行整理,得到切削力曲线,见图 7-57 和图 7-58。

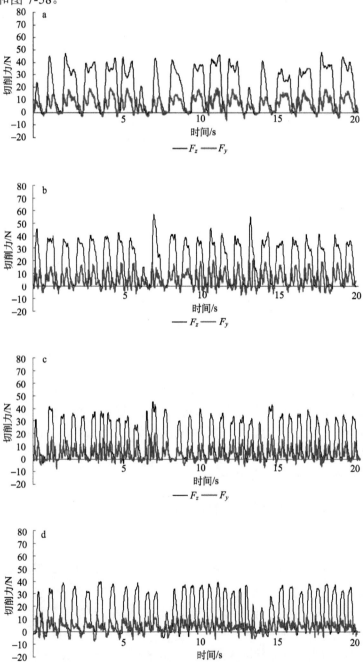

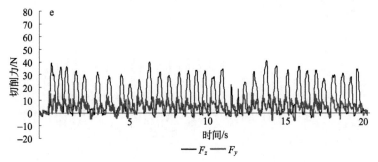

图 7-57　不同切削速度时中纤板的切削力曲线（彩图请扫封底二维码）

a. $V=3.925$m/s；b. $V=5.888$m/s；c. $V=7.850$m/s；d. $V=9.813$m/s；e. $V=11.775$m/s

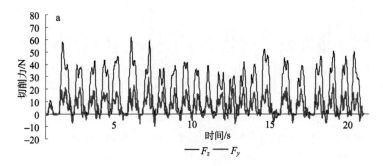

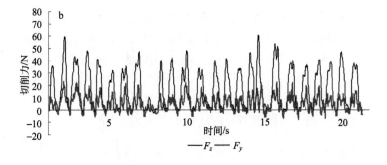

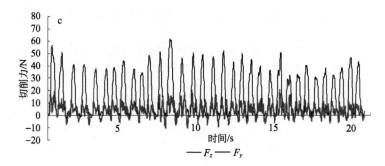

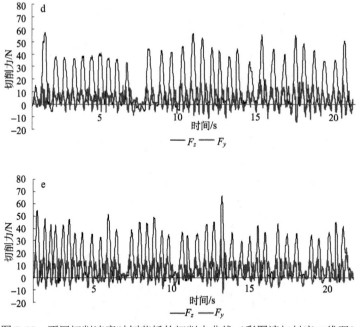

图 7-58　不同切削速度时刨花板的切削力曲线（彩图请扫封底二维码）

a. $V=3.925$m/s；b. $V=5.888$m/s；c. $V=7.850$m/s；d. $V=9.813$m/s；e. $V=11.775$m/s

从图 7-57a 和图 7-58a 可以看到，在切削速度较低时，中纤板和刨花板的主切削力在每次切削中均先增大，然后降低，最后又增大，这是由于中纤板和刨花板表层致密、芯层较疏松。同时在每次切削中，主切削力 F_z 大小的变化会引起法向力 F_y 的变化，F_z 的波谷与 F_y 波峰对应，但在速度较高时这种规律不明显。另外，在切削速度较大时，切削力波形已经不是矩形波，而是类似三角形波，这是由于切削速度太快，一次切削中切削力还来不及起伏波动就完成了切削。

（三）不同切削速度时中纤板和刨花板切削力平均值分析

对不同切削速度时中纤板和刨花板切削力曲线进行整理，得到平均值，见表 7-17。

表 7-17　不同切削速度时的人造板切削力平均值

材种	切削速度 $V/$（m/s）	主切削力 F_z/N	法向力 F_y/N
中纤板	3.925	35.483	10.660
	5.888	34.841	8.288
	7.850	33.548	6.733
	9.813	33.479	4.855
	11.775	31.992	5.477
刨花板	3.925	34.978	10.837

续表

材种	切削速度 V/（m/s）	主切削力 F_z/N	法向力 F_y/N
刨花板	5.888	34.912	9.204
	7.850	35.241	6.052
	9.813	35.412	3.535
	11.775	33.208	4.902

根据表 7-17，获得切削速度对中纤板和刨花板切削力影响曲线，见图 7-59 和图 7-60。

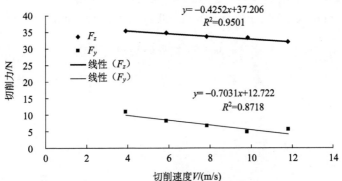

图 7-59　切削速度对中纤板切削力的影响

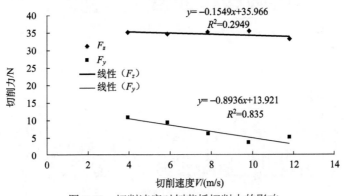

图 7-60　切削速度对刨花板切削力的影响

从图 7-59 和图 7-60 可以看出，纤维板的主切削力和法向力，以及刨花板的法向力都随切削速度的增加呈下降趋势，并与切削速度呈线性关系，刨花板主切削力拟合度较差。

回归方程为

中纤板 $F_z = -0.4252V + 37.206$（$R^2 = 0.9501$）

中纤板 $F_y = -0.7031V + 12.722$（$R^2 = 0.8718$）

刨花板 $F_z = -0.1549V + 35.966$（$R^2 = 0.2949$）

刨花板 $F_y = -0.8936V + 13.921$ （$R^2 = 0.835$）

式中，F_z 为主切削力（N）；F_y 为法向力（N）；V 为切削速度（m/s）。

三、切削厚度对中纤板和刨花板切削力的影响

（一）实验条件

研究切削厚度对中纤板和人造板切削力的影响时，其他因素保持不变，即切削方向为沿人造板厚度方向；前角 γ 为 10°，后角 α 为 15°；切削速度为 5.89m/s；中纤板含水率为 5.92%，刨花板含水率为 5.80%；锐利刀具。切削厚度 d 为 0.0625～0.5mm 时，取 0.0625mm、0.0938mm、0.125mm、0.250mm、0.375mm、0.500mm 6 个等级。

（二）不同切削厚度时中纤板和刨花板的切削力曲线

对不同切削厚度时切削中纤板和刨花板的原始数据进行整理，得到切削力曲线，见图 7-61 和图 7-62。

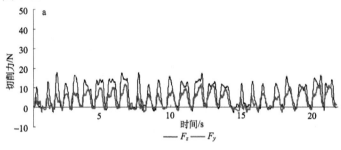

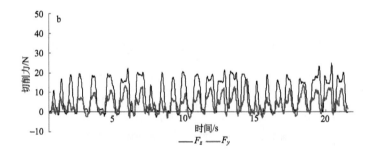

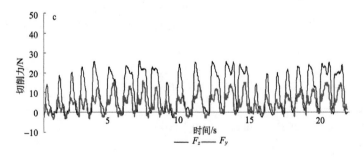

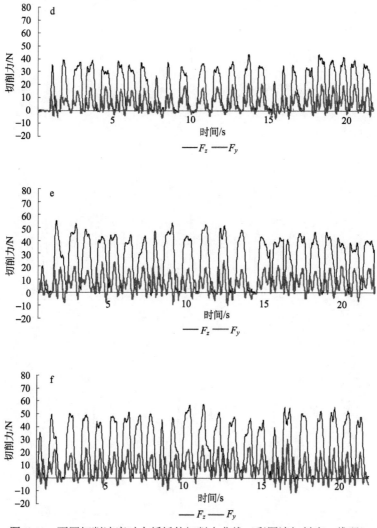

图 7-61　不同切削速度时中纤板的切削力曲线（彩图请扫封底二维码）

a. d＝0.0625mm；b. d＝0.0938mm；c. d＝0.125mm；d. d＝0.250mm；e. d＝0.375mm；f. d＝0.500mm

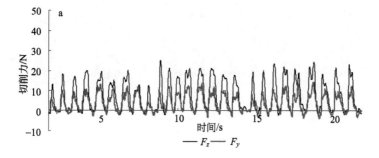

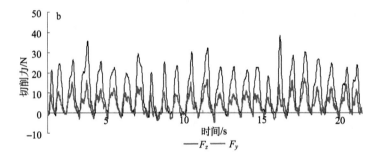

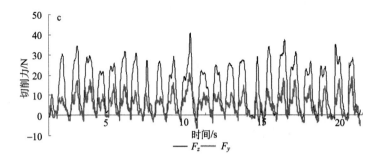

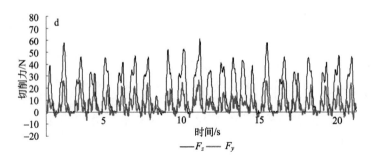

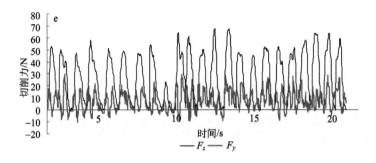

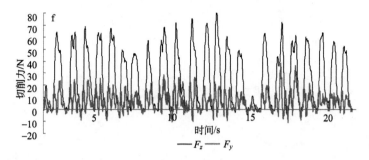

图 7-62 不同切削速度时刨花板的切削力曲线（彩图请扫封底二维码）

a. $d=0.0625$mm；b. $d=0.0938$mm；c. $d=0.125$mm；d. $d=0.250$mm；e. $d=0.375$mm；f. $d=0.500$mm

（三）不同切削厚度时中纤板和刨花板切削力平均值分析

对不同切削厚度时中纤板和刨花板的切削力曲线进行整理，得到平均值，见表 7-18。

表 7-18 不同切削厚度时人造板切削力平均值

材种	切削厚度 d/mm	主切削力 F_z/N	法向力 F_y/N
中纤板	0.0625	12.322	6.899
	0.0938	17.358	7.471
	0.125	20.680	8.057
	0.25	34.262	8.252
	0.375	40.472	8.801
	0.5	43.077	9.997
刨花板	0.0625	16.358	8.058
	0.0938	19.361	7.905
	0.125	24.210	8.682
	0.25	34.196	9.338
	0.375	46.166	9.472
	0.5	52.237	9.510

由表 7-18 可以看出，中纤板和刨花板的主切削力及法向力都随切削厚度增加而增加。随着切削厚度的增加，这两种人造板主切削力增加的速度都较快，法向力增加幅度不大。将表 7-18 中的数据进行数学回归，得回归曲线，如图 7-63 和图 7-64 所示。由回归方程可知，切削厚度与切削力呈二次多项式关系，回归方程为

中纤板 $F_z=-174.66d^2+167.53d+2.7773$（$R^2=0.9989$）

中纤板 $F_y=1.8231d^2+4.9529d+6.9392$（$R^2=0.9258$）

刨花板 $F_z=-75.441d^2+125.27d+8.7803$（$R^2=0.9966$）

刨花板 $F_y = -14.063d^2 + 11.41d + 7.2816$（$R^2 = 0.9322$）

式中，F_z 为主切削力（N）；F_y 为法向力（N）；V 为切削速度（m/s）。

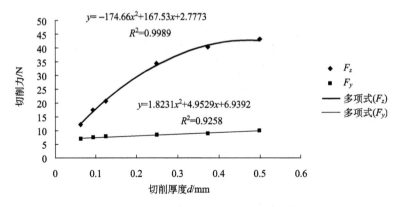

图 7-63　切削厚度对中纤板切削力的影响

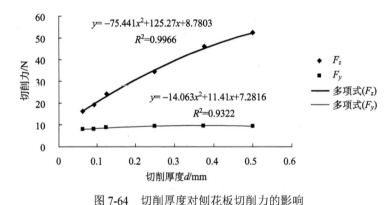

图 7-64　切削厚度对刨花板切削力的影响

四、含水率对中纤板和刨花板切削力的影响

（一）实验条件

研究含水率对中纤板和刨花板切削力的影响时，其他因素保持不变，即切削方向为沿人造板厚度方向；前角 γ 为 10°，后角 α 为 15°；切削速度为 5.89m/s；切削厚度为 0.250mm；锐利刀具。将进行含水率切削实验的中纤板和刨花板试件分别分成 3 份，一份试件不做任何处理，另两份试件放入下部盛有水的密闭容器中吸湿，5天后取出一份试件，10 天后取出另一份试件，试件取出后均放入密封袋中平衡 5～7天，这样得到 3 个等级含水率的试件。经过切削力实验后立即取下试件，取切削区域的小片板材用水分分析仪测量含水率并记录。经测定，中纤板含水率分别为5.92%、11.61%、17.45%，刨花板含水率分别为 5.80%、11.63%、17.61%。

（二）不同含水率时中纤板和刨花板的切削力曲线

将 3 个等级含水率对应的中纤板和刨花板的实验数据进行整理，得到切削力曲线，见图 7-65 和图 7-66。

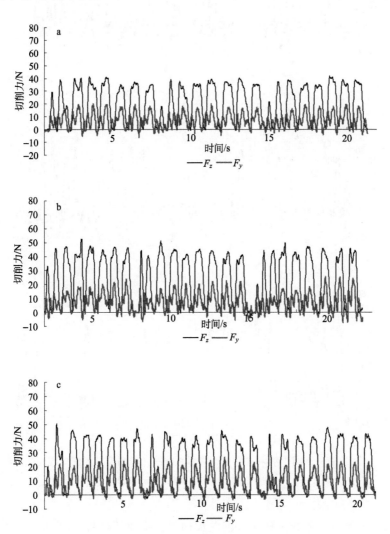

图 7-65　不同含水率时中纤板切削力曲线（彩图请扫封底二维码）

a. m=5.92%；b. m=11.61%；c. m=17.45%

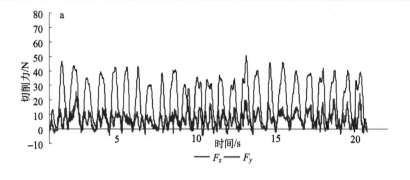

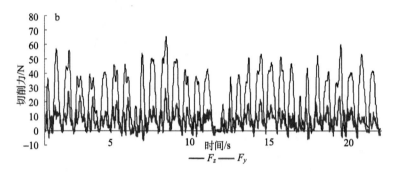

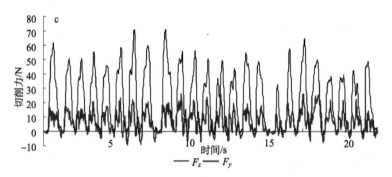

图 7-66　不同含水率时刨花板切削力曲线（彩图请扫封底二维码）

a. m=5.80%；b. m=11.63%；c. m=17.61%

（三）不同含水率时中纤板和刨花板切削力平均值分析

对各含水率 m（%）对应的试材经过正常切削后获得的切削力曲线进行整理并取平均值，见表 7-19、图 7-67 和图 7-68。

表 7-19　不同含水率时人造板切削力平均值

材种	含水率 m/%	主切削力 F_z/N	法向力 F_y/N
中纤板	5.92	34.324	8.612
	11.61	40.313	10.197
	17.45	40.096	14.823
刨花板	5.80	34.501	9.656
	11.63	40.636	10.092
	17.61	43.202	11.503

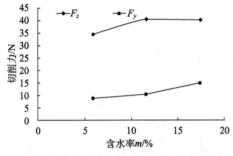

图 7-67　含水率对中纤板切削力的影响

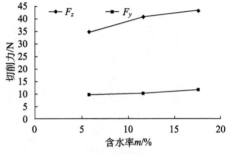

图 7-68　含水率对刨花板切削力的影响

由表 7-19、图 7-67 和图 7-68 可知，当含水率为 5%～18% 时，中纤板和刨花板的主切削力及法向力都随含水率的增加而增加，中纤板主切削力增加了 16.5%，法向力增加了 72.1%，刨花板主切削力增加了 25.6%，法向力增加了 19.1%。

五、锯齿磨损变钝程度对中纤板和刨花板切削力的影响

（一）实验条件

在研究锯齿磨损变钝对中纤板和刨花板切削力的影响时，其他条件作为固定因子保持不变，即切削方向为沿人造板厚度方向；前角 γ 为 10°，后角 α 为 15°；切削速度为 5.89m/s；中纤板含水率为 5.92%，刨花板含水率为 5.80%；切削厚度 d=0.250mm。

用负间隙 C 来代表这 6 个锯齿的磨损变钝程度，切削长度与负间隙 C 的对应关系见图 7-8。切削长度为 0m 的锯齿，认为其负间隙 C 为 0。

（二）锯齿磨损变钝时的中纤板和刨花板的切削力曲线

对不同磨损变钝程度的锯齿切削中纤板、刨花板时的原始数据进行整理，还原为切削力，得到曲线图（图 7-69，图 7-70），由图中可见，随着锯齿磨损变钝程度的增加，切削力增加比较明显。

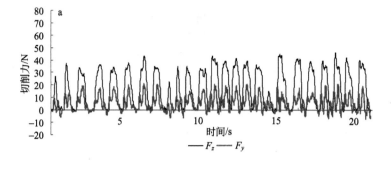

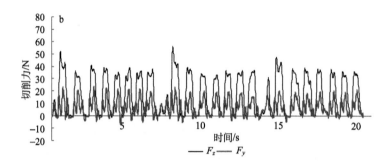

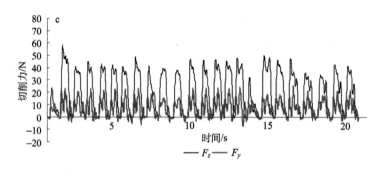

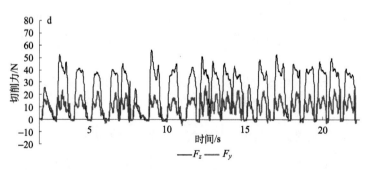

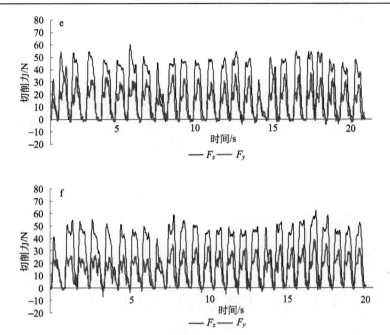

图 7-69 锯齿磨损变钝时中纤板切削力曲线（彩图请扫封底二维码）

a. $C=0\mu m$；b. $C=23\mu m$；c. $C=31\mu m$；d. $C=37\mu m$；e. $C=40\mu m$；f. $C=57\mu m$

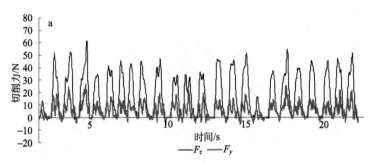

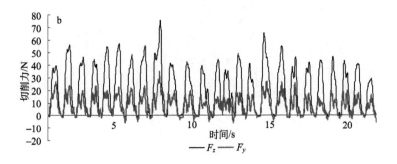

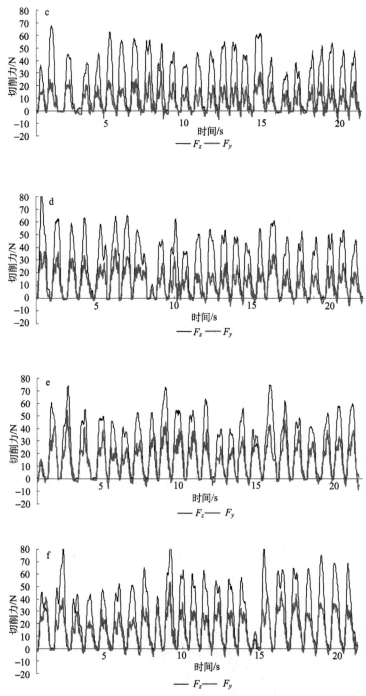

图7-70 锯齿磨损变钝时刨花板切削力曲线（彩图请扫封底二维码）

a. $C=0\mu m$; b. $C=23\mu m$; c. $C=31\mu m$; d. $C=37\mu m$; e. $C=40\mu m$; f. $C=57\mu m$

（三）锯齿磨损变钝程度时的中纤板和刨花板切削力平均值分析

对不同磨损变钝程度的锯齿用于切削中纤板和刨花板时的切削力曲线进行整理，得到平均值，见表 7-20。

表 7-20 锯齿磨损变钝程度时的人造板切削力平均值

材种	负间隙 $C/\mu m$	主切削力 F_z/N	法向力 F_y/N
中纤板	0	34.279	8.708
	23	34.237	10.712
	31	35.629	10.648
	37	38.825	13.243
	40	44.692	22.719
	57	46.647	22.431
刨花板	0	34.024	9.449
	23	41.937	14.124
	31	43.740	14.689
	37	45.400	19.613
	40	46.470	26.059
	57	49.627	26.548

根据表 7-20 中的数据绘制负间隙对中纤板和刨花板的切削力影响曲线，如图 7-71 和图 7-72 所示。

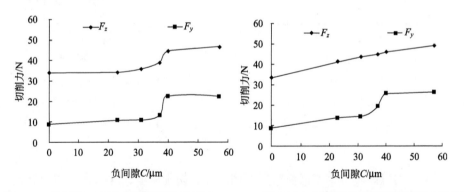

图 7-71 负间隙 C 对中纤板切削力的影响　　　　图 7-72 负间隙 C 对刨花板切削力的影响

由图 7-71 和图 7-72 可见，刨花板主切削力随负间隙 C 的增加而不断增加，中纤板主切削力、法向力及刨花板法向力随负间隙 C 变化规律类似，切削力均值变化曲线都是先缓慢上升，再急剧增加，然后又趋于平缓，在 C 处于 31～40μm 时，中纤板主切削力、法向力及刨花板法向力迅速增加。在实验过程中，当负间隙 $C=40\mu m$ 和 $C=57\mu m$ 时中纤板和刨花板均发生比较明显的劈裂，这与杉木、水曲柳相似，所以 C 在 40μm 以后，中纤板主切削力、法向力及刨花板法向力变化不大。

取各锯路最大切削力的均值，见表 7-21、图 7-73 和图 7-74，主切削力和法向力

也都随负间隙 C 增加而呈增加趋势。

表 7-21　锯齿磨损变钝时人造板各锯路最大切削力均值

材种	负间隙 $C/\mu m$	主切削力 F_z/N	法向力 F_y/N
中纤板	0	44.350	20.762
	23	51.870	21.421
	31	52.254	22.116
	37	53.147	23.792
	40	56.858	33.221
	57	58.633	33.278
刨花板	0	54.172	24.334
	23	56.086	24.546
	31	59.023	26.583
	37	62.967	35.655
	40	73.789	45.917
	57	83.183	45.292

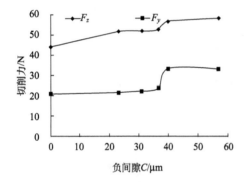

图 7-73　负间隙 C 对中纤板各锯路
最大主切削力均值的影响

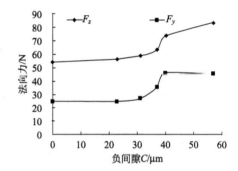

图 7-74　负间隙 C 对刨花板各锯路
最大法向力均值的影响

六、小结

本节分别以硬质合金锯齿前角、切削速度、切削厚度、含水率及锯齿磨损变钝程度为变量，对切削力的影响进行单因素研究，结论如下。

（1）中纤板和刨花板切削力随前角的增大而减小，锯齿前角对这两种人造板法向力影响更明显。

（2）在低速切削时，中纤板和刨花板的主切削力在每次切削中均先增大，然后降低，最后又增大，高速切削时这种规律不明显；刨花板主切削力随切削速度变化不大；纤维板的主切削力和法向力，以及刨花板的法向力都随切削速度的增加呈下降趋势，并与切削速度呈线性关系。回归方程为

中纤板 $F_z= -0.4252V+37.206$（$R^2=0.9501$）

中纤板 $F_y = -0.7031V + 12.722$（$R^2 = 0.8718$）

刨花板 $F_z = -0.1549V + 35.966$（$R^2 = 0.2949$）

刨花板 $F_y = -0.8936V + 13.921$（$R^2 = 0.835$）

（3）中纤板和刨花板的主切削力及法向力都随切削厚度增加而增加。随着切削厚度的增加，这两种人造板主切削力增加的幅度都较快，法向力增加幅度不大。切削厚度与切削力呈二次多项式关系，回归方程为

中纤板 $F_z = -174.66d^2 + 167.53d + 2.7773$（$R^2 = 0.9989$）

中纤板 $F_y = 1.8231d^2 + 4.9529d + 6.9392$（$R^2 = 0.9258$）

刨花板 $F_z = -75.441d^2 + 125.27d + 8.7803$（$R^2 = 0.9966$）

刨花板 $F_y = -14.063d^2 + 11.41d + 7.2816$（$R^2 = 0.9322$）

（4）含水率为5%～18%时，中纤板和刨花板的主切削力及法向力都随含水率的增加而增加。

（5）刨花板主切削力随负间隙 C 的增加而不断增加，中纤板主切削力、法向力及刨花板法向力随负间隙 C 变化规律类似。

第五节　本　章　小　结

本章主要研究了木工硬质合金锯齿在闭式切削过程中的磨损变钝规律及切削力。首先以中密度纤维板为切削材料，对硬质合金单个锯齿进行磨损实验，研究了其在切削过程中的磨损变钝情况，分析了负间隙、刃口缩短量、后刀面磨损区宽度、前刀面磨损量、后刀面磨损量等参数随切削长度的变化规律；然后以切削方向、锯齿前角、切削速度、切削厚度、含水率及锯齿磨损变钝程度为变量，用单因素实验方法对硬质合金锯齿在切削 3 种实木和 2 种人造板过程中的切削力进行了研究，并归纳出各实验所获得的主要研究结果，为以后的相关研究工作提出建议和展望。

现将本章通过实验研究所得的主要结论总结如下。

（1）以中密度纤维板为切削材料对硬质合金锯齿进行磨损实验，结果表明，负间隙 C、C'、刃口缩短量 A_α、后刀面磨损区宽度 E'、前刀面磨损量 M_y、后刀面磨损量 M_a 等参数都随切削长度增加而增加，锯齿后刀面的磨损远大于前刀面磨损；测量数据同时表明，实验中刀头磨损变钝明显经历了初期磨损阶段和正常磨损阶段。

（2）在硬质合金锯齿对杉木、樟子松、水曲柳进行闭式切削过程中，总体来看水曲柳的主切削力和法向力最大，樟子松次之，杉木最小。

（3）在不同切削方向时，杉木、樟子松、水曲柳切削力存在明显各向异性。3 种木材端向切削的主切削力均较大，纵向次之，横向较小。在同向不同面时，主切削力在不同树种中变化规律不一致，种间差异较大；法向力变化比较复杂。

（4）锯齿前角 γ 为 10°～20° 时，杉木、樟子松、水曲柳 3 种木材的主切削力和法向力平均值均随前角 γ 的增大而减小。随前角 γ 的增加，杉木和樟子松切削力降

低的幅度较缓慢，变化规律比较相似，水曲柳切削力下降明显。

（5）切削速度为 3～12m/s 时，对水曲柳的主切削力影响较大，对杉木和樟子松主切削力影响较小，但 3 种实木主切削力均随切削速度呈下降趋势。主切削力与切削速度呈线性关系：

$$F_z = av + b$$

杉木和水曲柳的法向力与切削速度呈二次多项式关系：

$$F_y = av^2 + bv + c$$

（6）实验结果表明，切削厚度对杉木、樟子松、水曲柳 3 种实木切削力有明显影响，切削力随切削厚度变大呈增加趋势。杉木和樟子松的切削力与切削厚度呈对数关系：

$$F = a \ln d + b$$

水曲柳的切削力与切削厚度呈线性关系：

$$F = ad + b$$

（7）含水率对杉木、樟子松、水曲柳切削力有明显影响。含水率增大时，杉木的主切削力均值和法向力均值及水曲柳法向力均值都不断减小。在气干到 90% 含水率范围内，樟子松和水曲柳的主切削力都是先增大然后减小，在含水率接近纤维饱和点含水率时主切削力比较大。樟子松法向力变化比较复杂。随含水率增加，试件劈裂现象减少。

（8）锯齿磨损变钝对不同材种切削力有明显影响。杉木、樟子松、水曲柳的切削力随着代表锯齿磨损变钝参数的负间隙的增加呈增加趋势，法向力随锯齿磨损变钝增加尤为明显；锯齿磨损变钝增加时，劈裂现象有所增加。

（9）中密度纤维板和刨花板切削力随前角的增大而减小，锯齿前角对这两种人造板法向力影响更加明显。

（10）刨花板主切削力随切削速度变化不大；纤维板的主切削力和法向力，以及刨花板的法向力都随切削速度的增加呈下降趋势，并与切削速度呈线性关系：

$$F = av + b$$

（11）中纤板和刨花板的主切削力及法向力都随切削厚度增加而增加。随着切削厚度的增加，这两种人造板主切削力增加的趋势都较快，法向力增加幅度不大。切削厚度与切削力呈二次多项式关系：

$$F = ad^2 + bd + c$$

（12）含水率为 5%～18% 时，中纤板和刨花板的主切削力及法向力都随含水率的增加而增加。

（13）刨花板主切削力随负间隙 C 的增加而不断增加，中纤板主切削力、法向力，以及刨花板法向力随负间隙 C 变化规律类似。

第八章 木材锯切加工技术展望

第一节 圆锯片激光冲击适张工艺

一、激光冲击技术

1960 年美国贝尔实验室发明了红宝石激光器，宣告了激光器的诞生，使得激光器成为 20 世纪的四大发明之一。

激光冲击技术就是利用高功率密度（10^9W/cm^2）、短脉冲（ns 级）激光束产生的高压等离子体冲击波冲击金属材料，使金属材料产生塑性变形进而生成预应力场的一种技术。有资料显示，利用激光冲击技术能够使诸如镍基合金等能难变形金属产生塑性变形进而生成预应力场，其中激光能量一般为 10～60J，光斑直径（单次冲击的冲击区域直径）一般为 2～8mm，脉宽一般为 10～60ns。单次冲击过后，冲击区域的应变层深度可达 1～2mm，冲击区域的凹坑深度在几微米到几十微米之间（可忽略不计），冲击区域生成的压应力可达上百兆帕，冲击区域外侧 14mm 范围内生成的拉应力可达几十乃至上百兆帕，并且利用激光冲击技术能够实现金属双面对称同步冲击。

激光冲击技术的原理如图 8-1 所示。其中，吸收保护层的作用主要是保护工件不被激光灼伤并增强对激光能量的吸收，目前常用的吸收保护层材料有黑漆和铝箔等。约束层除了能约束等离子体的膨胀从而提高冲击波的峰值压力外，还能通过对冲击波的反射延长其作用时间，目前常用的约束层材料为流水、K9 玻璃等。

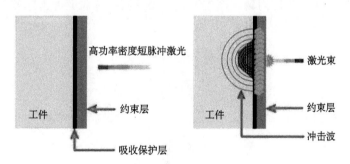

图 8-1　激光冲击技术的原理示意图

激光冲击技术从应用的角度主要分以下两种类型。

1）激光冲击强化技术

激光冲击强化技术就是利用激光冲击技术使得金属零部件局部区域产生塑性变

形，进而使冲击区域（关键承载区域）生成压应力，提高金属零部件的疲劳寿命。激光冲击强化技术的研究始于 20 世纪 70 年代的美国 Battelle Columbus 实验室，美国最早将此技术应用到实际加工与设备维护中。20 世纪 90 年代，在美国政府的支持下，GE、MIC 等公司和有关机构进行了激光冲击强化技术理论与工艺的研究，促进了激光冲击强化技术的快速发展。进入 21 世纪以后，美国为改善激光冲击强化技术付出了巨大的努力，解决了激光冲击强化技术的许多实际应用问题，产生了巨大的经济效益。

2）激光冲击成形技术

强激光产生的冲击波的压力可达到数吉帕（GPa），乃至 TPa（1TPa=1000GPa）量级，激光冲击成形技术就是利用强激光的力学效应来实现金属薄板冷塑性变形的技术。2002 年，美国加利福尼亚大学 Lawrence Livermore 国家实验室 Hachel 等提出利用激光冲击强化装置来实现板料成形的原理和方法。近年来，哥伦比亚大学 Lawrence 开展了关于 LSP 微细加工方面的研究，获得了美国国家科学基金和公司联合资助的项目，建立了可靠的成形预测模型，并获得了一系列实验研究结果。

二、圆锯片激光冲击适张

圆锯片激光冲击适张的核心就是激光冲击技术，它是利用高功率密度（GW/cm²）、短脉冲（ns 级）激光束产生的高压等离子体冲击波冲击圆锯片表面局部区域，使局部区域产生塑性变形进而生成适张应力场的一种技术。

如图 8-2 所示，在圆锯片激光冲击适张的过程中，激光对圆锯片多个局部区域进行双面同步辐照，使吸收保护层吸收激光能量后发生爆炸蒸发汽化，所产生的高压等离子体冲击波对圆锯片多个局部区域进行高压冲击。当冲击波的峰值压力超过圆锯片基体材料的动态屈服强度时，圆锯片多个局部区域就产生塑性变形，进而使得圆锯片内部形成适张应力场，产生适张效果。圆锯片表面冲击区域分布如图 8-3 所示。

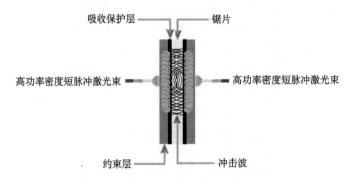

图 8-2　锯片激光冲击适张工艺的原理示意图

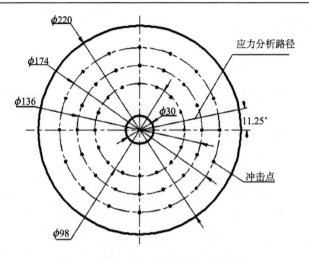

图 8-3　激光冲击适张的冲击区域分布

圆锯片激光冲击适张具有如下优点。

（1）冲击区域和压力可精确调控、精度质量高、易于自动化控制、效率高等，能够弥补锤击、辊压等现有适张工艺的不足。

（2）冲击波的压力可达到吉帕（GPa），乃至 TPa 量级，这是常规的机械加工难以达到的，适张效果好。

（3）激光束单脉冲能量达到几十焦耳，峰值功率达到吉瓦（GW）量级，在 10～20ns 将光能转变成冲击波机械能，实现能量的高效利用。并且由于激光器的重复频率只需几赫兹以下，整个激光冲击系统的负荷仅仅 30kW 左右，属于低能耗的加工方式。

第二节　超高强度圆锯基体的制造技术

当前，以绿色生态、节能环保为基本特征的低碳经济已成为各行各业发展的主要趋势，低碳经济已经成为应对全球气候变暖的全新经济模式，高强度人造板的出现标志着木材加工现代化时期的开始，使过程从单纯改变木材形状发展到改善木材性质。这一发展，不但提高了木材的综合利用率，保护了有限的森林资源，而且对锯切刀具的性能指标提出了更高的要求，主要表现在对锯片基体材料的强度和韧性方面，材料科学技术的发展及相关金属增强技术的问世为锯片基体材料的开发提供了有力的支持。超高强度圆锯片基体的制造技术是圆锯片制造行业未来的发展方向。

超高强度钢现在已发展成为具有广阔应用前景的一类重要钢种，在航空航天、新能源、先进装备制造、国防安全和高速列车等国家重大高新技术领域，均有重大需求。

随着洁净化、微合金和控轧控冷等先进冶金技术在钢铁企业的逐步推广和应用，钢材的品质得到了大幅度提高，发达国家正在研制相当于目前常用钢材抗拉强度数倍的超高强度钢。这种钢具有超细化、超洁净、超均质的组织和成分的特征，以及超高强度和超高韧性的特点。超高强度钢与普通结构钢的强度的界限目前尚无统一规定，习惯上是将室温抗拉强度超过 1400MPa、屈服强度大于 1200MPa 的钢称为超高强度钢。超高强度钢除了要求其超高的抗拉强度外，还要求具有一定塑性和韧性、尽可能小的缺口敏感性、极高的疲劳强度、一定的抗蚀性、良好的工艺性能及低廉的价格等，能够满足国家一些重要领域的特殊需求，如已经大量应用于火箭发动机外壳、飞机起落架、防弹钢板等领域，而且其使用范围正在不断地扩大到建筑、机械制造、车辆及其他军事装备上。因此，超高强度钢不仅是钢铁材料研究的重要方向，而且是未来工程应用中不可替代的重要材料。

第三节　新型刀具材料的发展方向

研制发展新型刀具材料目的在于改善现有刀具材料性能，使其具有更广泛的应用范围；满足新的难加工材料切削加工要求。近年来刀具材料发展与应用的主要方向是发展高性能的新型材料，提高刀具材料的使用性能，增加刃口的可靠性，延长刀具使用寿命，大幅度地提高切削效率，满足各种难加工材料的切削要求。具体方向有如下几种。

（1）开发加入增强纤维的陶瓷材料，进一步提高陶瓷刀具材料的性能。与铁金属相容的增强纤维能够使陶瓷刀片韧性提高，实现直接压制成形带有正前角及断屑槽的陶瓷刀片，使陶瓷刀片能更好地控制切屑。

（2）改进碳化钛、氮化钛基硬质合金材料，提高其韧性及刃口的可靠性，使其能用于半精加工或粗加工。

（3）开发应用新的涂层材料。新的涂层材料用更韧的基体与更硬的刃口组合，采用更细颗粒和改进涂层与基体的黏合性，以提高刀具的可靠性。此外，也需扩大 TiC、TiN、TiCN、TiAlN 等多层高速钢涂层刀具的应用。

（4）推广应用金刚石涂层刀具，扩大超硬刀具材料在机械制造业中的应用。人们期望在硬质合金基体上加一层金刚石薄膜，能获得金刚石的抗磨性，同时又具有最佳刀具形状和极高的抗振性能，这样就能在非铁金属加工中兼备高速切削能力和最佳的刀具形状。

第四节　木工刀具表面微织构减磨技术

木工刀具的切削对象是具有复杂组分的木材和多种木质复合材料，所有刀具在切削过程中刀头及基体都会磨损与发热，刀具磨损依然是制约刀具寿命和切削效率进一步提高的关键因素。因此，降低刀具与木材表面的摩擦系数，提高刀具耐磨性一直是该领域的主要研究课题之一。

在自然界，一些昆虫、蛇、穿山甲、鲨鱼等动物的体表并非是完全光滑的，存在一种几何非光滑特征，其特点是一定几何形状的微小结构单元随机地或规律地分布于体表某些部位，结构单元形状有鳞片型、凸包型、凹坑型、沟槽型等，这些有一定非光滑特征的微观表面形貌（表面微织构）往往具有比光滑表面更小的摩擦阻力。摩擦学和仿生学相关研究和实践表明，良好的表面微织构能起到减小摩擦的作用，可以有效改进表面的摩擦性能和提高表面的承载力。表面微织构属于表面功能结构的一种，是微米级的表面功能结构。它是仿照生物的这些性能在物体表面加工出不同尺寸不同形貌的结构，以此改进物体的物理化学性能，如图 8-4 所示。表面微织构在刀具上的应用是指通过一定的加工方法在刀具的前刀面或者后刀面上加工出具有一定尺寸、形状和排列规则的微小结构阵列，以改善刀具在切削加工时刀屑接触状态和润滑状态，从而提高刀具的切削性能，延长刀具的使用寿命。因木材本身就含有水分，木材切削中有水分参与，特别是在新材采伐、单板旋切和单板刨切时，都有大量的水分参与木材切削。研究木材中的水分与微织构表面相互作用关系，改善木材切削时表面摩擦状态，降低表面摩擦系数，减少刀具磨损，亦可作为木工刀具减磨技术研究方向之一。

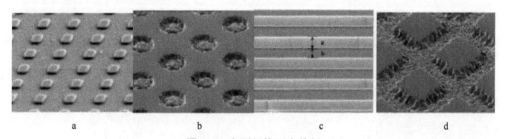

图 8-4　表面织构形态特征

a. 方形凸体；b. 圆形凹坑；c. 平行凹槽；d. 交叉线网状凹槽

第五节　圆锯片适张应力检测技术展望

圆锯片适张应力，本质上讲就是残余应力。通过更加先进的无损应力测试方法来对圆锯片内部的适张应力进行检测是未来的发展方向。目前，扫描电子声显微镜与超声波应力检测技术是残余应力无损检测领域最前沿的技术。

一、扫描电子声显微镜技术

扫描电子声显微镜技术（SEAM）是在扫描电子显微镜的基础上发展起来的一种基于热声效应的无损检测技术。当扫描电子显微镜的探测电子束对样品进行扫描成像时，入射的电子会把入射的能量部分转化成热能，从而使样品表面及亚表面层的温度升高。通过对扫描电子束实现强度调制，从而使样品表面及亚表面周期性加热激发声波（电子声信号）。检测不同位置的声信号的振幅和相位，可分析样品在不同深度的结构、性质和参量，实现分层成像。由于电子束能聚焦得比较细，其成像分辨率优于光声显微镜，特别适合于介观范畴的成像检测。扫描电子声显微镜的分层成像能力独特，可用来对各种固体材料残余应力的三维分布进行研究。但由于从电子声信号的产生到接收是一个复杂的物理过程，关于残余应力分布对电子声信号作用的机理及其理论模型正在进一步的探讨之中。

二、超声波应力检测技术

由于声速的测量精度不断提高，各种自动的高精度声速测量方法越来越完善。目前，超声波应力检测技术大多以固体媒质中应力和声速的相关性为基础，即使超声波直接通过被测媒质，以被测媒质本身作为敏感元件，通过声速的变化反映固体的应力。固体中的声速（C）可由式（8-1）表示：

$$C = \sqrt{\frac{K}{\rho}} \tag{8-1}$$

式中，K 是弹性模量，ρ 是密度。当超声波通过处于应力下的固体传播时，应力对其速度有两种影响，弹性模量和密度随应力变化而改变；通常这两者变化都比较小，至多只有 0.1%。实验证明，声速随应力的变化呈较理想的线性关系。因此，固体中声速的变化能够很好地反映其中的应力情况，并且由此推出，超声波应力测试方法的精度取决于声速测量的灵敏度。目前，自动声速测量的灵敏度可达 $10^{-8} \sim 10^{-7}$，相应的应力分辨率约几兆帕（MPa）。

参 考 文 献

边柯柯, 赵东, 胡诗宇. 2005. 圆锯片辊压适张后应力分布的有限元分析. 力学与实践, 27(6): 61-63.

蔡力平. 1987. 圆锯片和带锯条研究的现状和发展. 木工机床, (1): 12-17, 19.

曹俊卿, 于孟. 2006. 延长热锯片使用寿命的实践. 河北冶金, (1): 50-51.

曹平祥. 1991. 木工刀具磨损变钝的初步研究. 木工机床, (2): 7-14.

曹平祥. 1997. 木材切削力的研究. 木材加工机械, 8 (4): 2-5.

曹平祥. 2003. 薄锯路硬质合金圆锯片应用浅释. 木材加工机械, 14 (3): 9-12.

曹平祥, 郭晓磊. 2015. 木材切削原理与刀具. 北京: 中国林业出版社.

曹平祥, 郝宁仲, 王瑾. 1996. 中密度纤维板切削力的研究. 南京林业大学学报, 20 (2): 75-89.

曹平祥, 王毅, 周兆斌. 2003. 木工刀具磨损机理及抗磨技术. 林产工业, 30 (4): 13-16.

陈捷. 1996. 木制件表面粗糙度. 哈尔滨: 黑龙江教育出版社.

甘新基, 孟庆午. 2004. 木材锯切表面粗糙度的测量. 木材加工机械, 15 (3): 28-29.

耿德旭, 王向东, 胡波, 等. 2003. 适张度的辊压加工及对圆锯片的动态性能影响. 东北电力学院学报, 23 (2): 53-56.

管宁. 1989. 红松、水曲柳木材切削性质的研究. 林业科学, 25 (4): 347-353.

管宁. 1990. 红松水曲柳木材密度与切削阻力关系的研究. 林业科学, 26 (2): 150-155.

管宁. 1991. 11 种针叶树木材密度与切削阻力关系的研究. 林业科学, 27 (6): 630-638.

管宁. 1992. 11 种针叶树材的切削厚度、刀具前角和木材含水率对切削阻力影响的研究. 林业科学, 28 (2): 146-152.

管宁. 1994a. 5 种阔叶树木材密度与切削阻力关系的研究. 林业科学, 30 (1): 57-63.

管宁. 1994b. 15 种阔叶树材中切削厚度、刀具前角和木材含水率对切削阻力的影响. 林业科学, 30 (2): 134-139.

管宁. 1994c. 不同树种木材切削阻力变动模型. 林业科学, 30 (5): 451-457.

韩玉杰. 2006. 木材机械加工表面粗糙度的激光在线检测系统. 林业机械与木工设备, 34 (11): 37-39.

柯建军, 张明松, 朱普先, 等. 2014. 辊压方式对圆锯片稳定性的影响. 三峡大学学报 (自然科学版), 36 (1): 78-82.

李博, 张占宽, 李伟光, 等. 2015. 圆锯片多点加压适张工艺压点分布对适张效果的影响. 木材加工机械, 26 (4): 19-23.

李黎. 2012. 木材切削原理与刀具. 北京: 中国林业出版社.

李黎, 习宝田, 杨永福. 2002. 圆锯片上热应力及回转应力的分析. 北京林业大学学报, 24 (3): 14-17.

李黎, 习宝田, 杨永福. 2003. 切削纤维板时表面涂层硬质合金刀具的磨损. 木材加工机械, 14 (6): 5-8.

李仁德, 柯建军, 张明松. 2012. 锯切参数对圆锯片动态稳定性的影响及优化. 三峡大学学报 (自然科学版), 34 (1): 65-68.

李媛, 王明杰, 王中存, 等. 2006. 圆锯片离心应力场及热应力场的分析. 青岛农业大学学报自然科学版, 23 (3): 228-231.

吕建雄. 2002. 关于木材资源保护与利用的辩证思考. 湿地科学与管理, (4): 3-7.

孟庆午, 李传信, 甘心基. 2001a. 零锯料角锯子性能的再分析. 木材加工机械, 12 (2): 14-16.

孟庆午, 李传信, 甘心基. 2001b. 锯片锯料角对锯切表面粗糙度影响机理分析. 木材工业, 15 (6): 22-24.

孟庆午, 齐英杰. 1999. 零锯料角带锯的锯切机理探讨. 林业机械与木工设备, 27 (11): 18-20.

母德强, 崔高健. 2002. 辊压处理对圆锯片动态稳定性的影响. 长春工业大学学报 (自然科学版), 23 (B08): 9-13.

母德强, 崔高健, 陈塑寰. 2001. 辊压适张度处理对圆锯片临界转速的影响. 机械工程学报, 37 (9): 30-33.

朴永守, 横地秀行, 林和男, 等. 1991. 切屑厚度和刀刃磨损量对木材加工表面温度影响的研究. 东北林业大学学报, 19 (2): 66-75.

尚其纯, 李东升, 金奎刚, 等. 1994. 木制件表面粗糙度评定参数的分析. 林业科技, 19 (2): 42-44.

王明枝, 王瑛洁, 李黎. 2005. 木材表面粗糙度的分析. 北京林业大学学报, 27 (1): 14-18.

王小屏. 2013. 浅谈木材检验的现状与发展趋势. 黑龙江科技信息, (13): 217.

习宝田. 1989. 木工刀具的磨损与变钝. 木材工业, 3 (1): 52-56.

习宝田, 撒潮. 1995. 圆锯片适张应力分布状况及锯片平整性量化分析方法的研究. 木材工业, 9(5): 13-16.

谢满华, 刘能文. 2017. 2016 年我国木材与木制品市场概述. 中国人造板, 7: 36-39.

杨平. 2005. 浅谈刀具磨损与刀具的使用寿命. 重庆职业技术学院学报, 14 (4): 64-65.

叶良明. 1989. 国外圆锯适张度研究概况. 木工机床, (2): 6-12, 15.

尤芳怡, 徐西鹏. 2005. 红外测温技术及其在磨削温度测量中的应用. 华侨大学学报 (自然科学版), 26 (4): 338-342.

于志明, 李黎. 2016. 木材加工装备——木工机械. 北京: 中国林业出版社.

张大卫, 黄田, 徐燕申, 等. 1997. 圆锯片受辊压适张度作用时固有频率的变化规律. 机械工程学报, 33 (5): 1-6.

张莲洁, 孟庆军, 金维洙. 2000. 浅谈国内外木材表面粗糙度的研究现状及发展趋势. 林业机械与木工设备, 28 (2): 7-9.

张绍群, 焦广泽. 2014. 基于 ANSYS 的圆锯片模态分析和振动分析. 森林工程, 30 (2): 79-83.

张双宝, 周宇. 1997. 木工刀具磨损的检测与控制. 中国木材, (6): 25-26.

张占宽. 2004. 圆锯片适张检测方法的研究. 木材加工机械, 15 (2): 1-5.

张占宽. 2008. 温度梯度对球面多点加压适张圆锯片固有频率的影响. 北京林业大学学报, 30 (3): 140-143.

张占宽, 彭晓瑞, 李伟光. 2011a. 切削参数对人造板切削力的影响研究. 木材加工机械, 22 (2): 1-4.

张占宽, 彭晓瑞, 李伟光. 2011b. 切削参数对木材切削力的影响研究. 木材工业, 25 (3): 7-10.

张占宽, 彭晓瑞, 李伟光. 2011c. 含水率对木质材料切削力的影响. 木材加工机械, 22 (3): 1-4.

张占宽, 彭晓瑞, 李伟光. 2011d. 锯齿磨损变钝程度对木质材料切削力影响的研究. 林产工业, 38 (4): 29-33.

张占宽, 彭晓瑞, 李伟光. 2011e. 切削方向对木材切削力的影响. 木材工业, 25 (6): 7-10.

张占宽, 习宝田, 程放. 2005. 球面多点加压适张圆锯片残余应力的研究. 北京林业大学学报, 27 (2): 111-113.

张占宽, 曾娟. 2008. 超薄硬质合金圆锯片在木材加工中的应用. 木材加工机械, 19 (2): 36-38.

赵学增. 1992. 木质材料表面粗糙度计算机视觉检测技术的研究. 东北林业大学学报, 20 (5): 55-60.

Abukhshim N A, Mativenga P T, Sheikh M A. 2006. Heat generation and temperature prediction in metal cutting: a review and implications for high speed machining. International Journal of

Machine Tools and Manufacture, 46 (7): 782-800.

Aguilera A, Martin P. 2001. Machining qualification of solid wood of *Fagus silvatica* L. and *Piceaexcelsa* L.: cutting forces, power requirements and surface roughness. Holz als Roh-und Werkstoff, 59 (6): 483-488.

Akbulut T, Ayrilmis N. 2006. Effect of compression wood on surface roughness and surface absorption of medium density fiberboard. Silva Fennica, 40 (1): 161-167.

Alekseev A V. 1957. Increasing the wear resistance of planer knives. Derev Prom, 6: 13-16.

Bekhta P, Hiziroglu S, Shepelyuk O. 2009. Properties of plywood manufactured from compressed veneer as building material. Materials & Design, 30 (4): 947-953.

Brémaud I, Gril J, Thibaut B. 2011. Anisotropy of wood vibrational properties: dependence on grain angle and review of literature data. Wood Sci Technol, 45 (4): 735-754.

Carlin J F, Appl F C, Bridwell H C. 1975. Effects of tensioning on buckling and vibration of circular saw blades. Journal of Engineering for Industry, 97 (1): 37-48.

Cristóvão L, Ekevad M, Grönlund A. 2012. Natural frequencies of roll-tensioned circular saw blades: effects of roller loads, number of grooves, and groove positions. BioResources, 7 (2): 2209-2219.

Darmawan W, Tanaka C, Usuki H, et al. 2001. Performance of coated carbide tools in turning wood-based materials: effect of cutting speeds and coating materials on the wear characteristics of coated carbide tools in turning wood-chip cement board. Journal of Wood Science, 47 (5): 32-65.

Darmawan W, Tanaka C. 2004. Discrimination of coated carbide tools wear by the features extracted from parallel force and noise level. Annals of Forest Science, 61 (7): 731-736.

Ekevad M, Cristóvão L, Marklund B. 2012. Lateral cutting forces for different tooth geometries and cutting directions. Wood Material Science and Engineering, 7 (3): 126-133.

Endler I, Bartsch K, Leonhardt A, et al. 1999. Preparation and wear behaviour of woodworking tools coated with superhard layers. Diamond and Related Materials, 8 (2-5): 834-839.

Eyma F, Meausoone P J, Martin P P. 2001. Influence of the transitional zone of wood species on cutting forces in the router cutting process (90-0) . Holz als Roh-und Werkstoff, 59 (6): 489-490.

Eyma F, Méausoone P, Martin P. 2004. Study of the properties of thirteen tropical wood species to improve the prediction of cutting forces in mode B. Annals of Forest Science, 61 (1): 11-16.

Franz N C. 1958. An analysis of the wood cutting process. Ph. D. Thesis, University of Michigan.

Goli G, Fioravant M, Marchal R, et al. 2009. Up-milling and down-milling wood with different grain orientations the cutting forces behaviour. European Journal of Wood Production, 67 (3): 257-263.

Gurau L, Mansfield-Williams H, Irle M. 2013. The influence of measuring resolution on the subsequent roughness parameters of sanded wood surfaces. European Journal of Wood and Wood Products, 71 (1): 5-11.

Heisel U, Stehle T, Ghassem H. 2014. A simulation model for analysis of roll tensioning of circular saw blade. Advanced Materials Research, 1018 (1018): 57-66.

Huang Y S, Hayashi D. 1974. Basic analysis of mechanism in wood-cutting analysis of cutting energy in orthogonal cutting parallel to grain. Journal of the Japan Wood Research Society, 20 (2): 77-82.

Huber H. 1985. Tool wear influence by the contents of particleboard. The Proceeding of The 8th Wood-machining Seminar: 72-85.

Inoue H, Mori M. 1983. Comparison of knife edge wear in oblique cutting of green and air-dried wood across the grain. Journal of the Japan Wood Research Society, 29 : 862-870.

Ishihara M, Murakami H, Ootao Y. 2012. Genetic algorithm optimization for tensioning in a rotating circular saw under a thermal load. Journal of Thermal Stresses, 35 (12): 1057-1075.

Ishihara M, Noda N, Ootao Y. 2010. Analysis of dynamic characteristics of rotating circular saw subjected to thermal loading and tensioning. Journal of Thermal Stresses, 33 (5): 501-517.

Kamdem D P, Zhang J. 2000. Characterization of checks and cracks on the surface of weathered wood. The 31st Annual Meeting, Kona Hawaii, USA.

Kilic M, Hiziroglu S, Burdurlu E. 2006. Effect of machining on surface roughness of wood. Build Environ, 41 (8): 1074-1078.

Kinoshita N. 1958. On the tool life of circular saw with carbide tip. Wood Ind. (Tokyo), (13): 554-558.

Kivimaa E. 1950. Cutting force in woodworking. The State Inst For Tech Res, 18: 25-27.

Kivimaa E. 1956. Investigating rotary veneer cutting with the aid of a tension test. Forest Product Journal, 6 (7): 251-255.

Klamecki B E. 1979. Discontinuous chip formation in woodcutting—A catastrophe theory description. Journal of Wood Science, 12 (1): 32-37.

Koch P. 1964. Wood Machining Process. New York: The Ronald Press Company.

Koch P. 1985. Utilization of Hardwoods Growing on Southern Pine Sites. Washington D C: US Dept of Agriculture, Forest Service.

Korkut I, Donertas M A. 2007. The influence of feed rate and cutting speed on the cutting forces, surface roughness and tool-chip contact length during face milling. Materials & Design, 28 (1): 308-312.

Krilov A. 1988. New sawblade design: practical aspects and advantages. Proceedings of the 9th International Wood Machining Seminar: 237-249.

Laternser R, Gänser H P, Taenzer L, et al. 2003. Chip formation in cellular materials. Journal of Engineering Materials & Technology, 125 (1): 44-49.

Leban J, Triboulot P. 1994. Défauts de forme et états de surface. In: Jodin P. Le bois matériau d'ingénierie. Nanoy: ARBOLOR: 333-363.

Lemaster R L, Lu L, Jackson S. 2000. The use of process monitoring techniques on a CNC wood router. Part 2. Use of a vibration accelerometer to monitor tool wear and workpiece quality. Forest Products Journal, 50 (9): 59-64.

Leney L. 1960a. Mechanism of veneer formation at the cellular level. Ph. D. Thesis, University of Missouri.

Leney L. 1960b. A photographic study of veneer formation. Forest Product Journal, 10 (3): 133-139.

Li B, Zhang Z K, Li W G, et al. 2015a. A numerical simulation on multi-spot pressure tensioning process of circular saw blade. Journal of Wood Science, 61 (6): 578-585.

Li B, Zhang Z K, Li W G, et al. 2015b. Model for tangential tensioning stress in the edge of circular saw blades tensioned by multi-spot pressure. BioResources, 10 (2): 3798-3810.

Li B, Zhang Z K, Li W G, et al. 2015c. Effect of yield strength of a circular saw blade on the multi-spot pressure tensioning process. BioResources, 10 (4): 7501-7510.

Marchal R, Mothe F, Denaud L, et al. 2009. Cutting forces in wood machining Basics and applications in industrial processes. A review. Holzforschung, 63 (2): 157-167.

Mats E, LuÅs C V, Birger M. 2012. Lateral cutting forces for different tooth geometries and cutting directions. Wood Material Science and Engineering, 7: 126-133.

McKenzie W M. 1961. Fundamental aspects of the wood cutting process. Forest Products Journal, 10 (9): 447-456.

McKenzie W M. 1971. A factorial experiment in transverse-plane (90/90) cutting of wood. Part Ⅰ.

Cutting force and Edge Wear. Wood Science, 3 (4): 204-213.

McKenzie W M. 2000. Effects of bevelling the teeth of rip saws. Wood Sci Technol, 34 (2): 125-133.

McKenzie W M, Karpovich H. 1975. Wear and blunting of the tool corner in cutting a wood-based material. Wood Science and Technology, 19 (1): 59-73.

McMuillin C W. 1958. The relation of mechanical properties of wood and nosebar pressure in the production of veneer. Forest Product Journal, 8 (1): 23-32.

Miklaszewski S, Zurek M, Beer P, et al. 2000. Micromechanism of polycrystalline cemented diamond tool wear during milling of wood-based materials. Diamond and Related Materials, 9 (3-6): 1125-1128.

Mote C D S. 1977. A review report on principal developments in thin circular saw vibration and control research: Part 1: Vibration of circular saws. Holz als Roh-und Werkstoff, 35 (5): 189-196.

Nakamura K, Nakamura Y, Horikawa A. 1972. The temperature distribution of thermal. Sen I Kikai Gakkaishi, 25 (12): T57-T64.

Nicoletti N, Fendeleur D, Nilly L, et al. 1996. Using finite elements to model circular saw roll tensioning. Holz als Roh-und Werkstoff, 54 (2): 99-104.

Noordin M Y, Venkatesh V C, Sharif S, et al. 2004. Application of response surface methodology in describing the performance of coated carbide tools when turning AISI 1045 steel. Journal of Materials Processing Tech, 145 (1): 46-58.

Okai R, Tanaka R, Iwasaki Y, et al. 2005. Application of a novel technique for band sawing using a tip-inserted saw regarding surface profiles. European Journal of Wood and Wood Products, 63 (4): 256-265.

Orlowski K, Wasielewski R. 2006. Study washboarding phenomenon in frame sawing machines. Holz als Roh-und Werkstoff, 64 (1): 37-44.

Palmqvist J, Lenner M, Gustafsson S. 2005. Cutting-forces when up-milling in beech. Wood Science and Technology, 39 (8): 674-684.

Porankiewicz B. 2003. A method to evaluate the chemical properties of particleboard to anticipate and minimize cutting tool wear. Wood Science and Technology, 37 (1): 47-58.

Porankiewicz B, Sandak J, Tanaka C. 2005. Factors influencing steel tool wear when milling wood. Wood Science and Technology, 39 (3): 225-234.

Porankiewicz B, Tanaka C. 2007. Cutting forces by peripheral cutting of low density wood species. BioResources, 2 (4): 671-681.

Schajer G S, Kishimoto K J. 1996. High-speed circular sawing using temporary tensioning. Holz als Roh-und Werkstoff, 54 (6): 361-367.

Schajer G S, Mote C D. 1983. Analysis of roll tensioning and its influence on circular saw stability. Wood Science and Technology, 17 (4): 287-302.

Schajer G S, Mote C D. 1984. Analysis of optimal roll tensioning for circular saw stability. Wood and Fiber Science, 16 (3): 323-338.

Scholl M, Clayton P. 1987. Wear behavior of wood-cutting edges. Wear, 120 (2): 221-232.

Scholz F, Duss M, Hasslinger R, et al. 2009. Integrated model for prediction of cutting forces. Proceedings of the 19th International Wood Machining Seminar, 21-23 October, Nanjing Forestry University, Nanjing, China: 183-190.

Sheikh-Ahmad J Y, Bailey J A. 1999. High-temperature wear of cemented tungsten carbide tools while machining particleboard and fiberboard. Journal of Wood Science, 45 (6): 445-455.

Simonin G, Meausoone P J, Rougie A, et al. 2009. Carbide characteriza for spruce rip-sawing. Pro Ligno, 5: 49-57.

Stakhiev Y M. 2004. Coordination of saw blade tensioning with rotation speed: myth or reality. Holz als Roh-und Werkstoff, 62 (4): 313-315.

Stevens R R. 1977. Effects of several test variables on evaluation of particleboard abrasiveness. Forest Prod, 27 (11): 37-40.

Stewart H A. 1971. Analysis of orthogonal woodcutting across the grain. Wood Science, 12 (1): 38-45.

Sugihara H, Okumura S, Haoka M, et al. 1979. Wear of tungsten carbide tipped circular saws in cutting particleboard: effect of carbide grain size on wear characteristics. Wood Science and Technology, 13 (4): 283-299.

Sugihara H, Sumiya K. 1955. A theoretical study on temperature distribution of circular saw-blade. Wood Research, 15: 60-74.

Sullivan P J, Blunt L. 1992. Thee-dimension characterization of indentation topography: visual characterization. Wear, 159 (2): 207-222.

Szymani R, Mote C D. 1974. A review of residual stresses and tensioning in circular saws. Wood Science and Technology, 8 (2): 148-161.

Szymani R, Mote C D. 1979. Theoretical and experimental analysis of circular saw tensioning. Wood Science and Technology, 13 (3): 211-237.

Szymani R, Trinchera L, Turner J. 1987. Use and maintenance of thin circular saws at California Ceder Products Company. European Journal of Wood and Wood Products, 45 (8): 319-322.

Thibaut B, Dcnaud L, Collet R, et al. 2016. Wood machining with a focus on French research in the last 50 years. Ann For Sci, 73 (1): 163-184.

Triboulot P. 1984. Réflexions sur les surfaces et mesures des états de surface du bois. Annales Des Sciences Forestières, 41 (3): 335-354.

Triboulot P, Asano I, Ohta M. 1983. An application of fracture mechanics to the wood-cutting process. Journal of the Japan Wood Research Society, 29 (2): 111-117.

Triboulot P, Kremer P, Martin P, et al. 1991. Planing of Norway spruce with very varied ring width. Holz als Roh-und Werkstoff, 49 (5): 181-184.

Umetsu J, Noguchi M, Wada K, et al. 1989. Confirmation of φ splitting in the distribution of residual stress in tensioning circular saws. Mokuzai Gakkaishi, 35: 856-858.

Wayan D, Chiaki T. 2004. Discrimination of coated carbide tools wear by the features extracted from parallel force and noise level. Annals of Forest Science, 61 (7): 731-736.

Wyeth D, Goli G, Atkins A. 2009. Fracture toughness, chip types and the mechanics of cutting wood. A review. Holzforschung, 63 (63): 168-180.

Yamaguchi K. 1962. The blunting of tungsten carbide tipped circular saws. Bull Government Forest Expt Stn, No. 138: 120-145.

Zhong Z W, Hiziroglu S, Chan C T M. 2013. Measurement of the surface roughness of wood based materials used in furniture manufacture. Measurement, 46 (4): 1482-1487.